电气信息工程丛书

新能源电源变换技术

马骏杰　耿　新　高俊山　刘金凤　编著

机械工业出版社

本书系统地讲述了现代电力电子技术的一个重要分支——电源变换的相关知识，按照电路结构、数学建模、拓扑衍生、数字实现的顺序，全方位介绍了DC-DC变换器、AC-DC变换器及DC-AC变换器。本书的主要内容包括：电力电子电源中的功率器件、DC-DC变换中常见的隔离拓扑和非隔离拓扑、三电平及级联DC-DC的衍生拓扑、软开关技术及LLC电路设计、高功率因数AC-DC变换器的理论及应用、并网型逆变器的数学建模。本书对电源变换应用技术的内容进行了精选，展示了其最近的发展，并给出了配套仿真模型，可扫描书中的二维码获取。

本书注重电力电子的理论分析和工程应用的结合，可作为自动化、电气工程专业本科生、研究生“电源变换”类教材和相关工程技术人员的参考用书。

图书在版编目(CIP)数据

新能源电源变换技术 / 马骏杰等编著．—北京：机械工业出版社，2020.10
(2023.7重印)
(电气信息工程丛书)
ISBN 978-7-111-66591-5

Ⅰ.①新… Ⅱ.①马… Ⅲ.①新能源-电源-变流技术-高等学校-教材
Ⅳ.①TM46

中国版本图书馆CIP数据核字(2020)第179608号

机械工业出版社(北京市百万庄大街22号 邮政编码100037)
策划编辑：汤 枫 责任编辑：汤 枫
责任印制：孙 炜 责任校对：张艳霞

北京中科印刷有限公司印刷

2023年7月第1版·第4次印刷
184mm×260mm·14.25印张·348千字
标准书号：ISBN 978-7-111-66591-5
定价：79.00元

电话服务
客服电话：010-88361066
010-88379833
010-68326294

网络服务
机 工 官 网：www.cmpbook.com
机 工 官 博：weibo.com/cmp1952
金 书 网：www.golden-book.com
机工教育服务网：www.cmpedu.com

前　　言

党的二十大报告提出，推动能源清洁低碳高效利用。近年来，我国的风电、太阳能发电装机规模稳居世界首位、发电量占比稳步提升。电源变换技术作为新能源利用的关键技术之一，已向智能化、数字化、高频化、大功率化、模块化的方向发展。本书按照电路结构、数学建模、拓扑衍生、数字实现的顺序，对DC-DC变换器、AC-DC变换器、DC-AC变换器进行了系统介绍。同时，将理论与实际进行了结合，配套了丰富的控制仿真模型，旨在培养学生的探索和创新精神，提高动手实践能力。

全书共5章，第1章为电力电子电源中的功率器件，对MOSFET和IGBT的结构特征、驱动电路进行了详细介绍。第2章为DC-DC变换器原理及应用，系统地介绍了Boost、Buck、Buck-Boost、Cuk、Zeta、Sepic这6种常见的非隔离型DC-DC变换器和正激变换器、反激变换器、半桥变换器、全桥变换器、推挽变换器等隔离型DC-DC变换器的特征及原理，此外还分析了级联变换器、三电平DC-DC变换器的原理，揭示了这些衍生结构与传统DC-DC变换器的内在关联，为读者学习其他DC-DC变换器提供了一定的思路。最后给出了两种变换器在产品设计中的应用示例。第3章为软开关技术，介绍了软开关的典型电路，并完整地分析了LLC谐振变换器的拓扑原理。第4章为三相AC-DC整流电路及控制算法，详细地介绍了6脉冲及12脉冲晶闸管整流器的原理和数字化控制技术，全方位阐述了三相六管PWM整流器、二极管钳位三电平整流器及Vienna整流器的原理、数学模型及控制器设计。第5章为逆变电源原理及应用，分析了常见的逆变拓扑结构、多电平逆变器及发波技术，阐述了逆变器并联的关键技术，重点分析了下垂控制策略。

本书配套了丰富的变换器控制仿真模型，读者可扫描对应位置的二维码下载，并配合书中的文字介绍进行学习。

山东工商学院的马骏杰编写了第1、3章内容，并承担了全书的统稿工作，哈尔滨理工大学的高俊山、耿新和刘金凤分别编写并完善了第5章、第2章和第4章内容。在本书的编写过程中得到了高晗璎教授的耐心指导和大量的技术成果支持，在此表示衷心的感激。

本书得到广东省重大科技专项项目（2015B010118003、2016B010135001）、黑龙江省自然科学基金（LH2019E067）、国家级大学生创新创业训练计划项目（201910214004）的资助。在本书的编写过程中，参阅了一些优秀的文献资料，在此对这些作品的作者表示感谢。

在本书的出版过程中，得到了机械工业出版社的热情鼓励和大力支持，编者由衷地表示感谢。

书中的疏漏与不当之处恳请广大读者批评、指正。编者邮箱：mazhencheng1982@ sina. com。

编　者

目　　录

第1章　电力电子电源中的功率器件

1.1　功率电子器件概述

功率电子器件大量被应用于电源、伺服驱动、变频器、电动机保护器等功率电子设备。近年来，功率电子器件有了飞跃式的发展。器件的类型朝多元化发展，性能也越来越完善。大致来讲，功率器件的发展体现在如下方面。

1. 器件能够快速恢复，以满足越来越高的速度需要

以开关电源为例，采用双极型晶体管时，速度可以达到几十千赫；使用 MOSFET 和 IGBT 时，可以到几百千赫；而采用了谐振技术的开关电源，则可以达到兆赫以上。

2. 通态电压降（正向电压降）降低

这可以减少器件损耗，有利于提高速度，减小器件体积。

3. 电流控制能力增大

电流能力的增大和速度的提高是相互矛盾的。目前最大电流控制能力，特别是在电力设备方面，还没有器件能完全替代晶闸管。

4. 额定电压：耐压高

耐压和电流都是体现驱动能力的重要参数。

5. 温度与功耗

这是一个综合性的参数，它制约了电流、开关速度的提高。解决这个问题，目前存在两个方向：一是继续提高功率器件的品质，二是改进控制技术来降低器件功耗，比如谐振式开关电源。

总体来讲，从耐压、电流能力看，晶闸管的使用目前仍然是最高的，在某些特定场合，仍然要使用大电流、高耐压的晶闸管。但一般的工业自动化场合，功率电子器件已越来越多地使用 MOSFET 和 IGBT，特别是 IGBT 获得了更多的使用，并开始全面取代晶闸管作为新型的功率控制器件。

1.1.1　理想开关的基本要求

任何一种开关元器件都可等效成如图 1-1 所示的简化图，并期望元器件满足表 1-1 中的理想开关的基本要求，这也是电力电子研究软开关技术的基本原则。

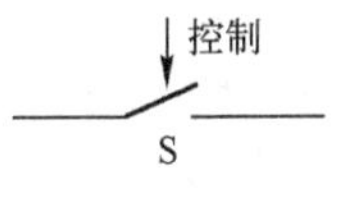

图 1-1　理想开关的简化图

表 1-1　理想开关的基本要求

开关状态 / 性能要求	闭合后	断开后
稳态要求	开关两端的电压为零 开关中的电流由外部电路决定 开关电流的方向可正可负 流经电流无限大	开关两端承受的电压可正可负 流经电流为零 开关两端的电压由外部电路决定 开关两端承受的电压无限大
动态要求	开通过程的时间为零	关断过程的时间为零

但实际上，理想开关是不存在的，工程上使用的电子开关与理想开关存在一定的差距，主要表现为以下两点。

1. 电子开关的稳态开关特性有限制

导通时有电压降（正向电压降、通态电阻等）；截止时有漏电流；最大的通态电流有限制；最大的阻断电压有限制；控制信号有功率要求等。

2. 电子开关的动态开关特性有限制

开通有一个过程，其长短与控制信号及器件内部结构有关；关断有一个过程，其长短与控制信号及器件内部结构有关；最高开关频率有限制。

目前作为开关的电子器件非常多。在开关电源中，使用最多的是二极管、MOSFET、IGBT 等，以及它们的组合。

1.1.2　开关器件的分类

开关器件可以按照制作材料、工作频率、载流子个数及是否可控等方面进行如下分类。

1. 按制作材料分类

如 Si 功率器件、Ga 功率器件、GaAs 功率器件、SiC 功率器件、GaN 功率器件及 Diamond 功率器件。

2. 按工作频率分类

根据开关器件工作的最佳频率范围，可以分为低频功率器件、中频功率器件和高频功率器件。

1）低频功率器件：如晶闸管、普通二极管等。

2）中频功率器件：如 GTR、IGBT、IGT/COMFET。

3）高频功率器件：如 MOSFET、快恢复二极管、肖特基二极管、SIT 等。

3. 按导电载波的粒子分类

根据半导体中参与工作的载流子的种类，可分为多子器件和少子器件。

1）多子器件：如 MOSFET、肖特基二极管、SIT、JFET 等。

2）少子器件：如 IGBT、GTR、GTO、快恢复二极管等。

4. 按是否可控分类

根据功率开关器件的控制方式，可分为完全不控型、半控型和全控型器件，如图 1-2 所示。

1）完全不控器件：如二极管器件。

2）可控制开通，但不能控制关断：如普通晶闸管器件。

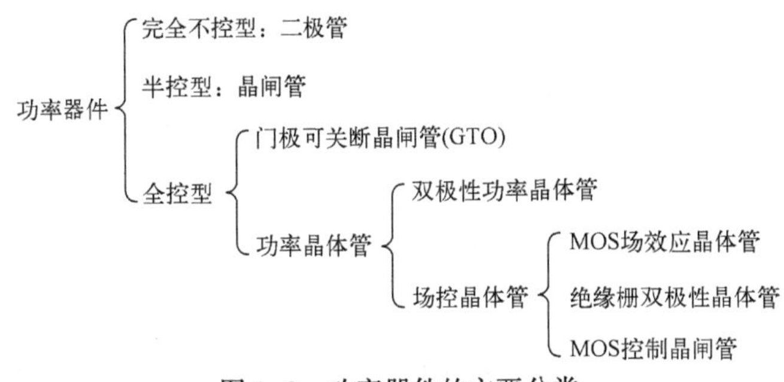

图 1-2　功率器件的主要分类

3）全控开关器件

① 电压型控制器件：如 MOSFET、IGBT、IGT/COMFET、SIT 等。

② 电流型控制器件：如 GTR、GTO 等。

1.2　常见的功率开关器件

1.2.1　功率二极管

二极管是功率电子系统中不可或缺的器件，用于整流、续流等。其基本结构和工作原理与电子电路中的二极管一样，以半导体 PN 结为基础，由一个面积较大的 PN 结和两端引线封装组成，即满足二极管的基本原理——PN 结的单向导电性。PN 结的基本工作原理大家很熟悉，因此本书不再赘述，在这里只给出必要的结论。

1. 正向特性

二极管的正向电压降随耐压的升高而升高，随温度的升高而降低；正向电压降的负温度系数对单管工作有利，对并联不利。

2. 电容效应

PN 结电容由势垒电容和扩散电容构成。

(1) 势垒电容

PN 结交界处存在势垒区（耗尽区）。PN 结两端电压变化引起积累在此区域的电荷数量的改变，从而显现电容效应。PN 结的施加电压与势垒电容的关系见表 1-2。

表 1-2　PN 结的施加电压与势垒电容的关系

PN 结施加电压情况		PN 工作特性
正向电压	增大	多子（N 区电子、P 区空穴）进入势垒区，相当于对电容充电
	减小	电子、空穴从耗尽区分别流入 N 区、P 区，相当于电容放电
反向电压	增大	耗尽区变宽，P 区的空穴进一步远离耗尽区，相当于对电容放电
	减小	多子向耗尽区流动，使耗尽区变窄，相当于对电容充电

也就是说，当外部电压变化(ΔV)时，势垒区的宽度会发生变化，使势垒区中的空间电荷也发生相应的变化(ΔQ)。

电荷的变化量是由空间分布的电荷构成的，其变化的厚度远小于势垒区的总宽度，所以可将这些电荷看作是集中在势垒区边缘无限薄层中的面电荷。PN 结就像普通的平行板电容器一样，所形成的电容称为势垒电容 C_b，势垒区的空间电荷数随外加偏压发生变化，等效于电容的充放电过程，数学表达式可写为

$$C_b = \lim_{\Delta V \to 0} \left| \frac{\Delta Q}{\Delta V} \right|$$

（2）扩散电容

由以上分析可知，势垒电容主要研究的是多子，是由多子数量的变化引起电容的变化，而扩散电容主要研究的是少子。当 PN 结反偏时，少子数量很少，电容效应很少，可不考虑。当 PN 结正偏且电压增大时，N 区将有更多的电子扩散到 P 区，即 P 区中的少子（电子）的浓度增加，同理，N 区中的少子（空穴）的浓度也会增加；反之，当 PN 结正偏且电压减小时，少子的浓度降低，从而 PN 结表现出电容特性，将之等效为 C_d，即扩散电容。

PN 结反偏时电阻大，主要表现为势垒电容；PN 结正偏时，主要表现为扩散电容，二极管的结电容 C_j 可看作是上述两个电容之和，即 C_b+C_d。正是因为电容效应，二极管的开关过程不能瞬间完成，尤其外加反压时，二极管的结电容先放电，经过一段恢复时间后，二极管才能恢复阻断。

3. 反向恢复特性

二极管在关断时刻，由于少数载流子存储效应，正向导通电流 I_F 不能立即消失，在短时间内存在反向（即由阴极到阳极）电流，这个时间称作反向恢复时间。图 1-3 表示了这个异常现象。反向恢复时间 t_{rr} 由两部分组成，即势垒电容放电时间 t_a 和扩散电容放电时间 t_b。

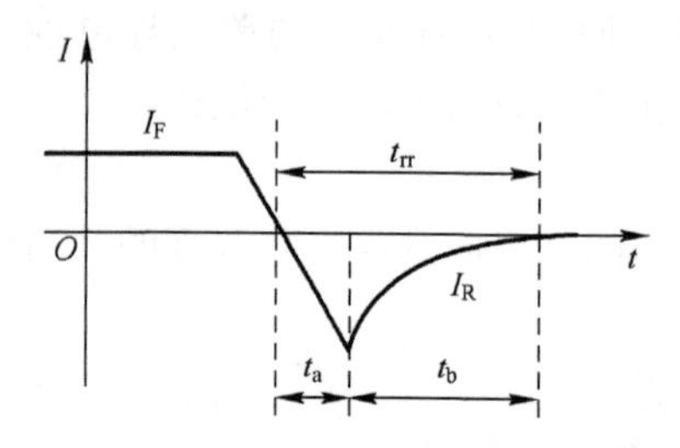

图 1-3　双极性二极管反向恢复特性

根据反向恢复时间的大小，二极管可分为：普通二极管（t_{rr} 较大，适用于低频场合，如 1 kHz 整流电路）；快速恢复二极管（$t_{rr}<5\ \mu s$，适用于高频整流/斩波和逆变电路）；肖特基二极管（适用于 50V 以下低压高频型器件）。

下面讨论一下肖特基二极管的使用。

在输出低电压的变换器中，肖特基二极管作为输出整流管是最合适的，因为它正向电压较低，又没有反向恢复时间，这种说法绝对正确吗？肖特基二极管在阴极和阳极之间存在较大的电容，加在肖特基二极管上电压变化时必然存在电容的充电和放电（当肖特基二极管两端几乎没有电压时，电容最大）。这种现象非常像普通二极管的反相恢复电流。视电路不同，其损耗可能比使用超快恢复整流管时的损耗要大得多。

虽然电荷较低，但此结电容仍可能与电路中杂散电感引起振荡，可在某些谐振设计中利用此特性做成软开关。所以与普通二极管一样有必要给肖特基二极管加一个缓冲电路，但这会增

加损耗。肖特基二极管在高温及额定电压下有很大的漏电流，漏电流可能将正激变换器二次侧短路，这也是很多文献表明“由于漏电流太大导致锗二极管不能使用”的主要原因。因此，为使反向电流不要太大，只能用到肖特基二极管额定电压的 3/4，温度不超过 110℃。

综上，肖特基二极管的管压降为 0.4 V，适合 5 V 等低压电源。缺点是其电阻和耐压的二次方成正比，故耐压低（200 V 以下），反向漏电流较大，易热击穿。

1.2.2 功率晶体管

目前使用的功率晶体管也称为 GTR（巨型晶体管），是支持高压大电流的双极型晶体管（BJT）。功率晶体管的基本特性与普通电子晶体管相同，本书不再详细阐述。

1. 主要参数

1）电流放大倍数 β：$\beta=\dfrac{I_c}{I_b}$，该值与 I_c 和温度有关，温度越高，放大倍数越大。

2）饱和管压降 U_{ces}：指在规定的 I_c 和 I_b 下，ce 间的电压降。该值与 I_c、饱和深度和温度有关。

3）导通电阻 R_{sat}：在深度饱和时，饱和电压降与集电极电流成正比。该值随器件阻断电压的二次方而增加。

4）反向击穿电压：GTR 上所加的电压超过规定值时，就会发生击穿。晶体管常见的反向击穿电压的示意图如图 1-4 所示，其解释如下。

① $V_{(BR)cbo}$：发射极开路时集电极-基极之间的反向击穿电压。此时，流经 c-b 极的电流为 I_{cbo}，当反向电压 V_{cb}增至一定程度时，I_{cbo}急剧增大，最后导致击穿。

② $V_{(BR)ceo}$：基极开路时集电极-发射极之间的反向击穿电压。此时流经 c-e 极的电流是 I_{ceo}。当反向电压 V_{ce}增加到 I_{ceo}开始上升时的值就是 $V_{(BR)ceo}$。应该注意，在此情况下，当集电结开始击穿时，I_c 增大，同时发射结分到的正向电压增大，使发射极注入基极的电子增多，I_e 增大。I_e 的增大又将使 I_c 进一步增大。由于这个倍增效应，最后使 c-e 极之间击穿电压 $V_{(BR)ceo}<V_{(BR)cbo}$。

③ $V_{(BR)ces}$，$V_{(BR)ceR}$：分别为 b-e 极之间接电阻 R 及短路时的反向击穿电压。在 b-e 极之间接电阻 R 后，发射结被分流。当集电结反向电流 I_{cbo}流过 b 极时，由于分流而使流过发射结的电流减少。所以倍增效应减小，为了进入击穿状态，必须加大 V_{ce}，也就是说，$V_{(BR)ceR}>V_{(BR)ceo}$。电阻 R 越小，它对发射结的分流作用越大，所以进入击穿状态时，所需的 V_{ce}越大。若 $R=0$ 并忽略基区的体电阻，则发射结相当于短路，此时 $V_{(BR)cbo}\approx V_{(BR)ces}$。

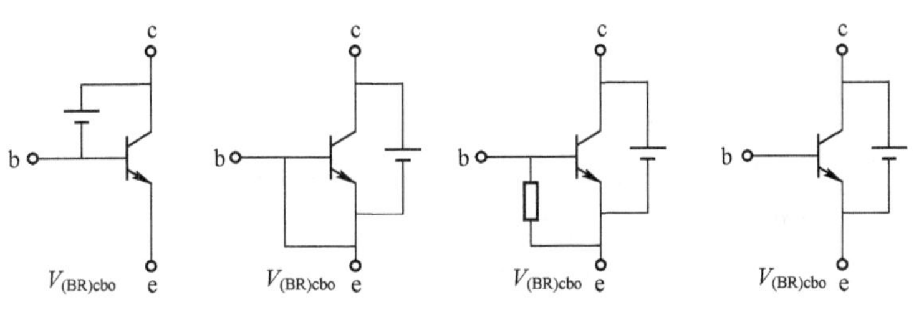

图 1-4　晶体管常见的反向击穿电压

5）集电极最大允许电流 I_{cM}：指当 β 下降到规定值的 0.5~0.33 时，所对应的 I_c。使用时要留有裕量，只能用到 I_{cM} 一半大小。

6）集电极最大耗散功率 P_{cM}：最高工作温度下允许的耗散功率。若集电极功耗 P_c 超过 P_{cM}，管子性能将变坏，甚至过热烧坏。

2. 二次击穿和安全工作区

V_{ce} 升高到 $V_{(BR)ceo}$ 时，I_c 迅速增加，当增加至某个临界点时将发生“一次击穿”（雪崩击穿），之后 I_c 会急剧上升，V_{ce} 陡然下降，此时发生“二次击穿”，从而造成局部过热，使 PN 结永久损坏。将不同基极电流下二次击穿的临界点连接起来，就构成了二次击穿临界线，其上的点反映出二次击穿功率 $P_{s/b}$。

功率双极型晶体管输出特性有一个以集电极最大电流 I_{cM}、集电极最大允许损耗 P_{cM}、二次击穿功率 $P_{s/b}$ 和集电极-发射极击穿电压 $V_{(BR)ceo}$ 为边界构成的安全工作区（SOA），如图 1-5 所示。不管在瞬态还是在稳态，晶体管电流与电压轨迹都不应当超出安全工作区对应的边界（即晶体管工作点位于 $I_c<I_{cM}$、$V_{ce}<V_{(BR)ceo}$、$P_c<P_{cM}$ 的区域内）。同时，边界限值与温度、脉冲宽度有关，温度升高时有些边界还应当降额。

为降低晶体管的导通损耗，一般功率管导通时为过饱和状态。但这样增大了存储时间，降低了开关速度。为了减少存储时间，晶体管在关断时一般给 b-e 极之间加反向电压，抽出基区过剩的载流子。若施加的反压太大，b-e 结将发生反向齐纳击穿。一般硅功率晶体管 b-e 反向击穿电压为 5~6V。为避免击穿电流过大，需用一个电阻限制击穿电流。

此外，为了快速关断晶体管，可采用抗饱和电路，如图 1-6 所示。电路中集电极饱和电压 $V_{ce}=V_{D1}+V_{be}-V_{D2}$。如果 $V_{D1}=V_{be}=V_{D2}=0.7\,V$，则 $V_{ce}=0.7\,V$，使得过大的驱动电流流经集电极，降低晶体管的饱和深度，存储时间减少，关断加快。如果允许晶体管饱和电压降大，饱和深度降低，二极管 VD_1 可以用两个二极管串联，则晶体管饱和电压降大约为 1.4 V 准饱和状态，存储时间减少，关断时间缩短，但导通损耗加大。

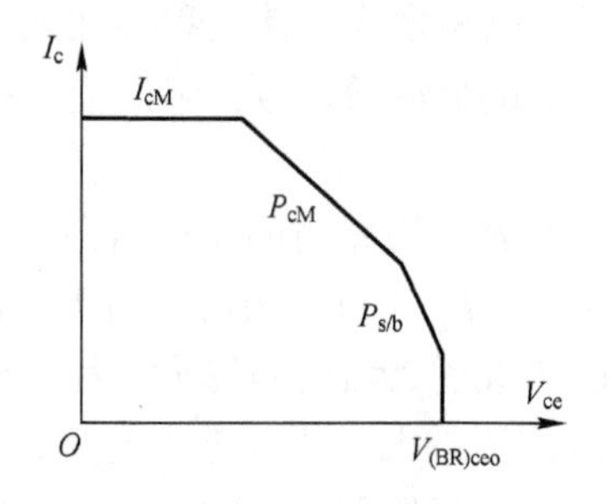

图 1-5　安全工作区

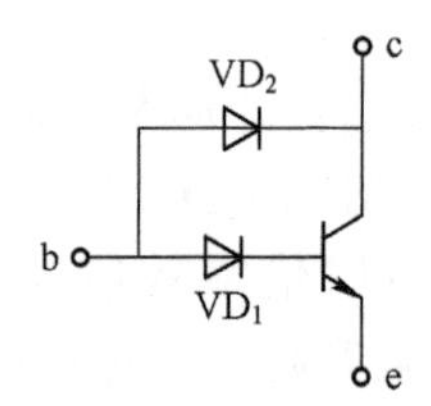

图 1-6　抗饱和电路

3. 达林顿结构

大电流 GTR 的 β 较小，I_b 过大，为获得较大的 β，可将两个晶体管组成复合管。实际比较常用的是达林顿模块，它把 GTR、续流二极管、辅助电路做到一个模块内。在早期的功率电子设备中，比较多地使用了这种器件。图 1-7 是这种器件的内部典型结构。二极管 VD_2 为加速二极管，VD_1 为续流二极管。加速二极管的原理是引进了电流串联正反馈，提供反向漏电流

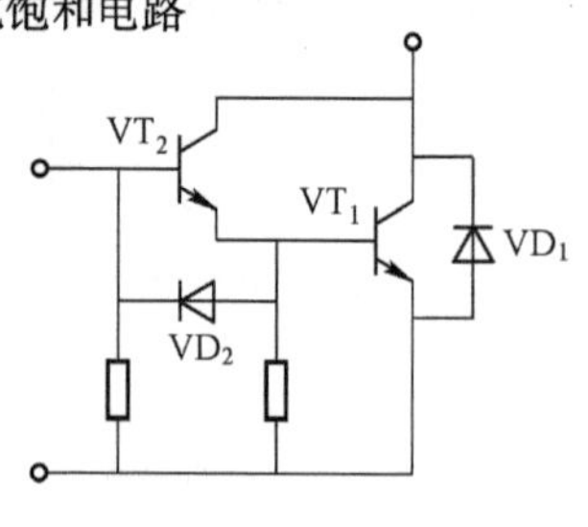

图 1-7　达林顿晶体管典型结构

通路，提高复合管的温度稳定性，达到加速 VT_1 关断的目的。

1.2.3 功率场效应晶体管 MOSFET

功率场效应晶体管也叫电力场效应晶体管，是一种多子导电的单极型电压控制器件。MOSFET 的原意是 MOS（Metal Oxide SemiConductor，金属氧化物半导体）+FET（Field Effect Transistor，场效应晶体管），即以金属层（M）的栅极隔着氧化层（O）利用电场效应来控制半导体（S）的场效应晶体管，其内部结构如图 1-8 所示。

功率场效应晶体管分为结型和绝缘栅型。结型功率场效应晶体管一般称作静电感应晶体管（Static Induction Transistor，SIT），人们俗称的功率 MOSFET 通常指绝缘栅型。

功率 MOSFET 导电机理与小功率 MOS 管相同，但结构上有较大区别，小功率 MOS 管是横向导电器件，大功率 MOSFET 采用垂直导电结构，又称为 VMOSFET（Vertical MOSFET），大大提高了 MOSFET 器件的耐压和耐电流能力。当 V_{GS}（栅源极间电压）大于 V_T（阈值电压）时，栅极下 P 区表面的电子浓度将超过空穴浓度，从而使 P 型半导体反型而成 N 型半导体，形成反型层。该反型层形成 N 沟道而使 PN 结 J_1 消失，漏极和源极导电。V_{GS} 超过 V_T 越多，导电能力越强，漏极电流 I_D 越大。

按导电沟道分，功率 MOSFET 可分为 P 沟道和 N 沟道，其图形符号如图 1-9 所示。按栅极电压幅值可分为耗尽型和增强型。当栅极电压为零时漏、源极之间就存在导电沟道的称为耗尽型；对于 N（P）沟道器件，栅极电压大于（小于）零时才存在导电沟道的称为增强型。功率 MOSFET 主要指的是 N 沟道增强型。

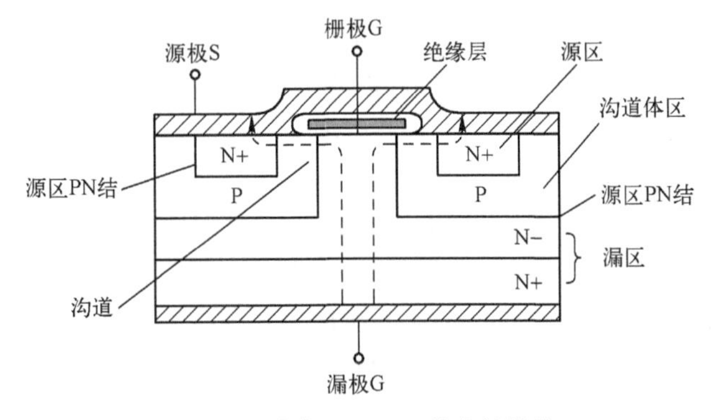

图 1-8 功率 MOSFET 的内部结构

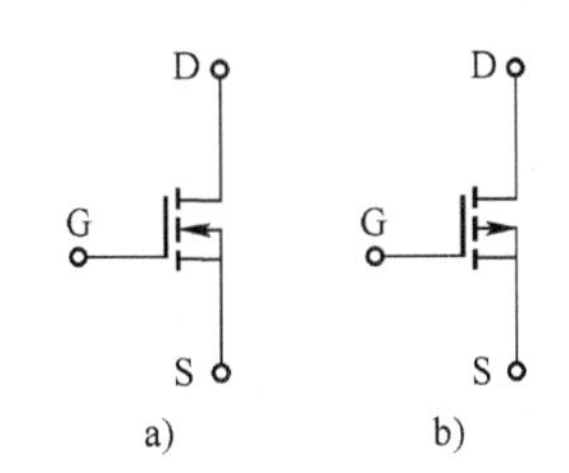

图 1-9 功率 MOSFET 的符号

a) N 沟道 b) P 沟道

综上，功率 MOSFET 具有以下特点。

1）MOSFET 是电压控制型器件（双极型是电流控制型器件），驱动电路简单。

2）输入阻抗高，可达 $10^8\ \Omega$ 以上。

3）工作频率范围宽，开关速度高（开关时间为几十 ns 到几百 ns），开关损耗小。

4）功率 MOSFET 可以多个并联使用，增加输出电流而无须均流电阻。但 MOSFET 电流容量小，耐压低，只适用于小功率电子装置。

1.2.4　绝缘栅双极型晶体管 IGBT

功率 MOSFET 器件是单极（N 沟道 MOSFET 中仅电子导电、P 沟道 MOSFET 中仅空穴导电）、电压型开关器件，因此其导通、关断的驱动控制功率很小，开关速度快，但通态电压降大，难以制成高压大电流开关器件。电力晶体管是双极（其中，电子、空穴两种多数载流子都参与导电）电流型开关器件，因此其通、断的驱动功率大，开关速度不够快，但通态电压降低，可制成较高耐压和较大耐流的开关器件。兼顾这两种器件的优点，出现了新一代半导体电力开关器件——绝缘栅双极型晶体管（Insulated Gate Bipolar Transistor，IGBT）。它是一种复合器件，其元器件符号和内部结构如图 1-10 所示。

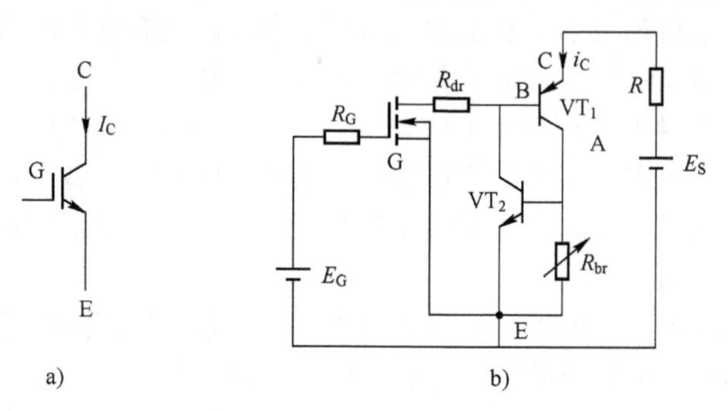

图 1-10　IGBT 符号及等效电路

a）符号　b）电路

IGBT 也有 3 个电极，即栅极 G、发射极 E 和集电极 C。输入部分是一个 MOSFET，图 1-10 中R_{dr}表示 MOSFET 的等效调制电阻（即漏极-源极之间的等效电阻 R_{DS}）。输出部分为一个 PNP 晶体管 VT_1，此外还有一个内部寄生的晶体管 VT_2（NPN 管），在 NPN 晶体管VT_2的基极与发射极之间有一个体区电阻 R_{br}。

当栅极 G 与发射极 E 之间的外加电压 $V_{GE}=0$ 时，MOSFET 管内无导电沟道，其调制电阻 R_{dr}可视为无穷大，$I_C=0$，MOSFET 处于断态。G-E 之间的外加控制电压 V_{GE}可以改变 MOSFET 导电沟道的宽度，从而改变调制电阻 R_{dr}，这就改变了输出晶体管 VT_1（PNP 管）的基极电流，控制了 IGBT 的集电极电流 I_C。当 V_{GE}足够大时，VT_1饱和导电，IGBT 进入通态。一旦 $V_{GE}=0$，则 MOSFET 由通态转入断态，VT_1截止，IGBT 器件从通态转入断态。

IGBT 的基本特性以及基本应用大家已经很熟悉，本书不再赘述。但这里讨论一下 IGBT 的擎住效应。

如图 1-10b 所示，当 IGBT 处于截止或稳定导通状态（I_C未超过允许值）时，R_{br}的电压降很小，不足以产生 VT_2的基极电流。但若 I_C瞬时过大，R_{br}电压降过大，可能使 VT_2导通。一旦 VT_2导通，即使门极电压 $V_{GE}=0$，IGBT 仍会导通，使门极 G 失去控制作用，这种现象称为擎住效应。此外，擎住效应的产生还可能存在以下两种情况。

1）IGBT 处于截止状态时，若集电极电压过高，造成 VT_1管漏电流过大，也可能在 R_{br}上产生过高的电压降，使 VT_2导通，从而出现擎住效应。

2）IGBT 关断后，晶体管 VT_2的反偏电压 V_{BA}增大。IGBT 关断得越快，集电极电流 I_C减小得越快，$V_{CA}=E-RI_C$ 增加得越快，导致 J_2 结电容电流 $C_2\dfrac{dV_{CA}}{dt}$（C_2 为等效结电容）也越大。该电流流过 R_{br} 又可能产生很大的电压降 V_{AE} 使 VT_2 导通，从而产生擎住效应。为了防止关断过程中的擎住效应，应在 IGBT 的 C-E 两端并入一个电容以减小关断时的 $\dfrac{dV_{CE}}{dt}$，同时考虑增大门极驱动电阻 R_G 以减慢 MOSFET 的关断过程。

1.3 功率器件的驱动电路

驱动电路是主电路与控制电路之间的接口，是电力电子装置的重要环节，对整个装置的性能有很大的影响。性能良好的驱动电路，可使功率开关器件工作在较理想的开关状态，缩短开关时间，减少开关损耗，对装置的运行效率、可靠性和安全性都有重要的意义。另外，对电力电子器件或整个装置的一些保护措施也往往就近设在驱动电路中，或者通过驱动电路来实现，这使得驱动电路的设计更为重要。

驱动分为不隔离型和隔离型两种。

1）不隔离型：控制侧与功率侧共地，易受干扰，适用于小功率场合。

2）隔离型：控制侧与功率侧不共地，不易受干扰，适用于大功率场合。

1.3.1 直接驱动电路

直接驱动电路通常存在于 Boost、全波、正激和反激等小功率电路中，其参考电路如图 1-11 所示。该电路以比较器（例如 LM393）为核心，将直流量与锯齿波进行比较以产生 IGBT 的 PWM，需要注意的是，如果器件为 OC 集电极开路门，则输出需要接上拉电阻。由于此类驱动控制系统中的控制单元和功率环节共地，功率单元容易对控制单元产生干扰，该驱动方式只适用于小功率场合。

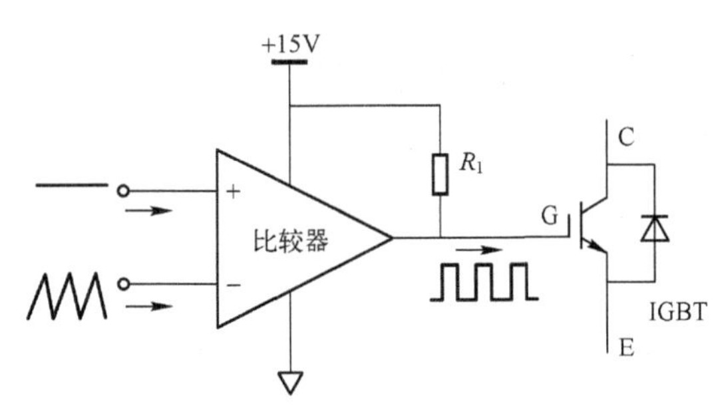

图 1-11　不隔离型直接驱动电路

1.3.2 隔离驱动电路

从提高系统的抗干扰能力出发，MOSFET 及 IGBT 的驱动电路绝大部分采用光耦隔离。

但光耦隔离反应较慢，具有较大的延迟时间（高速型光耦一般也大于 300 ns）。光耦的输出需要提供辅助电源。

1. 光电耦合器

本书以东芝公司生产的 TLP250 为例进行说明。TLP250 由一个发光二极管、集成光电检测器、整形电路及推挽放大等电路构成，其内部结构如图 1-12 所示。需要特别注意的是，TLP250 使用时必须在 8、5 引脚之间并联一个 0.1 μF 电容。该驱动电路只适合用于经济型的电力变换装置中，其故障保护必须另行追加。TLP250 构成的驱动电路如图 1-13 所示，图中点画线框内为外加的推挽结构，可进一步增大系统驱动能力。

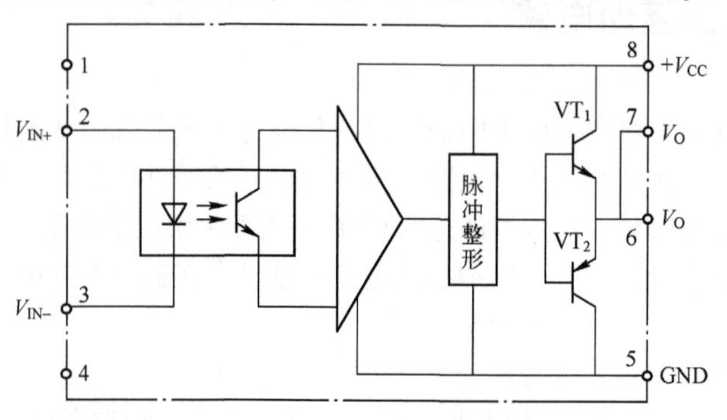

图 1-12　TLP250 内部结构

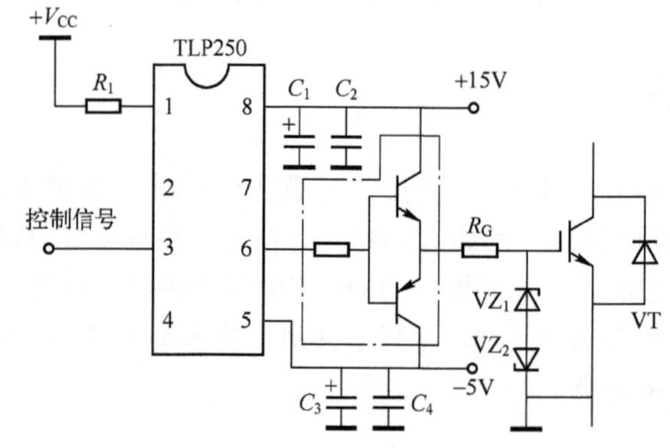

图 1-13　TLP250 构成的驱动电路

2. EXB841 集成驱动器

EXB841 是 FUJI 公司结合 IGBT 模块的特点而研发的专用集成驱动器。EXB841 的内部结构如图 1-14 所示。其内部集成了放大单元、过电流保护单元和 5 V 电压基准单元。

其中，放大单元由光耦 TS01（TLP550）、VT_2、VT_4、VT_5、R_1、C_1、R_2和R_9组成；过电流保护单元由 VT_1、VT_3、VD_6、ZD_1、C_2、R_3、R_4、R_5、R_6、C_3、R_7、R_8及C_4等组成，实现过电流检测和延时保护功能。5 V 电压基被单元由 R_{10}、VD_2和C_5组成，既为关断 IGBT 时提供−5 V 反压，同时也为输入光耦 TS01 提供电源。

（1）导通过程

当 14 引脚和 15 引脚有 10 mA 的电流流过时，光耦 TS01 导通，A 点电位下降至 0V 使 VT_1和 VT_2截止。VT_2的截止使 D 点电位上升至 20 V，VT_4导通，VT_5截止，EXB841 通过 VT_4及栅极电阻 R_G向 IGBT 提供电流，使之迅速导通。

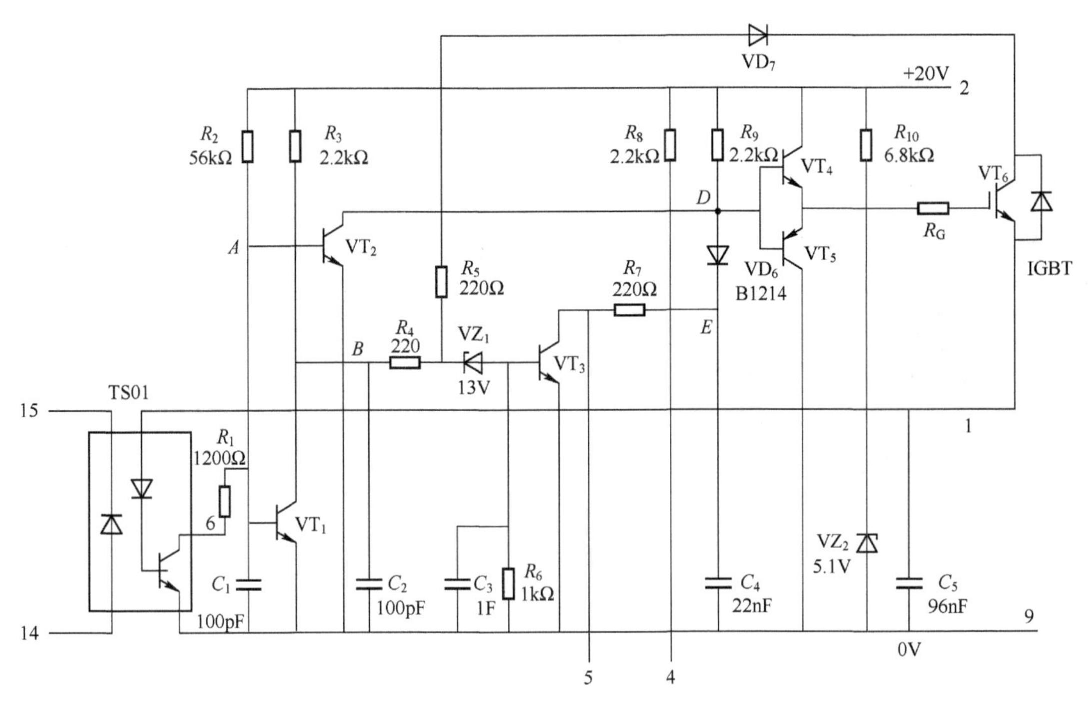

图 1-14　EXB841 的内部结构

（2）关断过程

当 14 引脚和 15 引脚无电流流过时，光耦 TS01 不通，A 点电位上升使 VT_1 和 VT_2 导通。VT_2 的导通使 VT_4 截止、VT_5 导通，IGBT 栅极电荷通过 VT_5 迅速放电，使 IGBT 可靠关断。

EXB841 的典型应用电路如图 1-15 所示，应用时需考虑以下几点。

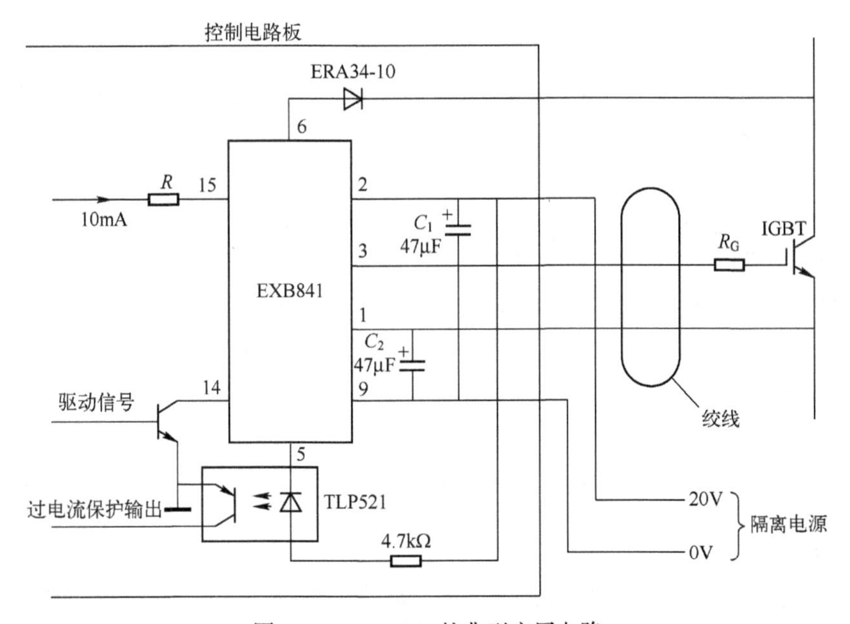

图 1-15　EXB841 的典型应用电路

1）栅极与发射极驱动回路接线必须小于1 m，并采用双绞线，以减少干扰信号的影响。

2）为抑制IGBT集电极可能产生的电压尖脉冲，应适当增加驱动电阻R_G的大小。

1.3.3 自举驱动技术

驱动电路的设计需重点考虑上桥驱动电源的浮地问题，采用常规的驱动方式时，有一个共同的缺点就是需要辅助电源。当驱动多个IGBT或MOSFET等功率器件时，就会需要多个电源，因此增加了系统的成本。而采用自举驱动技术时，就会有效地节省电源。

1. 自举驱动电路的工作原理

图1-16为不隔离型自举驱动电路，不考虑死区，其中A上、A下分别为VT_1、VT_4的驱动电平，且这两个驱动逻辑相同，VD_1为自举二极管、C为自举电容。

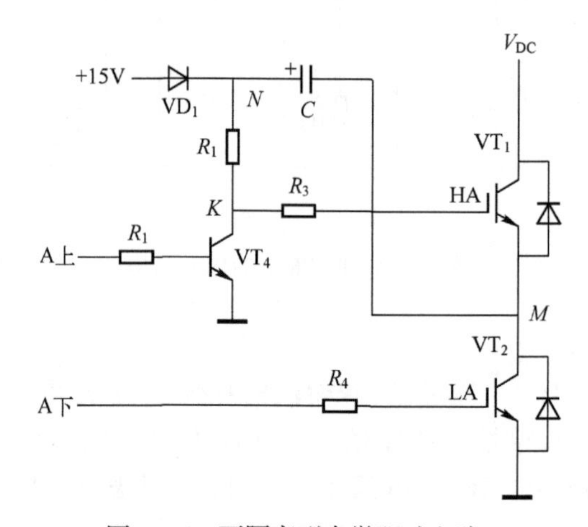

图1-16　不隔离型自举驱动电路

1）自举电容充电过程。当A上=A下=1时，VT_4导通，K点电压为0，上管VT_1开路，下管导通，充电回路如图1-17所示，稳态时电容C上的电压为+15 V（左+、右），此时M点电压=0。

2）自举电容放电过程。当A上=A下=0时，VT_4关断，K点电压为1，下管VT_2关断，放电回路如图1-18所示，功率管VT_1通过放电回路将C上的+15 V电压加到VT_1的GS两端，VT_1导通，M点电压为V_{DC}，N点电压为(V_{DC}+15 V)，此时自举二极管承受电压为V_{DC}（右+、左-）。

综上，自举电容的作用是为上管导通提供能量；自举二极管起到保护+15 V电源的作用，同时自举二极管承受的最大电压为V_{DC}，在器件选取时应特别注意。

若采用隔离驱动方式，需要在门极驱动前加入光耦，从而构成隔离型自举电路，这部分电路请读者结合本书前面所述的光耦知识进行设计。

2. IR2110集成驱动器

IR2110是IR公司推出的一种双通道高压、高速电压型功率开关器件栅极驱动芯片，具有自举浮动电源。该芯片的内部结构原理如图1-19所示。

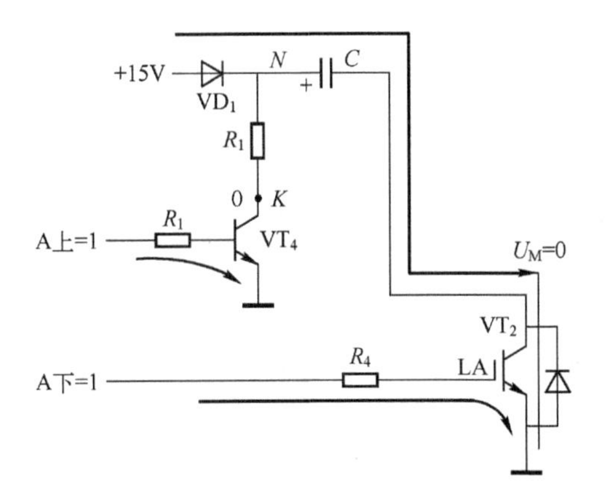

图 1-17　自举驱动充电回路

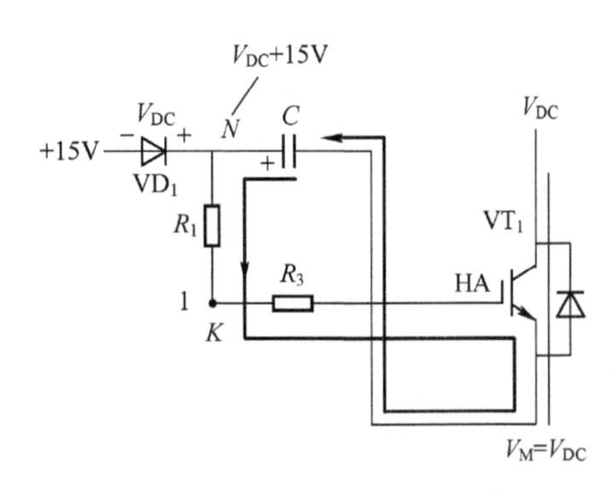

图 1-18　自举驱动放电回路

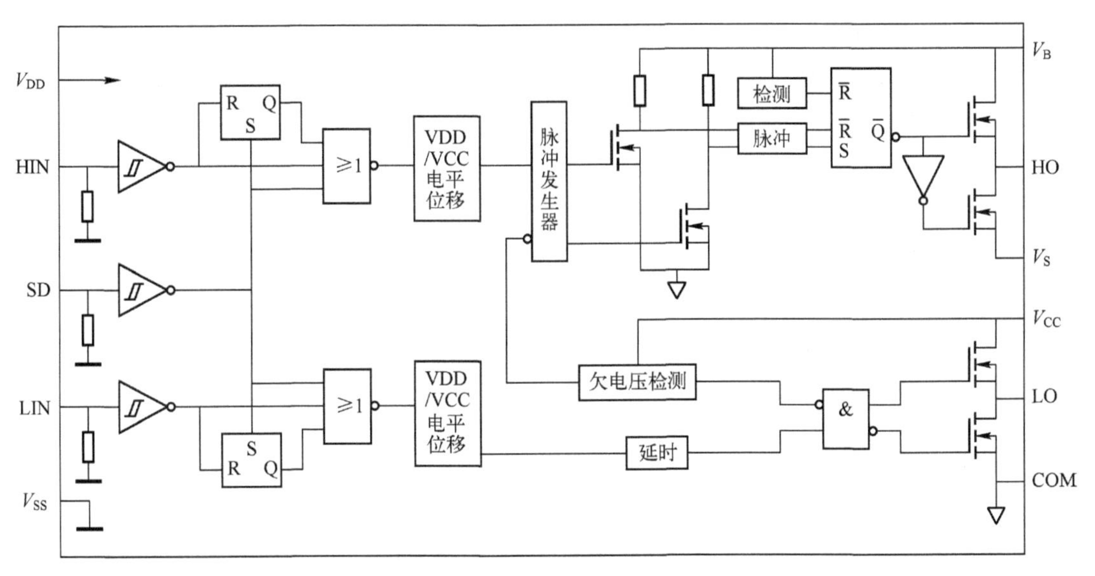

图 1-19　IR2110 内部结构原理

芯片的两个通道相互独立，即上、下通道的驱动信号 HO、LO 分别与输入脉冲信号 HIN、LIN 相对应。当保护信号输入端 SD 为低电平时，HO、LO 的驱动电平分别跟随 HIN 及 LIN 的变化；当 SD 为高电平时，HO、LO 的驱动电平被强置为低电平，输入信号无效。上、下通道均具有欠电压检测电路，当电源（或悬浮电源）电压低于内部设定值时，欠电压保护动作生效。若上通道欠电压保护动作，仅封锁上通道输出；若下通道欠电压保护动作，上、下通道输出均封锁，各引脚的功能见表 1-3。

表 1-3　IR2110 各引脚的名称、符号及功能

引　脚	符　号	名　　称	功能或用法
1	LO	下桥臂驱动信号输出端	与下桥臂 MOSFET 的门极相连
2	COM	下桥臂驱动输出参考地	与 V_{SS} 和下桥臂 MOSFET 的源极相连
3	V_{CC}	下桥臂电源输入端	接外部电源正极，并通过电容接引脚 2
5	V_S	上桥臂驱动输出参考地	与上桥臂 MOSFET 的源极相连

（续）

引　脚	符　号	名　　称	功能或用法
6	V_B	上桥臂电源输入端	通过一个高反压快恢复二极管反向连接到 V_{CC}，且通过一个电容连接到引脚 5
7	HO	上桥臂驱动信号输出端	与上桥臂 MOSFET 的门极相连
9	V_{DD}	芯片工作电源	可与 V_{CC} 共用一套电源
10	HIN	上桥臂脉冲信号输入端	接用户脉冲形成部分的上路输出
11	SD	保护信号输入端	接高电平时输出封锁，接低电平时封锁解除
12	LIN	下桥臂脉冲信号输入端	接用户脉冲形成部分的下路输出
13	V_{SS}	芯片参考地	接至供电电源的地
4、8、14	NC	空引脚	—

典型应用电路如图 1-20 所示，其中 V_{DD} 为 5～20 V 电源，V_{CC} 为 10～20 V 的门极驱动电源。由于引脚 V_{SS} 可与 COM 连接，故引脚 V_{CC} 与 V_{DD} 可共用一个+15 V 的电源。

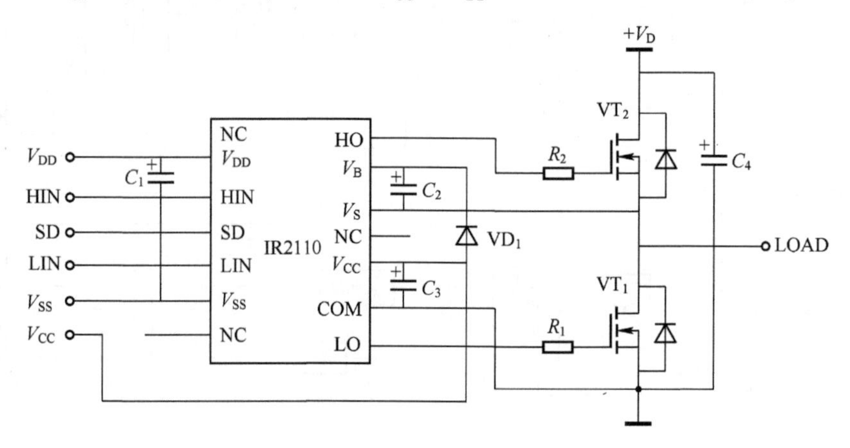

图 1-20　IR2110 典型应用电路

图 1-20 中 C_2 为自举电容。V_{CC} 经 VD_1、C_2、负载、VT_2 给 C_2 充电，以确保 VT_2 断开、VT_1 开通时，VT_1 的栅极靠 C_2 上的电压实现自举驱动。若负载阻抗较大，C_2 经负载降压导致充电较慢，使得在 VT_2 断开、VT_1 开通时，C_2 的充电电压达不到所需的 8.3 V 自举电压以上，输出驱动信号会因欠电压而被片内逻辑封锁，VT_1 无法正常工作。因此，可选用小容量电容，或者为 C_2 提供快速充电通路，例如去掉 VD_1，直接给 V_B、V_S 加另一个 10～20 V 隔离电源。

综上，C_2 应综合考虑 PWM 的各种情况，主要表现为以下几点。

1）开关频率较高时，C_2 应取较小容值。

2）尽量使自举上电回路不经大阻抗负载，否则应为 C_2 充电提供快速充电通路。

3）对占空比调节较大的场合，特别是在高占空比时，由于 VT_2 的开通时间较短，C_2 应选得较小，否则在有限时间内无法达到自举电压。

第 2 章　DC-DC 变换器原理及应用

2.1　开关电源概述

2.1.1　变换器拓扑的选择

1. 变换器的分类

变换器的分类方式较多，存在如下几种常见的分类方式。

1）按驱动方式，有自励式和他励式。

2）按控制方式，有脉宽调制 PWM 式、脉冲频率调制 PFM 式和 PWM+PFM 混合式。

3）按电路组成，有谐振型和非谐振型。

4）按电源是否具有电气隔离，有隔离型和非隔离型。

① 非隔离指输入端与输出端电气相通，没有隔离，常见的有 Buck 电路、Boost 电路、Buck-Boost 电路、Sepic 电路、Zeta 电路和 Cuk 电路。而非隔离型拓扑可进一步分类如下。

a. 串联式结构，是指在主电路中，相对于输入端而言，开关器件与输出端负载成并联连接的关系。例如 Buck 拓扑型开关电源就是属于串联式的开关电源。

b. 并联式结构，是指在主电路中，相对于输入端而言，开关器件与输出端负载成并联连接的关系。例如 Boost 拓扑型开关电源就是属于串联式的开关电源。

c. 极性反转结构，是指输出电压与输入电压的极性相反。电路的基本结构特征是，在主电路中，相对于输入端而言，电感与负载成并联连接的关系。例如 Buck-Boost 拓扑就是反极性开关电源。

② 隔离指的是输入端与输出端电气不相通，通过脉冲变压器的磁耦合方式传递能量，输入、输出完全电气隔离。隔离型电路主要分为正激式和反激式两种。

5）按变换器的工作方式分，有正激式和反激式、推挽式、半桥式、全桥式等。本章对于 DC-DC 的介绍会按照如图 2-1 所示的脉络进行。

① 反激式：在开关管导通的时候存储能量，只有在开关管关断的时候才向负载释放能量。该电路拓扑简单、元件数少、成本较低。但该电路变换器的磁心单向磁化，利用率低，且开关器件承受的电流峰值很大；广泛用于几瓦～几十瓦的小功率开关电源中。由于不需要输出滤波电感，易实现多路输出。

② 正激式：只有在开关管导通的时候，能量才通过变压器或电感向负载释放，当开关关闭的时候，就停止向负载释放能量。该拓扑结构形式和反激式变换器相似，虽然磁心也是单向磁化，却存在着严格意义上的区别，变压器仅起电气隔离作用，而且电路变压器的工作

点仅处于磁化曲线的第一象限，没有得到充分的利用，因此同样的功率，其变换器体积、重量和损耗大；广泛用于几百瓦~几千瓦的开关电源中。

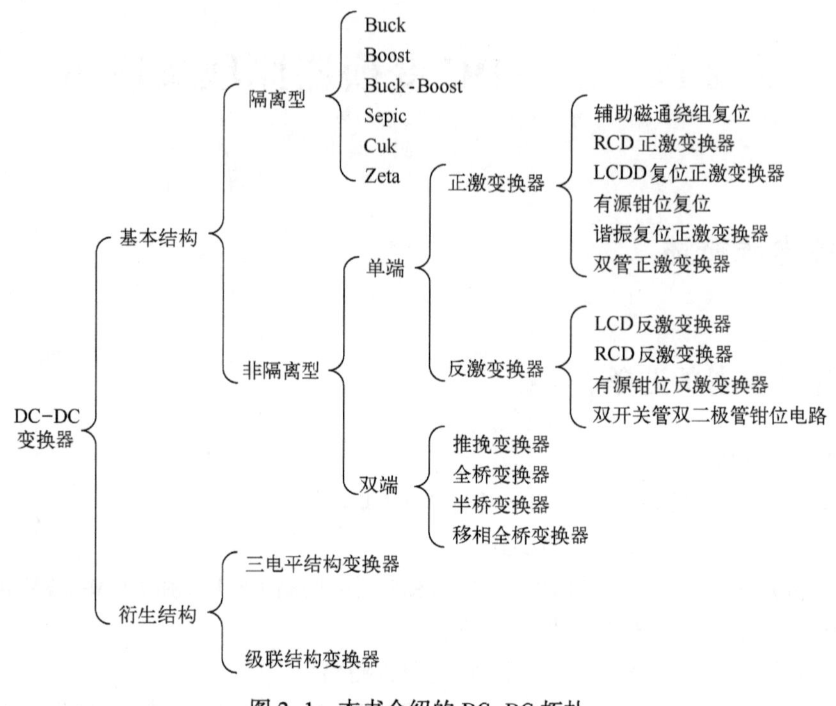

图 2-1　本书介绍的 DC-DC 拓扑

③ 半桥式：电路结构较复杂，但磁心利用率高，没有偏磁的问题，且功率开关管的耐压要求低，不超过线路的最高峰值电压；适合几百瓦~几千瓦的高压输入场合。

④ 全桥式：电路结构复杂，但在所有隔离式开关电源中，采用相同功率等级的开关器件时，全桥型电路可以达到最大的功率；适用于几百瓦~几千瓦的工业用开关电源场合。

⑤ 推挽式：电路形式实际上是两个对称正激式变换器的组合，只是工作时相位相反。变压器的磁心双向磁化，因此相同铁心尺寸的输出功率是正激式的一倍，但若加在两个一次绕组上的电压稍有偏差就会导致铁心偏磁现象的产生，应用时需特别注意；适合中功率输出。

2. 变换器选择的主要因素

如何选择正确的拓扑，需要仔细考量如下 5 个因素。

1）隔离或非隔离拓扑。换句话说，整个系统对于输入输出之间是否存在隔离的要求，如果有隔离的要求，则需要选择一个隔离的拓扑，否则选择非隔离。

2）输入输出之间的电压极性。因为电源拓扑的存在，需要确定系统的输出电压与输入电压是同极性还是反极性。

3）功率范围，即整个装置输出的功率大小。很多系统中，输入电压和输出电流都有范围，因此需要考量在最极端的情况下该拓扑的最大和最小输出功率。

4）动态性能。该性能指的是输出电压对输入或负载改变时的响应情况。有的系统要求响应快，有的系统要求响应慢，所以针对不同的响应速度要求选择一个合适的拓扑。

5）输出对于输入或负载条件的敏感度，即输入调整率和负载调整率。也就是输出电压随输入电压或负载条件变化时的变化量。

2.1.2 DC-DC 电路的建模方法

环路设计是电源模块设计的重点，电源模块的很多性能均由环路来决定，在产品开发及测试中只要牵涉到环路的更改，工程人员很难对其影响做出准确判断。而主电路的小信号模型是环路设计的重点之一，常见的小信号建模方法有基本交流小信号分析法、状态空间平均法、电路平均法和开关平均法。本书重点讨论状态平均法在典型的 DC-DC 电路中的建模过程。

状态空间法一般用状态方程和输出方程的形式来描述系统。对开关变换器而言，状态变量通常为变换器中的电感电流和电容电压，输入变量 $x(t)$ 为各驱动变换器工作的独立电源，输出变量 $y(t)$ 是状态变量与输入变量的线性组合，$\boldsymbol{A}$、$\boldsymbol{B}$、$\boldsymbol{C}$、$\boldsymbol{E}$ 均为常数矩阵。

$$\begin{cases}\dfrac{\mathrm{d}x(t)}{\mathrm{d}t}=\boldsymbol{A}x(t)+\boldsymbol{B}u(t)\\ y(t)=\boldsymbol{C}x(t)+\boldsymbol{E}u(t)\end{cases} \tag{2-1}$$

开关变换器由于存在开关器件，所以是非线性时变电路，电路的拓扑结构会随着开关的切换而发生相应变化，但在每一个开关状态工作期间，又可以看成线性电路。为简化分析，假定变换器以连续方式工作，开关周期分为导通和关断状态，分别写出描述电路状态的方程。

在导通状态时：

$$\begin{cases}\dfrac{\mathrm{d}x(t)}{\mathrm{d}t}=\boldsymbol{A}_1x(t)+\boldsymbol{B}_1u(t)\\ y(t)=\boldsymbol{C}_1x(t)+\boldsymbol{E}_1u(t)\end{cases} \tag{2-2}$$

在关断状态时：

$$\begin{cases}\dfrac{\mathrm{d}x(t)}{\mathrm{d}t}=\boldsymbol{A}_2x(t)+\boldsymbol{B}_2u(t)\\ y(t)=\boldsymbol{C}_2x(t)+\boldsymbol{E}_2u(t)\end{cases} \tag{2-3}$$

状态变量、输入和输出变量的开关周期平均值定义为

$$\langle x(t)\rangle_{T_s}=\frac{1}{T_s}\int_t^{t+T_s}x(\tau)\mathrm{d}\tau \tag{2-4}$$

开关导通时，假定在此状态时状态变量和输入均变化很小，则状态变量率在此阶段近似为常数，因此有

$$\frac{\mathrm{d}x(t)}{\mathrm{d}t}\approx\boldsymbol{A}_1\langle x(t)\rangle_{T_s}+\boldsymbol{B}_1\langle u(t)\rangle_{T_s} \tag{2-5}$$

在开关导通阶段结束时状态变量的值为

$$x(\mathrm{d}T_s)=x(0)+(\mathrm{d}T_s)[\boldsymbol{A}_1\langle x(t)\rangle_{T_s}+\boldsymbol{B}_1\langle u(t)\rangle_{T_s}] \tag{2-6}$$

同理，在开关断开阶段，有

$$\frac{\mathrm{d}x(t)}{\mathrm{d}t}\approx\boldsymbol{A}_2\langle x(t)\rangle_{T_s}+\boldsymbol{B}_2\langle u(t)\rangle_{T_s} \tag{2-7}$$

$$x(\mathrm{d}T_s)=x(\mathrm{d}T_s)+(\mathrm{d}'T_s)[\boldsymbol{A}_2\langle x(t)\rangle_{T_s}+\boldsymbol{B}_2\langle u(t)\rangle_{T_s}] \tag{2-8}$$

联系式（2-6）和式（2-8），得到

$$x(T_s)=x(0)+(dT_s)[\boldsymbol{A}_1\langle x(t)\rangle_{T_s}+\boldsymbol{B}_1\langle u(t)\rangle_{T_s}]+(d'T_s)[\boldsymbol{A}_2\langle x(t)\rangle_{T_s}+\boldsymbol{B}_2\langle u(t)\rangle_{T_s}]$$

整理后得到

$$x(T_s)=x(0)+T_s[\mathrm{d}(t)\boldsymbol{A}_1+\mathrm{d}'(t)\boldsymbol{A}_2]\langle x(t)\rangle_{T_s}+T_s[\mathrm{d}(t)\boldsymbol{B}_1+\mathrm{d}'(t)\boldsymbol{B}_2]\langle u(t)\rangle_{T_s} \tag{2-9}$$

根据欧拉公式

$$\frac{\mathrm{d}\langle x(t)\rangle_{T_s}}{\mathrm{d}t}=\frac{x(T_s)-x(0)}{T_s} \tag{2-10}$$

可得

$$\frac{\mathrm{d}\langle x(t)\rangle_{T_s}}{\mathrm{d}t}=[\mathrm{d}(t)\boldsymbol{A}_1+\mathrm{d}'(t)\boldsymbol{A}_2]\langle x(t)\rangle_{T_s}+[\mathrm{d}(t)\boldsymbol{B}_1+\mathrm{d}'(t)\boldsymbol{B}_2]\langle u(t)\rangle_{T_s} \tag{2-11}$$

再对输出变量 $y(t)$ 在一个开关周期内求平均，有

$$\langle y(t)\rangle_{T_s}=\mathrm{d}(t)[\boldsymbol{C}_1\langle x(t)\rangle_{T_s}+\boldsymbol{E}_1\langle u(t)\rangle_{T_s}]+\mathrm{d}'(t)[\boldsymbol{C}_2\langle x(t)\rangle_{T_s}+\boldsymbol{E}_2\langle u(t)\rangle_{T_s}] \tag{2-12}$$

整理后得

$$\langle y(t)\rangle_{T_s}=[\mathrm{d}(t)\boldsymbol{C}_1+\mathrm{d}'(t)\boldsymbol{C}_2]\langle x(t)\rangle_{T_s}+[\mathrm{d}(t)\boldsymbol{E}_1+\mathrm{d}'(t)\boldsymbol{E}_2]\langle u(t)\rangle_{T_s} \tag{2-13}$$

得到的状态空间平均方程为（其中，$\mathrm{d}(t)+\mathrm{d}'(t)=1$）

$$\begin{cases}\dfrac{\mathrm{d}\langle x(t)\rangle_{T_s}}{\mathrm{d}t}=[\mathrm{d}(t)\boldsymbol{A}_1+\mathrm{d}'(t)\boldsymbol{A}_2]\langle x(t)\rangle_{T_s}+[\mathrm{d}(t)\boldsymbol{B}_1+\mathrm{d}'(t)\boldsymbol{B}_2]\langle u(t)\rangle_{T_s}\\ \langle y(t)\rangle_{T_s}=[\mathrm{d}(t)\boldsymbol{C}_1+\mathrm{d}'(t)\boldsymbol{C}_2]\langle x(t)\rangle_{T_s}+[\mathrm{d}(t)\boldsymbol{E}_1+\mathrm{d}'(t)\boldsymbol{E}_2]\langle u(t)\rangle_{T_s}\end{cases} \tag{2-14}$$

令

$$\begin{cases}\boldsymbol{A}=D\boldsymbol{A}_1+(1-D)\boldsymbol{A}_2\\ \boldsymbol{B}=D\boldsymbol{B}_1+(1-D)\boldsymbol{B}_2\\ \boldsymbol{C}=D\boldsymbol{C}_1+(1-D)\boldsymbol{C}_2\\ \boldsymbol{E}=D\boldsymbol{E}_1+(1-D)\boldsymbol{E}_2\end{cases}\quad (D\text{ 为占空比}) \tag{2-15}$$

则式（2-14）可以写为

$$\begin{cases}\dfrac{\mathrm{d}\langle x(t)\rangle_{T_s}}{\mathrm{d}t}=\boldsymbol{A}\langle x(t)\rangle_{T_s}+\boldsymbol{B}\langle u(t)\rangle_{T_s}\\ \langle y(t)\rangle_{T_s}=\boldsymbol{C}\langle x(t)\rangle_{T_s}+\boldsymbol{E}\langle u(t)\rangle_{T_s}\end{cases} \tag{2-16}$$

引用扰动法建立小信号线性动态模型，令

$$\boldsymbol{x}(t)=\boldsymbol{X}+\hat{\boldsymbol{x}}(t),u(t)=U+\hat{u}(t),y(t)=Y+\hat{y}(t) \tag{2-17}$$

式中，$\boldsymbol{X}$、Y、U 是其稳态值；$\hat{\boldsymbol{x}}(t)$、$\hat{u}(t)$、$\hat{y}(t)$ 为其对应的扰动量。

通过代入法可以得到

$$\begin{cases}\dfrac{\mathrm{d}\langle \boldsymbol{X}+\hat{\boldsymbol{x}}(t)\rangle_{T_s}}{\mathrm{d}t}=\boldsymbol{A}[X+\hat{x}(t)]+\boldsymbol{B}[U+\hat{u}(t)]\\ Y+\hat{y}(t)=\boldsymbol{C}[\boldsymbol{X}+\hat{x}(t)]+\boldsymbol{E}[U+\hat{u}(t)]\end{cases} \tag{2-18}$$

由于开环工作时占空比 D 为常数，因此矩阵 $\boldsymbol{A}$、$\boldsymbol{B}$、$\boldsymbol{C}$ 不变，因此 $\boldsymbol{X}$ 的导数为零，则式（2-18）可以写为

$$\begin{cases}\dfrac{\mathrm{d}\langle\hat{\boldsymbol{x}}(t)\rangle_{T_s}}{\mathrm{d}t}=\boldsymbol{A}X+\boldsymbol{B}U+\boldsymbol{A}\hat{\boldsymbol{x}}(t)+\boldsymbol{B}\hat{u}(t)\\ Y+\hat{y}(t)=\boldsymbol{C}X+\boldsymbol{E}U+\boldsymbol{C}\hat{\boldsymbol{x}}(t)+\boldsymbol{E}\hat{u}(t)\end{cases}\tag{2-19}$$

由式（2-19）可得其直流量和交流量分别为

$$\begin{cases}0=\boldsymbol{AX}+\boldsymbol{BU}\\ Y=\boldsymbol{CX}+\boldsymbol{EU}\end{cases}\ （直流量）\tag{2-20}$$

$$\begin{cases}\dfrac{\mathrm{d}\langle\hat{\boldsymbol{x}}(t)\rangle_{T_s}}{\mathrm{d}t}=\boldsymbol{A}\hat{\boldsymbol{x}}(t)+\boldsymbol{B}\hat{u}(t)\\ \hat{y}(t)=\boldsymbol{C}\hat{\boldsymbol{x}}(t)+\boldsymbol{E}\hat{u}(t)\end{cases}\ （交流量）\tag{2-21}$$

即静态工作时，有方程：

$$\begin{cases}\boldsymbol{X}=-\boldsymbol{A}^{-1}\boldsymbol{B}U\\ Y=(-\boldsymbol{C}\boldsymbol{A}^{-1}\boldsymbol{B}+\boldsymbol{E})U\end{cases}\tag{2-22}$$

系统增益为 $M=\dfrac{Y}{U}=-\boldsymbol{C}\boldsymbol{A}^{-1}\boldsymbol{B}+\boldsymbol{E}$。

再对式（2-21）交流量进行拉氏变换，可得

$$\begin{cases}s\hat{\boldsymbol{x}}(s)=\boldsymbol{A}\hat{\boldsymbol{x}}(s)+\boldsymbol{B}\hat{u}(s)\\ \hat{y}(s)=\boldsymbol{C}\hat{\boldsymbol{x}}(s)+\boldsymbol{E}\hat{u}(s)\end{cases}\tag{2-23}$$

进一步可得

$$\begin{cases}\hat{\boldsymbol{x}}(s)=(s\boldsymbol{U}-\boldsymbol{A})^{-1}\boldsymbol{B}\hat{u}(s)\\ \hat{y}(s)=[\boldsymbol{C}(s\boldsymbol{U}-\boldsymbol{A})^{-1}\boldsymbol{B}+\boldsymbol{E}]\hat{u}(s)\end{cases}\tag{2-24}$$

从而可得交流小信号开环传递函数

$$G(s)=\frac{\hat{y}(s)}{\hat{u}(s)}=\boldsymbol{C}(s\boldsymbol{U}-\boldsymbol{A})^{-1}\boldsymbol{B}+\boldsymbol{E}\tag{2-25}$$

2.2 非隔离型 DC-DC 变换器

2.2.1 Boost 电路

1. 基本原理

图 2-2 为 Boost 电路，当 VF 接通时，V_{in}开始对 L_f充电，流过 L_f的电流 I_L开始增加，同时电流在 L_f中产生反电动势 V_L，C_f向 R 放电，形成稳定电压 V_o；当 VF 由接通转为关断的时候，为了保持励磁不变，L_f也会产生反电动势 V_L。V_L反电动势的方向与开关 VF 关断前的方向相反，但与电流的方向相同，在控制开关 VF 两端的输出电压 V_o等于输入电压 V_{in}与反电动势 V_L之和。

在开关关断 T_{off}期间，VF 关断，L_f把电流 I_L转化成反电动势，与输入电压 V_{in}串联叠加，通过整流二极管 VD 继续向负载 R_{Ld}提供能量，R_{Ld}两端形成稳定电压输出 $V_o=V_{in}+V_L$。Boost

输出电压高于输入，是一个升压电路。

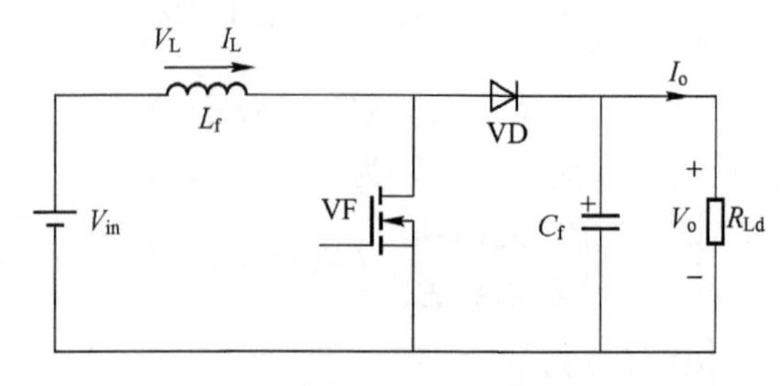

图 2-2 Boost 电路

1）当 VF 导通时，I_L线性增加，二极管 VD 截止，此时 C_f向负载供电。

2）当 VF 关断时，V_L和 V_{in}串联，以高于 V_o的电压向 C_f充电的同时向负载供电，此时二极管 VD 导通，I_L逐渐减小。

3）若 I_L减小到 0，则二极管 VD 截止，只有 C_f向负载供电。

2. CCM 及 DCM 模式

由工作过程分析可以得知，I_L可能会出现断流的情况。通常把电流连续的模式称为 CCM 模式，电流断续的模式称为 DCM 模式，当然也有两者之间的临界情况 BCM 模式，如图 2-3 所示。

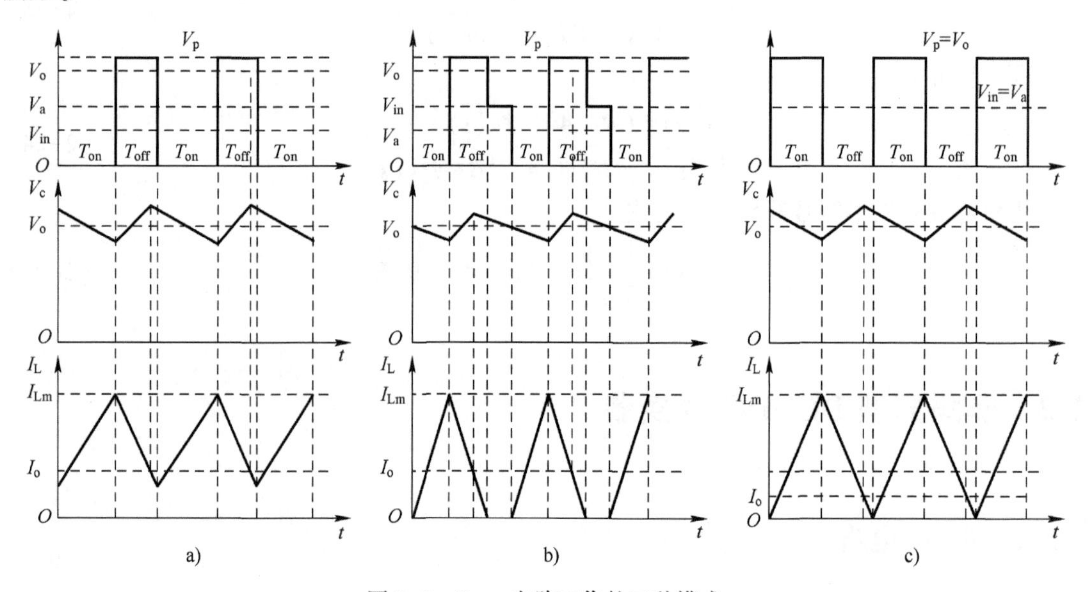

图 2-3 Boost 电路工作的三种模式

a）CCM 模式 b）DCM 模式 c）BCM 模式

观察图 2-3 的波形可以发现，当电流刚好处在临界状态时，$0.5\ \Delta I_L=I_o$，分析化简之后可以等效为

$$\tau=0.5D_1(1-D_1)(1-D_1) \tag{2-26}$$

当 $\tau>0.5\ D_1(1-D_1)(1-D_1)$时，Boost 变换器处于 CCM 模式。

当 $\tau<0.5\ D_1(1-D_1)(1-D_1)$时，Boost 变换器处于 DCM 模式。

式中，D_1为 VF 导通时段 $0\sim t_1$占 T_s的比例。

1）CCM 模式下，在 VF 开通和关断期间，电感电流的变化量分别由 Δi_{L1} 和 Δi_{L2} 表示。

I_L 的上升部分为
$$\Delta i_{L1}=\int_0^{t_1}\frac{V_{in}}{L}dt=\frac{V_{in}}{L}\cdot t_1=\frac{V_{in}}{L}\cdot D_1T_s \tag{2-27}$$

I_L 的下降部分为
$$\Delta i_{L2}=\int_{t_1}^{t_2}\frac{V_{in}-V_o}{L}dt=\frac{V_{in}-V_o}{L}\cdot(t_2-t_1)=\frac{V_{in}-V_o}{L}\cdot D_2T_s \tag{2-28}$$

此时 $D_1+D_2=1$。当系统稳态运行时，$\Delta i_{L1}=\Delta i_{L2}$，有 $M=\frac{1}{1-D_1}=\frac{V_o}{V_{in}}$，可知 Boost 电路是一种升压电路，输出大于输入。

2）DCM 模式下，I_L 不连续，采用与 CCM 模式相同的计算方法，可得电压增益 $M=(D_1+D_2)/D_2$。此时 $D_1+D_2<1$，又因为 I_L 在 T_s 内的平均值为 $MI_o=\frac{V_{in}(D_1+D_2)D_1T_s}{2L}$，因此可得该状态下的电压增益 $M=\frac{1+\sqrt{1+\frac{2D_1^2}{\tau}}}{2}\approx 0.5+\frac{D_1}{\sqrt{2\tau}}$，其中 $\tau=\frac{L}{RT_s}$。

电路的工作模式由 τ 与 D_1 两者的关系决定，如图 2-4 所示。当 $\tau>0.074$ 时，无论 D_1 如何变化，Boost 都工作于连续状态。当 $\tau<0.074$ 时，D_1 在某一区间内工作于不连续状态。

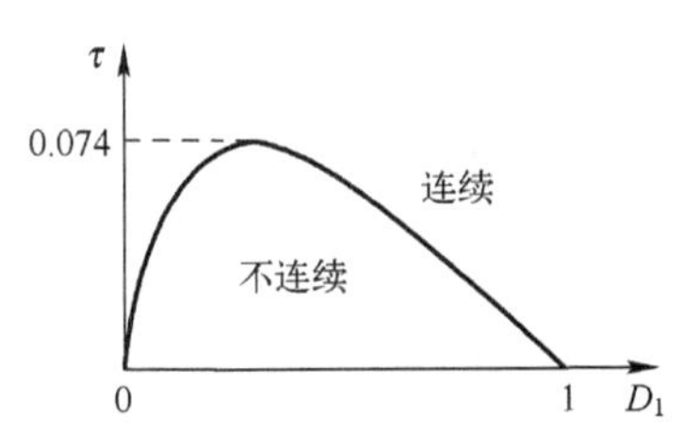

图 2-4　τ 与 D_1 的关系曲线

3. Boost 变换器小信号模型

利用 2.1 节谈到的小信号建模方法，并考虑电路中的寄生参数，本节给出了 Boost 变换器工作于 CCM 模式下的小信号模型。

每个开关周期 Boost 经历两个开关阶段，如图 2-5 所示。其中，电感及电容的寄生电阻分别为 r_L 和 r_C。

VF 导通时，由 KVL 可知其电压方程为

$$\begin{cases} v_{in}=L\frac{di_L}{dt}+r_Li_L \\ v_C+(r_C+R_{Ld})C\frac{dv_C}{dt}=0 \\ v_o+R_{Ld}C\frac{dv_C}{dt}=0 \end{cases} \tag{2-29}$$

则此时状态空间方程为

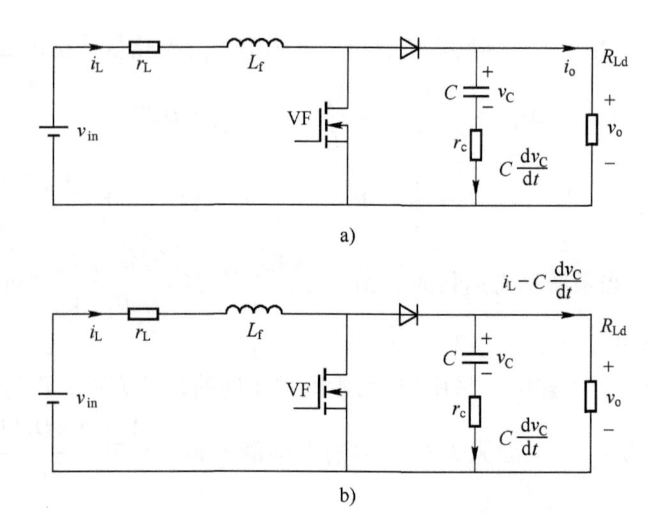

图 2-5　Boost 变换器一个开关周期内的等效电路

a）VF 导通时的等效电路　b）VF 关断时的等效电路

$$\begin{cases}\dfrac{d}{dt}\begin{bmatrix}i_L\\v_C\end{bmatrix}=\begin{bmatrix}-\dfrac{r_L}{L} & 0\\0 & -\dfrac{1}{C(R_{Ld}+r_C)}\end{bmatrix}\begin{bmatrix}i_L(t)\\v_C(t)\end{bmatrix}+\begin{bmatrix}\dfrac{1}{L}\\0\end{bmatrix}v_{in}\\v_o=\begin{bmatrix}0 & \dfrac{R_{Ld}}{R_{Ld}+r_C}\end{bmatrix}\begin{bmatrix}i_L(t)\\v_C(t)\end{bmatrix}\end{cases}\tag{2-30}$$

VF 断开时，由 KVL 可知其电压方程为

$$\begin{cases}v_{in}=L\dfrac{di_L}{dt}+r_Li_L+v_C+r_CC\dfrac{dv_C}{dt}\\v_C+(r_C+R_{Ld})C\dfrac{dv_C}{dt}-R_{Ld}i_L=0\\v_o=R_{Ld}\left(i_L-C\dfrac{dv_C}{dt}\right)\end{cases}\tag{2-31}$$

则此时状态空间方程为

$$\begin{cases}\dfrac{d}{dt}\begin{bmatrix}i_L\\v_C\end{bmatrix}=\begin{bmatrix}\dfrac{-r_L-\dfrac{R_{Ld}r_C}{R_{Ld}+r_C}}{L} & \dfrac{-R_{Ld}}{L(R_{Ld}+r_C)}\\\dfrac{R_{Ld}}{C(R_{Ld}+r_C)} & \dfrac{-1}{C(R_{Ld}+r_C)}\end{bmatrix}\begin{bmatrix}i_L(t)\\v_C(t)\end{bmatrix}+\begin{bmatrix}\dfrac{1}{L}\\0\end{bmatrix}v_{in}\\v_o=\begin{bmatrix}\dfrac{R_{Ld}r_C}{R_{Ld}+r_C} & \dfrac{R_{Ld}}{R_{Ld}+r_C}\end{bmatrix}\begin{bmatrix}i_L(t)\\v_C(t)\end{bmatrix}\end{cases}\tag{2-32}$$

则得到 VF 在导通和断开时状态方程的常数矩阵，见表 2-1。

表 2-1 VF 在导通和断开时状态方程的常数矩阵

开关状态	常数矩阵
VF 导通	$A_1=\begin{bmatrix}-\frac{r_L}{L} & 0\\ 0 & -\frac{1}{C(R_{Ld}+r_C)}\end{bmatrix}$; $B_1=\begin{bmatrix}\frac{1}{L}\\ 0\end{bmatrix}$; $C_1=\begin{bmatrix}0 & \frac{R_{Ld}}{R_{Ld}+r_C}\end{bmatrix}$
VF 断开	$A_2=\begin{bmatrix}-\frac{r_L+\frac{R_{Ld}r_C}{R_{Ld}+r_C}}{L} & \frac{-R_{Ld}}{L(R_{Ld}+r_C)}\\ \frac{R_{Ld}}{C(R_{Ld}+r_C)} & \frac{-1}{C(R_{Ld}+r_C)}\end{bmatrix}$; $B_2=\begin{bmatrix}\frac{1}{L}\\ 0\end{bmatrix}$; $C_2=\begin{bmatrix}\frac{R_{Ld}r_C}{R_{Ld}+r_C} & \frac{R_{Ld}}{R_{Ld}+r_C}\end{bmatrix}$

由式（2-15）可得

$$A=\begin{bmatrix}-\frac{r_L+\frac{R_{Ld}r_C}{R_{Ld}+r_C}(1-D)}{L} & -\frac{R_{Ld}(1-D)}{L(R_{Ld}+r_C)}\\ \frac{R_{Ld}(1-D)}{C(R_{Ld}+r_C)} & -\frac{1}{C(R_{Ld}+r_C)}\end{bmatrix};\ B=\begin{bmatrix}\frac{1}{L} & 0\end{bmatrix}^{T};\ C=\begin{bmatrix}\frac{R_{Ld}r_C(1-D)}{R_{Ld}+r_C} & \frac{R_{Ld}}{R_{Ld}+r_C}\end{bmatrix};\ E=0$$

代入式（2-22），可得

$$X=\frac{\begin{bmatrix}1\\ R_{Ld}(1-D)\end{bmatrix}v_{in}}{(R_{Ld}+r_C)r_L+R_{Ld}r_C(1-D)+R_{Ld}^2(1-D)^2} \tag{2-33}$$

由式（2-22）进一步可得$\begin{cases}X=-A^{-1}BU\\ Y=(-CA^{-1}B+E)U\end{cases}\Rightarrow Y=CX$，即

$$v_o=CX=\frac{R_{Ld}(1-D)(R_{Ld}+r_C)v_{in}}{r_Cr_L+R_{Ld}(r_C-r_CD+r_L)+R_{Ld}^2(1-D)^2} \tag{2-34}$$

可得 Boost 在 CCM 模式下的电压增益为

$$M=\frac{Y}{U}=-CA^{-1}B+E=\frac{v_o}{v_{in}}=\frac{R_{Ld}(1-D)(R_{Ld}+r_C)}{r_Cr_L+R_{Ld}(r_C-r_CD+r_L)+R_{Ld}^2(1-D)^2} \tag{2-35}$$

若忽略电感和电容的寄生电阻，则$M=\frac{1}{1-D}$。

根据式$G(s)=C(sU-A)^{-1}B+E$，可得 Boost 电路交流小信号开环传递函数为

$$G(s)=C(sU-A)^{-1}B+E=\frac{R_{Ld}r_C(1-D)\left(Cs+\frac{1}{r_C}\right)}{(R_{Ld}+r_C)LCs^2+(R_\Sigma^2C+L)s+\frac{R_\Sigma^2+R_{Ld}^2(1-D)^2}{(R_{Ld}+r_C)}} \tag{2-36}$$

式中，$R_\Sigma^2=r_L(R_{Ld}+r_C)+R_{Ld}r_C(1-D)$。

若忽略电感及电容的寄生电阻，则$G(s)$可以写为

$$G(s)=\frac{R_{\mathrm{Ld}}(1-D)}{R_{\mathrm{Ld}}LCs^2+Ls+R_{\mathrm{Ld}}(1-D)^2} \tag{2-37}$$

则 $G(s)\mid_{s=0}=\frac{1}{1-D}$，表示当频率等于0时的电压增益，即电路的直流增益。

2.2.2 Buck电路

1. 基本原理

图2-6为Buck电路。当VF导通时，I_{L}线性增加，VD截止，此时I_{L}和C_{f}向负载供电；当$I_{\mathrm{L}}>I_{\mathrm{o}}$时，$I_{\mathrm{L}}$向$C_{\mathrm{f}}$充电也向负载供电；当VF关断时，通过VD形成续流回路，I_{L}向C_{f}充电也向负载供电，当$I_{\mathrm{L}}<I_{\mathrm{o}}$时，$I_{\mathrm{L}}$和$C_{\mathrm{f}}$同时向负载供电。若$I_{\mathrm{L}}$减小到0，则VD关断，只有$C_{\mathrm{f}}$向负载供电。由图可直观地看出，由于VF闭合时$L_{\mathrm{f}}$两端有电压降，意味着$V_{\mathrm{o}}<V_{\mathrm{in}}$，则Buck电路一定是降压电路。

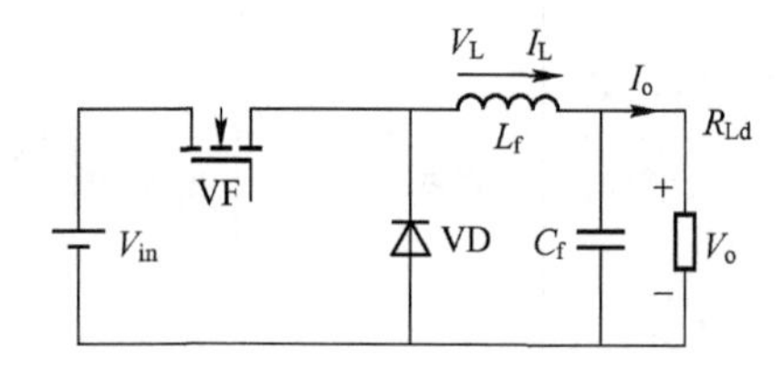

图2-6 Buck电路拓扑

2. CCM及DCM工作模式

Boost电路也会出现3种工作模式，即CCM、DCM和BCM模式，三种模式下的电压、电流波形如图2-7所示。VF关断期间，I_{L}线性下降，若周期结束即VF导通瞬间I_{L}不等于0，则I_{L}呈现图2-7a中的波形，电流连续。若VF导通之前I_{L}就已经降为0，I_{L}就会呈现断流的情形，为图2-7b所示波形。

从电路结构可以看出，I_{L}的平均值就是输出电流I_{o}，ΔI_{L}为I_{L}在本周期内的最大变化值。观察图2-7中波形可以发现，当电流刚好处在临界状态时，$0.5\Delta I_{\mathrm{L}}=I_{\mathrm{o}}$，分析化简之后可以等效为$\tau=L/RT_{\mathrm{s}}=(1-D_1)/2$。进一步有：

$0.5\Delta I_{\mathrm{L}}<I_{\mathrm{o}}$时，即$\tau>(1-D_1)/2$，$I_{\mathrm{o}}$处在连续的状态，即电路工作于CCM模式。

$0.5\Delta I_{\mathrm{L}}>I_{\mathrm{o}}$时，即$\tau<(1-D_1)/2$，$I_{\mathrm{o}}$则会出现断流的情况，即电路工作于DCM模式。

其中，D_1为VF导通时段$0\sim t_1$占T_{s}的比例，D_2为VF关断时段$t_1\sim t_2$占T_{s}的比例。

1）CCM模式下，在VF开通和关断期间，电感的电流变化量分别由Δi_{L1}和Δi_{L2}表示，则

$$\begin{cases}\Delta i_{\mathrm{L1}}=\int_0^{t_1}\frac{V_{\mathrm{in}}-V_{\mathrm{o}}}{L}\mathrm{d}t=\frac{V_{\mathrm{in}}-V_{\mathrm{o}}}{L}\cdot t_1=\frac{V_{\mathrm{in}}-V_{\mathrm{o}}}{L}\cdot D_1T\\ \Delta i_{\mathrm{L2}}=\int_{t_1}^{t_2}\frac{V_{\mathrm{o}}}{L}\mathrm{d}t=\frac{V_{\mathrm{o}}}{L}\cdot(t_2-t_1)=\frac{V_{\mathrm{o}}}{L}\cdot D_2T_{\mathrm{s}}\end{cases} \tag{2-38}$$

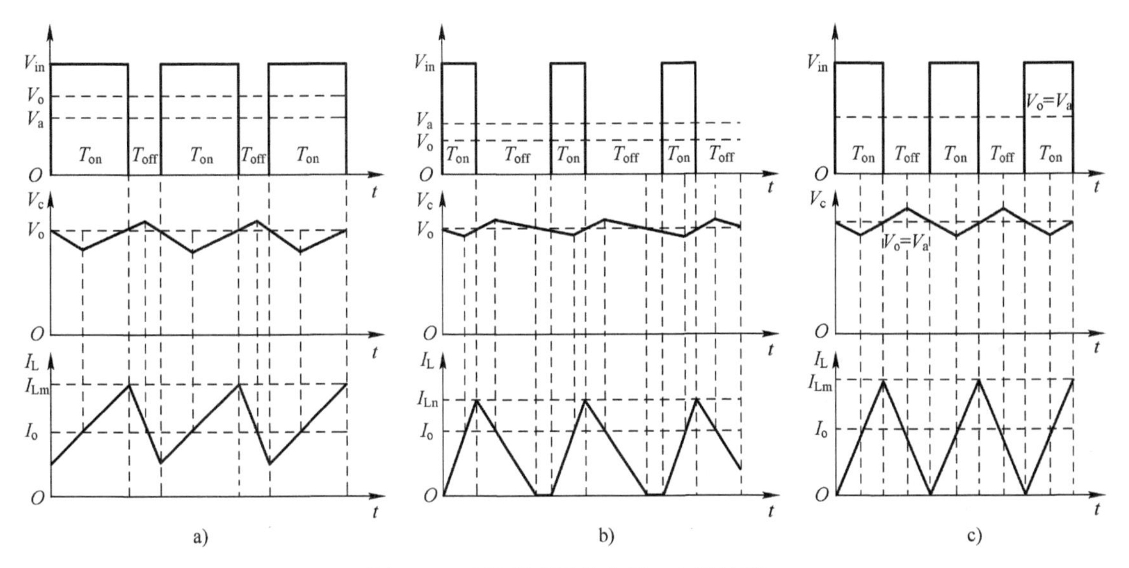

图 2-7　三种模式下的电压、电流波形

a) CCM 模式　b) DCM 模式　c) BCM 模式

此时 $D_1+D_2=1$。当系统稳态运行时 $\Delta i_{L1}=\Delta i_{L2}$，有 $M=D_1=\dfrac{V_o}{V_{in}}$，由此处可知 Buck 电路是一种降压电路。

2）DCM 模式下，在 VF 开通和关断期间，电感电流的变化量分别由 Δi_{L1} 和 Δi_{L2} 表示，则

$$\begin{cases}\Delta i_{L1}=\int_0^{t_1}\dfrac{V_{in}-V_o}{L}dt=\dfrac{V_{in}-V_o}{L}\cdot t_1=\dfrac{V_{in}-V_o}{L}\cdot D_1T_s\\ \Delta i_{L2}=\int_{t_1}^{t_2}\dfrac{V_o}{L}dt=\dfrac{V_o}{L}\cdot(t_2-t_1)=\dfrac{V_o}{L}\cdot D_2T_s\end{cases}\tag{2-39}$$

当系统稳态运行时 $\Delta i_{L1}=\Delta i_{L2}$，有 $M=\dfrac{D_1}{D_1+D_2}=\dfrac{V_o}{V_{in}}$，此时 $D_1+D_2<1$。又因为 I_o 是 I_L 在 T_s 内的平均值，即 I_L 等腰三角形面积在 T_s 时间内的平均值，并且有 $I_o=\dfrac{V_o}{R_{Ld}}$，因此有

$$I_o=\frac{V_o}{R_{Ld}}=\frac{[0.5(D_1+D_2)T_s(V_{in}-V_o)D_1T_s]}{T_sL}\tag{2-40}$$

解得

$$M=\frac{V_o}{V_{in}}=\frac{2}{1+\sqrt{1+\dfrac{8\tau}{D_1^2}}}，\text{其中 }\tau=\frac{L}{RT_s}$$

【注】BCM 临界情况下，M 的计算用以上两种模式下任一种都可以，这里不做分析了。

电流连续与否是由 $0.5\ \Delta I_L$ 和 I_o 的大小关系决定的，调节占空比 D_1 或负载，有可能使工作模式在 CCM 和 DCM 模式之间发生转换，τ 与 D_1 的关系如图 2-8 所示。CCM 模式下，电压增益 M 就是占空比 D_1；DCM 模式下，电压增益 M 和占空比 D_1 则呈现非线性关系，如图 2-9 所示。总体上来看，随着 D_1 的增大，M 值会增加。

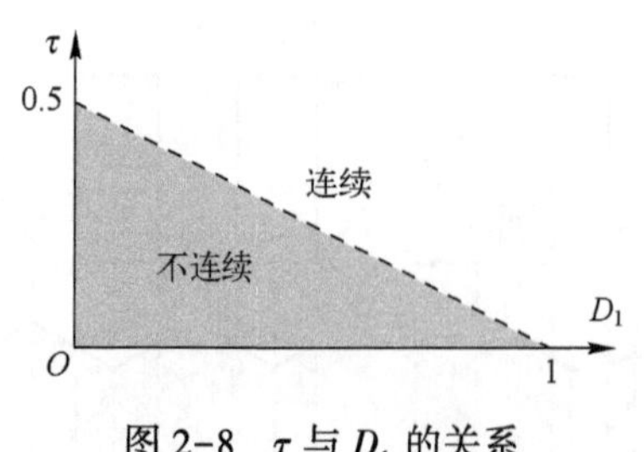

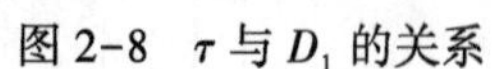

图 2-8　τ 与 D_1 的关系

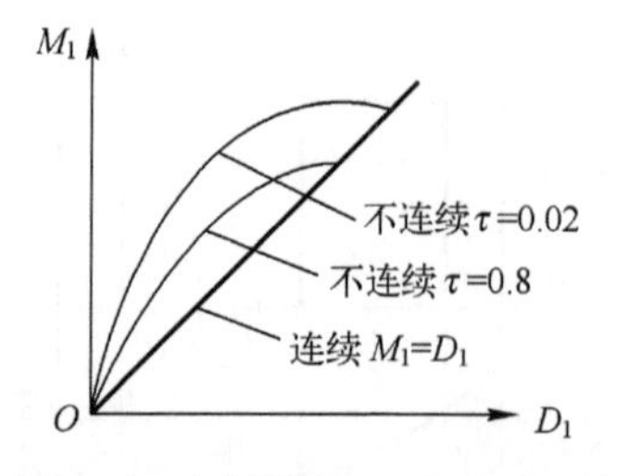

图 2-9　电压增益 M 和占空比 D_1

3. Buck 变换器小信号模型

利用 2. 1 节谈到的小信号建模方法，并考虑电路中的寄生参数，本节给出了 Buck 变换器工作于 CCM 模式下的小信号模型。

每个开关周期 Buck 经历两个开关阶段，如图 2-10 所示。其中，电感及电容的寄生电阻分别为 r_L 和 r_C。

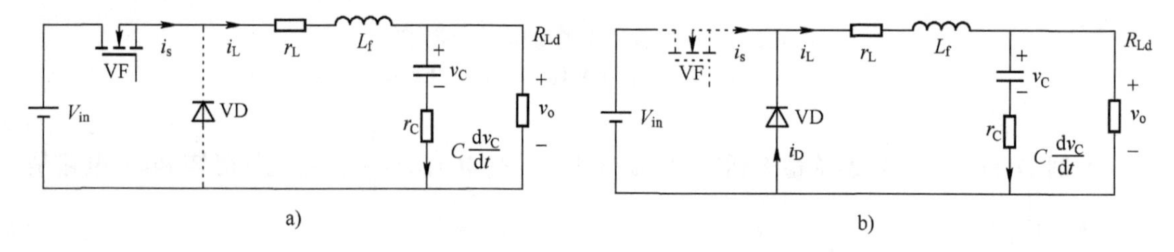

图 2-10　Buck 变换器一个开关周期内的等效电路

a) VF 导通时的等效电路　b) VF 关断时的等效电路

根据上述分析过程，可得 VF 在导通和断开时状态方程的常数矩阵，见表 2-2。

表 2-2　VF 在导通和断开时状态方程的常数矩阵

开关状态	常数矩阵
VF 导通	$\boldsymbol{A}_1=\begin{bmatrix} -\dfrac{R_{Ld}r_C+R_{Ld}r_L+r_Cr_L}{L(R_{Ld}+r_C)} & \dfrac{-R_{Ld}}{L(R_{Ld}+r_C)} \\ \dfrac{R_{Ld}}{C(R_{Ld}+r_C)} & \dfrac{-1}{C(R_{Ld}+r_C)} \end{bmatrix}$；$\boldsymbol{B}_1=\begin{bmatrix} \dfrac{1}{L} \\ 0 \end{bmatrix}$；$\boldsymbol{C}_1=\begin{bmatrix} \dfrac{R_{Ld}r_C}{R_{Ld}+r_C} & \dfrac{R_{Ld}}{R_{Ld}+r_C} \end{bmatrix}$
VF 断开	$\boldsymbol{A}_2=\begin{bmatrix} -\dfrac{R_{Ld}r_C+R_{Ld}r_L+r_Cr_L}{L(R_{Ld}+r_C)} & \dfrac{-R_{Ld}}{L(R_{Ld}+r_C)} \\ \dfrac{R_{Ld}}{C(R_{Ld}+r_C)} & \dfrac{-1}{C(R_{Ld}+r_C)} \end{bmatrix}$；$\boldsymbol{B}_2=\begin{bmatrix} 0 \\ 0 \end{bmatrix}$；$\boldsymbol{C}_2=\begin{bmatrix} \dfrac{R_{Ld}r_C}{R_{Ld}+r_C} & \dfrac{R_{Ld}}{R_{Ld}+r_C} \end{bmatrix}$

由式（2-15）可得

$$\boldsymbol{A}=\begin{bmatrix} -\dfrac{R_{Ld}r_C+R_{Ld}r_L+r_Cr_L}{L(R_{Ld}+r_C)} & -\dfrac{R_{Ld}}{L(R_{Ld}+r_C)} \\ \dfrac{R_{Ld}}{C(R_{Ld}+r_C)} & -\dfrac{1}{C(R_{Ld}+r_C)} \end{bmatrix};\ \boldsymbol{B}_1=\begin{bmatrix} \dfrac{D}{L} \\ 0 \end{bmatrix};\ \boldsymbol{C}=\begin{bmatrix} \dfrac{R_{Ld}r_C}{R_{Ld}+r_C} & \dfrac{R_{Ld}}{R_{Ld}+r_C} \end{bmatrix};\ \boldsymbol{E}=\boldsymbol{0}$$

代入式（2-22），可得

$$\boldsymbol{X}=\frac{DV_{\text{in}}}{r_{\text{L}}+R_{\text{Ld}}}\begin{bmatrix}1\\R_{\text{Ld}}\end{bmatrix} \tag{2-41}$$

进一步可得 Buck 在 CCM 模式下的电压增益为

$$M=\frac{V_{\text{o}}}{V_{\text{in}}}=\frac{R_{\text{Ld}}D}{r_{\text{L}}+R_{\text{Ld}}} \tag{2-42}$$

若忽略电感和电容的寄生电阻，则 $M=D$。

根据式 $G(s)=\boldsymbol{C}(s\boldsymbol{U}-\boldsymbol{A})^{-1}\boldsymbol{B}+\boldsymbol{E}$，可得 Buck 电路交流小信号开环传递函数为

$$G(s)=\boldsymbol{C}(s\boldsymbol{U}-\boldsymbol{A})^{-1}\boldsymbol{B}+\boldsymbol{E}=\frac{R_{\text{Ld}}r_{\text{C}}D\left(Cs+\frac{1}{r_{\text{C}}}\right)}{LC(R_{\text{Ld}}+r_{\text{C}})s^{2}+\{C[r_{\text{L}}(R_{\text{Ld}}+r_{\text{C}})+R_{\text{Ld}}r_{\text{C}}]+L\}s+(R_{\text{Ld}}+r_{\text{L}})} \tag{2-43}$$

若忽略电感及电容的寄生电阻，则 $G(s)$ 可以写为

$$G(s)=\frac{R_{\text{Ld}}D}{R_{\text{Ld}}LCs^{2}+Ls+R_{\text{Ld}}} \tag{2-44}$$

则 $G(s)|_{s=0}=D$，表示当频率等于 0 时的电压增益，即电路的直流增益。

2.2.3 Buck-Boost 电路

1. 基本原理

Buck 电路和 Boost 电路前后级联虽然既能降压又能升压，但单纯地认为 Buck-Boost 是将 Buck 和 Boost 进行级联，是不正确的。升降压电路其实是由 Boost 电路单独演化而来，与 Buck 电路并无关联。

首先回顾一下 Boost 电路的拓扑，当开关 VF 断开的时候，电感上产生的电压（B 为正，A 为负）帮助电源 V_{in} 导通，所以如果从 B、C 两点取出电压，则肯定高于 V_{in}，这也是 Boost 电路的基本原理，如图 2-11 所示。

若从 A、B 两点取出电压，是否有可能构成 Buck-Boost 电路呢？这时候容易发现，VF 断开时电流续流通道不存在，因此将 VD 正负极反相，形成如图 2-12 所示的 Buck-Boost 电路。

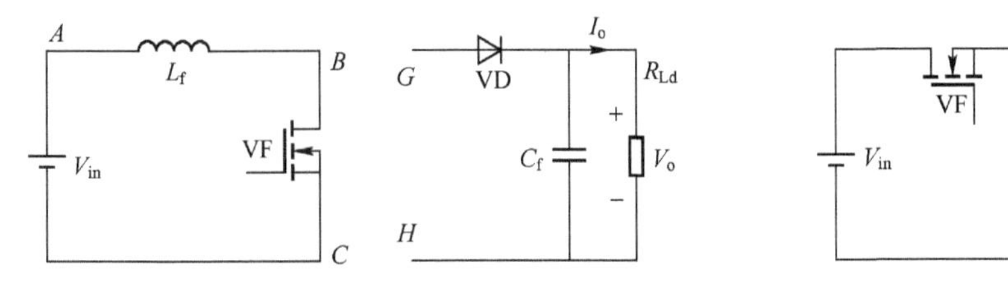

图 2-11 Boost 电路的分解

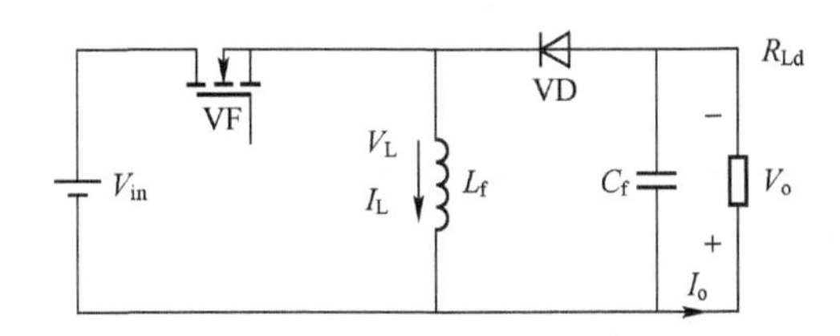

图 2-12 Buck-Boost 电路结构

1）当 VF 接通时，V_{in}开始对 L_{f}充电，I_{L}线性增加，VD 截止，此时 C_{f}向负载供电。

2）当 VF 关断时，L_{f}会产生反电动势，VD 导通，L_{f}通过 VD、C_{f}形成续流回路，向 C_{f}充电，向 R_{Ld}供电；I_{L}小于 I_{o}后，C_{f}也开始放电；若 I_{L}降为 0，则只有 C 对负载 R_{Ld}放电。

3）控制开关 VF 反复地接通和关断，在负载 R_{Ld}上就可以得到一个负极性的输出电压。Buck-Boost 的输出为反极性电压。

从上面的分析可以看到，Buck-Boost 电路 L_f上的电流可能会断续，也会出现 CCM、DCM、BCM 三种工作模式。

2. Buck-Boost 变换器小信号模型

利用 2.1 节谈到的小信号建模方法，并考虑电路中的寄生参数，本节给出了 Buck-Boost 变换器工作于 CCM 模式下的小信号模型。每个开关周期 Buck 经历两个开关阶段，如图 2-13 所示。其中，电感及电容的寄生电阻分别为 r_L和 r_C。

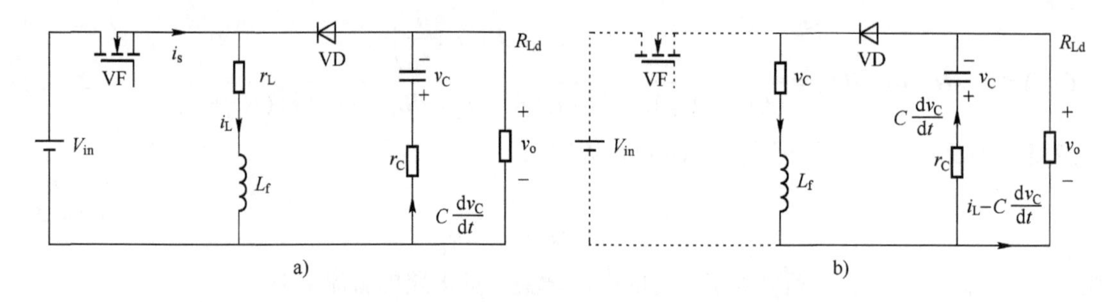

图 2-13　Buck-Boost 变换器一个开关周期内的等效电路

a）VF 导通时的等效电路　b）VF 关断时的等效电路

根据上述分析过程，可得 VF 在导通和断开时的状态方程的常数矩阵，见表 2-3。

表 2-3　VF 在导通和断开时的状态方程的常数矩阵

开关状态	常数矩阵
VF 导通	$\boldsymbol{A}_1=\begin{bmatrix}-\frac{r_L}{L} & 0\\ 0 & -\frac{1}{C(R_{Ld}+r_C)}\end{bmatrix}$；$\boldsymbol{B}_1=\begin{bmatrix}\frac{1}{L}\\ 0\end{bmatrix}$；$\boldsymbol{C}_1=\begin{bmatrix}0 & \frac{R_{Ld}}{R_{Ld}+r_C}\end{bmatrix}$
VF 断开	$\boldsymbol{A}_2=\begin{bmatrix}-\frac{r_L+\frac{R_{Ld}r_C}{R_{Ld}+r_C}}{L} & \frac{-R_{Ld}}{L(R_{Ld}+r_C)}\\ \frac{R_{Ld}}{C(R_{Ld}+r_C)} & \frac{-1}{C(R_{Ld}+r_C)}\end{bmatrix}$；$\boldsymbol{B}_2=\begin{bmatrix}0\\ 0\end{bmatrix}$；$\boldsymbol{C}_2=\begin{bmatrix}\frac{R_{Ld}r_C}{R_{Ld}+r_C} & \frac{R_{Ld}}{R_{Ld}+r_C}\end{bmatrix}$

由式（2-15）可得

$$\boldsymbol{A}=\begin{bmatrix}-\frac{\frac{R_{Ld}r_C}{(R_{Ld}+r_C)}(1-D)+r_L}{L} & \frac{-R_{Ld}(1-D)}{L(R_{Ld}+r_C)}\\ \frac{R_{Ld}(1-D)}{C(R_{Ld}+r_C)} & \frac{-1}{C(R_{Ld}+r_C)}\end{bmatrix}；\boldsymbol{B}_1=\begin{bmatrix}\frac{D}{L}\\ 0\end{bmatrix}；\boldsymbol{C}=\begin{bmatrix}\frac{R_{Ld}r_C}{R_{Ld}+r_C}(1-D) & \frac{R_{Ld}}{R_{Ld}+r_C}\end{bmatrix}；\boldsymbol{E}=\boldsymbol{0}$$

代入式（2-29）中可得

$$
\boldsymbol{X}=\frac{V_{\mathrm{in}}}{r_{\mathrm{L}}+\dfrac{R_{\mathrm{Ld}}r_{\mathrm{C}}}{R_{\mathrm{Ld}}+r_{\mathrm{C}}}(1-D)+\dfrac{R_{\mathrm{Ld}}^{2}(1-D)^{2}}{R_{\mathrm{Ld}}+r_{\mathrm{C}}}}\begin{bmatrix}D\\R_{\mathrm{Ld}}(1-D)D\end{bmatrix} \tag{2-45}
$$

可得 Buck-Boost 在 CCM 模式下的电压增益为

$$
M=\frac{Y}{U}=-\boldsymbol{C}\boldsymbol{A}^{-1}\boldsymbol{B}+\boldsymbol{E}=\frac{V_{\mathrm{o}}}{V_{\mathrm{in}}}=\frac{R_{\mathrm{Ld}}D(1-D)(R_{\mathrm{Ld}}+r_{\mathrm{C}})}{(R_{\mathrm{Ld}}+r_{\mathrm{C}})r_{\mathrm{L}}+R_{\mathrm{Ld}}r_{\mathrm{C}}(1-D)+R_{\mathrm{Ld}}^{2}(1-D)^{2}} \tag{2-46}
$$

若忽略寄生电阻，则 $M=\dfrac{D}{1-D}$。

根据式（2-36），Buck-Boost 电路交流小信号开环传递函数为

$$
G(s)=\boldsymbol{C}(s\boldsymbol{U}-\boldsymbol{A})^{-1}\boldsymbol{B}+\boldsymbol{E}=\frac{R_{\mathrm{Ld}}r_{\mathrm{C}}\mathrm{D}(1-D)\left(Cs+\dfrac{1}{r_{\mathrm{C}}}\right)}{(R_{\mathrm{Ld}}+r_{\mathrm{C}})LCs^{2}+(R_{\Sigma}^{2}C+L)s+\dfrac{R_{\Sigma}^{2}+R_{\mathrm{Ld}}^{2}(1-D)^{2}}{(R_{\mathrm{Ld}}+r_{\mathrm{C}})}} \tag{2-47}
$$

式中，$R_{\Sigma}^{2}=r_{\mathrm{L}}(R_{\mathrm{Ld}}+r_{\mathrm{C}})+R_{\mathrm{Ld}}r_{\mathrm{C}}(1-D)$。

若忽略电感及电容的寄生电阻，则 $G(s)$ 可以写为

$$
G(s)=\frac{R_{\mathrm{Ld}}(1-D)D}{LCR_{\mathrm{Ld}}s^{2}+Ls+R_{\mathrm{Ld}}(1-D)^{2}} \tag{2-48}
$$

则 $G(s)\mid_{s=0}=\dfrac{D}{1-D}$，表示当频率等于 0 时的电压增益，即电路的直流增益。

2.2.4　Cuk 变换器

1. Cuk 变换器的演变过程

图 2-14 为 Cuk 变换器拓扑的演变过程，图 2-14a 表示将一个 Buck 级联至 Boost 电路的负载端形成的拓扑结构，其中 VF_1、L_1、VD_1 和 C_1 为 Boost 变换器的组成元件，VF_2、L_2、VD_2 和 C_2 为 Buck 变换器的组成元件。当 VF_1 和 VF_2 同时开通时，其等效电路如图 2-14b 所示；当 VF_1 和 VF_2 同时关断时，其等效电路如图 2-14c 所示。对比图 2-14b 和图 2-14c 可知，只有元件 C_1 的工作方式发生了变化。（开关管开通时 C_1 为后级电路提供能量，但开关管断开时 C_1 作为负载被 V_{in} 充电。）

如此一来，没有必要使用两个开关器件和两个续流二极管来改变一个元件的工作方式，例如，可通过图 2-15a 所示的单刀双掷开关来实现 C_1 工作方式的切换。

当开关连入节点“1”时，图 2-15a 的输入部分等效为图 2-14b 的输入部分，V_{in} 为 L_1 充电；但输出部分与图 2-14b 的输出部分有区别，尽管 C_1 均通过 L_2 为负载供电，但 C_1 两端的电压极性会发生改变。

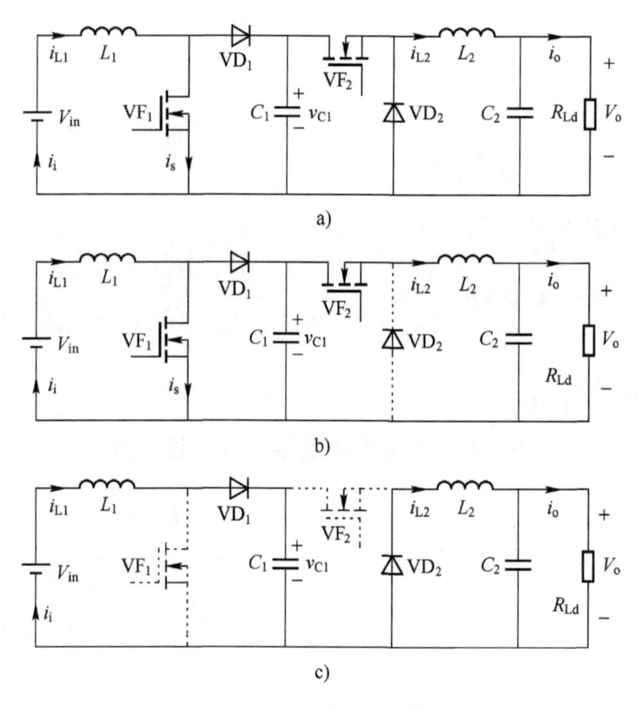

图 2-14　Cuk 变换器的演变过程

当开关连入节点“2”时，图 2-15a 的输入部分等效为图 2-14c 的输入部分，此时 V_{in} 和 L_1 中的储能为 C_1 充电；输出部分 L_2 仅起到续流作用。

因此，图 2-15a 的单刀双掷开关可使用一个开关元器件和续流二极管来替代，得到图 2-15b 所示的电路结构，即 Cuk 电路。

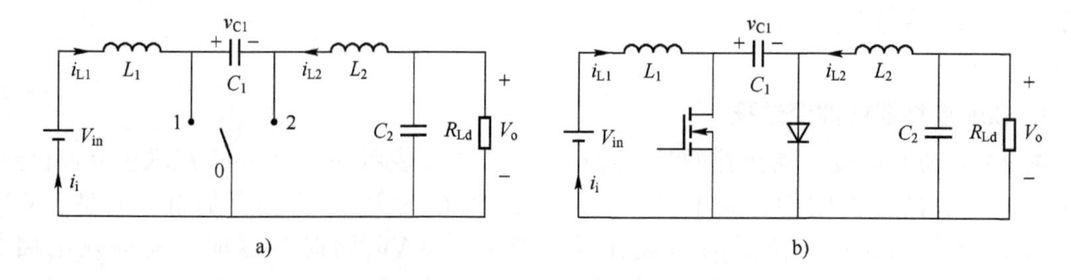

图 2-15　Cuk 变换器及其等效电路

a）Cuk 变换器的等效电路　b）Cuk 变换器

Cuk 变换器也有电流连续和断续两种工作方式，图 2-16a 和图 2-16b 分别表示 Cuk 电路在 CCM 和 DCM 模式下的波形。

这里不是指电感电流的断续，而是指流过二极管的电流连续或断续。在一个开关周期中开关的截止时间 $(1-D)T_s$ 内，若二极管电流总是大于零，则电流连续；若二极管电流在一段时间内为零，则为电流断续工作；若二极管在 $t=T_s$ 时刚降为零，则为临界连续工作方式。

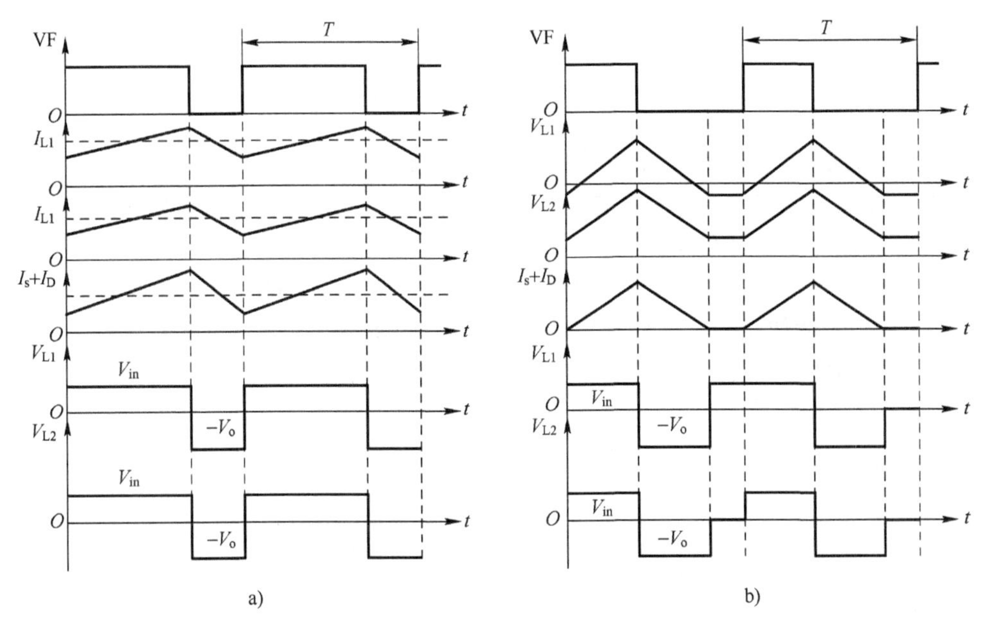

图 2-16　Cuk 电路在 CCM 及 DCM 模式下波形

a）CCM 模式下波形　b）DCM 模式下波形

2. 电流连续时电路的基本关系

假设开关周期为 T_s，开通时间为 T_{on}，关断时间为 T_{off}，占空比 D，则根据如图 2-17a 和图 2-17b 所示的电路，由基尔霍夫电压定律可得

当 $0 \leqslant t \leqslant DT_s$ 时，有 $V_{in}=v_{L1}(t)$；$v_{L2}(t)-v_{C1}(t)+V_o=0$。

当 $DT_s \leqslant t \leqslant T_s$ 时，有 $V_{in}=v_{L1}(t)+v_{C1}(t)$；$v_{L2}(t)+V_o=0$。

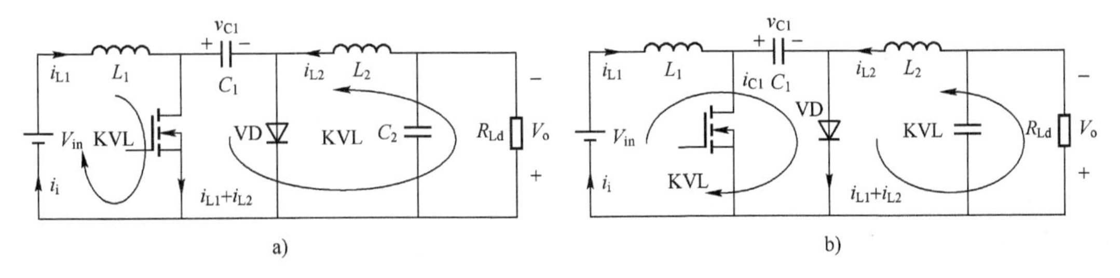

图 2-17　两种开关状态下的等效电路

a）$0 \leqslant t \leqslant DT_s$ 时等效电路　b）$DT_s \leqslant t \leqslant T_s$ 时等效电路

根据伏秒平衡原理，可得 $\int_0^{T_s} v_{L1}(t)\,dt = 0$，$\int_0^{T_s} v_{L2}(t)\,dt = 0$。

电容 C_1两端电压可表示为 $V_{C1} = \frac{1}{T_s}\int_0^{T_s} v_{C1}(t)\,dt$，则可得

$$\begin{cases} V_{in}DT_s+(V_{in}-V_{C1})(1-D)T_s=0 \\ (V_{C1}-V_o)DT_s+(-V_o)(1-D)T_s=0 \end{cases} \tag{2-49}$$

进一步可得

$$\begin{cases} V_o = DV_{C1} \\ V_{C1} = \dfrac{1}{1-D}V_{in} \end{cases} \Rightarrow V_o = \frac{D}{1-D}V_{in}$$

Cuk 变换器保持了 Buck-Boost 变换器的优点，克服了其不足。

1）输入输出电流基本平稳，没有脉动，仅在直流成分的基础上附加很小的纹波。

2）电压变比理论上可在$[0,+\infty)$之间变化。

3）开关管一端接地，简化了驱动电路设计。Cuk 变换器又被称为最优拓扑变换器。

但 Cuk 变换器的使用并不是特别广泛，原因在于参与能量转换的电容承受了极大的纹波电流，元件的耐压水平必须提高，成本增加，且可靠性稍差。

2.2.5 Zeta 变换器

在 Buck 和 Boost 变换器的基础上，发展了 Zeta 变换器。利用 Zeta 变换器，可以获得理论上为 1 的功率因数。因此，Zeta 变换器常应用于功率因数校正电路。

1. 基本工作原理

Zeta 变换器和 Cuk 变换器相似，也有两个电感 L_1和 L_2，以及一个用于能量传输的电容 C_1，不同的是输出电压极性和输入电压相同。它的特点是，左半部分类似于 Buck-Boost 变换器，右半部分类似于 Buck 变换器，中间用 C_1耦合。图 2-18 为 Zeta 变换器的拓扑结构。为了简化分析，假定电路工作在稳定状态；开关器件是理想的；电容 C_1和 C_2足够大，输出电压 V_o不变。

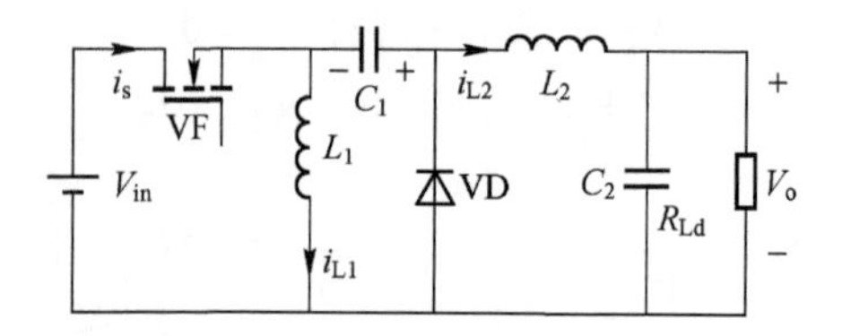

图 2-18 Zeta 变换器的拓扑结构

图 2-19 给出了变换器的 3 种工作状态。在下面的分析中仅考虑半个输入电压周期，另外半个周期完全相同。

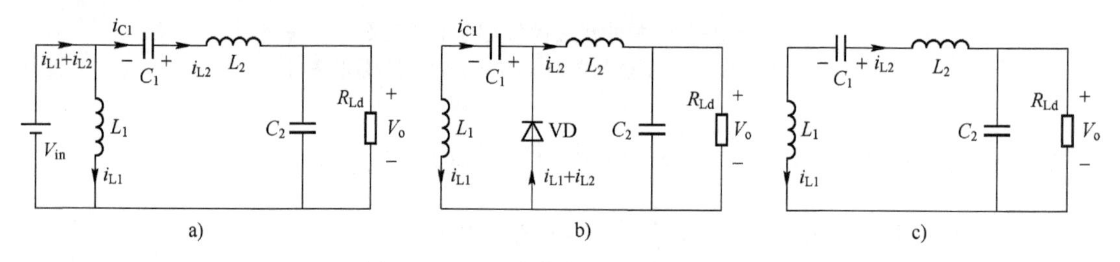

图 2-19 Zeta 变换器的 3 种工作状态

a）状态 1 b）状态 2 c）状态 3

1）状态 1$[t_1,t_2]$：在 t_1时刻，开关管 VF 闭合，电源和电容 C_1向电感 L_1、L_2及负载传递能量，电感 L_1和 L_2上的电流线性增加，电容 C_1和 C_2上的电压 V_{C1}和 V_{C2}保持不变。

2）状态 2$[t_2, t_3]$：在 t_2时刻，开关管 VF 断开，二极管 VD 开始导通，储存在电感 L_1上的能量向电容 C_1传递，储存在电感 L_2上的能量向电容 C_2和负载 R_{Ld}传递。这时电感 L_1和 L_2上的电流线性减小。

3）状态 2$[t_3, t_4]$：在 t_3时刻，电感 L_1和 L_2上的电流 i_{L1}和 i_{L2}为常数 i_{Lm}，电容 C_1和 C_2向负载提供能量。这个过程持续到 t_4。这个状态仅在不连续电流模式下存在。

电感 L_1和 L_2上相应的电压和电流波形如图 2-20 所示。

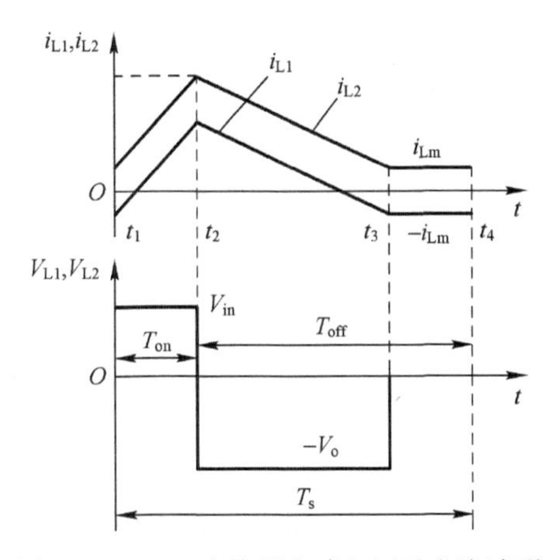

图 2-20　Zeta 变换器电感电压及电流波形

2. 电流连续时的基本关系

电流连续时，只有前两种状态。稳态工作时，开关管 VF 导通期间电感 L_1和 L_2电流的增长量 $\Delta i_{L1(+)}$和 $\Delta i_{L2(+)}$分别等于在 VF 截止期间的减少量 $\Delta i_{L1(-)}$和 $\Delta i_{L2(-)}$。设开关周期为 T_s，开通时间为 T_{on}，关断时间为 T_{off}，占空比为 D，该模式的输出电压表达式如下：

当 $0 \leqslant t \leqslant DT_s$ 时，有 $V_{in} = v_{L1}(t)$；$V_{in} = -v_{C1}(t) + v_{L2}(t) + V_o$。

当 $DT_s \leqslant t \leqslant T_s$ 时，有 $v_{L1}(t) + v_{C1}(t) = 0$；$v_{L2}(t) + V_o = 0$。

根据伏秒平衡，可得 $\int_0^{T_s} v_{L1}(t)\,dt = 0$，$\int_0^{T_s} v_{L2}(t)\,dt = 0$。

电容 C_1两端电压可表示为 $V_{C1} = \dfrac{1}{T_s}\int_0^{T_s} v_{C1}(t)\,dt$，则可得

$$\begin{cases} V_{in}DT_s + (-V_{C1})(1-D)T_s = 0 \\ (V_{C1} + V_{in} - V_o)DT_s + (-V_o)(1-D)T_s = 0 \end{cases} \tag{2-50}$$

进一步可得

$$\begin{cases} V_{C1} = \dfrac{D}{1-D}V_{in} \\ V_o = \dfrac{D}{1-D}V_{in} \end{cases} \Rightarrow V_o = V_{C1}$$

开关管 VF 和二极管 VD 承受的电压为

$$V_{DS(S)} = V_{VD} = V_{in} + V_o = V_{C1} + V_o = \frac{V_{in}}{1-D} = \frac{V_o}{D} \tag{2-51}$$

2.2.6 Sepic变换器

1. 基本工作原理

Sepic变换器是正输出变换器，即输出电压极性和输入电压相同。与Zeta变换器相比，Sepic变换器是将Zeta变换器的VF和L_1位置对调，将L_2和VD的位置对调；或者将Cuk变换器中的电感L_2与二极管VD的位置对调，也可得到Sepic变换器，如图2-21所示。因此Sepic变换器是电感输入，类似于Boost变换器，输出电路类似于Buck-Boost变换器，但为正极性输出。由此可见，Sepic变换器的输入电流脉动很小，其开关管VF采用PWM控制方式。与隔离式Boost拓扑相比，Sepic变换器器件应力低；与反激式变换器及其他变换器的断续导通工作方式比较，滤波器小；Sepic更适合于小功率PFC应用场合。

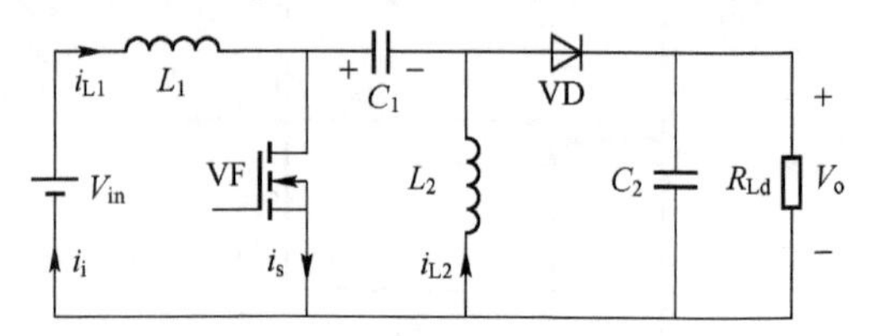

图2-21 Sepic变换器拓扑图

与Zeta变换器类似，由于电容C_1容量很大，变换器在稳态工作时，C_1的电压基本保持恒定，为V_{C1}。连续导通方式下，电路有两种工作状态，如图2-22所示。

1）状态1[t_1,t_2]：在时刻t_1，开关管VF闭合，二极管VD截止。这时变换器有三个回路。第一个是电源、L_1和VF回路。在V_{in}作用下，电感电流i_{L1}线性增长。第二个是C_1、VF和L_2回路，C_1通过VF和L_2放电，电感电流容i_{L2}增长。第三个是C_2向负载供电回路。$C_2\dfrac{dV_{C2}}{dt}=I_o$，因$C_2$较大，所以$V_{C2}=V_o$下降很少。流过VF的电流$i_s=i_{L1}+i_{L2}$。当$t=t_2$时，$i_{L1}$和$i_{L2}$分别达到最大值$I_{L1max}$和$I_{L2max}$。

2）状态1[t_2,t_3]：在时刻t_2，开关VF断开，二极管VD开始导通。此时形成两个回路。第一个是电源、L_1、C_1经VD至负载回路。电源和电感L_1的储能同时向C_1和负载馈送，C_1储能增加，电容C_2充电，i_{L1}减小。第二个是L_2经VD和负载的续流回路。L_2储能释放到负载，因此i_{L2}下降。二极管的电流为i_{L1}与i_{L2}之和，即$i_D=i_{L1}+i_{L2}$。

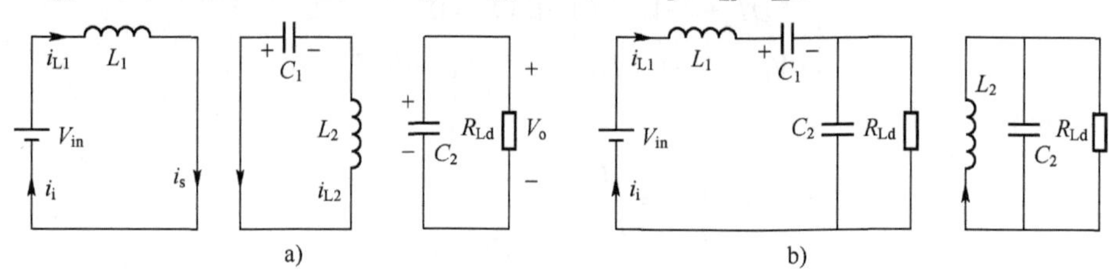

图2-22 电路的两种工作状态

a）状态1 b）状态2

2. CCM模式分析

电流连续时（CCM模式下），只有两种状态。稳态工作时，设开关周期为T_s，开通时

间为 T_{on}，关断时间为 T_{off}，占空比 D，其稳态波形如图 2-23 所示。

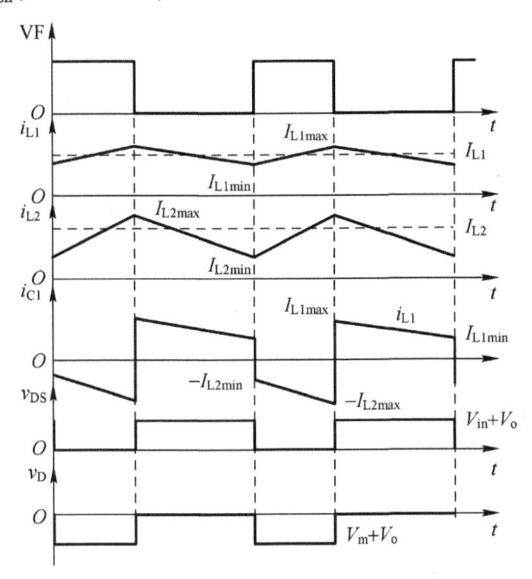

图 2-23　Sepic 电路的 CCM 模式下的稳态电流

当 $0\leqslant t\leqslant DT_s$ 时，有 $V_{in}=v_{L1}(t)$；$v_{C1}(t)=v_{L2}(t)$。

当 $DT_s\leqslant t\leqslant T_s$ 时，有 $V_{in}=v_{L1}(t)+v_{C1}(t)+V_o$；$v_{L2}(t)+V_o=0$。

根据伏秒平衡，可得 $\int_0^{T_s}v_{L1}(t)\,\mathrm{d}t=0$，$\int_0^{T_s}v_{L2}(t)\,\mathrm{d}t=0$。

电容 C_1 两端电压可表示为 $V_{C1}=\dfrac{1}{T_s}\int_0^{T_s}v_{C1}(t)\,\mathrm{d}t$，则可得

$$\begin{cases}V_{in}DT_s+(V_{in}-V_{C1}-V_o)(1-D)T_s=0\\V_{C1}DT_s+(-V_o)(1-D)T_s=0\end{cases}\tag{2-52}$$

整理可得

$$\begin{cases}V_o=\dfrac{D}{1-D}V_{in}\\V_{C1}=\dfrac{1-D}{D}V_o\end{cases}\Rightarrow V_o=V_{C1}$$

开关管 VF 和二极管 VD 承受的电压为

$$V_{DS(S)}=V_D=V_{in}+V_o=V_{C1}+V_o=\frac{V_{in}}{1-D}=\frac{V_o}{D}\tag{2-53}$$

2.3　隔离型 DC-DC 变换器

2.3.1　正激变换器

在各种间接直流变换电路中，正激变换器（Forward）具有电路拓扑结构简单、输入输

出电气隔离、升降压范围宽、易于多路输出等优点，被广泛应用于中小功率电源变换场合，尤其在供电电源要求低电压、大电流的通信和计算机系统中，正激电路更能显示其优势。

但是在开关关断期间，高频变压器必须磁心复位，以防变压器铁心饱和，因此必须采用专门的磁复位电路。正是由于磁复位技术的多样性，以及软开关技术的发展，导致正激电路拓扑结构的多样性。

如图 2-24 所示为典型的单端正激电路，电路工作原理为：VF 开通后，变压器一次电压上“+”下“-”，根据同名端则二次电压也为上“+”下“-”，因此二极管 VD_1 导通，VD_2截止，电感电流 I_L逐渐增长；VF 断开后，VD_1截止，VD_2导通，电感电流通过 VD_2续流。变压器的励磁电流通过磁复位电路降为 0，以防出现磁心饱和现象。

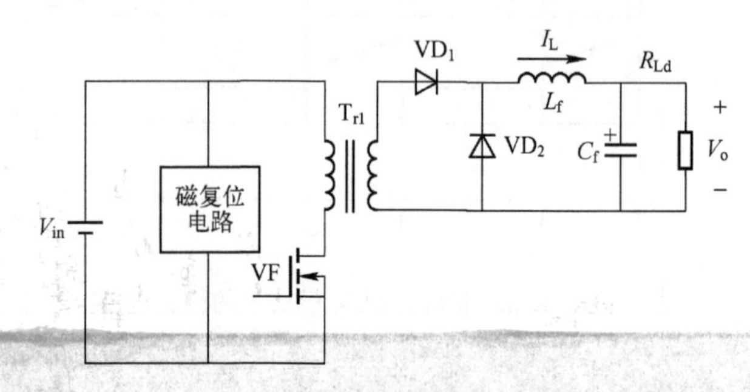

图 2-24　典型的单管正激电路

变压器磁复位问题是正激变换器特有的问题，变压器在开关管关断期间需要进行磁复位，以保证励磁磁通在每个开关周期开始时回到初始值，以避免因磁通不断上升而导致变压器磁心饱和。针对变换器磁复位问题，目前已经提出了多种解决方案，现有的典型正激变换器磁复位技术包括：辅助磁通绕组复位正激变换器、RCD 正激变换器、LCDD 复位正激变换器、有源钳位复位正激变换器、谐振复位正激变换器和不对称双管正激电路。

1. 辅助磁通绕组复位正激变换器

图 2-25 是传统的辅助磁通绕组复位正激变换器的工作原理图（储能电感 L_f、储能电容 C_f及续流二极管 VD_2构成 Buck 电路），为了使变压器磁复位，在变压器中加入一个复位绕组 N_3，其极性与一次绕组 N_1相反。

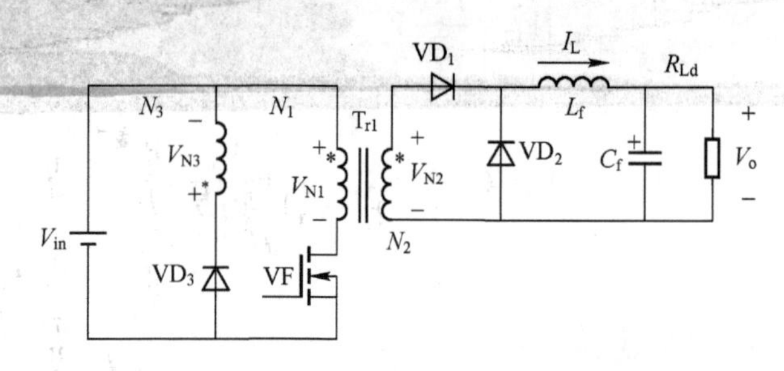

图 2-25　辅助磁通绕组复位正激变换器

当开关管 VF 断开时，一次侧二极管 VD_3导通，变压器励磁能量返回电源，磁心复位。实际应用中为了降低开关管电压应力，同时提高占空比，一般将 N_3绕组设计得与 N_1相同。

所增加的这个附加线圈，它的核心作用是磁复位。VF 断开的瞬间，为了维持励磁磁场不变，变压器的一次、二次线圈绕组都会产生很高的反电动势，这个反电动势是由流过变压器一次线圈绕组的励磁电流存储的磁能量产生的。为了防止在 VF 断开瞬间产生反电动势击穿开关器件，在开关电源变压器中增加一个反电动势能量吸收线圈 N_3以及一个削反峰二极管 VD_3。VF 闭合时，VD_3不导通，而当 VF 断开，由于N_3的存在，当变压器一次线圈的励磁电流突然为 0，VD_3导通，流过 N_3绕组的电流正好接替原来励磁电流的作用，同时对 V_{in}充电，使变压器铁心中的磁感应强度由最大值 B_m返回到剩磁所对应的磁感应强度 B_r位置。这就完成了磁心的磁复位，通过反向充电把磁能重新转换为电能。一方面，N_3绕组产生的感应电动势通过二极管 VD_3可以对反电动势进行限幅，并把限幅能量返回给电源，对电源进行充电；另一方面，流过 N_3绕组中的电流产生的磁场可以使变压器的铁心退磁，使变压器铁心中的磁场强度恢复到初始状态。

但该方法中的变压器需要增加附加线圈，绕制难度加大，同时体积也增大，开关管断开后，变压器的漏感将导致较高的关断尖峰电压，需要附加抑制尖峰电压电路。其占空比需小于 0.5，以避免由于开关管的存储时间过长使铁心不能复位，不适合大功率输出场合。

一个开关周期内，将工作过程分为 3 个阶段，令 V_{in}为开关电源的输入电压，T_r为开关变压器，VF 为控制开关，L_f为储能滤波电感，C_f为储能滤波电容，VD_2为续流二极管，VD_3为削反峰二极管，R_{Ld}为负载电阻。各阶段的电流关系如图 2-26 所示。

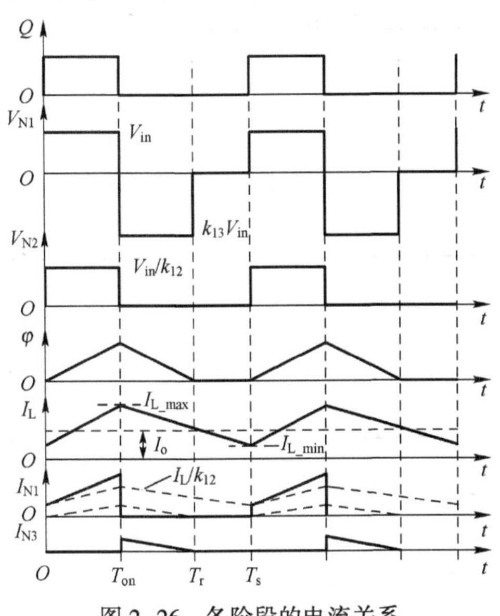

图 2-26　各阶段的电流关系

1) $[0,T_{on}]$：这段时间的等效电路如图 2-27 所示，VF 处于开通状态，电源电压 V_{in}加载至一次绕组上，变压器铁心磁通 φ 增加，此时变器铁心磁通量的增量为

$$N_1\frac{d\varphi}{dt}=V_{in}\Rightarrow\Delta\varphi^{(+)}=\frac{V_{in}}{N_1}T_{on}=\frac{V_{in}}{N_1}DT$$

式中，D 为占空比。

由 $V_{in}=L_m\dfrac{dI_m}{dt}$得变压器一次磁化电流为

$$I_m = \int_{kT}^{kT-t} \frac{V_{in}}{L_m} dt = \frac{V_{in}}{L_m} t \tag{2-54}$$

式中，L_m是一次绕组的励磁电感，二次绕组 N_2上的电压为 $V_{N2} = \frac{N_2}{N_1} V_{in}$。

此时整流管 VD_1导通，续流二极管 VD_2截止，滤波电感 L_f的电流增加，见式（2-55）。

$$\frac{N_2}{N_3} V_{in} - V_o = k_{23} V_{in} - V_o = L_f \frac{dI_L}{dt} \tag{2-55}$$

显然这与 Buck 变换器中 VF 导通时一样，变压器的一次绕组电流为

$$I_{N1} = \frac{N_1}{N_2} I_L + I_m = k_{12} I_L + I_m。 \tag{2-56}$$

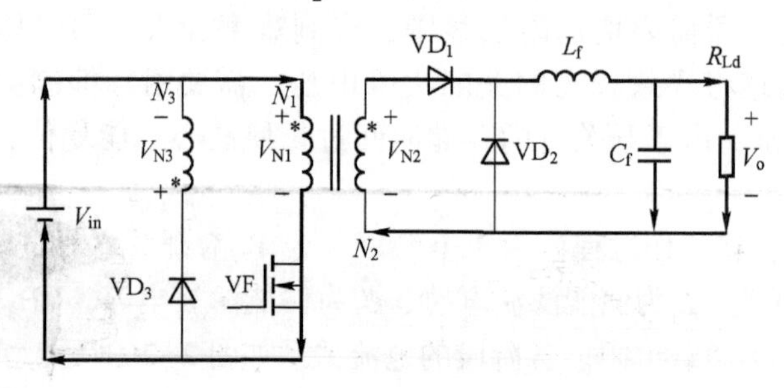

图 2-27 $[0, T_{on}]$时间段的等效电路

2）$[T_{on}, T_r]$：这段时间的等效电路如图 2-28 所示，VF 断开，变压器一次绕组和二次绕组中都没有电流流过，此时变压器通过复位绕组进行磁复位，励磁电流 I_m从复位绕组 N_3经过二极管 VD_3回馈到输入电源中。此时整流管 VD_1断开，流过电感 L_f的电流通过续流二极管 VD_2续流，复位绕组电压为 $V_{N3} = -V_{in}$。

变压器一次绕组电压为

$$V_{N1} = -\frac{N_1}{N_3} V_{in} = -k_{13} V_{in} \tag{2-57}$$

二次绕组电压为

$$V_{N2} = -\frac{N_2}{N_3} V_{in} = -k_{23} V_{in} \tag{2-58}$$

此时整流管断开，流过电感 L_f的电流通过续流二极管 VD_2 续流，这与 Buck 变换器类似。在此开关状态中，加载在 VF 上的电压为

$$V_V = V_{in} + \frac{N_1}{N_3} V_{in} \tag{2-59}$$

电源 V_{in}反向加载在复位绕组 N_3上，因此铁心去磁，铁心磁通降低：

$$N_3 \frac{d\varphi}{dt} = -V_{in} \Rightarrow \Delta\varphi^{(-)} = \frac{V_{in}}{N_3} (T_r - T_{on})$$

式中，$(T_r - T_{on})$为去磁时间。

励磁电流 I_m从一次绕组转移到复位绕组，并线性减少，在 T_r时刻变压器完成磁复位。

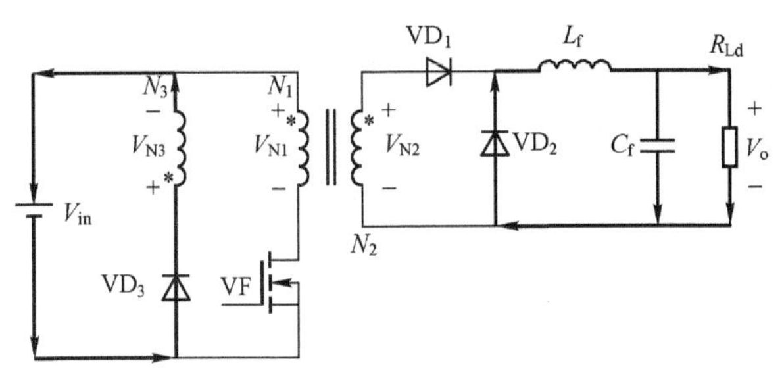

图 2-28　$[T_{on},T_r]$时间段的等效电路

3）$[T_r,T_s]$：这段时间的等效电路如图 2-29 所示，VF 处于断开状态，所有绕组均没有电流，它们的电压为 0。滤波电感电流经续流二极管续流。此时 VF 上的电压为 $V_{VF}=V_{in}$。由于在正激变换器中的磁通必须复位，得

$$\frac{V_{in}}{N_1}T_{on}=\frac{V_{in}}{N_3}(T_r-T_{on})\Rightarrow T_{on}=\frac{N_1}{N_3}(T_r-T_{on}) \tag{2-60}$$

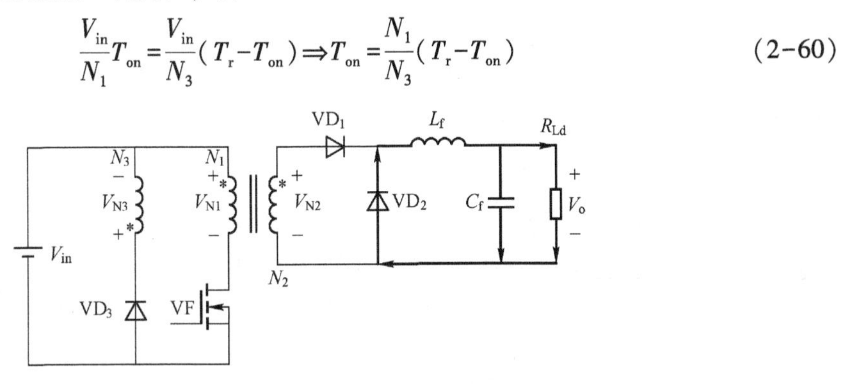

图 2-29　$[T_r,T_s]$时间段的等效电路

此时，若 $N_1>N_3$，则 VF 管电压大于 2 倍的输入电压，去磁时间小于开通时间 $T_{on}>(T_r-T_{on})$，即占空比 $D=\frac{T_{on}}{T_r}>0.5$；若 $N_1<N_3$，则 VF 管电压小于 2 倍的输入电压，则去磁时间大于开通时间 $T_{on}<(T_r-T_{on})$，即占空比 $D=\frac{T_{on}}{T_r}<0.5$。为了充分提高占空比并且降低 VF 的两端电压，必须折中选择，一般 $N_1=N_3$，即 $D=\frac{T_{on}}{T_r}=0.5$，VF 管电压等于 2 倍的输入电压。

由于单端正激变换器实际上一个隔离的 Buck 变换器，因此其输入输出关系为

$$V_o=\frac{N_2}{N_1}V_{in}\frac{T_{on}}{T_r}=\frac{N_2}{N_1}V_{in}D \tag{2-61}$$

2. RCD 正激变换器

图 2-30 所示为 RCD 正激变换器，增加了钳位电阻 R_r、钳位电容 C_r和钳位二极管 VD_r。其工作原理如下：由于钳位电容 C_r较大，在稳定工作时可看作稳压源，当开关管断开后，二极管 VD_r导通，C_r上的电压使变压器磁复位。该变换器的优点是占空比可以大于 0.5，适用于宽输入范围场合，同时电路结构简单，成本低廉。缺点是开关管电压应力通常大于 2 倍的输入电压，电压应力较高，而且变压器的励磁能量和漏感能量完全消耗在复位电阻中，变换效率较低，因此一般适用于变换效率不高且价廉的电源场合。

3. LCDD 复位正激变换器

LCDD 缓冲网络复位电路如图 2-31 所示。开关管 VF 断开后，磁化能量存储在钳位电容 C_r中（开关管关断电压钳位在 $2V_{in}$），VD_3开通，C_r上的电压使变压器复位，C_r中的能量在 VF 导通期间传送到 L_r中，L_r中的能量通过 VD_3回馈到输入源。

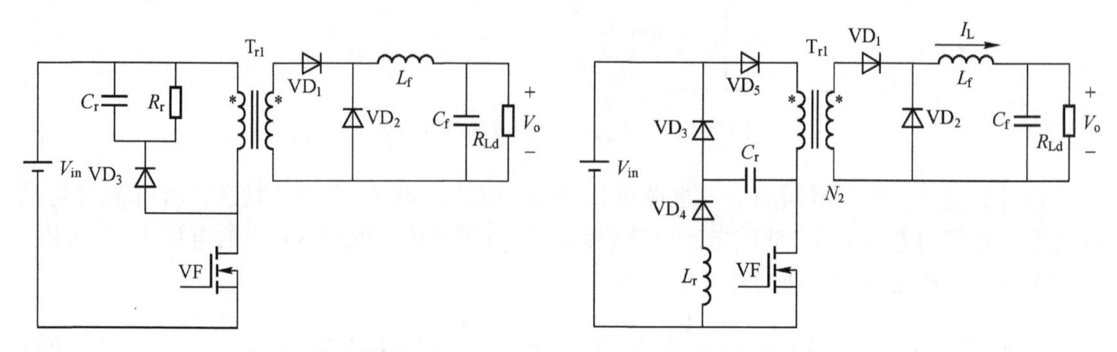

图 2-30　RCD 钳拉正激变换器

图 2-31　LCDD 缓冲网络复位电路

LCDD 钳位复位电路结构简单，开关管关断电压钳位固定，避免了尖峰电压，不存在耗能元件，属于无损复位，提高了电路变换效率。通过选取适合的钳位电路元件，可以保证电路工作在较宽的负载范围内，并能够保证钳位电容 C_r的电压值、电感 L_r的电流峰值不变。占空比最大为 0.5，输入电压范围受限，因此适合于中等功率高效变换场合。此外，当开关频率大于 30 kHz 时，过大的 L_rC_r谐振电流增加了功率开关的导通损耗，因而该电路通常应用在开关频率为 20 kHz 的场合。

4. 有源钳位复位正激变换器

采用有源钳位支路实现正激变换器变压器磁复位，比上述 3 种传统的方法优越，主要体现在：变压器最优化复位（电压应力低）；输入电压范围宽；线性输出控制特性；不需要辅助的吸收回路等方面。

由变压器一次绕组伏秒平衡原理可知，图 2-32a 电路钳位电压 V_{Cr}为（D 为占空比）

$$V_{Cr}=\frac{D}{1-D}V_{in} \tag{2-62}$$

式（2-62）与 Flyback 变换器类似，也称为单端反激式 Flyback 钳位电路。

图 2-32b 电路的钳位电压 V_{Cr}为（D 为占空比）

$$V_{Cr}=\frac{V_{in}}{1-D} \tag{2-63}$$

式（2-63）与 Boost 变换器相似，称为升压式 Boost 钳位（简称 Boost 钳位）。这两种钳位电路工作原理基本相同，只是回馈到输入电源中的电流谐波不同。

有源钳位电路由钳位开关 VF_a和钳位电容 C_r组成，并联在主开关和变换器的变压器两端，利用钳位电容和 MOSFET 输出电容及变压器绕组电感谐振，创造主开关 ZVS（零电压开关）的条件，并且在主开关断开期间，由钳位电容的电压将主开关两端电压钳位在一定数值上，从而避免了开关上过大的电压应力。这种技术非常适合用于正激变换器，因为在正激变换器中利用有源钳位，可实现变压器磁心磁通自动复位，无须另加复位措施，而且可以使激磁电流沿正负方向流通，使磁心工作在一、三象限，从而提高磁心的利用率。

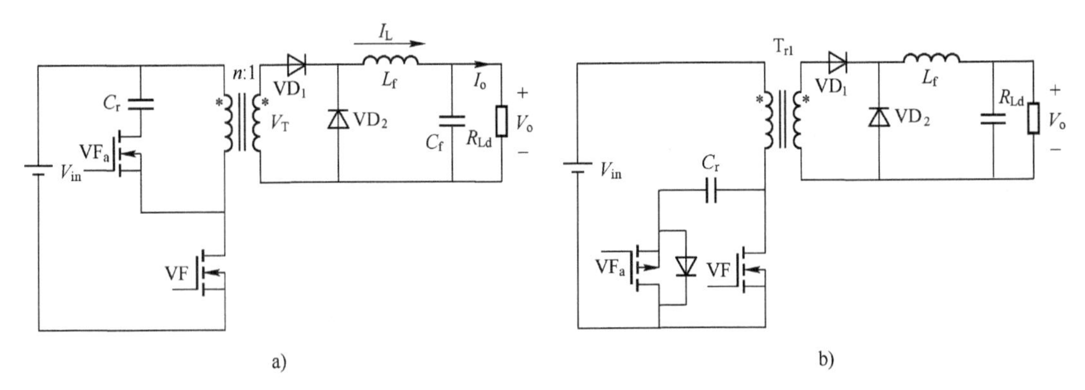

图 2-32　有源钳位式拓扑结构

a) Flyback 钳位电路　b) Boost 钳位电路

以 Flyback 钳位电路为研究对象，其研究结论同样适用于 Boost 钳位电路。假设输出滤波电感 L_f和钳位电容 C_f足够大，因此可将其分别作为电流源和电压源处理（L_m为变压器磁化电感），简化电路如图 2-33 所示，每个 PWM 周期可分为 7 个区间，每个区间等效电路如图 2-34 所示，每个区间的波形如图 2-35 所示。

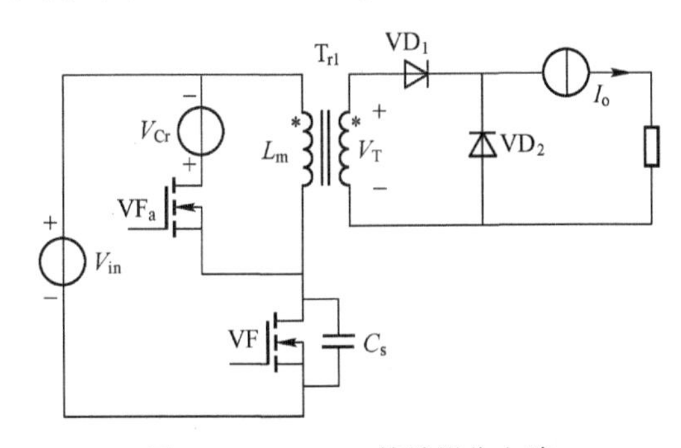

图 2-33　Flyback 等效钳位电路

1) $[t_0,t_1]$：VF 导通之前，钳位电容 C_r两端电压 $V_{Cr}=\dfrac{DV_{in}}{1-D}$，电容上电压极性为上“-”下“+”。在 t_0时刻，VF 导通，VF 的漏极电位为 0，变压器磁心争相励磁，励磁电流由 $-I_m$向$+I_m$过渡，流经 VF 的电流为 $I_Q=I_m+\dfrac{I_o}{n}$（n 为变压器的变比）；变压器一次侧绕组电压等于输入电压 V_{in}，能量由输入电源 V_{in}经过变压器传送至负载。

2) $[t_1,t_2]$：在 t_1时刻，VF、VF$_a$、VD$_2$均处于断开状态。负载电流折算到一次侧的电流为$\dfrac{I_o}{n}$，对 VF 的结电容 C_s进行充电，VF 的漏源电压 V_{ds}上升。

3) $[t_2,t_3]$：在 t_2时刻，V_{ds}上升到 V_{in}时，励磁电感 L_m上的能量继续对 VF 上的结电容 C_s进行充电，即 L_m与 C_s进行谐振，VF 的漏源电压 V_{ds}继续上升。

4) $[t_3,t_4]$：在 t_3时刻，VF 的漏源电压 V_{ds}上升至钳位电压 V_{cr}与输入电压 V_{in}之和，辅助开关管 VF$_a$的反并联二极管导通。此时，钳位电容上的反向电压 V_{cr}加在变压器的一次绕组上，励磁电流逐渐减小。由于此时反并联二极管处于导通状态，在某一时刻给辅助开关管

VF_a的栅极加一驱动信号，可实现 VF_a的零电压开通。

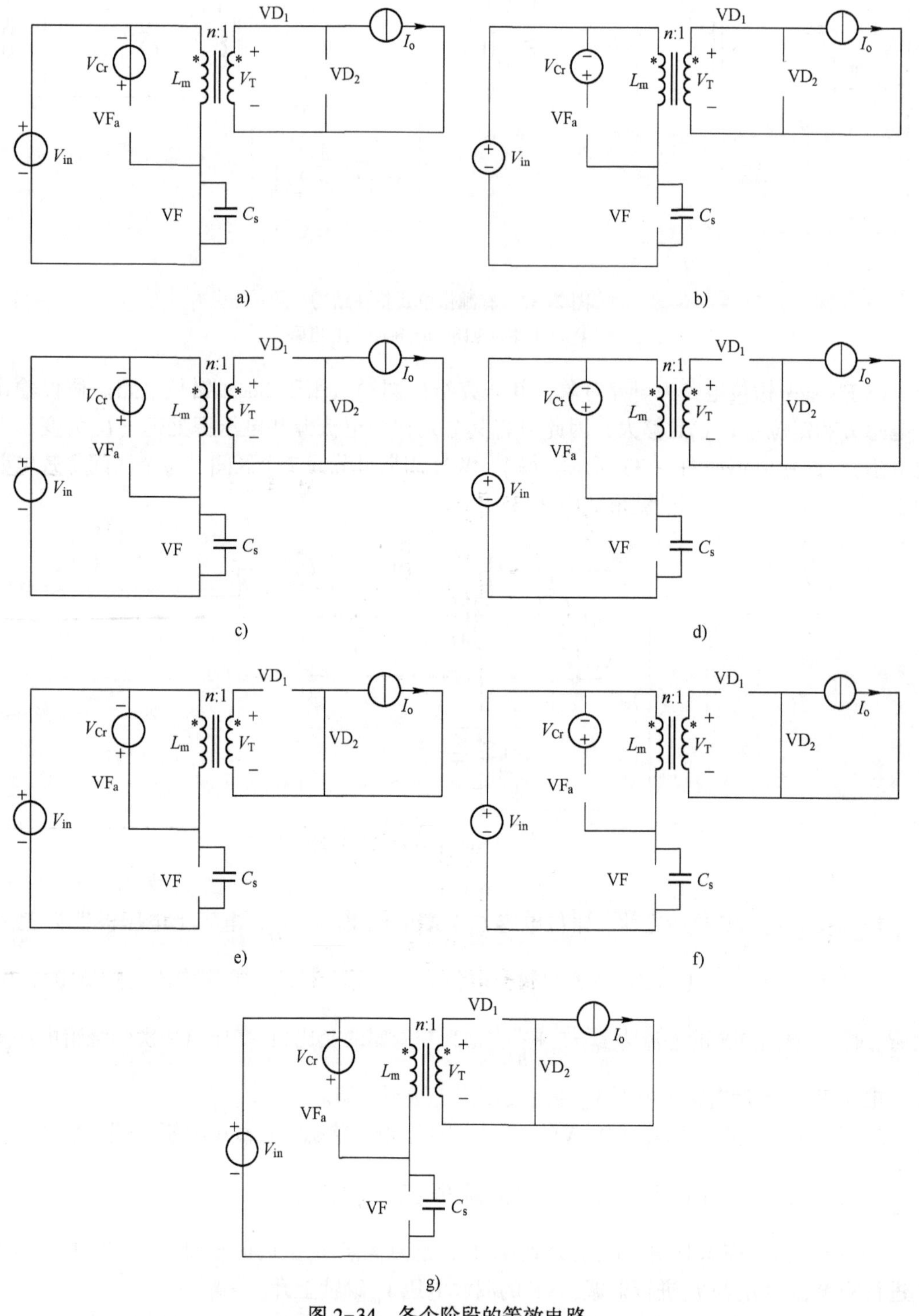

图 2-34 各个阶段的等效电路

a) $[t_0,t_1]$等效电路 b) $[t_1,t_2]$等效电路 c) $[t_2,t_3]$等效电路 d) $[t_3,t_4]$等效电路 e) $[t_4,t_5]$等效电路 f) $[t_5,t_6]$等效电路 g) $[t_6,t_7]$等效电路

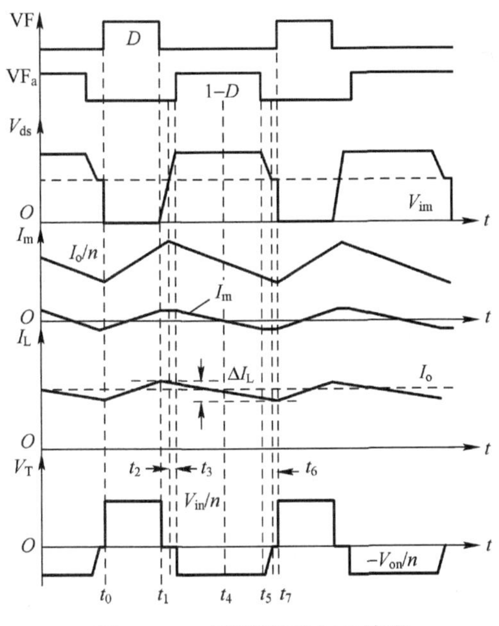

图 2-35　时序逻辑及相关波形

5）［t_4，t_5］：t_4时刻，励磁电流 I_m减小至 0。此时 VF_a已经导通，励磁电流 I_m反向增大。

6）［t_5，t_6］：t_5时刻，VF_a断开，电感 L_m与 VF 的结电容 C_s进行谐振，漏源电压 V_{ds}减小。

7）［t_6，t_7］：t_6时刻，漏源电压下降到 V_{in}，整流二极管 VD_1导通。励磁电感继续与 C_s谐振，使 VF 的漏源电压下降为零，创造 VF 实现 ZVS 的条件。在 t_7时刻，VF 再次导通，变换器开始另一个 PWM 周期。

根据变压器的伏秒平衡，有

$$\begin{cases} V_{in}DT = V_{Cr}(1-D)T \Rightarrow V_{Cr} = V_{in}\dfrac{D}{1-D} \\ V_{ds} = V_{Cr} + V_{in} \Rightarrow V_{ds} = \dfrac{V_{in}}{1-D} \end{cases} \tag{2-64}$$

根据电感电流的伏秒平衡，有

$$\left(\frac{V_{in}}{n} - V_o\right)DT = V_o(1-D)T \Rightarrow V_o = V_{in}\frac{D}{n} \tag{2-65}$$

5. 谐振复位正激变换器

该电路拓扑如图 2-36 所示，其中 L_m为励磁电感，L_k为漏感，C_r为外接谐振复位电容，利用开关管寄生电容或漏源极外加的并联电容与变压器励磁电感的振荡来实现变压器的磁复位。该电路具有电路简单，不需要辅助的吸收回路以及线性输出控制特性的优点；但也存在一次侧开管电压应力较高，谐振电容的损耗大等缺陷。

一个开关周期内共有 4 个工作模式，等效电路如图 2-37 所示，工作波形如图 2-38 所示。

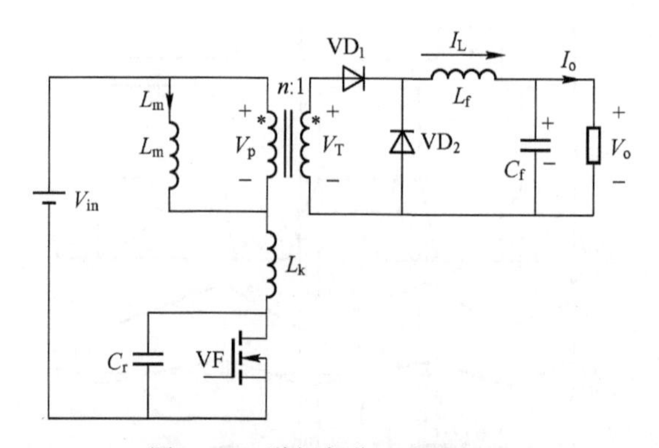

图 2-36　谐振复位正激变换器

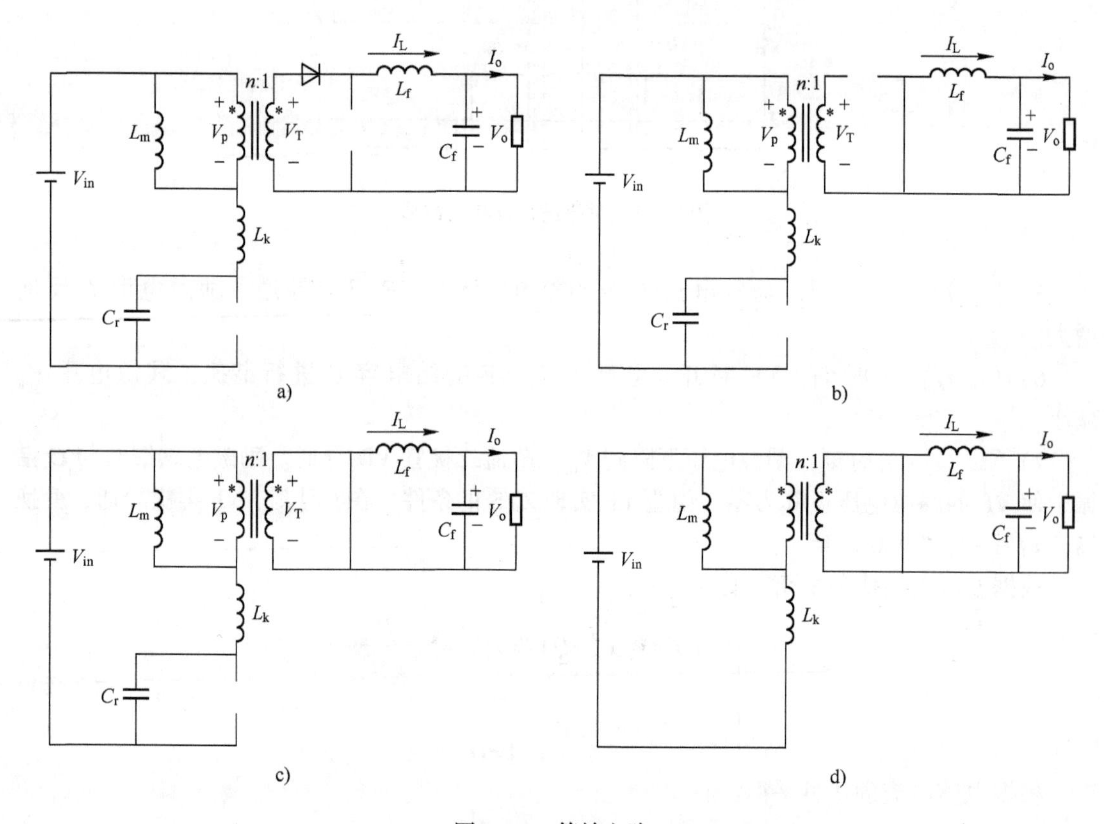

图 2-37　等效电路

a）［t_0~t_1］等效电路　b）［t_1~t_2］等效电路

c）［t_2~t_3］等效电路　d）［t_3~t_4］等效电路

1）［t_0，t_1］，VD$_1$、VD$_2$换相模式：该模式从主开关管 VF 断开开始，到续流管 VD$_2$导电结束。因时间很短，在该区间内励磁电流 $I_m(t_0)=I_{m1}$可看作常数；由于此时 VD$_1$仍然导通，故二次侧折射至一次侧的电流$\frac{I_o}{n}$与 I_{m1}一起对 C_r充电，可得（V_{ds}为 VF 漏源电压）

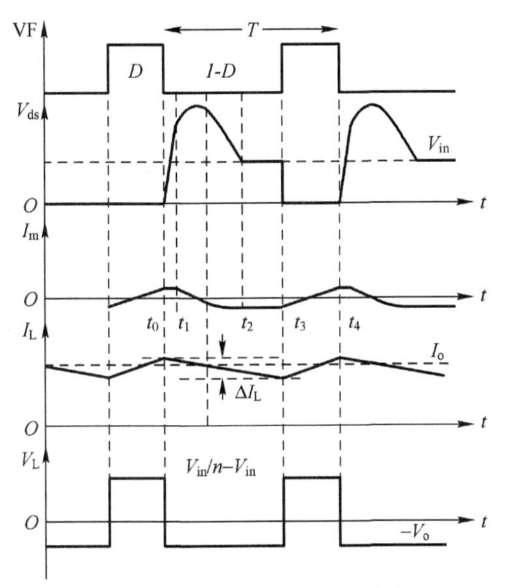

图 2-38　各个区间的工作波形

$$\begin{cases} V_{ds}(t)=\dfrac{I_{m1}+\dfrac{I_o}{n}}{C_r}(t-t_0) \\ V_p(t)=V_{in}-\dfrac{I_{m1}+\dfrac{I_o}{n}}{C_r}(t-t_0) \end{cases} \tag{2-66}$$

当 $t=t_1$ 时，变压器一次电压 $V_p(t)$ 降至零，VD_1 截止，VD_2 导通，换流过程结束，二次侧进入续流阶段。该阶段的时间 $\Delta t_1=t_1-t_0$，大小为

$$\Delta t_1=\frac{V_{in}C_r}{I_{m1}+\dfrac{I_o}{n}} \tag{2-67}$$

2）$[t_1,t_2]$，续流模式 1：该模式从整流管 VD_1 断开、续流管 VD_2 导通开始至去磁结束为止。此时二次侧为续流过程，一次侧为去磁过程，它的去磁由励磁电感 L_m 与 C_r 的谐振实现。利用初始条件 $I_m(t_1)=I_{m1}$，$V_p(t_1)=0$，$V_{ds}(t_1)=V_{in}$ 及式（2-68）：

$$\begin{cases} V_{in}=V_p(t)+V_{ds}(t) \\ I_m(t)=C_r\dfrac{dV_{ds}(t)}{dt} \\ V_p(t)=L_m\dfrac{dI_m(t)}{dt} \end{cases} \tag{2-68}$$

可得 $\left(\text{其中 }\omega=\dfrac{1}{\sqrt{L_mC_r}}\right)$

$$\begin{cases} V_{ds}(t)=V_{in}[1+\sin\omega(t-t_1)] \\ V_p(t)=-V_{in}\sin\omega(t-t_1) \\ I_m(t)=I_{m1}\cos\omega(t-t_1) \end{cases} \tag{2-69}$$

该模式在 $V_p(t)$ 再次为零时结束。此后，因二次侧整流管 VD_1 的单向导电性，使得 $V_p(t)=0$，$I_m(\Delta t_2)=I_{m2}=-I_{m1}$ 保持为常数，其中该模式的时间间隔 $\Delta t_2=t_2-t_1=\frac{1}{\sqrt{L_m C_r}}$。

3）$[t_2,t_3]$，续流模式 2：该模式从一次侧去磁完成开始，到主开关管 VF 的触发导通结束，二次侧仍为续流模式。

4）$[t_3,t_4]$，传送模式：该模式从主管 VF 导通开始，到其断开结束，此区间内输入向输出传递能量，一次侧励磁电感电流线性增加，大小为

$$I_m(t)=-I_{m1}+\frac{V_{in}}{L_m}(t-t_3) \tag{2-70}$$

当 $\Delta t_3=T-t_3=DT$ 时，$I_m(\Delta t_3)=I_{m1}$，故有

$$I_{m1}=\frac{V_{in}DT}{2L_m}=\frac{nV_oT}{2L_m} \tag{2-71}$$

由励磁电感和滤波电感的伏秒平衡原理，可以推出式（2-72）的直流稳态关系：

$$\begin{cases} V_o=\dfrac{V_{in}}{n}D \\ I_{in}=\dfrac{I_o}{n}D \end{cases} \tag{2-72}$$

式中，n 为变压器变比；D 为开关稳态工作时的占空比；V_{in}、I_{in} 为变换器的输入电压和电流；V_o、I_o 为变换器的输出电压和电流。

6. 不对称双管正激电路

下面将对传统双管单端正激变换器以及变形结构进行分析。

（1）传统双管单端正激变换器

单端正激直流变换器，既可以采用单个功率开关器件也可以采用双功率开关器件，如图 2-39 所示为双管单端正激变换器。

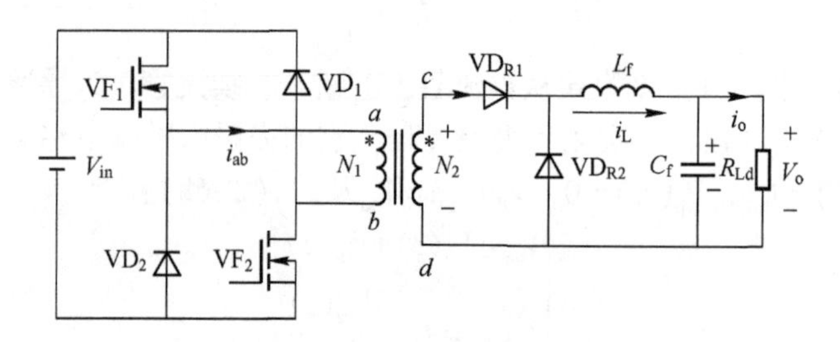

图 2-39　双管单端正激变换器

开关管 VF_1 和 VF_2 受控同时导通或截止，但两个栅极驱动电路必须彼此绝缘。当功率开关 VF_1 和 VF_2 受控导通时，整流二极管 VD_{R1} 也同时导通，电源向负载传送能量，电感 L_f 储能。当 VF_1 和 VF_2 受控截止时，VF_1 承受反压也截止，续流二极管 VD_{R2} 导通，L_f 中的储能通过续流二极管 VD_{R2} 向负载释放。输出滤波电容 C_f 用于降低输出电压的脉动。由于这种变换器在功率开关管导通的同时向负载传输能量，因此称为正激变换器。

当储能电感 L_f 的电感量足够大，使得电感电流 i_L 连续，此时电路波形如图 2-40 所示。

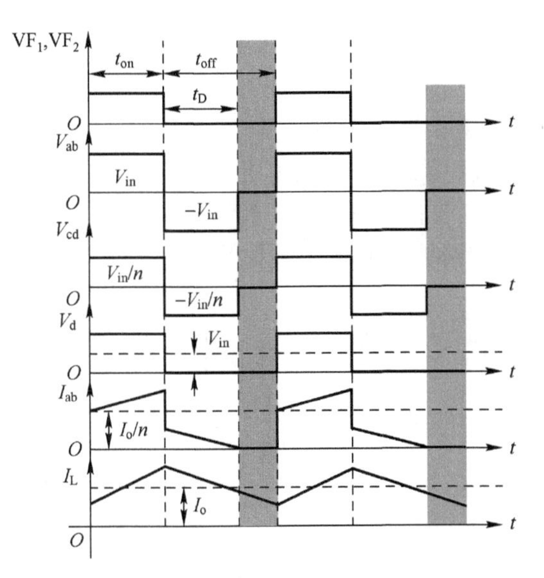

图 2-40　双管单端正激变换器波形

t_{on}期间，VF_1和 VF_2导通，$V_{ab}=V_{in}$，$V_{cd}=V_{in}/n$（n 为变压器电压比），整流二极管 VD_{R1}导通，电源向负载传送能量；储能电感 L_f储能，i_L按线性规律上升，同时高频变压器中励磁电感 L_{ab}储能。此时，变压器一次绕组电流 i_{ab}等于磁化电流 i_c与二次绕组电流 i_{cd}折算到一次侧的电流之和，即

$$i_{ab}=i_m+\frac{i_L}{n}\approx i_m+\frac{i_o}{n}=\int_0^t\frac{V_{in}}{L_{ab}}dt+\frac{i_o}{n}\tag{2-73}$$

当 $t=t_{on}$时，磁化电流 i_{ab}达到最大值 $i_{ab}=i_m+\frac{i_L}{n}\approx i_m+\frac{i_o}{n}=\frac{V_{in}}{L_{ab}}t_{on}+\frac{i_o}{n}$。

t_{off}期间，VF_1和 VF_2截止，VD_{R1}反压截止，续流二极管 VD_{R2}导通，L_f的储能释放出来供给负载，i_L线性规律下降。VD_1和 VD_2用于实现磁通复位并起到钳位作用。t_{on}期间它们承受反压（其值为 V_{in}）而截止；当 VF_1和 VF_2截止时，变压器一、二次绕组电压极性均变为下"+"上"−"，VD_1和 VD_2导通，变压器励磁电感 L_{ab}中的储能经 VD_1和 VD_2回送 V_{in}。若忽略 VD_1和 VD_2的管压降，在励磁电感储能释放过程中，$V_{ab}=-V_{in}$，变压器一次绕组中的电流 i_{ab}按线性规律下降，即

$$i_{ab}=i_m+\frac{i_L}{n}\approx i_m+\frac{i_o}{n}=\frac{V_{in}}{L_{ab}}(t_{on}-t)\tag{2-74}$$

当 VF_1和 VF_2从导通变为截止的瞬间，式（2-74）中 $t=0$；当变压器励磁电感储能释放完毕，式（2-74）中 $t=t_{on}$，也就是说 VD_1和 VD_2导通持续的时间 $t_{VD}=t_{on}$。

为了保证磁通复位，必须满足 $t_{off}\geqslant t_{VD}=t_{on}$，也就是说，占空比必须满足 $D\leqslant 0.5$。利用 V_d波形可求得双管单端正激变换器电感电流 i_L连续模式的输出直流电压为

$$V_o=\frac{DV_{in}}{n}\tag{2-75}$$

双管正激电路一般用于输出电压较高的中大功率场合。相对于单管正激变换器而言，它克服了开关管电压应力高、需采用复位电路等缺点；为保证可靠的磁复位，其工作占空比只

能小于0.5；为获得更高的输出电压，需提高变压器的变比，从而使变压器二次侧续流二极管的电压应力增大。

（2）传统双管单端正激变换器的变型

传统双管正激变换器二极管复位方式与单管正激变换器中三种典型的复位方式相结合，生成了如图2-41所示的RCD复位双管正激变换器，如图2-42所示的有源钳位双管正激变换器，以及如图2-43所示的谐振复位双管正激变换器。

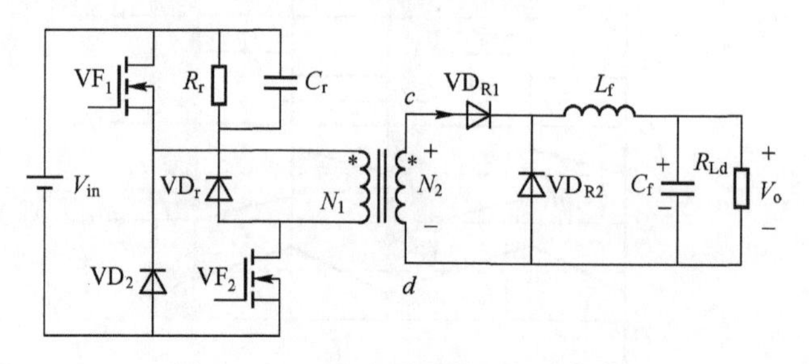

图2-41　RCD复位双管正激变换器

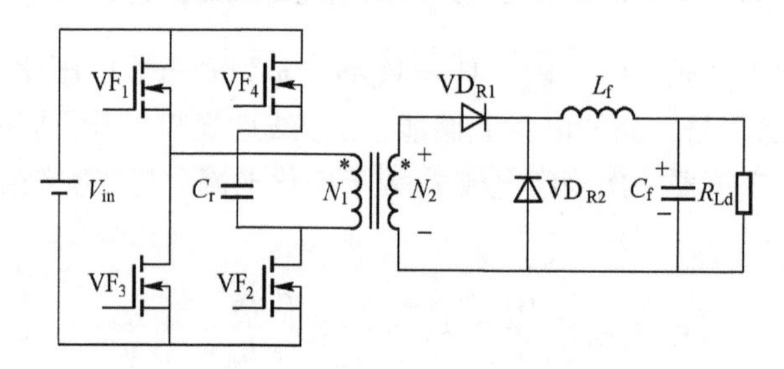

图2-42　有源钳位双管正激变换器

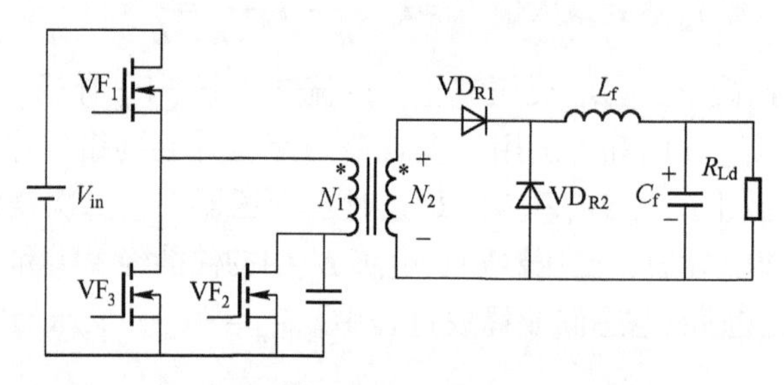

图2-43　谐振复位双管正激变换器

这一类拓扑从根本上克服了双管正激占空比不能大于0.5的缺点，同时继承了传统双管正激变换器的诸多优点，电路中开关管的电压应力与前面介绍的几种单管正激电路相比大大减小。但是由于变换器结构不对称，开关管的电压应力也不对称。

2.3.2　反激变换器

1. 反激变换器（Flyback）的特点

反激变换器电路拓扑结构如图2-44所示。T_r是变压器，起到能量转换的作用，实质上可以看作储能耦合电感。在反激电路中，输出变压器T_r除了实现电隔离和电压匹配外，还有储存能量的作用，前者是变压器的属性，后者是电感的属性，因此有文献称其为电感变压器。VD_1为续流二极管，起到单向导通的作用。变压器一、二次绕组的极性相反，这也许是Flyback名字的由来。

当开关管VF导通时，变压器一次侧电感电流开始上升，此时由于二次侧同名端的关系，输出二极管VD_1截止，变压器储存能量，负载由输出电容提供能量。

当开关管VF截止时，变压器一次侧电感感应电压反向，此时输出二极管VD_1导通，变压器中的能量经由输出二极管VD_1向负载供电，同时对电容充电，补充之前损失的能量。

反激变换器多用于小功率场合，常用于多路输出辅助电源；不需要高压续流二极管和输出滤波电感（滤波电感在所有正激变换器中都是必需的），因此在多路输出电源中，这对减小变换器体积，降低成本尤为重要。

但也存在一定缺陷，例如反激变换器不能空载运行；输出电压存在较大的尖峰；需要具备大容量且能耐高纹波电流的输出滤波电容（开关管导通时只能由其储能向负载提供电流）。

2. 反激变换器的工作方式

反激式变换器中的电感变压器起着电感和变压器的双重作用，反激式拓扑开关电源有以下两种工作方式。

完全能量转换，也称DCM非连续导通模式，如图2-45所示。该模式下变压器在储能周期中储存的所有能量在反激周期都转移到输出端。

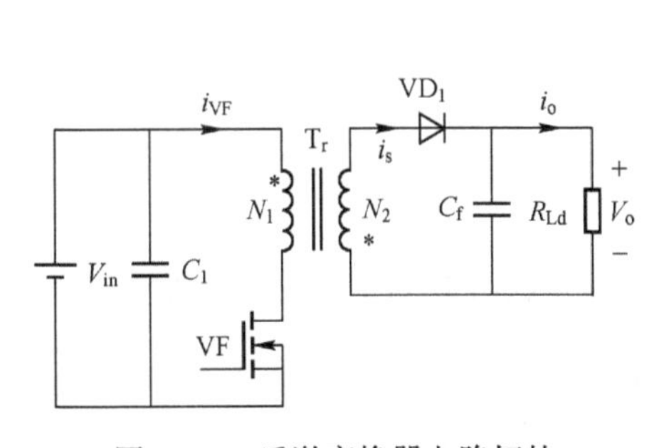

图2-44　反激变换器电路拓扑

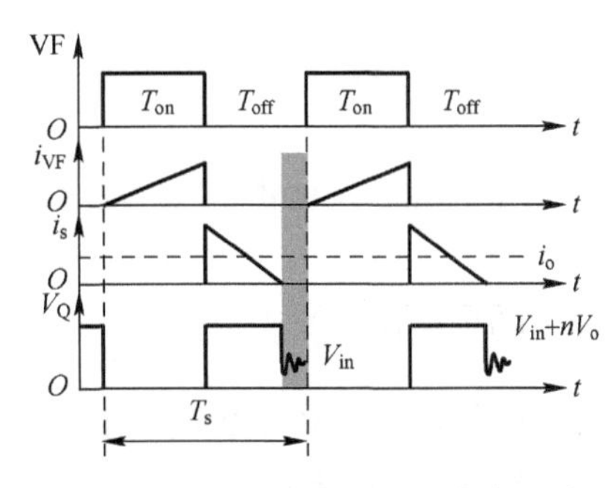

图2-45　DCM（阴影所示）模式下波形

不完全能量转换，也称CCM连续导通模式，如图2-46所示。存储在变压器中的一部分能量保留到下一个储存周期。

以非连续导通模式为例分析反激式开关电源的工作原理。该模式反激式拓扑开关电源的一个工作周期中有励磁、去磁、非连续导通三个阶段。

1）励磁阶段：当开关VF导通时，变压器一次侧励磁电感中的电流从零开始上升。由于二次侧二极管具有单向导通性，此时二极管VD_1反偏，输出滤波电容C_f向负载供电。由于此阶段的作用是向一次侧励磁电感补充能量，为下一个阶段向二次绕组转移能量做准备，因此这个阶段被称为励磁阶段，该阶段等效电路如图2-47所示。

2）去磁阶段：当励磁阶段结束后，VF断开。由于电感电流不能突变，励磁电流开始在一次侧电感上续流，能量通过变压器转移到输出端。二次侧二极管VD_1正向导通，输出端得到能量。此时，励磁电感上的电压反向，励磁电流开始下降，因此该阶段被称为去磁阶段，该阶段等效电路及电流流向如图 2-48 所示。

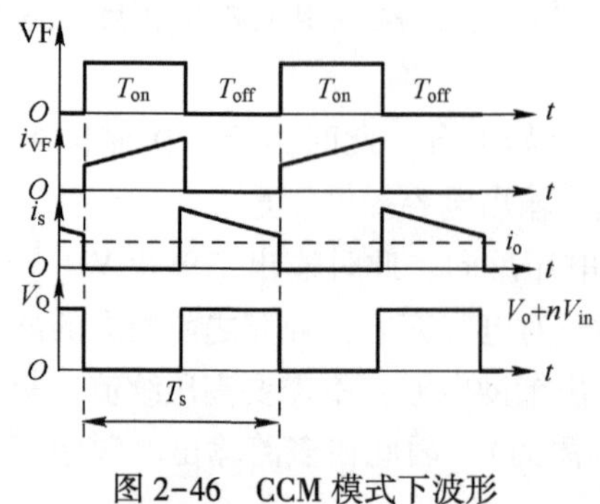

图 2-46　CCM 模式下波形

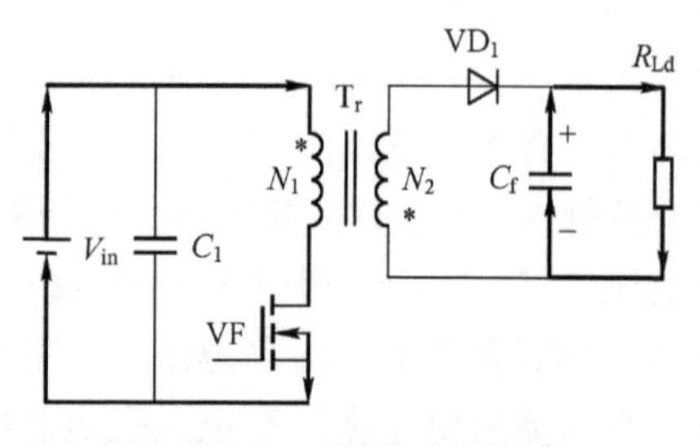

图 2-47　VF 导通，励磁阶段

3）非连续导通阶段：励磁电感电流下降到零时，变压器一次侧能量已经完全转移到二次侧，二次侧二极管不再导通。此时反激式拓扑中的一次及二次绕组都不导通电流，等待着下一个周期的到来。在连续导通模式下，不存在这个阶段，在非连续模式下，该阶段等效电路及电流流向如图 2-49 所示。

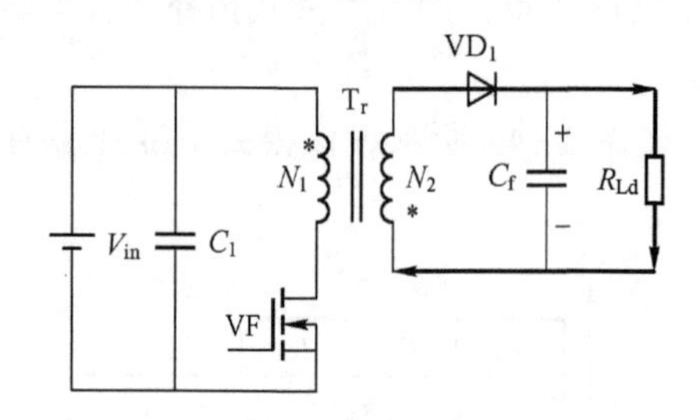

图 2-48　VF 断开，去磁阶段

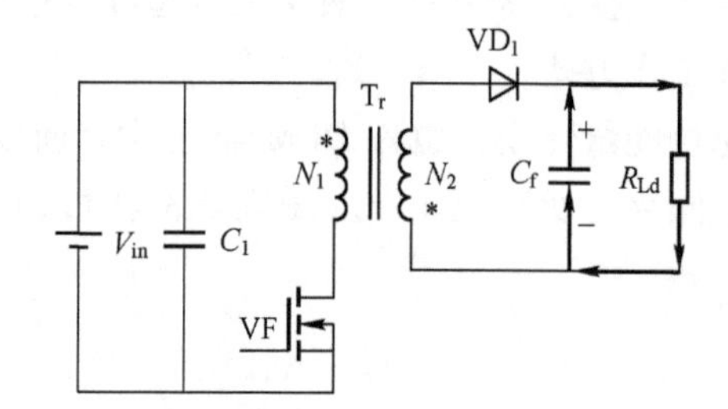

图 2-49　VF 断开，电流续流（非连续导通阶段）

其输入输出电压关系为 $V_o=V_{in}\dfrac{D}{1-D}$。连续模式下反激电源的工作原理与非连续模式下类似，但 DCM 模式与 CCM 模式在应用上存在一定差异，主要表现在以下几点。

1）CCM 一般应用于负载相对较大的场合，决定电路工作模式的参数是变压器的励磁电感和电路的输出负载电流。

2）DCM 一般应用于负载较小的场合。应用于 DCM 下，能使二次侧整流二极管实现 ZCS（零电流开关），最主要的还是由于在 DCM 下变压器励磁电感较小，从而响应快，且输出负载电流和输入电压突变时，输出电压瞬态尖峰小。

3）DCM 下的二次电流有效值可达到 CCM 下的两倍，因此，要求大的导线尺寸和耐高纹波的输出滤波电容。

4）DCM 的一次电流峰-峰值约为 CCM 下的两倍，因此需更大的电流且更昂贵的开关管。

3. 反激变换器的缓冲电路

反激变换器中隔离变压器兼起储能电感的作用，变压器磁心处于直流偏磁状态，为防止磁心饱和，需要加大气隙，因此漏感较大。当功率开关管断开时，漏感储能会引起关断电压尖峰，为了提高电路的可靠性，需要设置缓冲电路来限制功率开关管的电压尖峰。

目前，反激变换器的缓冲电路主要有 RCD 吸收电路、双晶体管双二极管钳位电路、

LCD 钳位电路和有源钳位电路。近年来，由于应用场合不同，反激变换器也出现了多种变形：双管反激变换器（可减小功率开关管的电压应力）；有源钳位反激变换器（解决变压器漏感能量引起的电压尖峰及损耗问题）；同步整流反激变换器（解决二次侧整流二极管的反向恢复问题）；交错并联有源钳位反激变换器（可提高输出功率水平）等。

1）RCD 吸收电路。RCD 吸收电路可加在变压器一次绕组两端或开关管两端，分别如图 2-50 和图 2-51 所示，也可将它们组合使用。这类电路特点如下。

① 电路结构简洁。

② 开关管断开时，变压器漏感能量转移到电容 C_r上，开关管漏源电压被钳位。

③ 漏感能量消耗在电阻 R_r上，使变换效率降低。

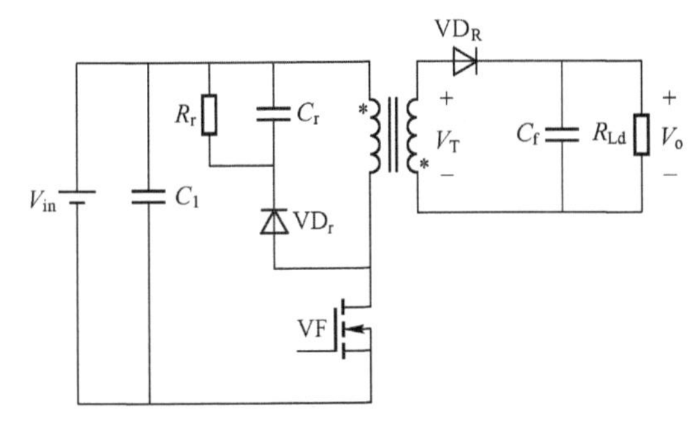

图 2-50　RCD 钳位电路

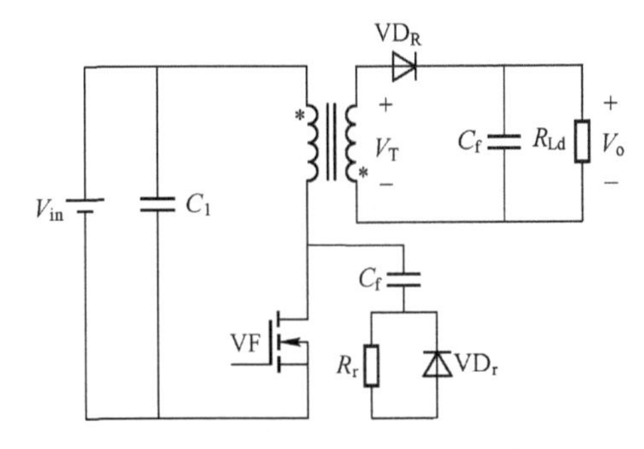

图 2-51　RCD 缓冲反激电路

2）LCD 钳位电路，其电路拓扑如图 2-52 所示，该电路的特点如下。

① 变压器漏感能量无损地回馈到电网中。

② 高频时较大的 LC 谐振电流增加了功率开关管的电流应力及导通损耗，一般适用于开关频率低于几十 kHz 场合，以保证高变换效率。

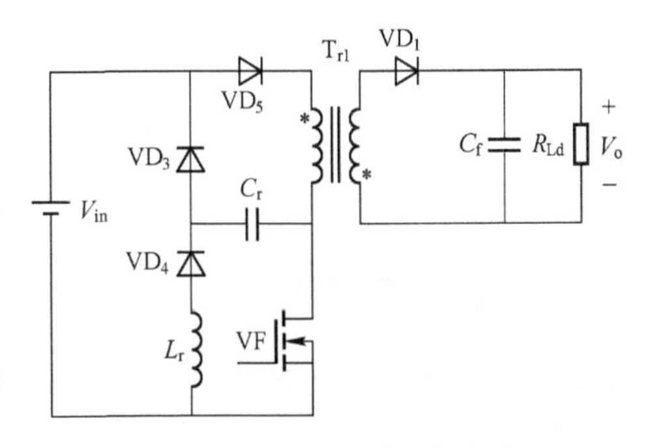

图 2-52　LCD 钳位反激电路

3）有源钳位零电压零电流反激电路。开关电源中常用的软开关技术包括谐振软开关技术，零电压转换（ZVS）、零电流转换技术（ZCS），移相控制全桥软开关技术、有源钳位技术等。其中有源钳位技术能够储存并利用寄生参数中的能量，降低功率开关管的电压应力，提高效率，同时也减小环境发射的电磁干扰，进而提高系统的可靠性。根据钳位电路位置的不同，有源钳位分为低边钳位和高边钳位，如图 2-53 所示。高边钳位辅助开关管为浮地驱动，驱动电路复杂。

有源钳位反激变换器具有以下优点。

① 钳位电容将变压器漏感中能量回馈到电源中，消除了变压器漏感引起的关断电压尖峰及损耗，并且有效减小了功率开关管上的电压应力。

② 利用谐振电感和钳位电容、寄生电容谐振可以实现主、辅开关管的零电压开通，降低了功率开关管的开关损耗，提高了效率。

4）双开关管双二极管钳位电路，电路拓扑如图 2-54 所示，该电路特点如下。

① 每个场效应晶体管的电压应力不超过 V_{in}，适用于高输入电压场合。

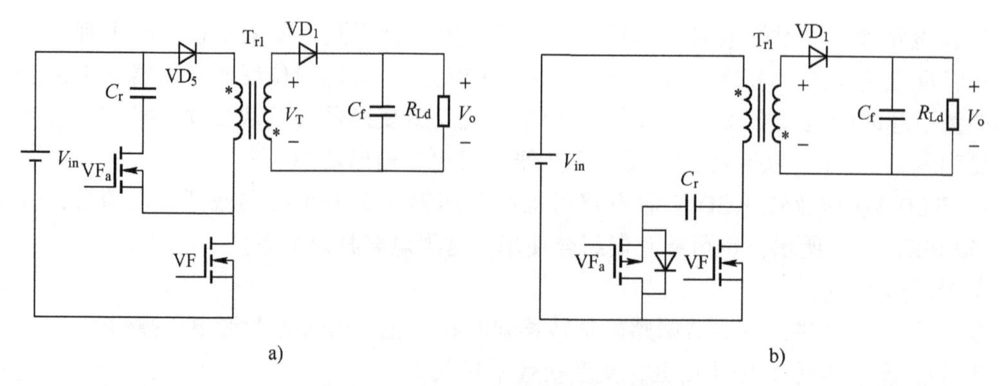

图 2-53　钳位电路的两种典型结构

a）高边钳位电路　b）低边钳位电路

② 变压器漏感能量回馈到电网，无漏感能量损耗，效率较高。

③ 电路中所需器件较多。

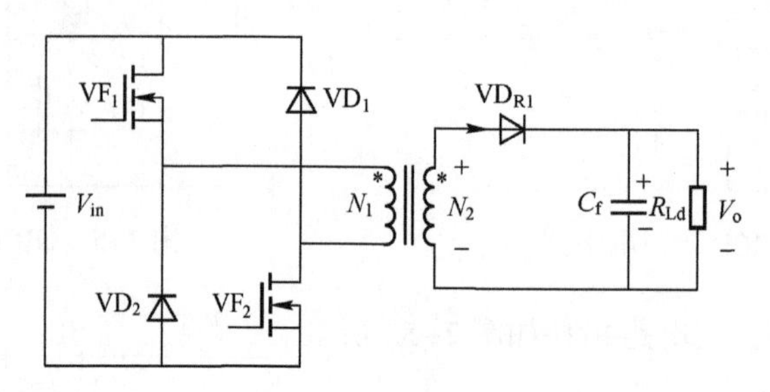

图 2-54　双开关管双二极管钳位反激电路

2.3.3　双端直流变换器

前面谈到的正激式和反激式变换器，其高频变压器的磁心只工作于磁滞回线的一侧（第一象限），磁心的利用率较低，也更易于饱和，也称这类变换器为单端直流变换器。双端直流变换器的磁心可工作在一、三象限，磁心的利用率高。双端直流变换器有推挽式、全桥式和半桥式三种。

1. 推挽变换器

（1）工作原理

推挽（Push-Pull）变换器，其电路如图 2-55 所示，电路呈对称结构。VF_1和 VF_2为特性一致的功率开关管，且开关管导通的时间小于 0.5 个开关周期；T_r为高频变压器，一次组 $N_{p1}=N_{p2}=N_p$，二次绕组 $N_{s1}=N_{s2}=N_s$，匝数比为 $n=N_p/N_s$；VD_{R1}和 VD_{R2}为整流二极管；L_f为储能电感；C_f为输出滤波电容；VF_1与 VF_2为彼此相差半周期的驱动信号，其脉冲宽度均为 t_{on}；VF_1和 VF_2的 D-S 间电压分别为 V_{GS1}和 V_{GS2}；N_{P1}和 N_{P2}两端电压分别为 V_{P1}和 V_{P2}；储能电感两端电压为 V_L，流经储能电感电流为 I_L。

假设器件都为理想器件且电感电流连续，稳定工作后，波形如图 2-56 所示。

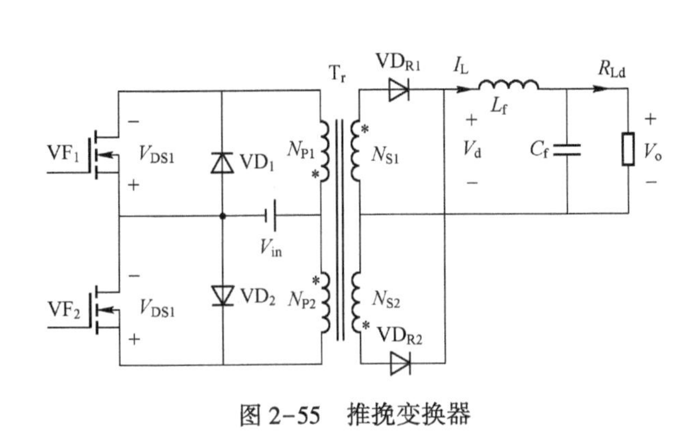

图 2-55　推挽变换器

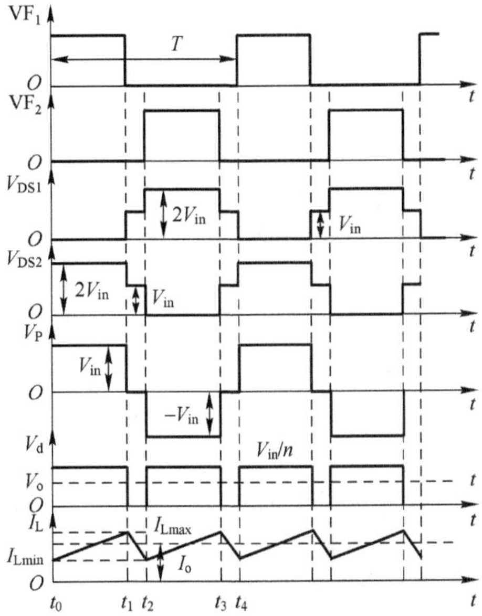

图 2-56　推挽变换器在 CCM 模式下的波形

1）$[t_0,t_1]$：VF_1导通，VF_2截止。输入直流电压 V_{in}经 VF_1加到变压器一次绕组 N_{P1}两端，VF_1的 D-S 间电压 $V_{DS1}=0$，N_{P1}两端电压 $V_{P1}=V_{in}$。由于 $N_{P1}=N_{P2}$，故 N_{P2}上的电压 $V_{P1}=V_{P2}=V_{in}$，变压器一次电压为

$$V_P=V_{P1}=V_{P2}=L_f\frac{di}{dt}=V_{in} \tag{2-76}$$

VF_2的 D-S 间承受两倍的电源电压，即 $V_{DS1}=2V_{in}$。变压器二次电压为

$$V_S=V_{S1}=V_{S2}=\frac{N_S}{N_p}V_p=\frac{V_{in}}{n} \tag{2-77}$$

由同名端判定，此时 V_{S1}和 V_{S2}的极性均为上“+”下“-”，因此 VD_{R1}导通，VD_{R2}截止，VD_{R2}承受的反向电压为$\frac{2V_{in}}{n}$。储能电感 L_f两端电压 $V_L=\frac{V_{in}}{n}-V_o$，极性为左“+”右“-”，流过电感 L 的电流 I_L按线性规律上升。L_f储能，电源向负载传送能量。

2）$[t_1,t_2]$：VF_1和 VF_2均截止。t_1时刻，VF_1由导通变为截止，N_{P1}绕组中的电流变为零。VF_1和 VF_2承受的电压均为电源电压，即 $V_{DS1}=V_{DS2}=V_{in}$。在此期间，储能电感 L_f向负载释放储能，I_L按线性规律下降，V_L的极性为右“+”左“-”，V_{DR1}和 V_{DR2}均导通（起续流作用），这时 $V_L=-V_o$。

3）$[t_2,t_3]$：VF_1截止，VF_2导通，V_{in}经 VF_2加到变压器一次绕组 N_{P2}两端，变压器一次电压极性为上“+”下“-”。

$$V_P=V_{P1}=V_{P2}=L_f\frac{di}{dt}=N_p\frac{d\varphi}{dt}=-V_{in} \tag{2-78}$$

此时 $V_{DS2}=0$，$V_{DS1}=2V_{in}$；变压器二次电压 $V_S=V_{S1}=V_{S2}=\frac{N_S}{N_p}V_p=-\frac{V_{in}}{n}$。

其极性为下“+”上“-”，VD_{R2}导通，VD_{R1}截止（承受的反向电压为$\frac{2V_{in}}{n}$）。$V_L=\frac{V_{in}}{n}-V_o$，极性为左“+”右“-”，I_L按线性规律上升，L_f储能，同时电源向负载传送能量。

4）$[t_3,t_4]$：VF_1、VF_2均截止。变压器各绕组电压均为零，$V_{DS1}=V_{DS2}=V_{in}$。在此期间，L_f对负载释放储能，I_L按线性规律下降，VD_{R1}和VD_{R2}均导通。

该电路每周期都按上述4个过程循环工作。滤波前的输出电压瞬时值为V_d，忽略整流二极管压降，在$[t_0,t_1]$和$[t_2,t_3]$期间，$V_d=\frac{V_{in}}{n}$，在$[t_1,t_2]$和$[t_3,t_3]$期间，$V_d=0$。

在开关的暂态过程，由于变压器二次侧在整流二极管反向恢复期间所造成的短路，漏极电流将出现尖峰，可在功率开关管的D-S极间并联RC吸收电路，以减小尖峰电压。

此外，由于开关器件存在“关断延迟时间”，因此在双端直流变换器中，为了防止同一桥臂上下开关管的“共同导通”，需要在驱动信号中加入“死区”，即上下管同时不导通的区域。尽管牺牲了占空比，但提高了系统的可靠性。

（2）输出直流电压V_o

每个功率开关管的工作周期为T，开通时间相同均为t_{on}，输出电压V_o为V_d的平均值，因此在CCM模式下有（其中，D为占空比，为了防止上下管“共通”，必须满足$D<0.5$）

$$V_o=\frac{V_{in}\frac{t_{on}}{n}}{\frac{T}{2}}=\frac{2DV_{in}}{n} \tag{2-79}$$

综上，推挽电路的特点可总结如下。

1）两只功率开关管的源极相连，两组栅极驱动电路有公共端，因此驱动电路较简单，适用于中小功率场合。

2）同单端直流变换器比较，变压器磁心利用率高，输出功率较大，输出纹波电压较小。

3）功率开关管截止时承受2倍电源电压，因此对功率开关管的耐压要求高。

4）推挽电路中的变压器必须具有良好的对称性，否则将会产生偏磁而导致铁心饱和。

5）变压器的铁心偏磁给器件的参数一致性和驱动电路脉冲宽度的一致性提出了较高的要求。解决单向偏磁问题较为简便的措施有：采用电流型PWM集成控制器使两管电流峰值自动均衡；在变压器磁心的磁路中加入适当气隙，用以防止心饱和。

6）开关管关断时漏感会引起较高的电压尖峰，给主变压器的绕制提出了较高的要求。

2. 半桥变换器

（1）工作原理

半桥（Half-Bridge）式变换器的电路如图2-57所示。

其中，VF_1和VF_2为特性一致的功率开关管，且开关管导通的时间小于0.5个开关周期；T_r为高频变压器，一次组$N_{P1}=N_{P2}=N_P$，二次绕组$N_{S1}=N_{S2}=N_S$，匝数比为$n=N_P/N_S$；C_{d1}和C_{d2}为特性相同的电容，起分压等作用；VD_{R1}和VD_{R2}为整流二极管；L_f为储能电感；C_f为输出滤波电容；VF_1与VF_2为彼此相差半周期的驱动，其脉冲宽度均为t_{on}；VF_1和VF_2的D-S间电压分别为V_{GS1}和V_{GS2}；N_{S1}和N_{S2}两端电压分别为V_{S1}和V_{S2}；储能电感两端电压为V_L，流

经储能电感电流为 I_L。

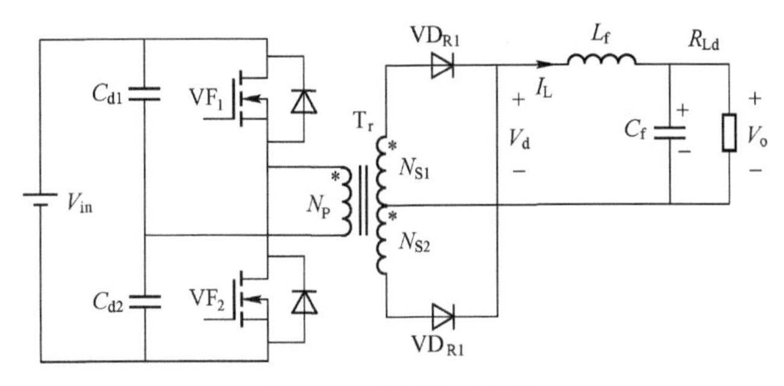

图 2-57　半桥电路结构

当 VF_1 和 VF_2 尚未开始工作时，电容 C_{d1} 和 C_{d2} 被充电，它们的端电压均等于电源电压的一半，即 $V_{dc1}=V_{dc2}=\frac{V_{in}}{2}$，理想情况下 CCM 模式的波形如图 2-58 所示。

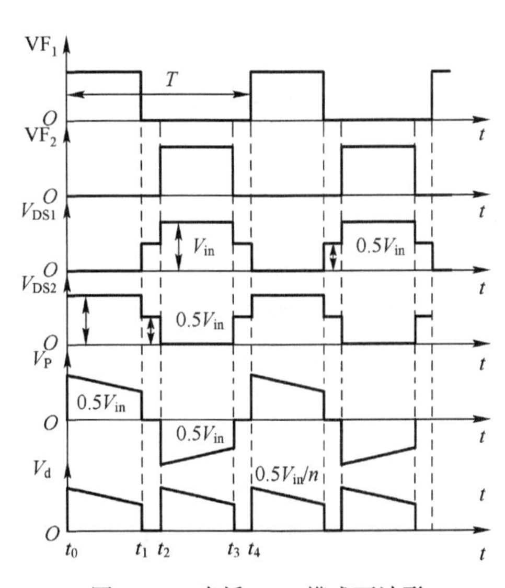

图 2-58　半桥 CCM 模式下波形

1）$[t_0,t_1]$：VF_1 导通，VF_2 截止，电流流向如图 2-59 所示。这时 C_{d1} 放电，C_{d2} 充电；V_{dc1} 下降，V_{dc2} 上升，但一直保持 $V_{dc1}+V_{dc2}=V_{in}$。C_{d1} 两端电压 V_{dc1} 经 VF_1 加到高频变压器 Tr 的一次绕组 N_P。忽略 VF_1 管压降，变压器一次电压为 $V_P=V_{dc1}\approx\frac{V_{in}}{2}$，极性为上“+”下“-”。$VF_2$ 的 D-S 极间电压 $V_{DS2}=V_{in}$。

2）$[t_2,t_3]$：VF_2 导通，VF_1 截止，电流流向如图 2-60 所示。此时 C_{d2} 放电，C_{d1} 充电；V_{dc2} 下降，V_{dc1} 上升，但一直保持 $V_{dc1}+V_{dc2}=V_{in}$。C_{d2} 两端电压 V_{dc2} 经 VF_2 加到 N_P 上，若忽略 VF_2 的电压降，变压器一次电压为 $V_P=-V_{dc2}\approx-\frac{V_{in}}{2}$，极性为下“+”上“-”。$VF_1$ 的 D-S 极间电压 $V_{DS1}=V_{in}$。由于 C_{d1}、C_{d2} 在放电过程中端电压逐渐下降，当电路对称时，V_{dc1} 与 V_{dc2} 的平均值均为 $0.5V_{in}$。

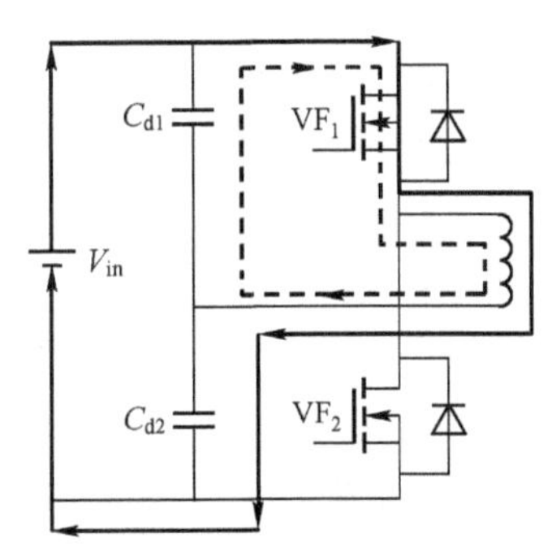

图 2-59　$[t_0,t_1]$期间电流回路

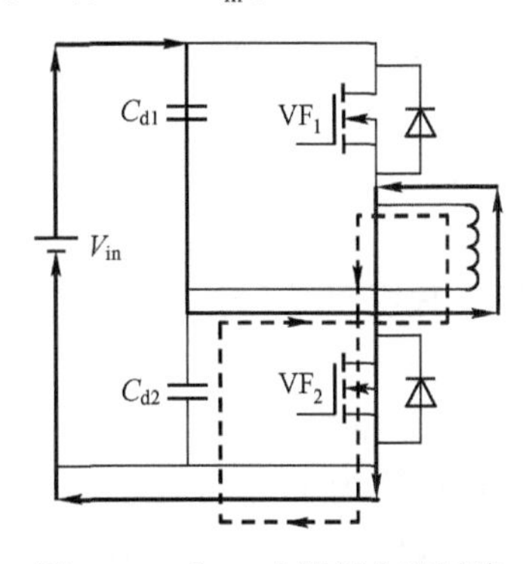

图 2-60　$[t_2,t_3]$期间电流回路

3）$[t_1, t_2]$和$[t_3, t_4]$：VF_1和VF_2都截止，只要变压器一次磁化电流最大值小于负载电流，则$V_P=0$，$V_{DS1}=V_{DS2}=\frac{V_{in}}{2}$。

若二次绕组$N_{S1}=N_{S2}=N_S$，则每个二次绕组的电压为$V_S=\frac{N_S}{N_P}V_P=\frac{V_P}{n}$。其中，$V_S$的极性根据同名端来判定：$[t_0, t_1]$时$V_S=\frac{V_{in}}{2n}$；$[t_2, t_3]$时$V_S=-\frac{V_{in}}{2n}$。二次绕组电压经$VD_{R1}$、$VD_{R2}$整流后得$V_d$，若忽略$VD_{R1}$、$VD_{R2}$的正向电压降，$[t_0, t_1]$和$[t_2, t_3]$期间$V_d=\frac{V_{in}}{n}$，$[t_1, t_2]$和$[t_3, t_3]$期间$V_d=0$。

半桥变换器自身具有一定抗不平衡的能力。例如，VF_1比VF_2的导通时间短，则电容C_{d1}的放电时间比C_{d2}的放电时间短，导致V_{dc1}的平均电压比V_{dc2}放电时两端的平均电压高。因此，VF_1导通的正半周，N_P绕组两端的电压幅值较高而持续时间较短；在VF_2导通的负半周，N_P绕组两端的电压幅值较低而持续时间较长，使N_P正负半周的伏秒相等而不产生单向偏磁现象，因此可以不额外增加与变压器一次绕组串联的耦合电容。

（2）输出直流电压V_o

每个功率开关管的工作周期为T，开通时间相同均为t_{on}，输出电压V_o为V_d的平均值，因此在CCM下有（其中，D为占空比，为了防止上下管“共通”，必须满足$D<0.5$）

$$V_o=\frac{DV_{in}}{n} \tag{2-80}$$

综上，半桥变换器的特点可总结如下。

1）抗不平衡能力强，但电容C_{d1}、C_{d2}电压不对称可能引起变压器偏磁。

2）开关管电压应力为输入电压，变压器为双向磁化，比推挽电路磁心利用率高。

3）需设置死区以避免功率管直通的问题，适用于输入电源电压高，输出中高功率场合。

4）同推挽式电路比，驱动电路较复杂，两组栅极驱动电路必须绝缘。

5）同全桥式及推挽式电路比，获得相同的输出功率，功率开关管的电流要大一倍。

3. 全桥变换器

（1）工作原理

全桥（Full-Bridge）变换器结构如图2-61所示。变压器一次侧由特性一致的功率开关管VF_1、VF_2、VF_3和VF_4组成。成对角线排列的开关管同时导通或截止，同一桥臂上下两管具有死区，且每个开关管的导通时间均小于0.5个周期。C_r为大容量耦合电容，用于阻隔直流分量，以防止变压器产生单向偏磁，提高电路的抗不平衡能力。变压器二次输出回路同推挽变换器相同。理想情况下电感电流连续模式的波形如图2-62所示。

1）$[t_0, t_1]$：VF_1、VF_4同时导通，VF_2、VF_3同时截止。一次电流回路如图2-63所示。忽略VF_1、VF_4及C_r的电压降，变压器一次绕组电压$V_P=V_{in}$，极性为上“+”下“-”。VF_2、VF_3的D-S间电压均为V_{in}。变压器二次电压的极性由同名端决定，也为上“+”下“-”，此时整流二极管VD_{R1}导通，VD_{R2}截止，储能电感L_f储能。

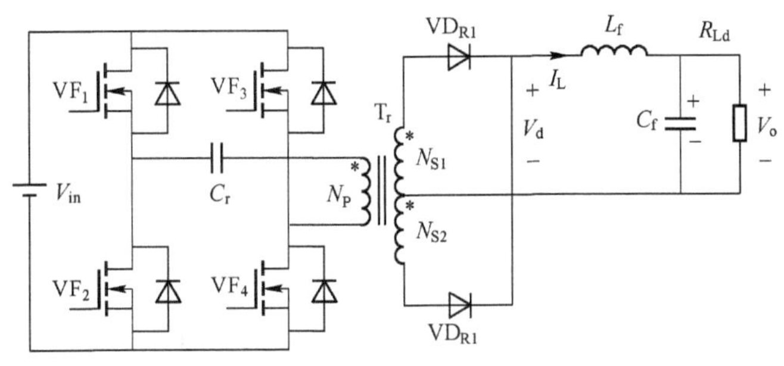

图 2-61　全桥变换器结构

2）$[t_1,t_2]$：VF_1、VF_2、VF_3、VF_4都截止，每个功率开关管的 D-S 间电压均为 $0.5V_{in}$。这时 L_f释放能量，VD_{R1}和 VD_{R2}均导通，同时起续流作用；此时变压器磁通保持不变。

3）$[t_2,t_3]$：VF_2、VF_3同时导通，VF_1、VF_4同时截止。电流回路如图 2-64 所示。忽略 VF_2、VF_3以及 C_r的电压降，$V_P=-V_{in}$，极性为下“+”上“-”。VF_1、VF_4的 D-S 间电压均为 V_{in}。在变压器二次回路中，VD_{R2}导通，VD_{R1}反偏截止，L_f储能。

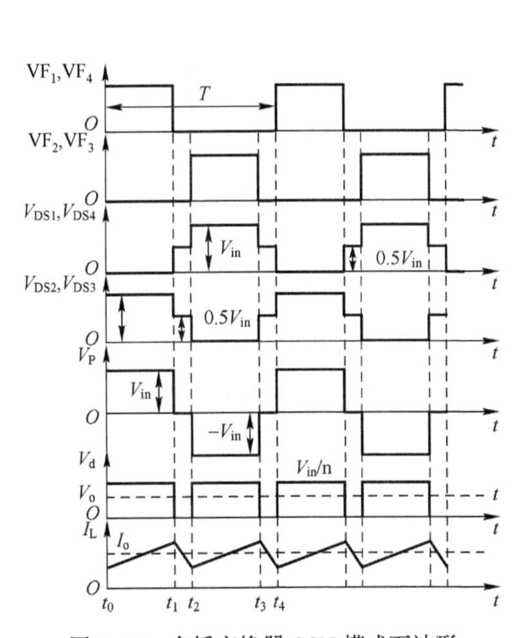

图 2-62　全桥变换器 CCM 模式下波形

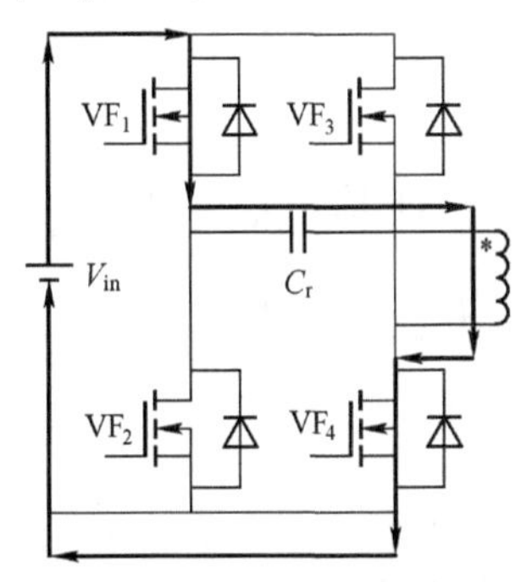

图 2-63　$[t_0,t_1]$电流回路

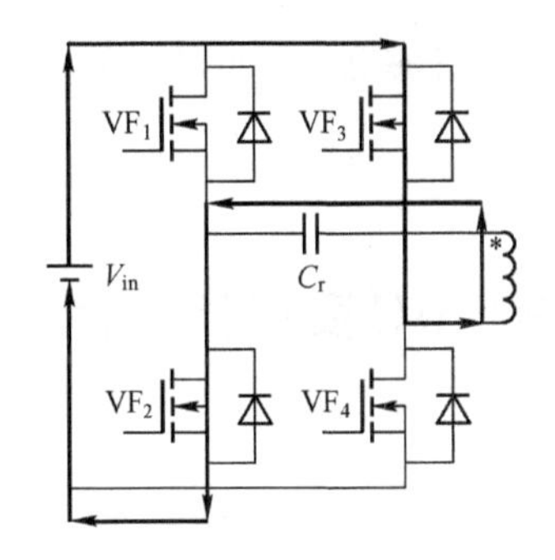

图 2-64　$[t_2,t_3]$电流回路

4）$[t_3,t_4]$：VF_1、VF_2、VF_3、VF_4都截止，每个功率开关管的 D-S 间电压均为 $0.5V_{in}$。这时 L_f释放能量，VD_{R1}和 VD_{R2}均导通，同时起续流作用；此时变压器磁通保持不变。

二次绕组电压经 VD_{R1}、VD_{R2}整流后得 V_d，若忽略整流二极管的正向电压降，在$[t_0,t_1]$和$[t_2,t_3]$期间，$V_d=\dfrac{V_{in}}{n}$，在$[t_1,t_2]$和$[t_3,t_3]$期间，$V_d=0$。

（2）输出直流电压 V_o

每个功率开关管的工作周期为 T，开通时间相同均为 t_{on}，输出电压 V_o为 V_d的平均值，

因此在 CCM 下有（其中，D 为占空比，为了防止上下管“共通”，必须满足 $D<0.5$）

$$V_o = \frac{2DV_{in}}{n} \tag{2-81}$$

图 2-61 中功率开关管反并联的二极管，由于在换向时为变压器提供了续流通路，因此抑制了尖峰电压。

VF_1、VF_4由导通变为截止时，变压器的漏磁通下降，漏感释放储能，在 N_P绕组上产生与 VF_1、VF_4导通时极性相反的感应电压，使 VF_2、VF_3续流二极管导通，其电流回路如图 2-65 所示。

VF_2、VF_3由导通变截止时，变压器的漏感也要释放储能。N_P绕组产生与 VF_2、VF_3导通时极性相反的感应电压，使 VF_1和 VF_4续流二极管导通，其电流回路如图 2-66 所示。

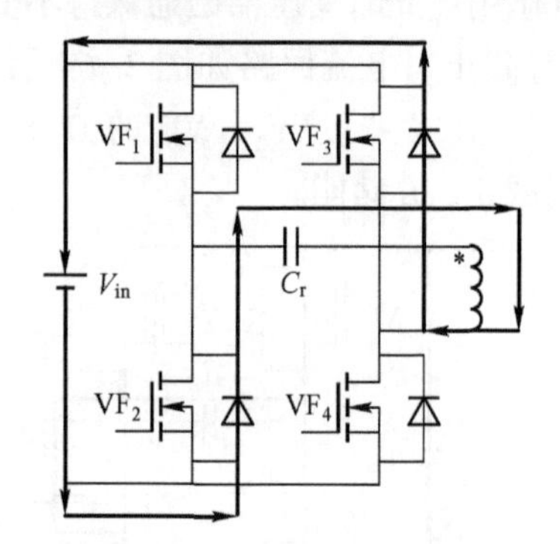

图 2-65　VF_1、VF_4截止时电流续流回路

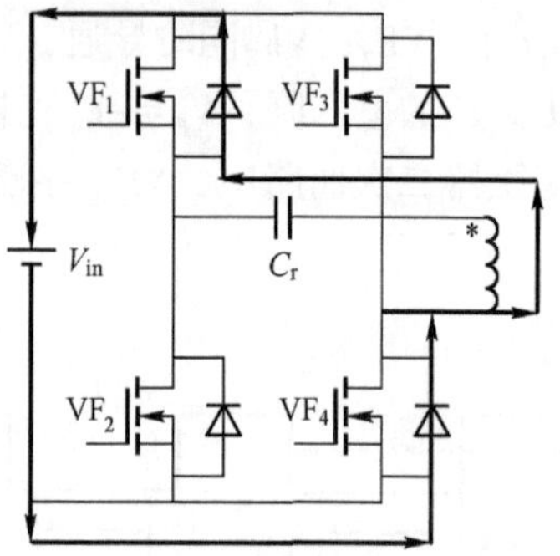

图 2-66　VF_2、VF_3截止时电流续流回路

综上，全桥变换器的特点总结如下。

1）全桥电路适用于大功率场合，主功率管电压应力为输入电压。

2）相同的功率等级流过功率管的电流为半桥电路的一半，变压器磁心利用率高。

3）开关管的电压降或驱动脉冲的不对称，会引起变压器铁心的偏磁，存在功率管直通问题。

2.4　DC-DC 变换器的衍生结构

2.4.1　三电平直流变换器

1. 三电平变换器的结构演变

以半桥变换器为例，为了降低如图 2-67a 所示的传统拓扑中开关器件的电压应力，将两只开关管串联起来替代一只开关管，如图 2-67b 所示。同时考虑串联的两只开关管本身及其驱动电路存在的差异，主要表现为当两只开关管关断时，它们所承受的电压可能不相同，为了保证两只开关管所承受的电压均为 $V_{in}/2$，加入钳位二极管 VD_5和 VD_6，从而得到如图 2-67c 所示的三电平电路。进一步为实现开关管的零电压关断，在 VD_5和 VD_6串联支路的两端并联电容 C_s，得到图 2-67d 结构。

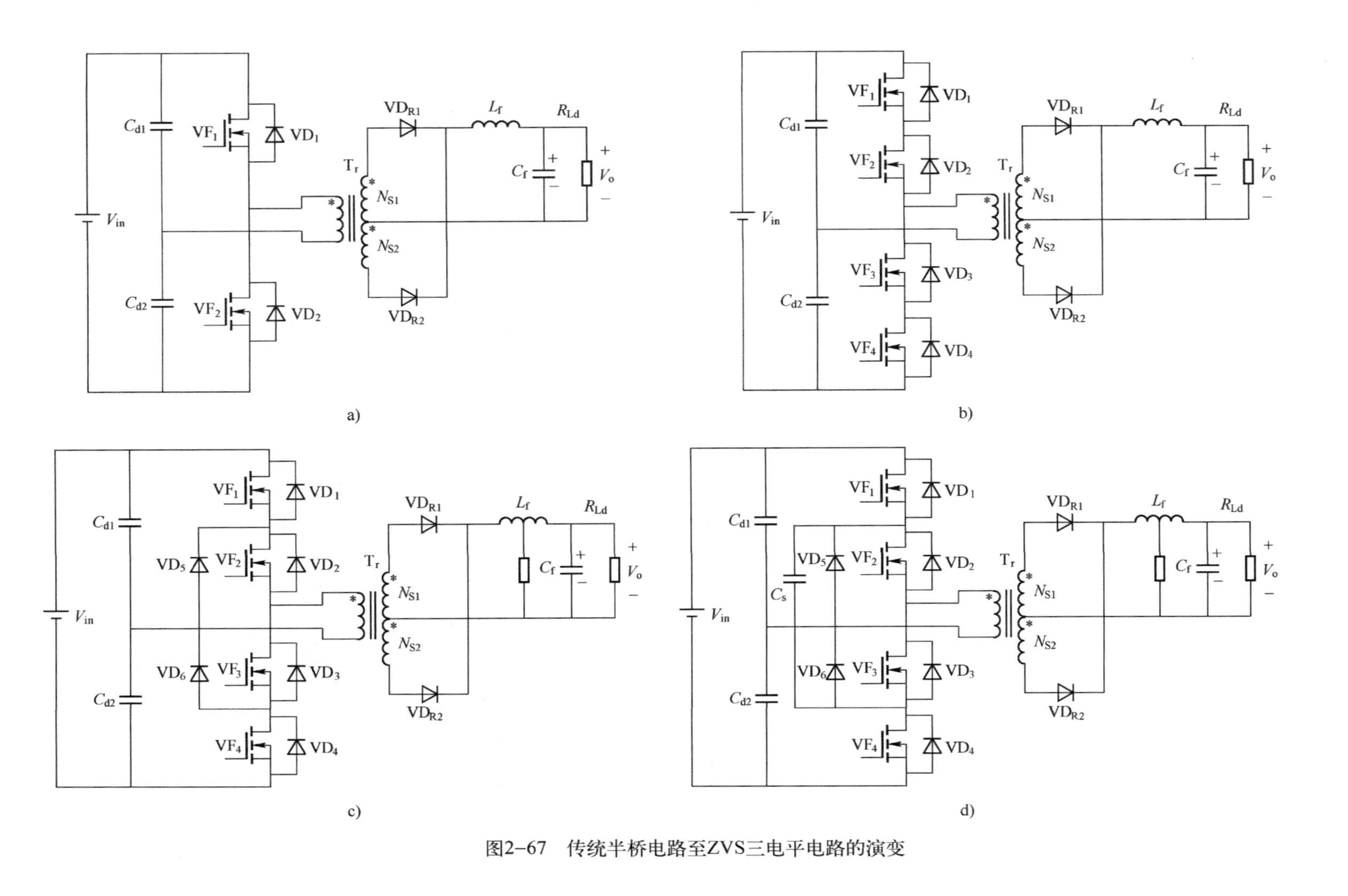

图2-67 传统半桥电路至ZVS三电平电路的演变

图 2-67d 中可以提取出两个基本单元，即钳位二极管的阳极与钳位电压源的中点相连的阳极单元，和钳位二极管的阴极与钳位电压源的中点相连的阴极单元，如图 2-68 所示。

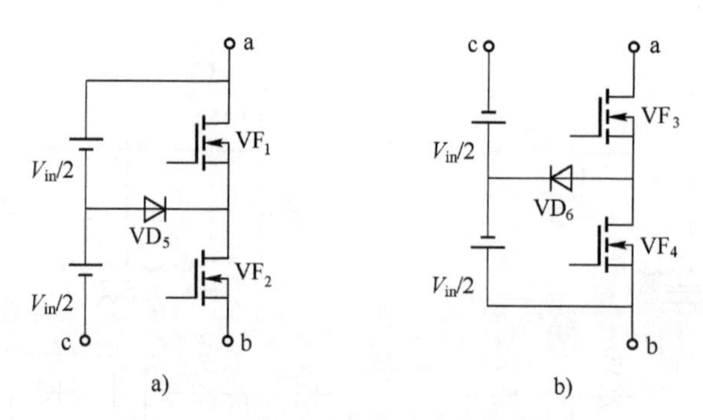

图 2-68　构成三电平电路的基本单元

a）阳极单元　b）阴极单元

依照上述思想，按照如下步骤可得到 Buck 变换器的三电平结构。

步骤 1：将图 2-69a 电路中的开关管替换为串联的两只开关管，如图 2-69b 所示。

步骤 2：构造钳位电压。若变换器中存在与开关管的电压应力相等的电压，可将此电压作为钳位电压源，否则需构造额外的钳位电压。然后将此钳位电压两等分，如图 2-69c 所示。

步骤 3：以钳位电压源的中点为基础，通过连接合理的钳位二极管构造出阳极或阴极单元。如图 2-69d 所示为一个由阳极基本单元构造的 Buck 三电平变换器。

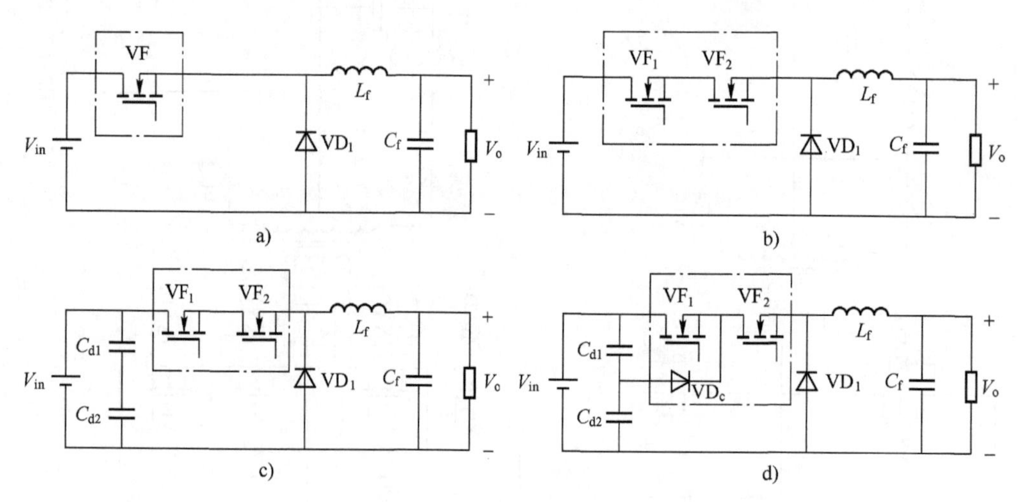

图 2-69　Buck 变换器的三电平结构的演变过程

同理，可得到如图 2-70 所示的 Boost、Buck-Boost、Cuk、Sepic、Zeta、正激、反激、推挽及全桥变换器的三电平结构。

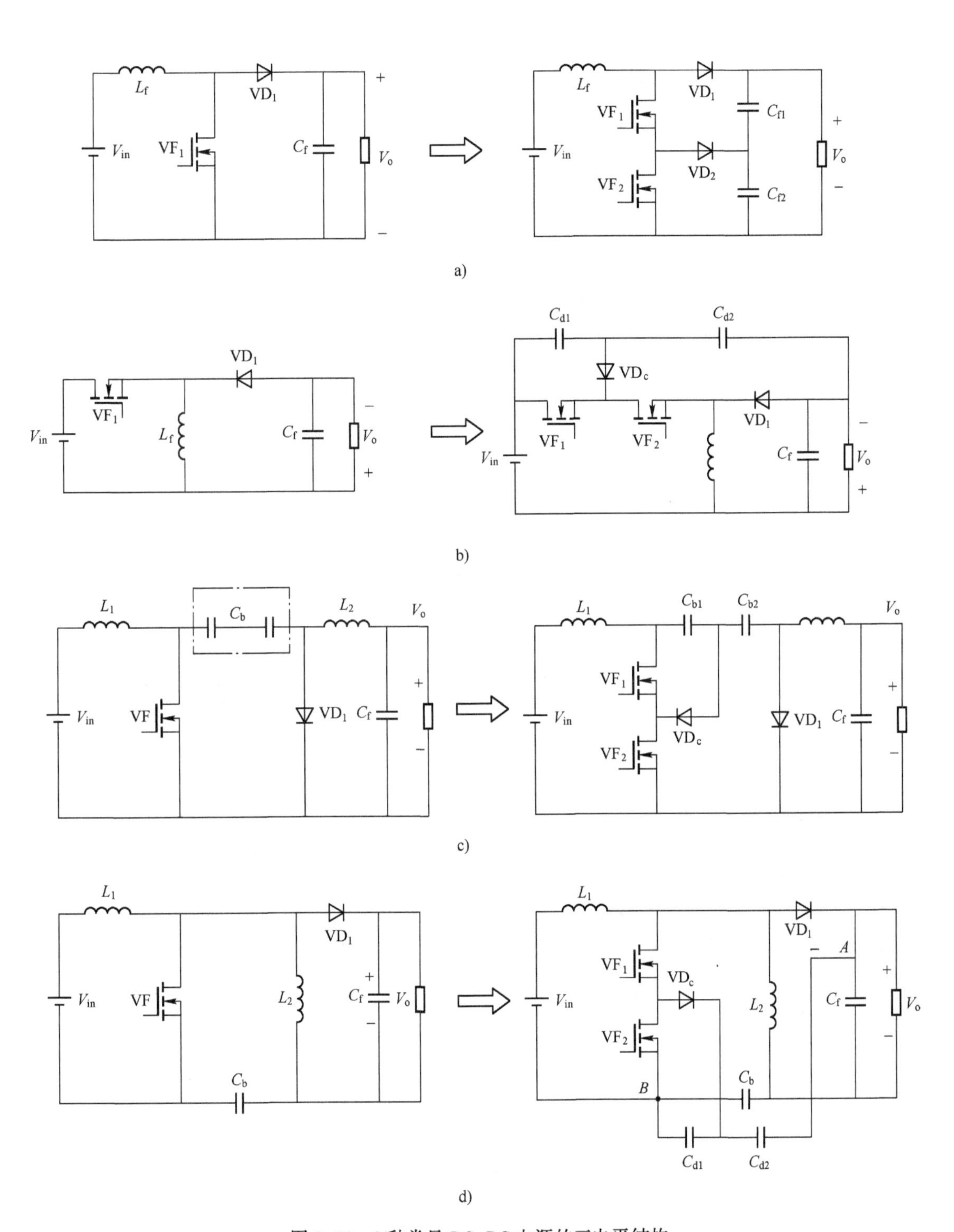

图 2-70　9 种常见 DC-DC 电源的三电平结构

a）Boost 三电平结构　b）Buck-Boost 三电平结构　c）Cuk 三电平结构　d）Sepic 三电平结构

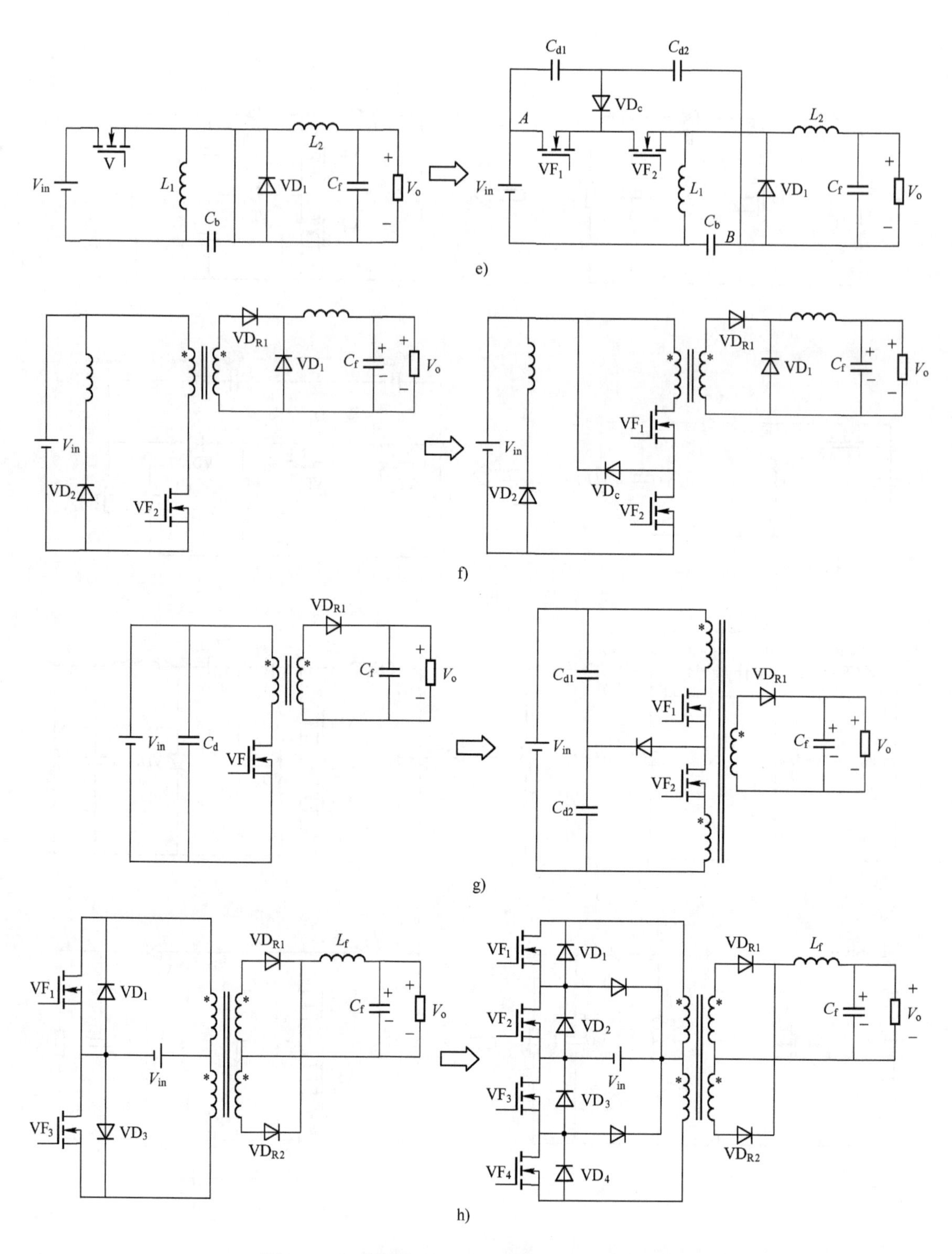

图 2-70　9 种常见 DC-DC 电源的三电平结构（续）

e）Zeta 三电平结构　f）Forward 正激变换器三电平结构　g）Flyback 反激变换器三电平结构

h）Push-Pull 推挽变换器三电平结构

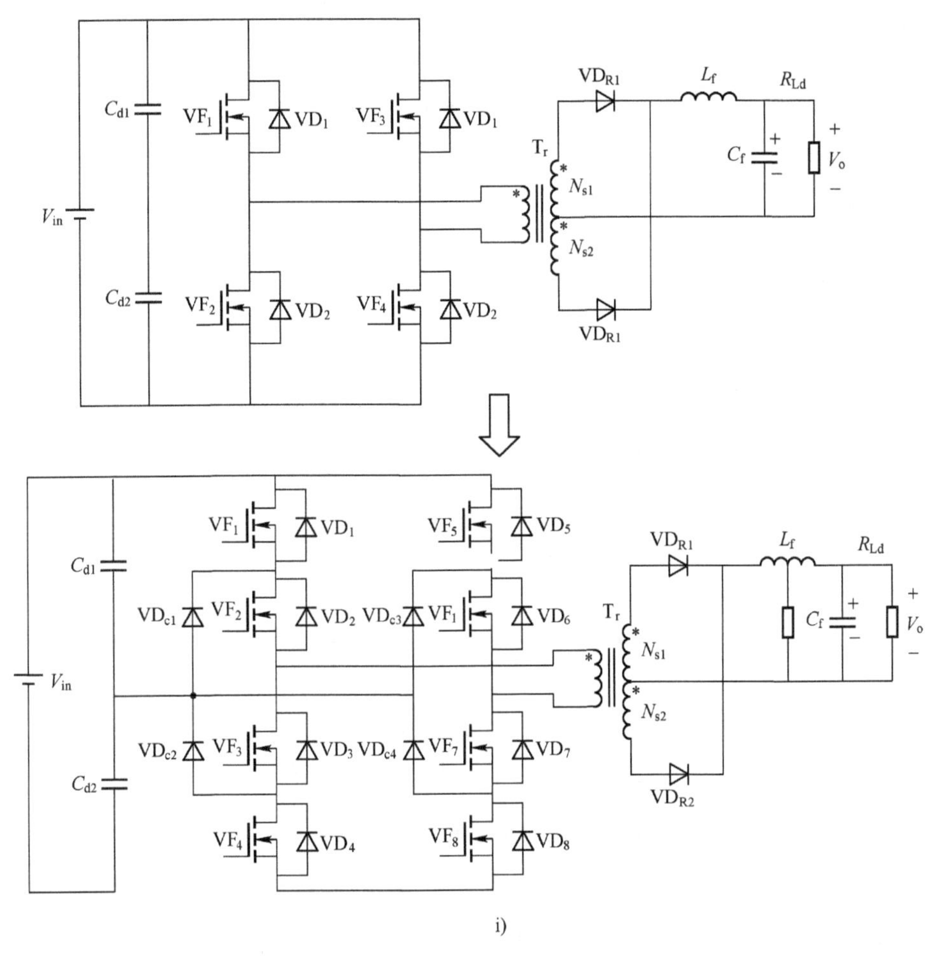

图 2-70　9 种常见 DC-DC 电源的三电平结构（续）

i）Full-bridge 全桥变换器三电平结构

2. 三电平变换器的改进

为了减小电路的滤波电感，可将 Buck 电路的 VF_1 和 VF_2 的导通逻辑由同时通断，变为 VF_2 常通而 VF_1 进行 PWM 斩波，输出滤波器两端的电压波形变为如图 2-71 所示。

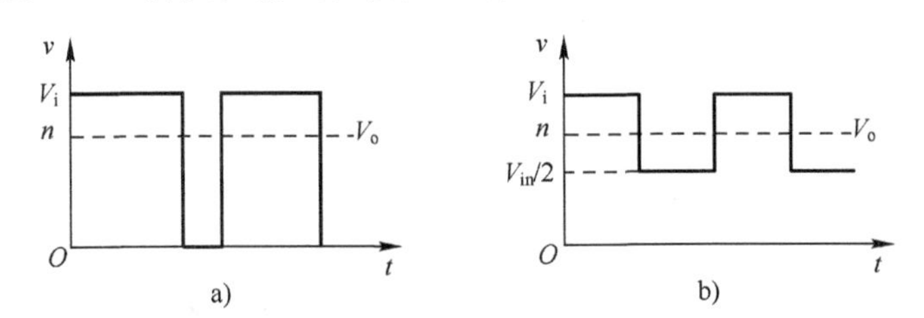

图 2-71　输出滤波器两端的电压波形

a）VF_1 和 VF_2 的导通逻辑为同时通断　b）VF_2 常通而 VF_1 进行 PWM 斩波

但是，这种开关方式会造成分压电容电压的不均衡。主要表现为：当 VF_1 和 VF_2 同时导通时，分压电容 C_{d1} 和 C_{d2} 同时向负载提供能量。当 VF_1 关断后，共阳极接法的 Buck 三电平

电路只有 C_{d2} 向负载提供能量，这样就会导致 C_{d2} 的电压越来越低，C_{d1} 的电压越来越高，最后 C_{d1} 的电压为 V_{in}，而 C_{d2} 的电压为零；共阴极接法的 Buck 三电平电路只有 C_{d1} 向负载提供能量，这样就会导致 C_{d1} 的电压越来越低，C_{d2} 的电压越来越高，最后 C_{d2} 的电压为 V_{in}，而 C_{d1} 的电压为零。这两个过程分别如图 2-72 和图 2-73 所示。

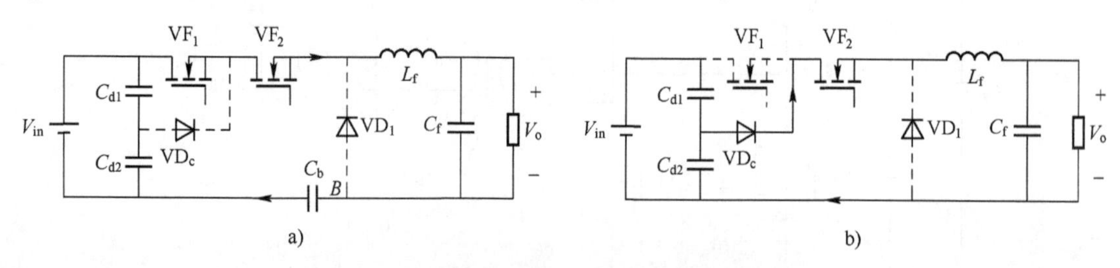

图 2-72　共阳极接法的 Buck 三电平电路电流路径

a）VF_1 和 VF_2 同时导通时　b）VF_1 关断 VF_2 导通时

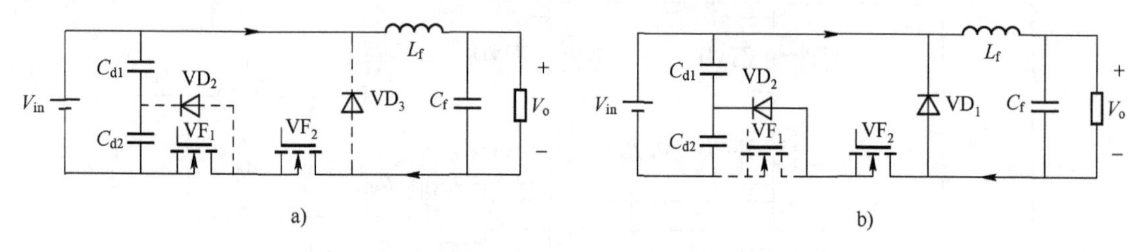

图 2-73　共阴极接法的 Buck 三电平电路电流路径

a）VF_1 和 VF_2 同时导通时　b）VF_1 关断 VF_2 导通时

为了解决这个问题，可将这两个电路进行组合成为如图 2-74 所示的形式。

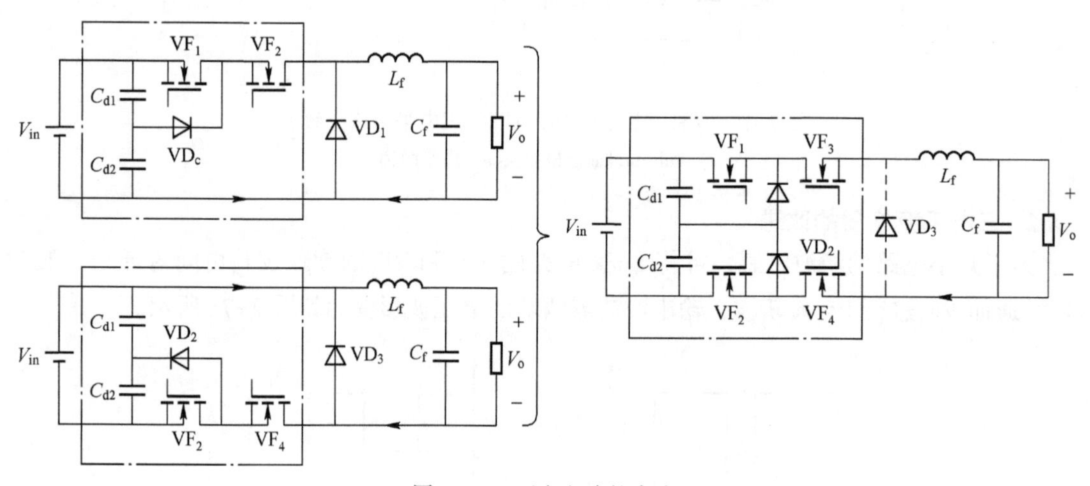

图 2-74　两个电路的合成

由于 VF_3 和 VF_4 一直处于导通状态，可以直接将其短接，此外 VD_1 和 VD_2 串联后同 VD_3 并联，因此 VD_3 是冗余的，也可以去掉，这样就得到了图 2-75b 所示的改进型 Buck 三电平变换器。

将 VF_1 和 VF_2 的驱动采用交错（Interleaving）开关方法，其开关频率就可以降低一半，存在占空比>0.5 和占空比<0.5 两种工作方式，两种工作方式下的电流波形如图 2-76 所示。

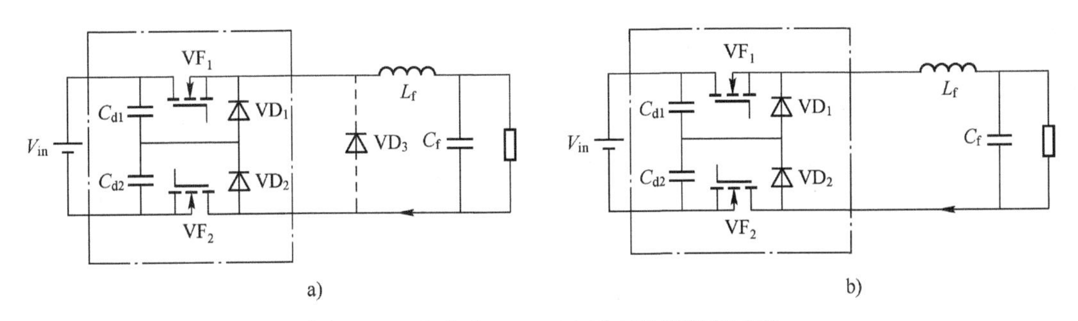

图 2-75　改进型 Buck 三电平变换器演变过程

a）传统 Buck 三电平变换器　b）改进型 Buck 三电平变换器

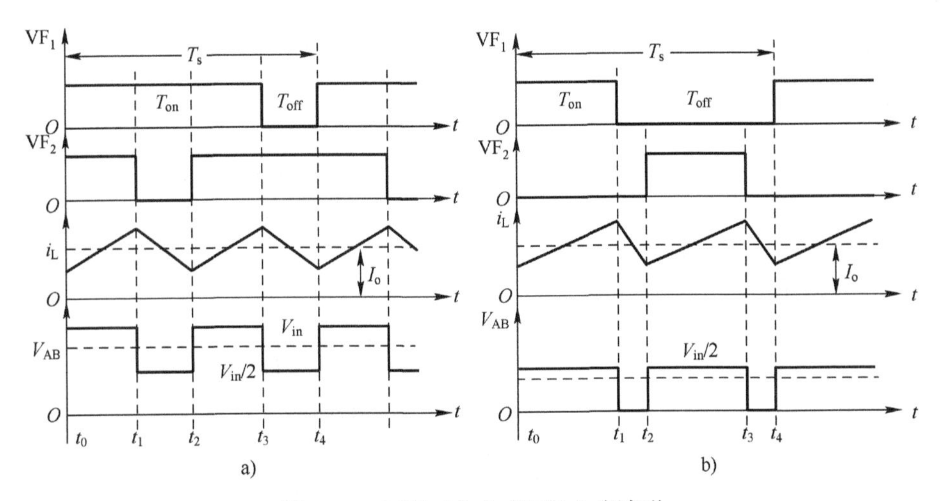

图 2-76　两种工作方式下的电流波形

a）占空比 D>0.5 时电流波形　b）占空比 D<0.5 时电流波形

（1）占空比 D>0.5 时的工作原理

1）$[t_0,t_1]$阶段，VF_1和 VF_2均导通，电源 V_{in}与 VF_1、VF_2、滤波电感 L_f、负载形成回路，等效电路如图 2-77a 所示，AB 两端电压 V_{AB}为输入电压 V_{in}，电感电流 i_L线性上升，大小为

$$i_L(t)=i_L(t_0)+\frac{V_{in}-V_o}{L_f}(t-t_0) \tag{2-82}$$

2）$[t_1,t_2]$阶段，VF_1保持导通状态，VF_2断开，C_{d1}与 VF_1、VD_2、滤波电感 L_f、负载形成回路，等效电路如图 2-77b 所示，AB 两端电压 V_{AB}为 $0.5V_{in}$，电感电流 i_L线性下降，大小为

$$i_L(t)=i_L(t_1)+\frac{0.5\cdot V_{in}-V_o}{L_f}(t-t_1) \tag{2-83}$$

3）$[t_2,t_3]$阶段，VF_1和 VF_2均导通，电源 V_{in}与 VF_1、VF_2、滤波电感 L_f、负载形成回路，此时等效电路如图 2-77c 所示，AB 两端电压 V_{AB}为输入电压 V_{in}，电感电流 i_L线性上升。

4）$[t_3,t_4]$阶段，VF_2保持导通状态，VF_1断开，C_{d2}与 VD_1、VF_2、滤波电感 L_f、负载形成回路，此时等效电路如图 2-77d 所示，AB 两端电压 V_{AB}为 $0.5V_{in}$，电感电流 i_L线性下降。

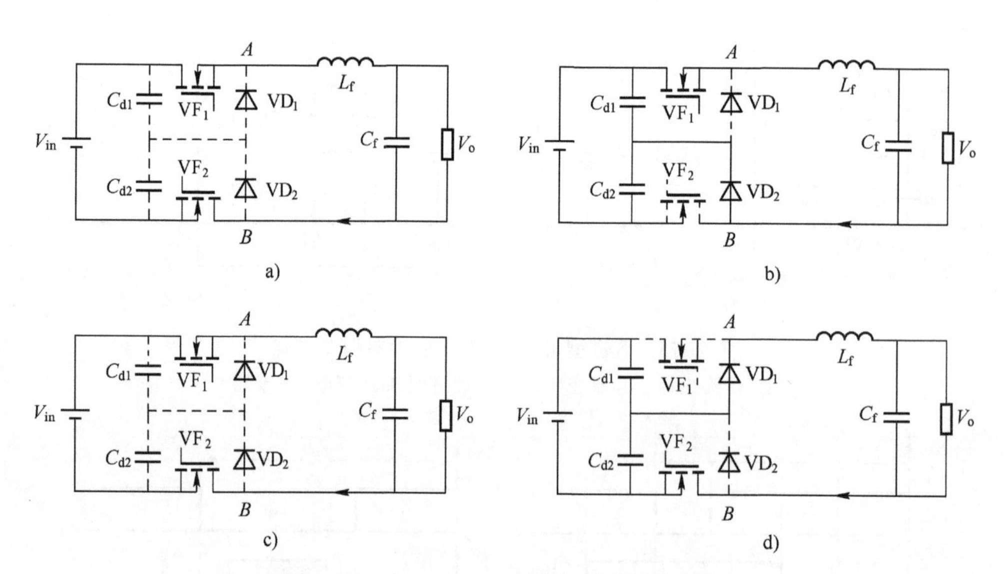

图 2-77 占空比>0.5 时各时间段等效电路

a) $[t_0, t_1]$阶段 b) $[t_1, t_2]$阶段 c) $[t_2, t_3]$阶段 d) $[t_3, t_4]$阶段

综上，该模式下，输出电压 V_o 可记为

$$V_o = \frac{1}{T_s}\int_0^t V_{AB}\mathrm{d}t = \frac{V_{in}}{T_s}[(t_1 - t_0) + (t_3 - t_2)] + \frac{0.5V_{in}}{T_s}[(t_2 - t_1) + (t_4 - t_3)]$$

$$= \frac{V_{in}}{T_s}\left[2 \times \frac{T_{on} - T_{off}}{2} + 2T_{off} \times \frac{1}{2}\right] = DV_{in} \tag{2-84}$$

(2) 占空比 $D<0.5$ 时的工作原理

1) $[t_0, t_1]$阶段，VF_1导通 VF_2断开，C_{d1}与 VD_2、VF_1、滤波电感 L_f、负载形成回路，此时等效电路如图 2-78a 所示，AB 两端电压 V_{AB}为 $0.5V_{in}$，电感电流 i_L线性上升。

$$i_L(t) = i_L(t_0) + \frac{0.5V_{in} - V_o}{L_f}(t - t_0) \tag{2-85}$$

2) $[t_1, t_2]$阶段，VF_1和 VF_2均截止，VD_1与 VD_2、滤波电感 L_f、负载形成续流回路，此时等效电路如图 2-78b 所示，AB 两端电压 V_{AB}为 0，电感电流 i_L线性下降。

$$i_L(t) = i_L(t_1) - \frac{V_o}{L_f}(t - t_1) \tag{2-86}$$

3) $[t_2, t_3]$阶段与$[t_0, t_1]$阶段类似，$[t_3, t_4]$阶段与$[t_1, t_2]$阶段类似，其等效电路分别如图 2-78c 和图 2-78d 所示。该模式下，输出电压 V_o可写为

$$V_o = \frac{1}{T_s}\int_0^t V_{AB}\mathrm{d}t = \frac{0.5V_{in}}{T_s}[(t_1 - t_0) + (t_3 - t_2)] = DV_{in} \tag{2-87}$$

3. 其他三电平电路的改进结构

根据同样的思路，可以得到改进的 Boost、Buck-Boost、Cuk、Sepic 和 Zeta 三电平变换器，如图 2-79 所示。

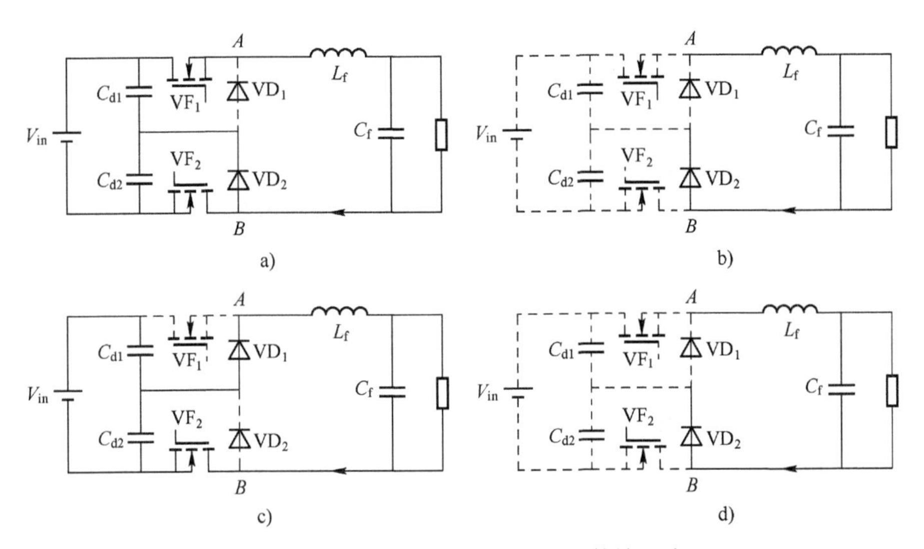

图 2-78　占空比<0.5 时各时间段等效电路

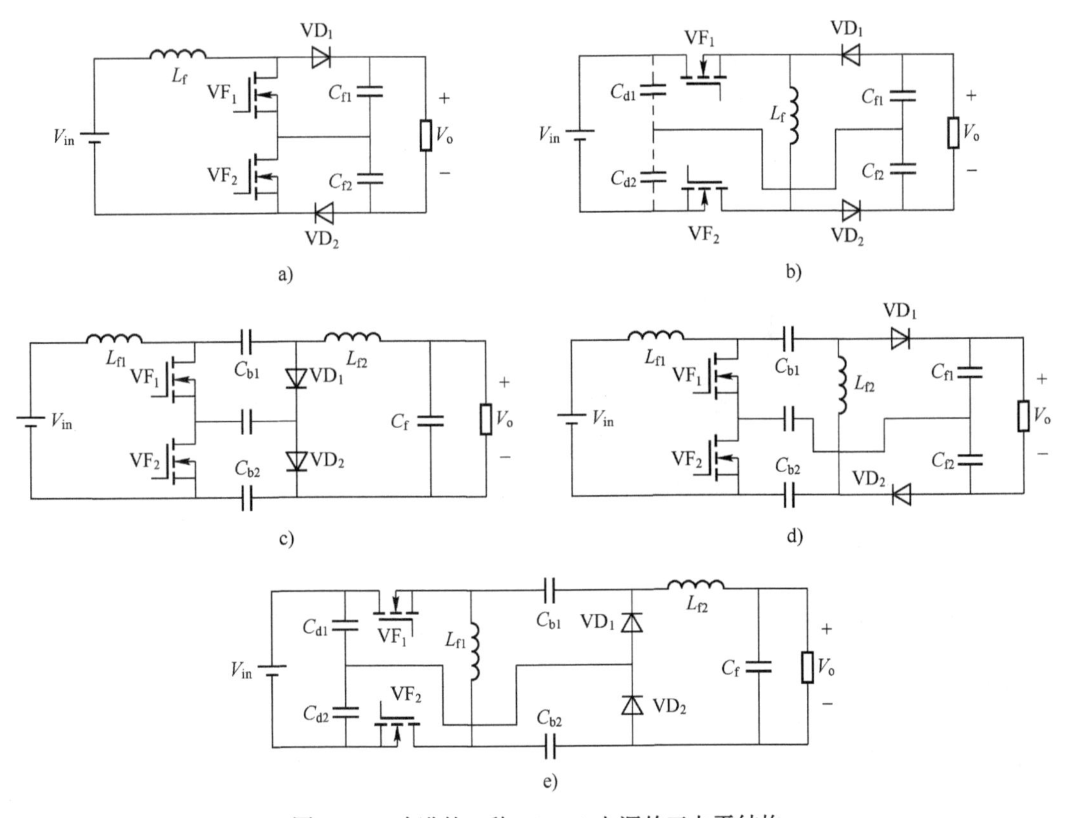

图 2-79　改进的 5 种 DC-DC 电源的三电平结构

a）Boost　b）Buck-Boost　c）Cuk　d）Sepic　e）Zeta

2.4.2 级联变换器

1. 变换过程

为了得到更大的电压调节范围，最简单的方法是将两个转换器进行级联。本节以 Buck 级联变换器为例进行分析，如图 2-80a 所示为两个 Buck 电路的级联拓扑结构。其中，VF_1、VD_1、L_1、C_1构成第一个 Buck 电路，该 Buck 电路的输入为 V_{in}；VF_2、D_2、L_2、C_2构成第二个 Buck 电路，该 Buck 电路的输入为第一个 Buck 电路的输出，即 C_1两端电压。因此，V_{in}、C_1、C_2之间的电压关系为 $V_o=V_{C2}=DV_{C1}=D^2V_{in}$。但这种方式，电路的元器件会增大一倍，势必降低了电路的效率。

为了保证输入和输出电压关系不变，可以将图 2-80a 变型至如图 2-80b 所示的结构。与传统的 Buck 级联电路相比，该电路并未改变之前的数学关系，同时省略了一个开关器件。

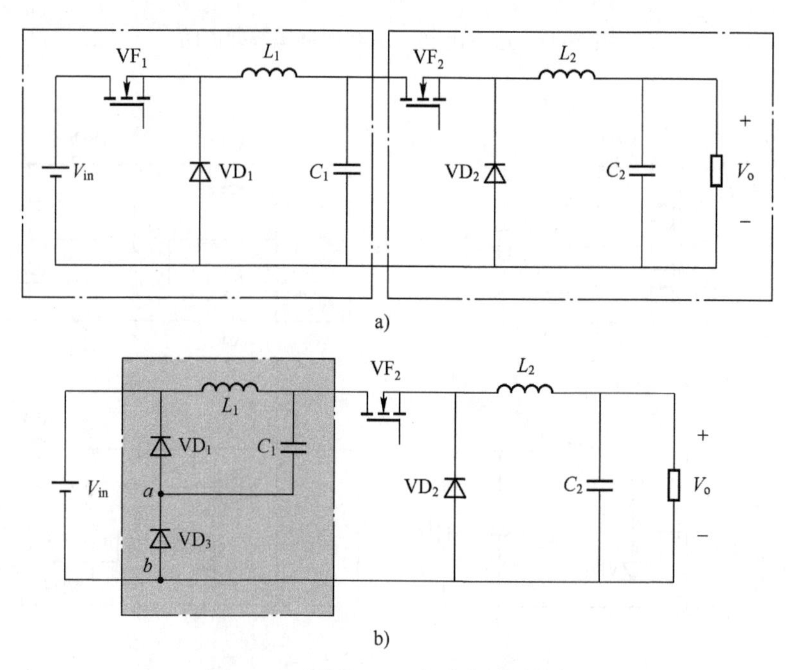

图 2-80 两个 Buck 电路的级联结构

a）两个 Buck 电路的直接级联结构 b）改进的 Buck 级联结构

2. 基本工作原理

按如图 2-81 所示 VF_2的驱动逻辑，该变换器的工作过程可分为两个阶段：$[0, DT_s]$的 VF_2导通过程和$[DT_s, T_s]$的 VF_2断开过程，其等效电路分别如图 2-82a 和图 2-82b 所示。

当 VF_2导通时，输入电压 V_{in}为 L_1充电，C_1通过 VF_2为 L_2充电，由于 C_1两端电压高于输出电压 V_o，因此 VD_3导通；当 VF_2断开时，L_1向 C_1提供能量，i_{L2}通过 VD_2与负载续流。

根据图 2-82a 和图 2-82b，由 KVL 可知

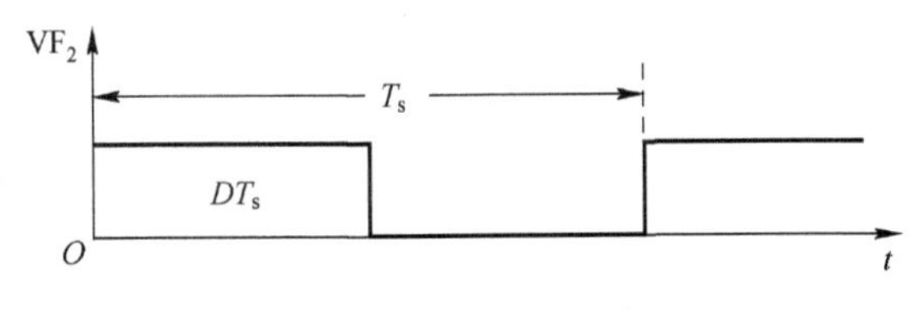

图 2-81　VF_2驱动逻辑

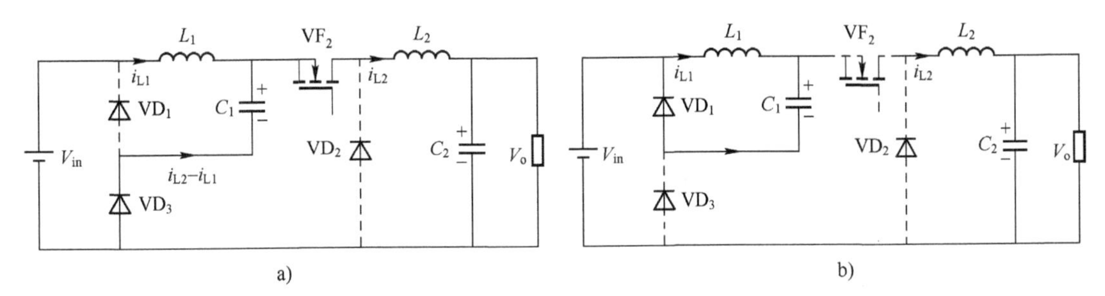

图 2-82　Buck 二次变换器的等效电路

a）VF_2导通过程　b）VF_2断开过程

$$\begin{cases}V_{L1}=V_{in}-V_{C1}\\V_{L2}=V_{C1}-V_o\end{cases}\quad(0\leqslant t<DT_s)\quad\begin{cases}V_{L1}=-V_{C1}\\V_{L2}=-V_o\end{cases}\quad(DT_s\leqslant t<T_s)$$

则在一个开关周期内，根据伏秒平衡原理，有

$$\begin{cases}(V_{in}-V_{C1})D-V_{C1}(1-D)=0\\(V_{C1}-V_o)D-V_o(1-D)=0\end{cases}\Rightarrow V_o=DV_{C1}=D^2V_{in}\tag{2-88}$$

该关系式表明，图 2-80b 可实现与传统 Buck 级联电路相同的输入输出电压关系。也就是说，图 2-80b 的阴影部分实现了传统 Buck 电路的电压放大倍数。可将这部分电路级联（$n-1$）组并放置在最后一级基本 DC-DC 电路的输入端，形成如图 2-83 所示的 Buck、Boost、Buck-Boost、Sepic、Zeta 和 Cuk 多级联结构。

3. Buck 级联变换器的推广

按照与 Buck 二次变换器类似的变型过程，可得到 Boost、Buck-Boost、Cuk、Zeta、Sepic 这 5 种电路的级联结构。由于篇幅有限，本书只给出了图 2-84 所示的 Buck-Boost 二次级联结构，读者可按照相同的方式推导出其他基本拓扑的级联方式。

当开关器件 VF 开通时，其等效电路如图 2-85a 所示，C_1和 C_2两端电压使 VD_1和 VD_2反偏截止，V_{in}通过器件 VF 为L_1充电，C_1与 VF、L_2、VD_2构成回路，C_1为L_2充电；当开关器件 VF 断开时，其等效电路如图 2-85b 所示，L_1通过 VD_1和 C_1构成回路，i_{L1}为 C_1充电，而L_2通过 VD_3和 C_2构成回路，i_{L2}为 C_2充电。

根据图 2-85a 和图 2-85b，由 KVL 可知

$$\begin{cases}V_{L1}=V_{in}\\V_{L2}=-V_{C1}\end{cases}\quad(0\leqslant t<DT_s)\quad\begin{cases}V_{L1}=-V_{C1}\\V_{L2}=-V_o\end{cases}\quad(DT_s\leqslant t<T_s)$$

则在一个开关周期内，根据伏秒平衡原理，有

$$\begin{cases}V_{in}D-V_{C1}(1-D)=0\\V_{C1}D-V_o(1-D)=0\end{cases}\Rightarrow V_o=\frac{D}{1-D}V_{C1}=\left(\frac{D}{1-D}\right)^2V_{in}\tag{2-89}$$

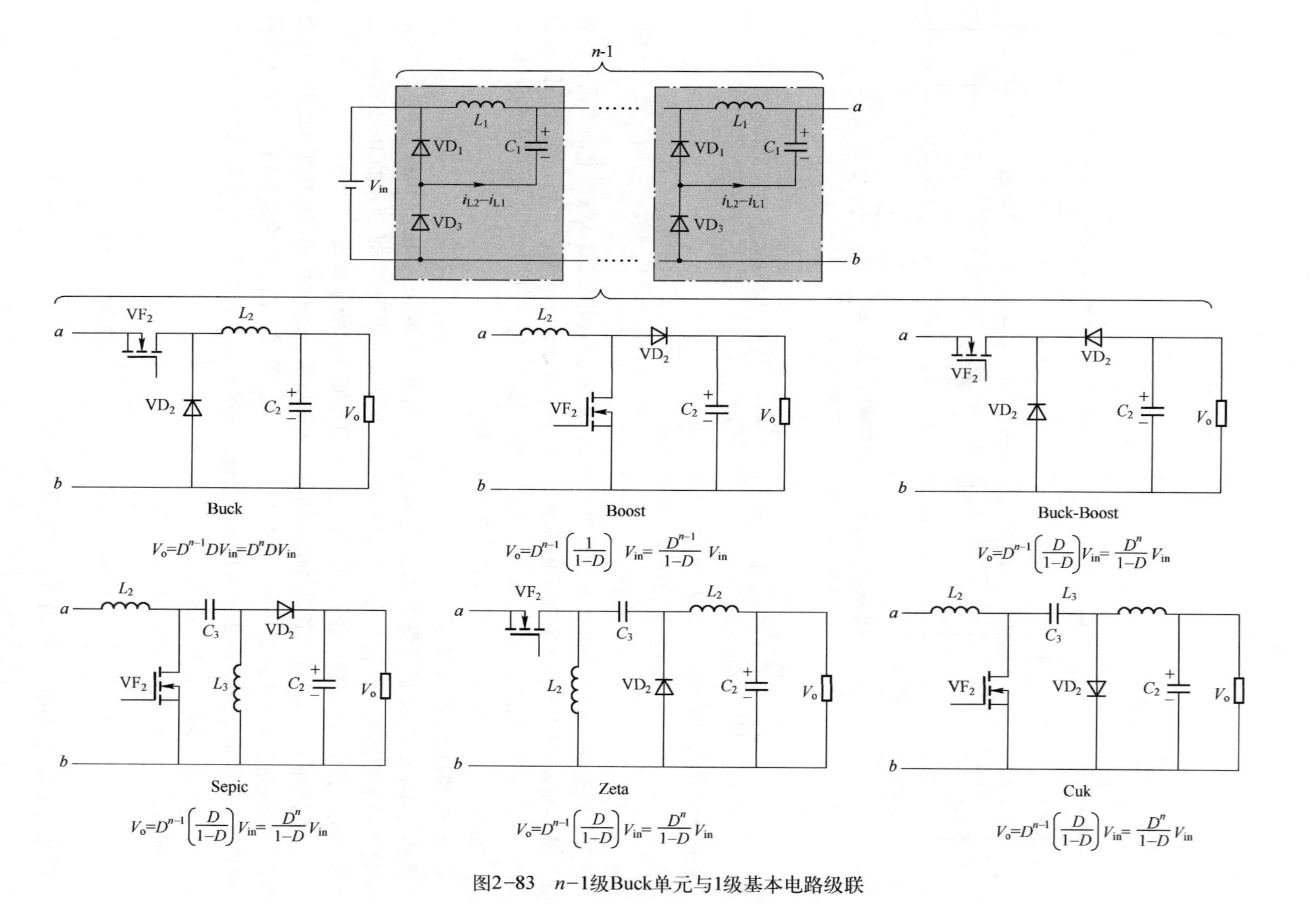

图2-83　$n-1$级Buck单元与1级基本电路级联

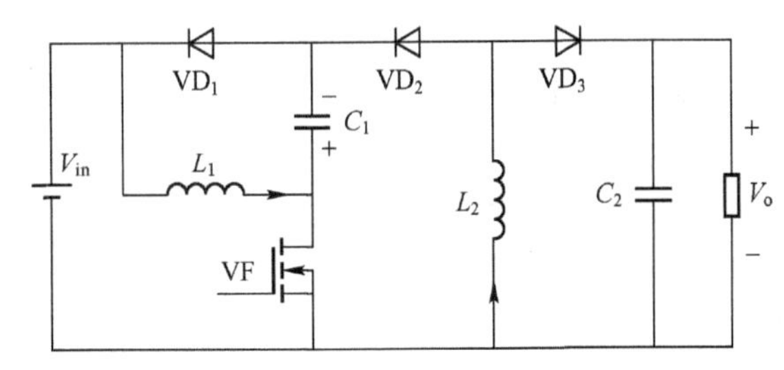

图 2-84　Buck-Boost 二次级联结构

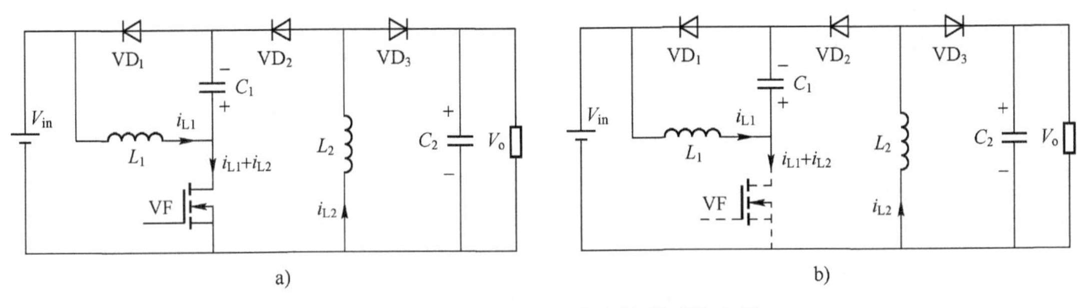

图 2-85　Buck-Boost 二次变换器等效电路

a）VF 开通时的等效电路　b）VF 断开时的等效电路

2.5　DC-DC 变换器设计示例

2.5.1　反激变换器的设计

反激电路设计的关键是主变压器的设计，核心器件包括主开关 MOSFET 和整流二极管。下面以图 2-86 所示电路为例，介绍其元器件的计算方式。

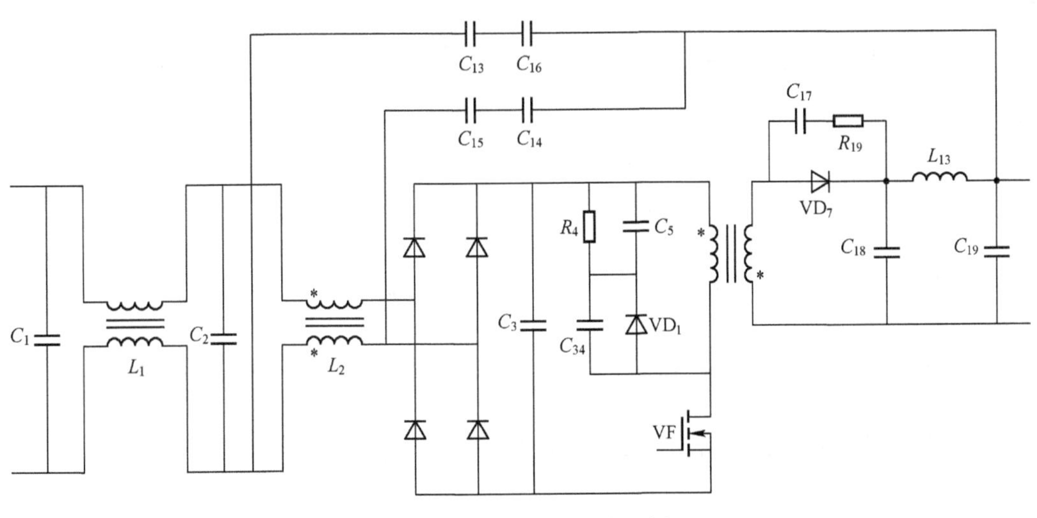

图 2-86　反激电路设计示例

1. 电路工作条件

1）输入电压（交流）：85~300 V。

2）输出功率：45 W。

3）输出电压（直流）：$V_{out}=13.65\ \text{V}$，输出电流有效值为 $I_o=45/13.65\ \text{A}=3.25\ \text{A}$。

4）工作频率：$f=80\ \text{kHz}$。

5）开关周期：$T=12.5\ \mu\text{s}$。

6）最大占空比：$D_{max}=0.45$。

7）最大导通时间：$T_{on\_max}=D_{max}T=5.625\ \mu\text{s}$。

8）考虑输出整流二极管的开关损耗、导通损耗以及变压器的效率，变压器的输入功率取 50 W，变压器的输入功率取 $P=50\ \text{W}$。

9）变压器的直流工作电压：交流输入电源的电压范围是 85~350 V，考虑整流桥的电压降（约 2 V）和纹波电压（约 38 V）的影响，变压器的最低电压为 $V_{DC\_min}=(85\sqrt{2}-2-38)\ \text{V}=80\ \text{V}$。

2. 变压器的参数计算

主变压器工作在能量完全传递工作模式，其各项参数计算如下。

1）一次绕组的最大峰值电流。变压器的输入功率可以表示为 $P=\dfrac{1}{2}fLI_{p\_max}^2$，因为有 $LI_{p\_max}^2=V_{DC\_min}T_{on\_max}$，则 $I_{pmax}=\dfrac{2P}{fV_{DC\_min}T_{on\_max}}=\dfrac{2\times50}{80\times10^3\times80\times5.625\times10^{-6}}\text{A}=2.8\ \text{A}$。

2）一次绕组的电感量为 $L=\dfrac{V_{DC\_min}T_{on\_max}}{I_{p\_max}}=\dfrac{80\times5.625\times10^{-6}}{2.8}\ \mu\text{H}=160.7\ \mu\text{H}$，因此 $L=160\ \mu\text{H}$。

3）磁心尺寸的选择。对于开关电源，根据电路的工作模式（正激、反激、推挽、桥式等）、变压器传送的功率、电路的工作频率以及对变压器温升的限制，各磁心生产厂家一般都有相应大小的磁心供推荐使用。本例选择 EER35 的磁心，其 $A_e=1.08\ \text{cm}^2$，可以满足设计要求。

4）一次绕组的匝数。取 $B_{max}=0.16\ \text{T}$，则 $n_p=\dfrac{LI_{p\_max}}{A_eB_{max}}=\dfrac{160\times10^{-6}\times2.8}{1.08\times10^{-4}\times0.16}=25.9$，故 n_p 取 26 匝。

5）二次绕组的匝数为 $n_s=n_p\dfrac{V_{out}(1-D_{max})}{V_{DC\_min}D_{max}}=26\times\dfrac{13.8\times(1-0.45)}{80\times0.45}=5.48$，故 n_s 取 6 匝。

6）气隙长度为 $L_g=\dfrac{0.127LI_{p\_max}^2}{A_eB_{max}^2}=0.127\times\dfrac{160\times10^{-6}\times2.8^2}{1.08\times0.16^2}\text{mm}=0.57\ \text{mm}$。

7）一次绕组的电流有效值为 $I_{p\_max\_rms}=I_{p\_max}\sqrt{\dfrac{D_{max}}{3}}=2.8\times\sqrt{\dfrac{0.45}{3}}\ \text{A}=1.084\ \text{A}$。

8）二次绕组最大峰值电流。由表达式 $I_oT=\dfrac{1}{2}(1-D_{max})TI_{s\_max}$，可知

$$I_{s\_max}=\frac{2I_o}{1-D_{max}}=\frac{2\times3.25}{1-0.45}\text{A}=11.8\ \text{A}$$

9）二次绕组电流有效值。$I_{s\_max\_rms}=I_{s\_max}\sqrt{\dfrac{1-D_{max}}{3}}=11.82\times\sqrt{\dfrac{1-0.45}{3}}\ A=5.06\ A$。

10）各绕组的导线线径。由于电源为自然冷散热，各绕组的电流密度取值不大于 3 A/mm^2，则各绕组的导线线径取值如下。

一次主绕组：电流有效值1.08 A，采用$\varphi=0.21$的导线16股，电流密度为1.95 A/mm^2。

二次主绕组：电流有效值5.06 A，采用$\varphi=0.40$的导线16股，电流密度为2.52 A/mm^2。

在实际绕制反激变压器时，通常还要考虑变压器的漏感等因素。一次绕组可以采取和二次绕组夹绕的方式减小漏感，但这种方式会使得一次和二次绕组之间的分布电容增加，而且变压器的利用率会低些。

3. 输入电解电容的计算

根据电源输入电压的范围，交流 220 V 额定输入电压对应的电解电容的耐压等级一般可选用 400 V 或 450 V 的电解电容。

对于宽输入电压范围的开关电源，其输入电解电容的容量的最佳取值为 2～3 倍输出功率。本例中的输出功率为 45 W，则输入电解电容的容量的最佳取值范围是 89.7～134.55 μF。

4. MOSFET 的计算

MOSFET 的反向耐压应该满足 $V_{DS}>\sqrt{2}V_{in\_max}+V_o\dfrac{n_p}{n_s}=\left(\sqrt{2}\times350+13.8\times\dfrac{26}{6}\right)V=555\ V$。

MOS 管还要承受变压器漏感引起的尖峰电压，由于流过功率 MOS 管的最大电流峰值和有效值分别为 2.78 A 和 1.08 A，考虑一定的裕量，可以选取 900 V/8 A 的功率 MOS 管。

5. 输出整流二极管的计算

考虑 1.25 倍的裕量，输出整流二极管的反向耐压应满足：

$$V_R>1.25\left(V_o+\sqrt{2}V_{in\_max}\frac{n_s}{n_p}\right)=\left[1.25\times\left(13.8+\sqrt{2}\times350\times\frac{6}{26}\right)\right]V=160\ V$$

由于输出的平均电流为 3.25 A，流过输出整流二极管的最大电流峰值和有效值分别为 11.82 A 和 5.06 A，根据以上计算，可以选取 200 V/16 A 的快恢复二极管。

6. 输出滤波电容的计算

输出过电压保护点的上限为20 V，输出滤波电容的耐压等级选用 35 V。输出滤波电容选用高频电解电容，容量的选择主要由流过电容的纹波电流值以及电容的 ESR 值决定。流过电容的纹波电流有效值为 $I_{ripple}=\sqrt{I_{s\_max\_rms}^2-I_o^2}=\sqrt{5.06^2-3.25^2}\ A=3.9\ A$。

根据以上计算，可以选取 2 个 35 V/1000 μF 的高频电解电容并联使用，其 ESR 值最大为 0.029 Ω。电容上产生的纹波电压为 $V_{ripple}=3.9\times\dfrac{0.029}{2}V=0.057\ V$。

2.5.2 有源钳位同步整流主电路设计

图 2-87 所示为有源钳位同步整流电路原理图，本节讨论该电路相关设计思路、电路计

算及调试中的一些注意事项。

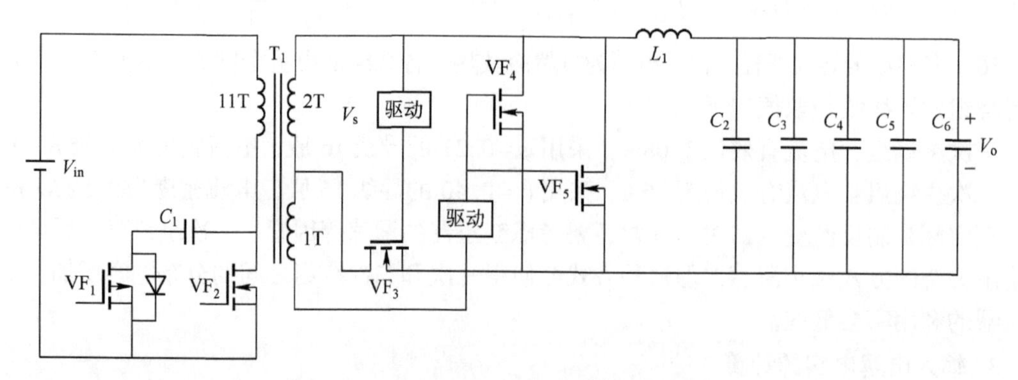

图 2-87　有源钳位同步整流电路原理图

1. 电路原理

正激变换器中，变压器必须要复位，有源钳位正激电路中采用了钳位支路给变压器复位的方式，其钳位支路由有源器件和钳位电容串联组成，并联在主开关管或变压器的绕组两端。钳位支路中的有源器件简称辅管，图 2-87 电路中的辅管 VF_1采用了 P 型 MOS 晶体管，与 C_1串联后组成钳位支路，并联在主管 VF_2的两端，其工作时序图如图 2-88 所示。

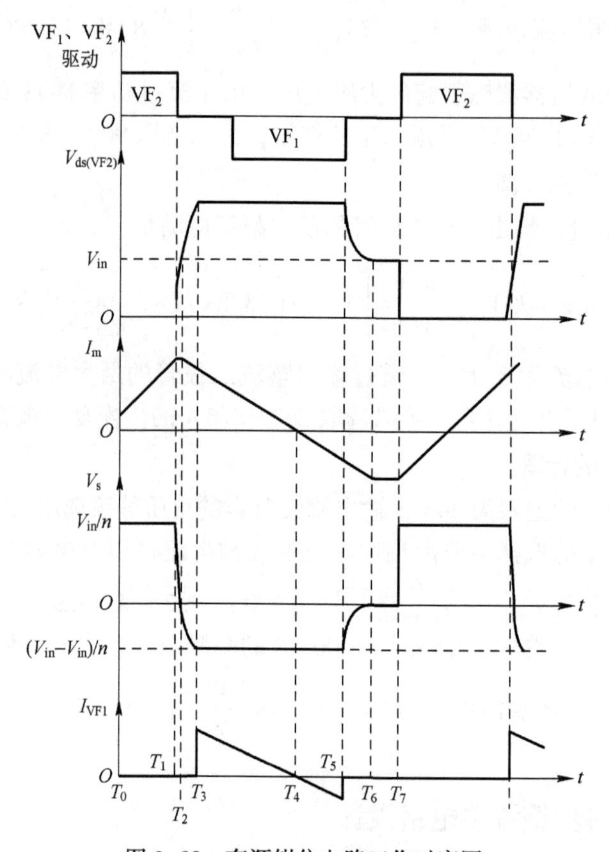

图 2-88　有源钳位电路工作时序图

图 2-88 中，主管 VF_2和辅管 VF_1的驱动电压之间存在一定的死区。I_m是变压器的磁化电流波形，V_s为变压器二次电压波形，n 为变压器一、二次绕组匝比。每个开关周期内，共有 7 个开关模态。

1）开关模态 1(T_0-T_1)：主管 VF_2处于导通状态，变压器一次侧承受正压，磁化电感电流 I_m线性增长。二次侧整流管 VF_3处于通态，负载电流 I_o折射到一次侧。

2）开关模态 2(T_1-T_2)：T_1时刻，主管 VF_2软关断，变压器的磁化电感 L_m与 VF_2的输出结电容 C_s谐振，在变压器一次电压降为零之前，负载电流折射到一次侧，所以此时 I_o/n 和磁化电流之和（$I_o/n+I_m$）给 C_s充电，VF_2的漏源电压 V_{ds}上升，同时二次电压 V_s下降。T_2时刻，V_{ds}由零上升至输入电压 V_{in}，二次电压 V_s由 V_{in}/n 降至零。VF_3的驱动电压也降为零，VF_3关断，负载电流 I_o流过 VF_3的寄生二极管，同时磁化电流 I_m升至最大值 I_m（在 T_2时刻）。

3）开关模态 3(T_2-T_3)：T_2时刻后，C_s被充电至大于输入电压 V_{in}，二次电压 V_s由正变负，负载电流 I_o由 VF_3的寄生二极管换相至 VF_4、VF_5的寄生二极管中，磁化电感 L_m和 C_s继续谐振，磁化电流 I_m开始下降。在 T_3时刻，C_s被充电至 V_C。

4）开关模态 4(T_3-T_4)：T_3时刻，C_s被充电至钳位电容电压 V_C。T_3时刻后，辅管 VF_3的寄生二极管导通，磁化电流通过 VF_3的寄生二极管给钳位电容 C_3充电，钳位电容电压与输入电压之差（V_C-V_{in}）加到变压器一次绕组上，磁化电流 I_m继续下降。此时二次电压为(V_C-V_{in})/n，VF_4和 VF_5被触发导通，负载电流 I_o通过同步整流管 VF_4、VF_5续流。在 $T_3\sim T_4$间的某一时刻，触发辅管 VF_3导通，辅管 VF_3实现零电压开通。

5）开关模态 5(T_4-T_5)：T_4时刻，磁化电流降为零。T_4时刻后，在钳位电容电压与输入电压之差（V_C-V_{in}）的作用下，变压器磁心反向磁化，工作于磁心 B-H 特性曲线的第三象限，I_m由正变负。二次侧负载电流 I_o仍通过同步整流管 VF_4、VF_5续流。

6）开关模态 6(T_5-T_6)：T_5时刻，关断辅管 VF_3，由于磁化电感电流不能突变，I_m开始给 C_s放电，VF_2的漏源电压 V_{ds}从 V_C往下降，变压器一次电压从（V_C-V_{in}）开始下降。在 T_6时刻之前，一次电压保持负值，二次侧负载电流 I_o仍通过同步整流管 VF_4、VF_5续流。T_6时刻，VF_2的漏源电压 V_{ds}降为输入电压 V_{in}。在模态 6 中，主管 VF_2在开通前的漏源电压由($V_{in}+V_C$）降为输入电压 V_{in}，部分实现了软开关。

7）开关模态 7(T_6-T_7)：T_6时刻，变压器一次电压由负值变到零。这时二次侧同步整流管 VF_4、VF_5关断，负载电流 I_o流过 VF_4、VF_5的寄生二极管，并随着二次电压的上升，流过的 VF_4、VF_5寄生二极管负载电流逐渐向 VF_3的寄生二极管换相，VF_3寄生二极管中电流折射到一次侧，若折算到一次侧的负载电流小于给 C_s放电的磁化电流 I_m，C_s继续被放电，VF_2的开通条件将更好，甚至实现 ZVS。

从以上的各开关模态分析中可以看出，变压器磁化能量和漏感能量可以回馈电源循环利用；主管和辅管的电压应力在较宽的输入范围内变化不大，可以采用低压器件，导通电阻更小；变压器磁心工作在一、三象限，铁心利用率高；变压器二次绕组的电压波形可以直接作为对应的驱动脉冲来给同步整流管和续流管提供激励，可有效地实现同步整流 MOS 晶体管的自驱动；容易实现零电压开关，允许更高的频率来减小电源体积，增大功率密度。

2. 电路设计

表 2-4 为该电路需要满足的技术指标

表 2-4　技术指标

项　　目	指　　标
输入电压范围 $V_{inmin} \sim V_{inmax}$/V	33~75
输入额定电压 V_{innom}/V	48
输出电压范围 $V_{omin} \sim V_{omax}$/V	2.64~3.63
输出额定电压 V_{onom}/V	3.3
输出额定负载电流 I_o/A	20
最大输出负载电流 I_{omax}/A	25
短路输出电流 I_{oshort}/A	28
工作频率 f_s/kHz	310
最大占空比 D_{max}	0.65
限制占空比	0.75
效率（%）	>90

（1）主变压器的计算

1）匝比的计算。设同步整流管及续流管最大电压降为 $V_{sr}=0.1\,V$，电感绕组的最大电阻电压降为 $V_L=0.1\,V$，其他线路电压降为 $V_r=0.1\,V$，则二次侧电压降和为 $V_\Sigma=V_r+V_{sr}+V_L$。

2）计算最大面积乘积，选取磁心。设变压器效率为 $\eta=0.98$，最大磁通密度为 $B_m=0.38\,T$，磁场密度变化量为 $\Delta B=0.25\,T$，窗口利用系数为 $K_W=0.2$，波形系数为 $K_f=\dfrac{1}{D_{max}}$，绕线电流密度为 $J=20\,A\cdot mm^{-2}$，则有 $I_{srms}=\dfrac{P_{out}}{V_{omax}}\sqrt{D_{max}}=14.659\,A$，$A_p=\dfrac{P_T}{K_W K_f f_s \Delta BJ}=0.038\,cm^4$，$P_T=\left(1+\dfrac{1}{\eta}\right)V_s I_{srms}=179.066W$。

选取如表 2-5 所示磁心，其中 $A_p=A_eA_W$，$A_p=0.051\,cm^4$。

表 2-5　磁心参数表

名　　称	数　　值
磁心有效截面积 A_e/mm^2	20.26
磁心窗口面积 A_W/mm^2	18
磁路长度 L_e/mm	28.5
电感系数 A_L/μH	2.48
绕组每匝平均长度/mm	34
表面积系数 K_S	41.3
剩磁 B_r/T	0.053
电感系数容差 A_{Lt}	0.25
单位体积功耗 $P_e/W\cdot cm^{-3}$	0.3
散热系数 K_t	850

3）计算一、二次侧匝数。$N_s=\frac{V_s D_{max}}{f_s \Delta B A_e}=1.749$，因此 $N_S=2$；则一次侧匝数为 $N_p=nN_s=10.87$，因此 $N_p=11$。

4）核算饱和磁密。$\Delta B=\frac{V_{outmax}+V_{\Sigma}}{f_s N_s A_e}=0.224\ \text{T}$，考虑变压器剩磁，则 $B_{max}=\Delta B+B_r=0.277\ \text{T}$。

（2）一次侧主功率管的计算（按低压输入计算）

一次侧功率管耐压为 $V_{pds}=\frac{V_{inmin}}{1-D_{min}}=132\ \text{V}$；电流峰值为 $I_{ppeak}=\frac{I_{Lmax}}{n}=132\ \text{A}$，电流有效值为 $I_{prmsmax}=\frac{I_{out}\sqrt{D_{max}}}{n}=2.943\ \text{A}$。

（3）一次侧辅功率管的计算

一次侧辅管耐压为 $V_{fds}=V_{pds}=132\ \text{V}$，一次侧辅功率管低压输入时的电流峰值为 $I_{fpeak}=\frac{V_{inmin}D_{max}}{2L_p f_s}=0.116\ \text{A}$，一次侧辅功率管低压输入时电流有效值为 $I_{frmsmax}=\frac{I_{fpeak}\sqrt{1-D_{min}}}{2}=0.051\ \text{A}$。

（4）钳位电容的计算

主管最小关断时间为

$$T_{offmin}=\frac{1-D_{max}}{f_s}$$

钳位电容最小值为

$$C_r=\frac{5(1-D_{max})^2}{4L_p f_s}=5.159\times10^3\ \text{pF}$$

根据实际设计经验取 $C_r=0.01\ \mu\text{F}$。

钳位电容电压为

$$V_C=\frac{V_{inmin}}{1-D_{min}}=132\ \text{V}$$

（5）二次侧整流管的计算

二次侧整流管平台耐压为 $V_{sds}=\frac{V_C}{n}=24\ \text{V}$，驱动电压为 $V_{recg}=\frac{V_{inmax}}{n_{rec}}=13.636\ \text{V}$，电流有效值为 $I_{recrms}=I_o\sqrt{D_{max}}=16.186\ \text{A}$。

（6）二次侧续流管的计算

二次侧续流管平台耐压为

$$V_{sds}=\frac{V_{inmax}}{n}=24\ \text{V}$$

二次侧续流管电流有效值为

$$I_{freerms}=I_o\sqrt{1-D_{max}}=17.713\ \text{A}$$

（7）驱动匝数的计算

二次侧主绕组（2 匝）正向电压为

$$V_{s1max}=\frac{75}{n}=13.6\ V,\ V_{S1min}=\frac{33}{n}=6\ V$$

整流管可直接用主绕组进行驱动，二次侧主绕组（2 匝）负向电压为

$$V_{s2max}=\frac{V_{omax}}{1-D_{max}}=10.37\ V,\quad V_{s2min}=\frac{V_{omin}}{1-D_{min}}=3.37\ V$$

续流管需再增加一匝驱动绕组，则其最低驱动电压为 $1.5V_{s2min}=5\ V$，最高驱动电压为 $1.5V_{s2max}=15.5\ V$。

功率电路元器件选型见表 2-6。

表 2-6　功率电路元器件选型

元件类型	元件序号	描　述
N 沟道绝缘栅场效应晶体管	VF_2	150 V/6.7 A/0.050 Ω~±20 V
P 沟道绝缘栅场效应晶体管	VF_1	150 V/0.7 A/2.4 Ω~± 20 V
电容	C_1	250 V/0.01 μF±10%
N 沟道绝缘栅场效应晶体管	VF_3、VF_4、VF_5	30 V/55 A/2.5 mΩ
陶瓷电容	C_4、C_3、C_2	6.3 V/100 μF±20%
陶瓷电容	C_5、C_6	10 V/10 μF±10%

第 3 章　软开关技术

3.1　软开关的基本概念

3.1.1　电力电子电路中的硬开关和软开关

1. 硬开关

前面分析的 DC-DC 拓扑均是硬开关，其开关过程如图 3-1 所示。开关过程中电压、电流均不为零，出现了重叠，有显著的开关损耗；电压和电流变化的速度很快，波形出现了明显的过冲，从而产生了开关噪声；开关损耗与开关频率之间呈线性关系，因此当硬电路的工作频率不太高时，开关损耗占总损耗的比例并不大，但随着开关频率的提高，开关损耗就越显著。

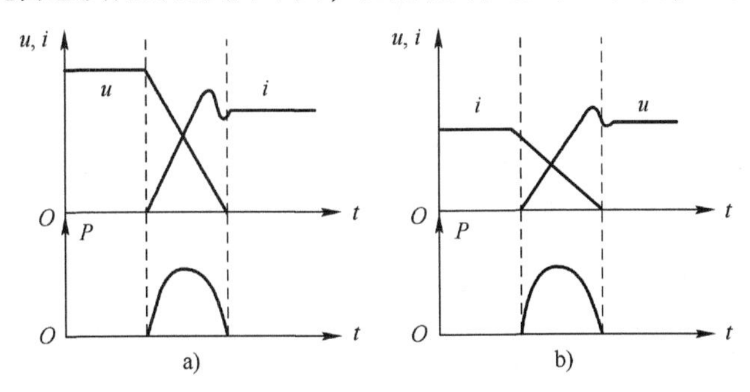

图 3-1　硬开关过程中的电压和电流
a) 导通过程　b) 断开过程

2. 软开关

以图 3-2 所示的 Buck 电路为例，在硬开关电路中增加谐振电感 L_r和谐振电容 C_r，与滤波电感 L_f、电容 C_f相比，L_r和 C_r的值小得多（MOSFET 本身就包含了 VD_r二极管，故将这个二极管体现在电路图中）。

在开关过程中引入谐振，使开关开通前电压先降到零，关断前电流先降到零，消除了开关过程中电压、电流的重叠，消除了开关损耗，如图 3-3 所示。由于谐振过程限制了开关过程中电压和电流的变化率，使得开关噪声显著减小。

3. 软开关技术常见术语

这里列举常见的软开关术语。

1）零电压开通：开关开通前其两端电压为零，则开通时不会产生损耗。

2）零电流关断：开关关断前其电流为零，则断开时不会产生损耗。

3）零电压关断：与开关并联的电容能延缓断开后电压上升的速率。

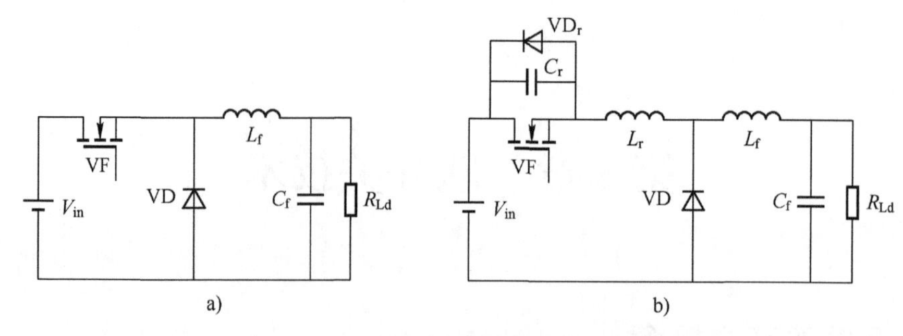

图 3-2 Buck 硬开关及零电压准谐振电路

a）Buck 硬开关电路 b）Buck 零电压准谐振电路

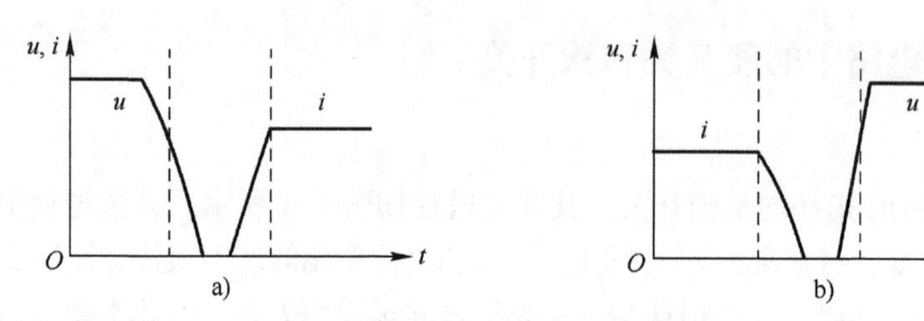

图 3-3 软开关过程中的电压和电流

a）导通过程 b）断开过程

4）零电流开通：与开关串联的电感能延缓开通后电流上升的速率。

3.1.2 软开关电路的分类

根据软开关技术发展的历程可以将软开关电路分成准谐振电路、零开关 PWM 电路和零转换 PWM 电路。

1. 准谐振电路

准谐振电路中电压或电流的波形为正弦半波，因此称为“准谐振”。其开关损耗和开关噪声都大大下降，但也存在一些负面问题，如谐振电压峰值很高，要求器件耐压必须提高；谐振电流的有效值很大，电路中存在大量的无功交换，造成电路导通损耗加大；谐振周期随输入电压、负载变化而改变，因此电路只能采用脉冲频率调制（PFM）方式来控制，变化的开关频率给电路设计带来困难。以 Buck 为例，准谐振电路有如图 3-4 所示的 3 种形式。

2. 零开关 PWM 电路

电路中引入了辅助开关，从而使谐振仅发生于开关过程前后。以 Buck 变换器为例，零开关 PWM 电路有如图 3-5 所示的两种形式。

同准谐振电路相比，这类电路的电压和电流基本为方波，只是上升沿和下降沿较缓，开关承受的电压明显降低，电路可以采用开关频率固定的 PWM 控制方式。

3. 零转换 PWM 电路

电路中也采用辅助开关来控制谐振的起始时刻，与零开关 PWM 电路不同的是，谐振电路与主开关并联，故输入电压和负载电流对电路的谐振过程影响很小，电路在很宽的输入电压范围内和从零负载到满载都能实现软开关。此外，电路中无功功率的交换被削减到最小，这使得电路效率有了进一步提高。以 Buck 变换器为例，零转换 PWM 电路有如图 3-6 所示的两种形式。

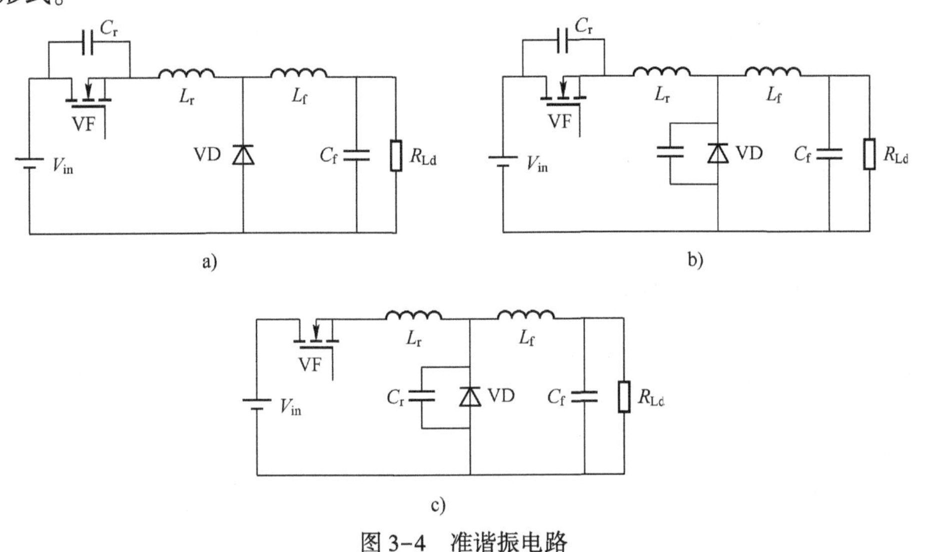

图 3-4 准谐振电路

a）零电压开关准谐振电路 b）零电压开关多谐振电路 c）零电流开关准谐振电路

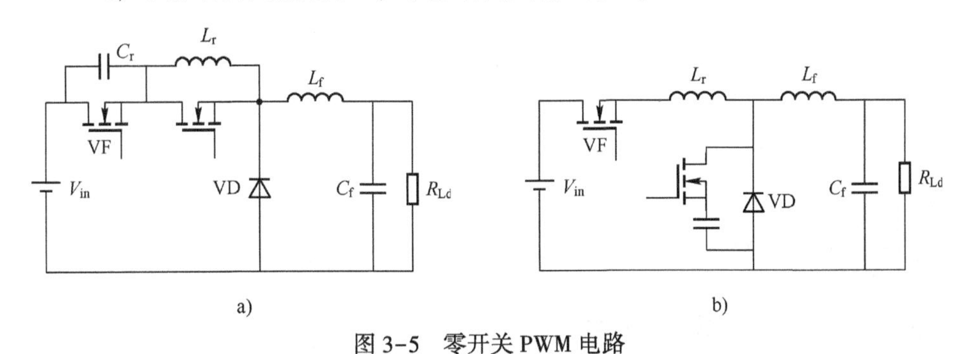

图 3-5 零开关 PWM 电路

a）零电压开关 PWM 电路 b）零电流开关 PWM 电路

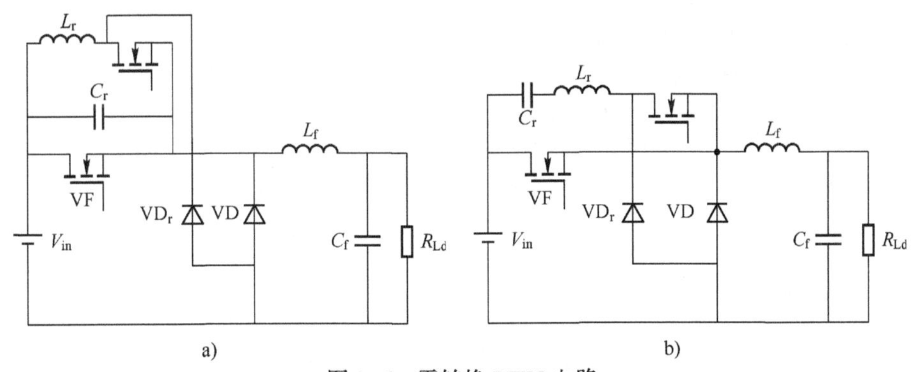

图 3-6 零转换 PWM 电路

a）零电压转换 PWM 电路 b）零电流转换 PWM 电路

4. 全谐振型变换器

全谐振型变换器也称为谐振变换器。该类变换器实际上是负载谐振型变换器，按照谐振元件的谐振方式，分为串联谐振变换器和并联谐振变换器两类。按负载与谐振电路的连接关系，谐振电路可分为两类：一类是负载与谐振回路相串联，称为串联负载谐振变换器；另一类是负载与谐振回路相并联，称为并联负载谐振变换器。在谐振变换器中，谐振元件一直谐振工作，参与能量交换的全过程。该变换器与负载关系很大，对负载的变化很敏感，一般采用频率调制方法。这部分内容会在 LLC 电路的分析中进行讨论。

3.2 软开关的典型电路

3.2.1 零电压开关准谐振电路

如图 3-7 所示为零电压开关准谐振电路原理图，为了方便分析，把 MOSFET 中寄生二极管 VD_r标明在图中。

1. 工作过程分析

选择开关 VF 的关断时刻 t_0为起点，t_0~t_5时间段零电压开关准谐振电路的理想化波形如图 3-8 所示。

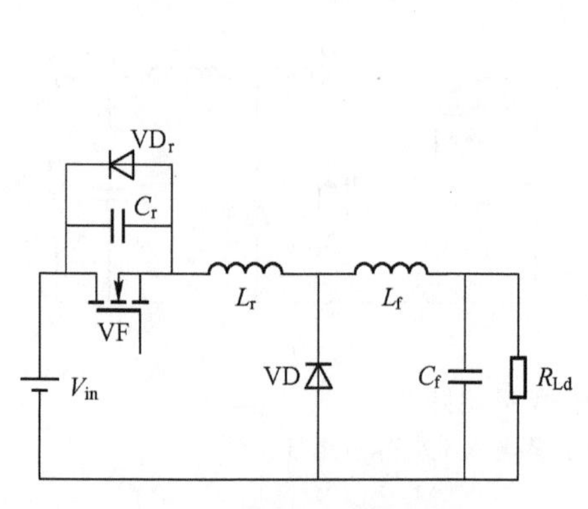

图 3-7 零电压开关准谐振电路原理图

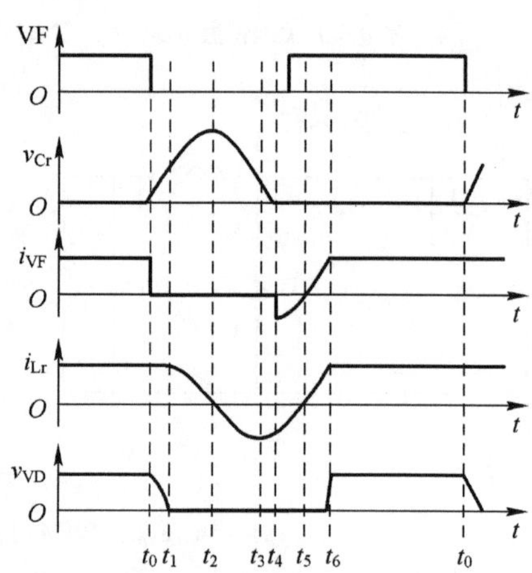

图 3-8 零电压开关准谐振电路的理想化波形

1）［t_0~t_1］：t_0之前，VF 导通，VD 为断态，$v_{Cr}=0$，$i_{Lr}=I_L$，t_0时刻 VF 关断，C_r使 VF 关断后电压上升减缓，VF 的关断损耗减小。VF 关断后，VD 尚未导通；L_r+L_f向 C_r充电，L_f等效为电流源，v_{Cr}线性上升，同时 VD 两端电压 v_{VD}逐渐下降，直到 t_1时刻，$v_{VD}=0$，VD 导通，这一时段 v_{Cr}的上升率为 $\Delta v_{Cr}=\dfrac{I_L}{C_r}$。

2）［t_1~t_2］：t_1时刻 VD 导通，L_f通过 VD 续流，C_r、L_r、V_{in}形成谐振回路。谐振过程中，L_r对 C_r充电，v_{Cr}不断上升，i_{Lr}不断下降，直到 t_2时刻，i_{Lr}下降到零，v_{Cr}达到谐振峰值。

3）［t_2~t_3］：t_2时刻后，C_r向 L_r放电，i_{Lr}改变方向，v_{Cr}不断下降，直到 t_3时刻，$v_{Cr}=V_{in}$，这时，$v_{Cr}=0$，i_{Lr}达到反向谐振峰值。

4）［t_3~t_4］：t_3时刻以后，L_r向 C_r反向充电，v_{Cr}继续下降，直到 t_4时刻 $v_{Cr}=0$。

$t_1 \sim t_4$时间内，电路谐振过程的方程为

$$\begin{cases} L_r \dfrac{di_{Lr}}{dt} + v_{Cr} = V_{in} \\ C_r \dfrac{dv_{Cr}}{dt} = i_{Lr} \\ v_{Cr} \mid_{t=t_1} = V_{in} \\ i_{Lr} \mid_{t=t_1} = I_L \end{cases} \tag{3-1}$$

5）$[t_4 \sim t_5]$：v_{Cr}被钳位于零，$v_{Cr}=V_{in}$，i_{Lr}线性衰减，直到t_5时刻，$i_{Lr}=0$。由于这一时段VF两端电压为零，所以必须在这一时段使开关VF开通，才不会产生开通损耗。

6）$[t_5 \sim t_6]$：VF为通态，i_{Lr}线性上升，直到t_6时刻，$i_{Lr}=I_L$，VD关断。

$t_4 \sim t_6$时间内，电流i_{Lr}的变化率为

$$\frac{di_{Lr}}{dt} = \frac{V_{in}}{L_r}$$

7）$[t_6 \sim t_0]$：VF为通态，VD为断态。

2. 注意事项

谐振是软开关电路工作过程中最重要的部分，v_{Cr}的表达式写为

$$v_{Cr}(t) = \sqrt{\frac{L_r}{C_r}} I_L \sin\omega_r(t-t_1) + V_{in} \quad t \in [t_1, t_4]，其中\ \omega_r = \sqrt{\frac{1}{L_r C_r}}$$

$[t_1, t_4]$上的最大值即v_{Cr}的谐振峰值，就是开关VF承受的峰值电压，表达式为

$$V_{Crmax} = \sqrt{\frac{L_r}{C_r}} I_L + V_{in}$$

零电压开关准谐振电路实现软开关的条件需满足$\sqrt{\frac{L_r}{C_r}} I_L > V_{in}$。

3.2.2 零电压转换PWM电路

以如图3-9所示的Boost电路为例。假设电感L、电容C_f很大，可认为输出电流和电压的波动很小，并且忽略元件与电路中的损耗。在零电压转换PWM电路中，辅助开关VF_r超前于主开关VF开通，而VF开通后VF_r就关断了，主要的谐振过程都集中在VF开通前后。

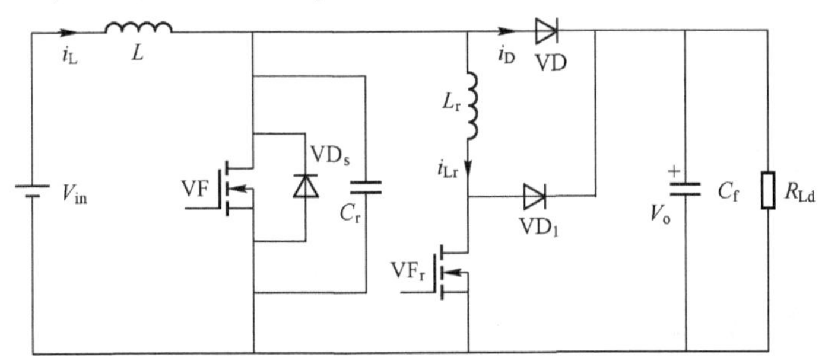

图3-9 Boost型零电压转换PWM电路

Boost 零电压转换 PWM 电路的理想波形如图 3-10 所示。该电路具有电路简单、效率高等优点，广泛用于功率因数校正电路（PFC）、DC-DC 变换器、斩波器等。

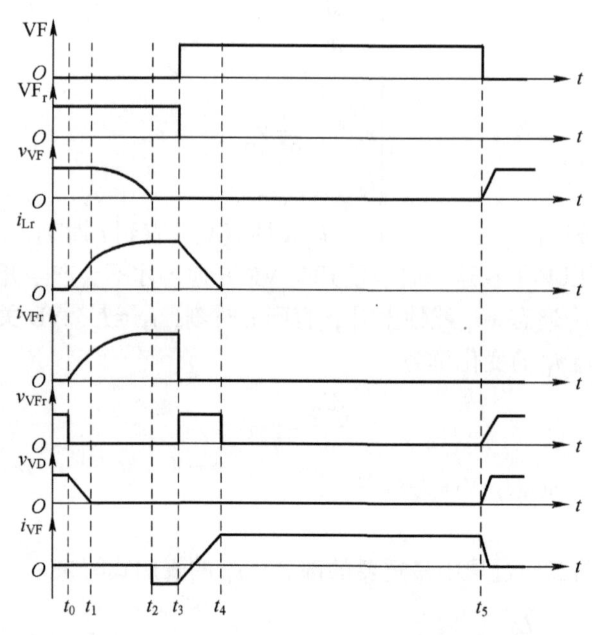

图 3-10　Boost 零电压转换 PWM 电路的理想波形

1）$[t_0 \sim t_1]$：辅助开关先于主开关开通，由于此时 VD 尚处于通态，所以 $v_{Lr}=V_o$，i_{Lr}按线性迅速增长，i_D以同样的速率下降，直到 t_1时刻，$i_{Lr}=I_L$，i_D下降到零，二极管自然关断。

2）$[t_1 \sim t_2]$：L_r与 C_r构成谐振回路，由于 L 很大，谐振过程中其电流基本不变，对谐振影响很小，可以忽略；谐振过程中 i_{Lr}增加而 v_{Cr}下降，t_2时刻 v_{Cr}降到零，VD_S导通，v_{Cr}被钳位于零，而 i_{Lr}保持不变。

3）$[t_2 \sim t_3]$：v_{Cr}钳位于零，i_{Lr}保持不变，该状态一直保持到 t_3时刻 VF 开通、VF_r关断。

4）$[t_3 \sim t_4]$：t_3时刻 VF 开通时，v_{VF}为零，因此没有开关损耗，VF 开通的同时 VF_r关断，L_r中的能量通过 VD_1向负载侧输送，v_{Lr}下降，而 i_{VF}线性上升，到 t_4时刻 $i_{Lr}=0$，VD_1关断，$i_{VF}=I_L$，电路进入正常导通状态。

5）$[t_4 \sim t_5]$：t_5时刻 VF 关断，由于 C_r的存在，VF 关断时的电压上升率受到限制，降低了 VF 的关断损耗。

3.3　LLC 谐振变换器

3.3.1　LLC 谐振变换器概述

谐振变换器之所以得到重视和研究，是因为在谐振时电流或电压周期性过零，利用这一点实现软开关，可以降低开关损耗，提高功率变换器的效率。

谐振功率变换器有以下三种：串联谐振变换器（Series Resonance Circuit，SRC）、并联谐振电路（Parallel Resonance Circuit，PRC）、串并联谐振电路（Series-Parallel Resonance Circuit，SPRC）。

1. SRC 变换器

SRC 变换器电路如图 3-11 所示，电感 L_r 与电容 C_r 串联，形成一个串联谐振腔（Resonant Tank）。这个谐振腔的阻抗与负载串联，则由于其串联分压作用，增益总小于 1。谐振腔的阻抗与频率有关，在其谐振频率 $f_r=\frac{1}{2\pi\sqrt{L_rC_r}}$ 下阻抗最小，此时的增益也最大。

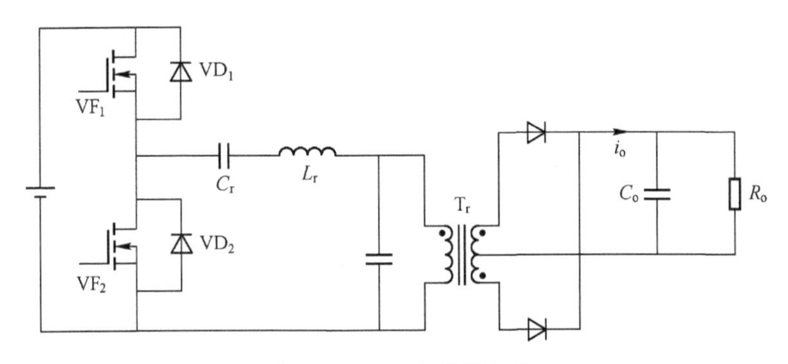

图 3-11　SRC 变换器电路

SRC 电路中，谐振腔与折算到一次侧的负载串联。从这种电路结构上来看，谐振腔与负载组成了分压电路，通过改变 LLC 谐振变换器的工作频率，谐振腔的等效阻抗会相应发生变化，从而调节分压电路的输出电压，进而达到调节负载电压的目的。作为一个分压电路，其增益始终小于 1，在工作频率等于谐振频率 f_r 处，其增益达到最大值 1。

工作频率高于谐振频率 f_r 时，输出电压随着工作频率的升高而降低，并且能实现 ZVS。

工作频率低于谐振频率 f_r 时，输出电压随着工作频率的升高而降低，到谐振频率达到峰值，在此区间，开关管能够实现 ZCS。此外，在谐振频率点附近略低于谐振频率处，不但能够在很宽的负载范围实现 ZVS，关断电流也近似为零，并且一次谐振电流波形为正弦，高次谐波分量很小，有利于 EMI 设计。

由于采用 MOSFET 作为 DC-DC 开关器件，因此通常用 SRC 电路设计整流模块，一般都选在工作频率高于谐振频率段。但 SRC 的局限性在于：轻载时，工作频率要变化很大才能保证输出电压不变；V_{in} 增大时，工作频率增大使输出电压保持不变，此时谐振腔的阻抗也增大，则谐振腔内有很高的能量在循环，而并没有把这些能量供给负载，并且使半导体器件的应力增大。也就是说，高轻载调整率、高的谐振能量、高输入电压时关断电流较大。

2. PRC 电路

PRC 变换器电路如图 3-12 所示，之所以称为“并联谐振”，是指电容 C_r 与负载并联。

根据其直流特性可知：

1）工作频率 $f>f_r$ 时，实现软开关。

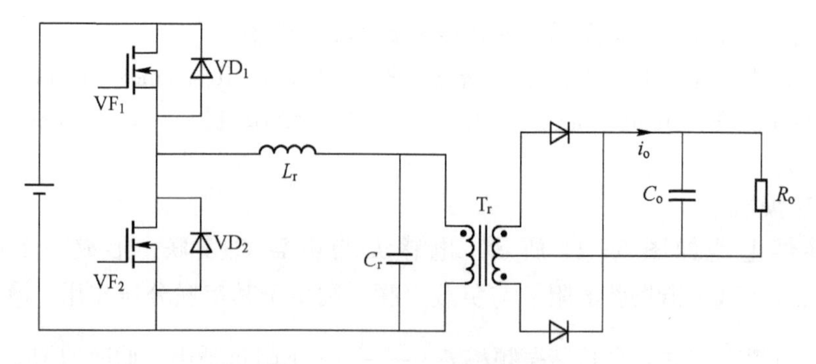

图 3-12　PRC 变换器电路

2）轻载条件下，为了维持输出电压不变，工作频率f并不需要变化很大。

3）V_{in}增大时，工作频率需增大来维持输出电压不变。此时谐振腔内循环的能量依然很大，即使是在轻载条件下，由于负载与电容并联，仍然存在一个较小的串联阻抗。与 SRC 相比，PRC 具有在轻载条件下，频率变化不大即可保证输出电压不变的优点；但存在的缺点为高的谐振能量、高输入电压时关断电流较大会引起较大的关断损耗。

3. SPRC 电路

SPRC 电路有两种结构，即 LCC 电路及 LLC 电路，分别如图 3-13 和图 3-14 所示。

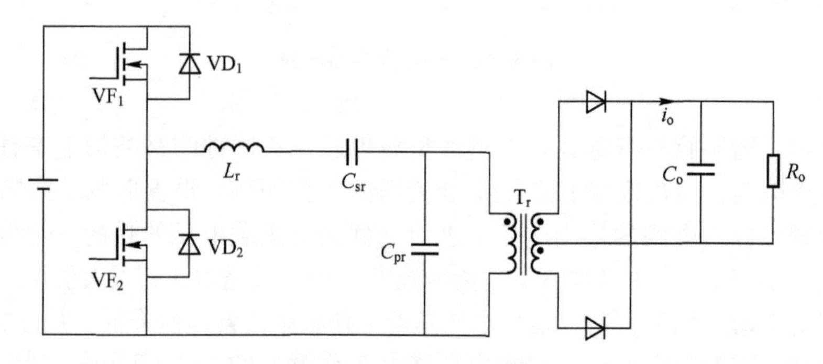

图 3-13　LCC 电路结构

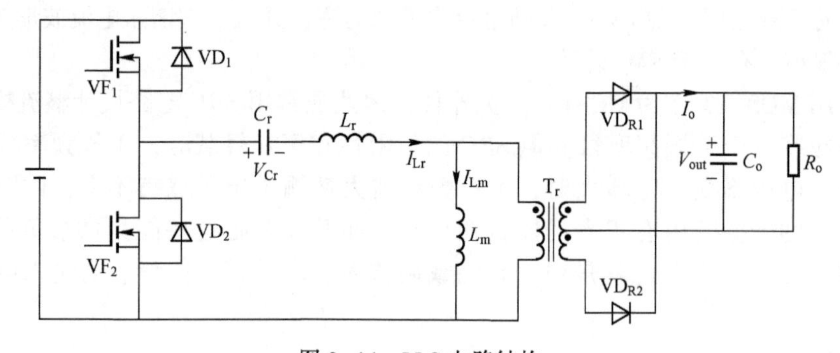

图 3-14　LLC 电路结构

（1）LCC 电路

对于 LCC 电路，存在两个谐振频率：

$$
\begin{cases}
f_{r}=\dfrac{1}{2\pi\sqrt{L_{r}C_{sr}}} \\
f_{m}=\dfrac{1}{2\pi\sqrt{L_{r}(C_{pr}\parallel C_{sr})}}
\end{cases}
\tag{3-2}
$$

显然，$f_m>f_r$。

1）当$f_m>f>f_r$时，MOSFET 工作在 ZCS 区，对于 MOSFET 而言，ZVS 模式下开关损耗较 ZCS 模式要小。

2）为了满足 ZVS，$f>f_m$，这样低频谐振点没有利用上。

从这个方案可以看出，可以利用双谐振网络来实现 ZVS，如果将 LCC 的直流特性左右翻转，那么低频谐振点就可以利用上。因此，出现了特性较好的谐振变换器 LLC 结构。

（2）LLC 电路

LLC 谐振变换器也有对称半桥结构、全桥结构、三电平等结构，工作原理基本类似，这里以图 3-15 所示的不对称半桥 LLC 串联谐振变换器作为分析对象。LLC 谐振拓扑包括三部分：方波发生器、谐振网络和整流网络。

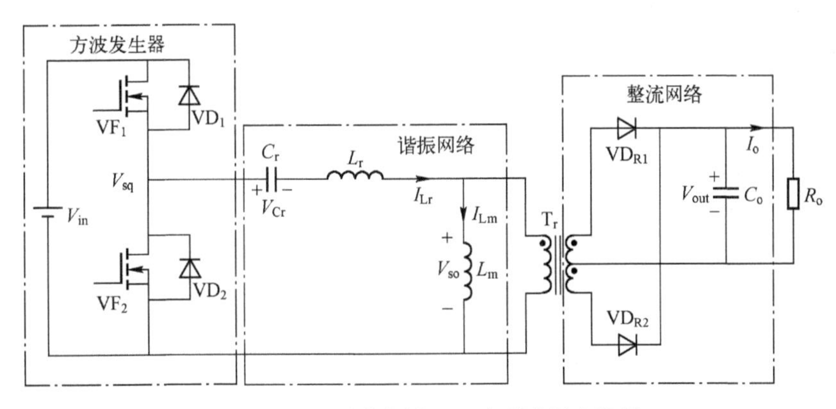

图 3-15　不对称半桥 LLC 串联谐振变换器

1）方波发生器：每次切换都以 0.5 占空比交替驱动开关 VF_1和 VF_2产生方波电压，方波发生器可设计成全桥或半桥型。

2）谐振网络：包括谐振电容 C_r、串联谐振电感 L_r及并联谐振电感 L_m。谐振网络可以滤除高次谐波电流。因此，即使方波电压应用于谐振网络，基本上只有正弦电流允许流经谐振网络。电流滞后于施加于谐振网络的电压，这允许零电压开启 MOSFET。

3）整流网络：由整流二极管 VD_{R1}、VD_{R2}和输出滤波电容 C_o构成。整流网络可设计成一个带有电容输出滤波器的全桥或如图 3-15 所示的中心抽头结构（此处匝数比 n 为 1:1）。

对于 LLC 电路，存在两个谐振频率。

1）电感 L_r 与谐振电容 C_r 串联，组成传统意义上的谐振腔，谐振频率（忽略变压器二次侧漏感）$f_r=\dfrac{1}{2\pi\sqrt{L_rC_r}}$。

2）电感 L_m 作为一个重要的谐振元件，与 L_r、C_r 串联，组成另外一个谐振点，其谐振频率$f_m=\dfrac{1}{2\pi\sqrt{(L_r+L_m)C_r}}$。

显然，$f_r>f_m$。为叙述方便，本书中关于 LLC 谐振变换器的谐振频率如不做特殊说明，均指$f_r=\dfrac{1}{2\pi\sqrt{L_rC_r}}$，而称$f_m=\dfrac{1}{2\pi\sqrt{(L_r+L_m)C_r}}$为 LLC 串联谐振频率。

与 SRC 变换器不同的是，LLC 变换器的励磁电感L_m理论上并非无穷大（当然 SRC 电路励磁电感L_m也不可能无穷大，但设计时按理想变压器考虑），从而作为谐振电路的一个重要元件参与谐振。

励磁电感的参与使工作频率低于谐振频率$f_r=\dfrac{1}{2\pi\sqrt{L_rC_r}}$时，通过合理的谐振参数设计，LLC 电路直流增益能够高于 1。

3.3.2 分体谐振电容型 LLC 谐振变换器原理

图 3-16、图 3-17 分别为单体谐振电容型 LLC 谐振变换器与分体谐振电容型 LLC 谐振变换器结构图。传统单体谐振电容型 LLC 变换器工作原理在很多文献有详细的介绍，本书不再赘述。

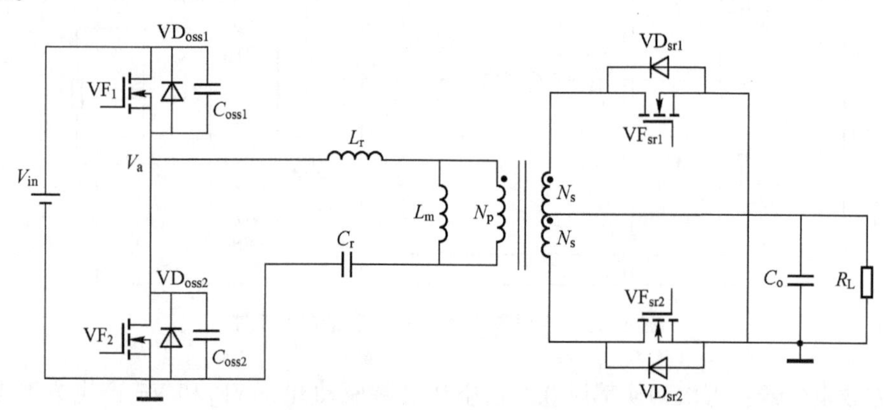

图 3-16 单体谐振电容型 LLC 谐振变换器结构图

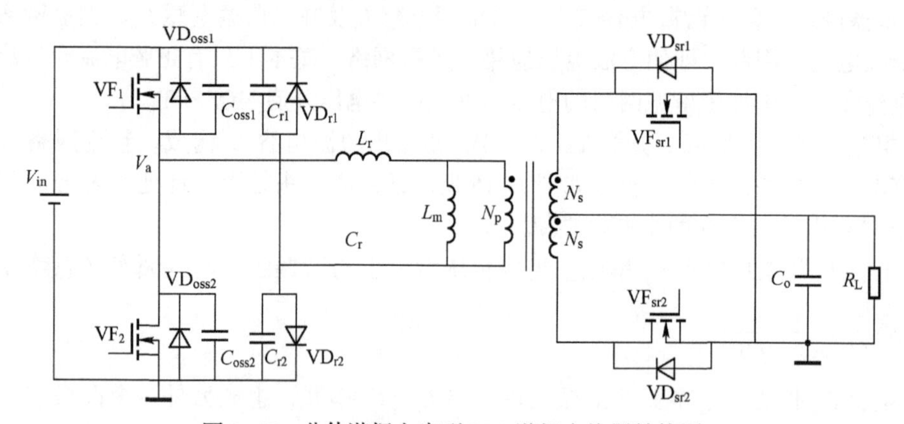

图 3-17 分体谐振电容型 LLC 谐振变换器结构图

分体谐振电容型 LLC 变换器与传统单体谐振电容型 LLC 谐振变换器相比，有以下优点。

1）分体谐振电容型 LLC 变换器的输入电流纹波较小，同时因为在一个开关周期内每个谐振电容仅流过输入电流均方根值的一半，两个谐振电容的动态关系是并联的，所以说可以选用的每个分体谐振电容的容量仅为单体谐振电容的 1/2。

2）通过分体谐振电容上并联钳位二极管的方法可以实现简单的过载保护，由于发生过载时的分体谐振电容型 LLC 谐振变换器中的谐振电容两端电压会比输入电压大，这时钳位二极管会导通，因而谐振电容两端电压被输入电压钳位。分体谐振电容也因此可以选择较低额定电压值的谐振电容来避免高压谐振电容不易选择的问题。

3）分体谐振电容可以有效地减少功率开关网络前端输入电容上的电流应力，可以对启动时变压器偏磁（变压器上的伏秒不平衡）问题起到抑制作用，并且差模噪声得到减少。

1. 工作模态分析

分体谐振电容型 LLC 谐振变换器和传统单谐振电容型 LLC 谐振变换器仅仅从结构上来说，分体谐振电容型 LLC 谐振变换器的谐振电容是由两个谐振电容组成的，并且两个谐振电容是并联的关系，因此两个谐振电容与单体谐振电容是等效的，而且两个谐振电容的容值之和等于单体谐振电容的容值。本例采用图 3-17 中所示的电路结构，其中 VF_1、VF_2 为变换器功率开关管，功率开关管的驱动脉冲为占空比 50%的带中间死区的互补信号。VD_{oss1}、VD_{oss2}分别为 VF_1 和 VF_2 的寄生体二极管，C_{oss1}、C_{oss2}分别为 VF_1、VF_2 的输出结电容。C_{r1}、C_{r2}为分体谐振电容，它们的和为等效单体谐振电容容量的一半。VD_{r1}、VD_{r2}为谐振电容的钳位二极管，过载保护功能主要由其实现。同步整流功率开关管为 VF_{sr1}和 VF_{sr2}。VD_{sr1}、VD_{sr2}分别为 VF_{sr1}和 VF_{sr2}的寄生电容。C_f 为输出滤波电容。传统单谐振电容型 LLC 变换器有两个谐振频率。因为单体谐振电容型谐振变换器和分体谐振电容型谐振变换器是等效的，那么分体谐振电容型 LLC 谐振变换器也有相应的频率特性。其谐振频率为

$$f_{r1}=\frac{1}{2\pi\sqrt{L_r(C_{r1}+C_{r2})}} \tag{3-3}$$

$$f_{r2}=\frac{1}{2\pi\sqrt{(L_r+L_m)(C_{r1}+C_{r2})}} \tag{3-4}$$

同理，分体谐振电容型 LLC 谐振变换器也具有三个工作区间，开关频率记为f_s，则三个工作频率区间为① $f_{r2}<f_s<f_{r1}$；②$f_s=f_{r1}$；③$f_s>f_{r1}$。以下对这三个工作区间内分体谐振电容 LLC 谐振变换器工作模态进行相应的分析。

（1）$f_{r2}<f_s<f_{r1}$时的工作模态分析

图 3-18、图 3-19 给出了谐振变换器工作在$f_{r2}<f_s<f_{r1}$时的主要波形和对应的等效电路模型。

1）模态 1［t_0-t_1］。t_0时刻前，C_{oss1}放电结束，功率开关管 VF_1 的寄生体二极管 VD_{oss1}开始导通，只有在这样的条件下功率开关管 VF_1 的 ZVS 才可以实现。当达到t_0时刻时，VF_1 开始导通，变换器进入工作模态 1［t_0-t_1］，如图 3-19a 所示。在此模态阶段中，因为谐振电感 L_r 的谐振电流 i_{Lr}比励磁电感 L_m 中的励磁电流 i_{Lm}大，由基尔霍夫电流定律可知变压器一次电流方向由一次侧同名端自上向下。另外此时二次侧同步整流管 VF_{sr2}导通，能量向负载流动。此时的励磁电感 L_m 将由于输出电压 nV_o 的钳位作用而进行线性的充电，电流线性增

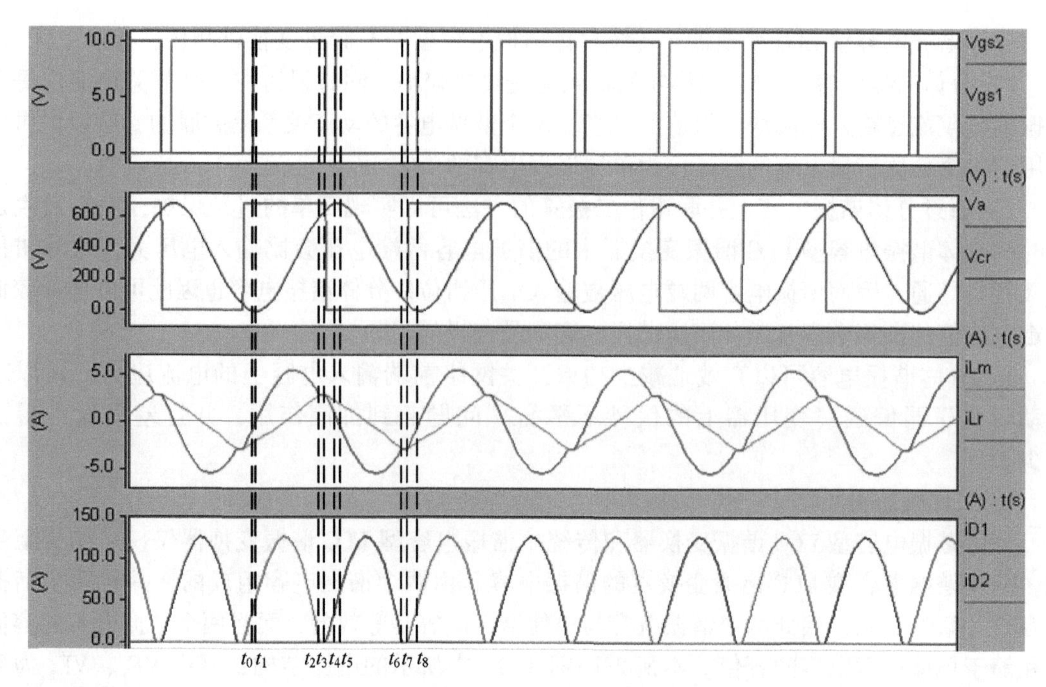

图 3-18　$f_{r2}<f_s<f_{r1}$时的主要波形

加。该过程中能量回馈输入源，C_{r1}充电，C_{r2}放电，谐振过程中励磁电感 L_m 是不参与的。t_1时刻 i_{Lr}减小到零，模态 1 结束。

2）模态 2［t_1-t_2］。t_1时刻，谐振电流 i_{Lr}由零变正，进入工作模态 2，如图 3-19b 所示。此时功率开关管 VF_1 的驱动信号已经开始触发功率管，功率管 VF_1 开通，谐振电流 i_{Lr}以近似正弦波形从零增加，谐振电流 i_{Lr}比励磁电感 L_m 中的励磁电流 i_{Lm}大，由基尔霍夫电流定律可知变压器一次电流方向由一次侧同名端自上向下，二次侧同步整流管 VF_{sr2}继续导通。励磁电感 L_m 仍然被输出电压钳位，其不参与谐振。输入源对 C_{r1}放电，C_{r2}充电。t_2时刻谐振电流 i_{Lr}同 i_{Lm}，模态 2 结束。

3）模态 3［t_2-t_3］。t_2时刻，由图 3-19c 可知谐振电流 i_{Lr}与励磁电流 i_{Lm}相等，一次绕组流经的电流为零，因此同步整流管 VF_{sr1}、VF_{sr2}都处于截止状态，励磁电感 L_m 不再被输出电压钳位，励磁电感 L_m 参与谐振，C_{r1}仍处于放电状态，C_{r2}仍处于充电状态。直流电源能量不向二次侧负载传递。负载能量由输出电容 C_o 提供。t_3时刻功率开关管关断，模态 3 结束。

4）模态 4［t_3-t_4］。t_3时刻，功率开关管 VF_1、VF_2 都处于关断状态，功率开关管进入死区阶段。经过谐振电感 L_r 的 i_{Lr}对功率开关管 VF_1 的输出结电容 C_{oss1}充电，为功率开关管 VF_2 的输出结电容 C_{oss2}放电，同时 C_{r1}仍处于放电状态，C_{r2}仍处于充电状态。另外励磁电流 i_{Lm}比谐振电感 L_r 的谐振电流 i_{Lr}大，所以理想变压器一次绕组电流方向由下端流向同名端，因励磁电感两端电压被输出电压钳位而不参与谐振。此时二次侧同步整流功率开关管 VF_{sr1}导通。直流电源能量向二次侧负载传递能量。t_4时刻，C_{oss2}放电结束，该时刻后功率开关管 VF_2 的寄生体二极管导通，VF_2 可实现 ZVS，模态 4 结束。

5）模态 5［t_4-t_5］。t_4时刻，因为 C_{oss2}结束放电，VF_2 寄生体二极管导通后，VF_2 实现 ZVS 导通。C_{r1}仍处于放电状态，C_{r2}仍处于充电状态。另外励磁电流 i_{Lm}比谐振电流 i_{Lr}大，所

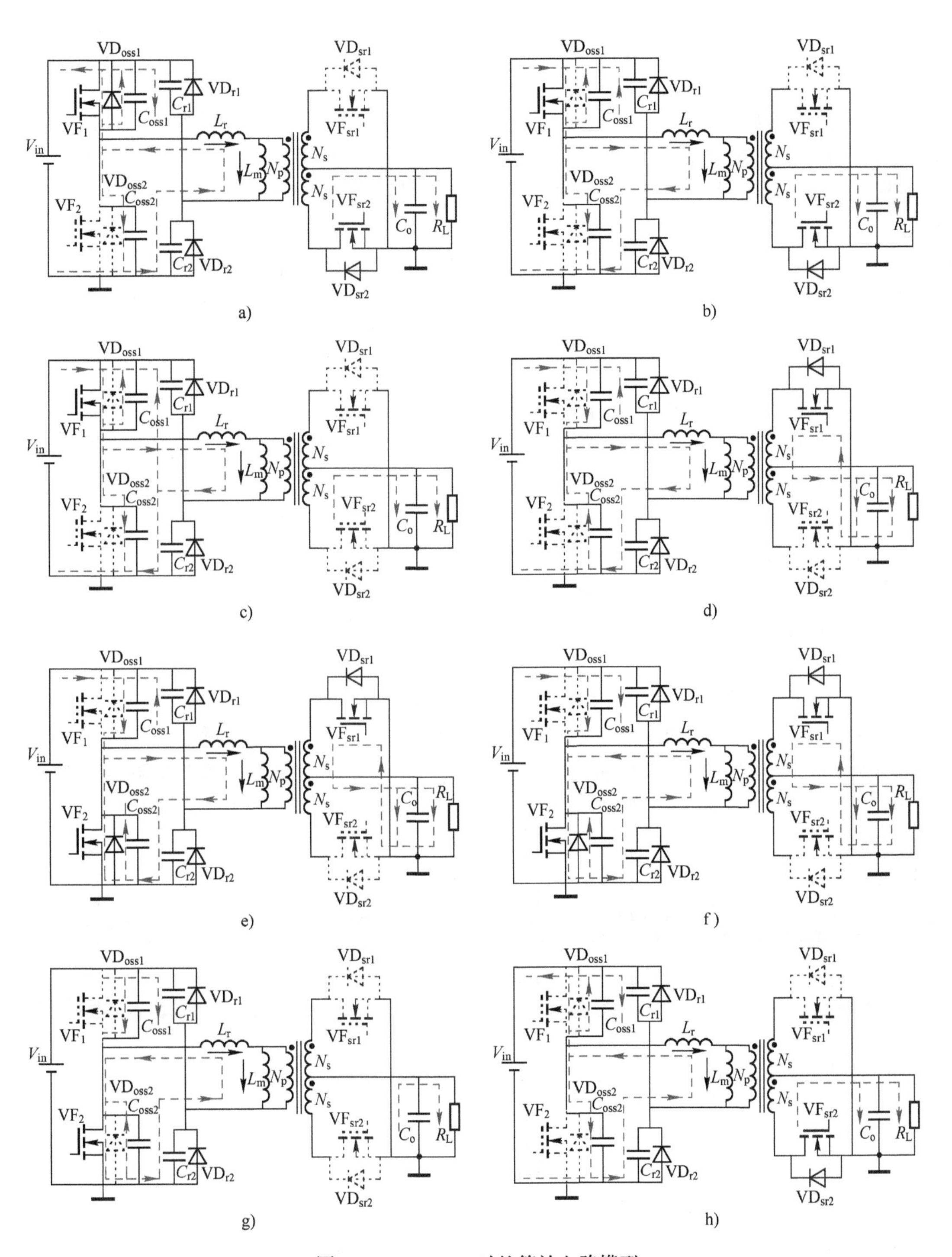

图 3-19　$f_{r2}<f_s<f_{r1}$时的等效电路模型

a）$[t_0-t_1]$　b）$[t_1-t_2]$　c）$[t_2-t_3]$　d）$[t_3-t_4]$

e）$[t_4-t_5]$　f）$[t_5-t_6]$　g）$[t_6-t_7]$　h）$[t_7-t_8]$

以理想变压器一次绕组电流方向由下端流向同名端，由于输出电压的钳位作用，励磁电感不发生谐振。二次侧同步整流功率开关管 VF_{sr1} 导通。t_5时刻点 i_{Lr}降为零，模态 5 结束。

6）模态 6［t_5-t_6］。谐振电感电流 i_{Lr}降为零后变换器进入模态 6，如图 3-19f 所示。由［t_5-t_6］阶段中的励磁电流 i_{Lm}和谐振电感电流 i_{Lr}可得理想变压器一次绕组电流方向由下端指向同名端，同步整流管 VF_{sr1}仍在导通。此时 L_m 两端电压由于输出电压钳位作用导致 i_{Lm}线性下降。C_{r1}处于充电状态，C_{r2}处于放电状态。t_6时刻谐振电感电流和励磁电感电流相等，模态 6 结束。

7）模态 7［t_6-t_7］。t_6时刻，谐振电感电流 i_{Lr}和励磁电感电流 i_{Lm}相等，那么流经理想变压器一次绕组的电流值为零。励磁电感 L_m 不再被输出电压钳位而参与谐振过程。二次侧同步整流管 VF_{sr1}、VF_{sr2}都处于关断状态，负载能量来自输出电容存储的能量。t_7时刻 VF_2 关断，模态 7 结束。

8）模态 8［t_7-t_8］。t_7时刻，开关管 VF_1、VF_2 都处于关断状态。功率开关管进入死区阶段。经过谐振电感 L_r 的 i_{Lr}对功率开关管 VF_2 的输出结电容 C_{oss2}充电，为功率开关管 VF_1 的输出结电容 C_{oss1}放电，同时 C_{r1}仍处于充电状态，C_{r2}仍处于放电状态。另外励磁电流 i_{Lm}比谐振电感 L_r 的谐振电流 i_{Lr}大，所以理想变压器一次绕组电流方向由同名端流向下端，因励磁电感两端电压被输出电压钳位而不参与谐振。此时二次侧同步整流功率开关管 VF_{sr2}导通。直流电源能量向二次侧负载传递能量。时刻 t_8 C_{oss1}放电结束，该时刻后功率开关管 VF_1 的寄生体二极管导通，VF_1 可实现 ZVS，模态 8 结束，变换器进入下一个开关周期。

（2）$f_s=f_{r1}$时的工作模态分析

在$f_s=f_{r1}$时的分体谐振电容型 LLC 谐振变换器主要工作波形如图 3-20 所示。可以看出 $f_s=f_{r1}$是$f_{r2}<f_s<f_{r1}$中的一种特殊的情形，只是没有$f_{r2}<f_s<f_{r1}$时的模态 3 和模态 7 两个阶段，i_{Lr}为标准正弦波，流过同步整流管的电流临界连续。当 LLC 谐振变换器的谐振频率工作在这

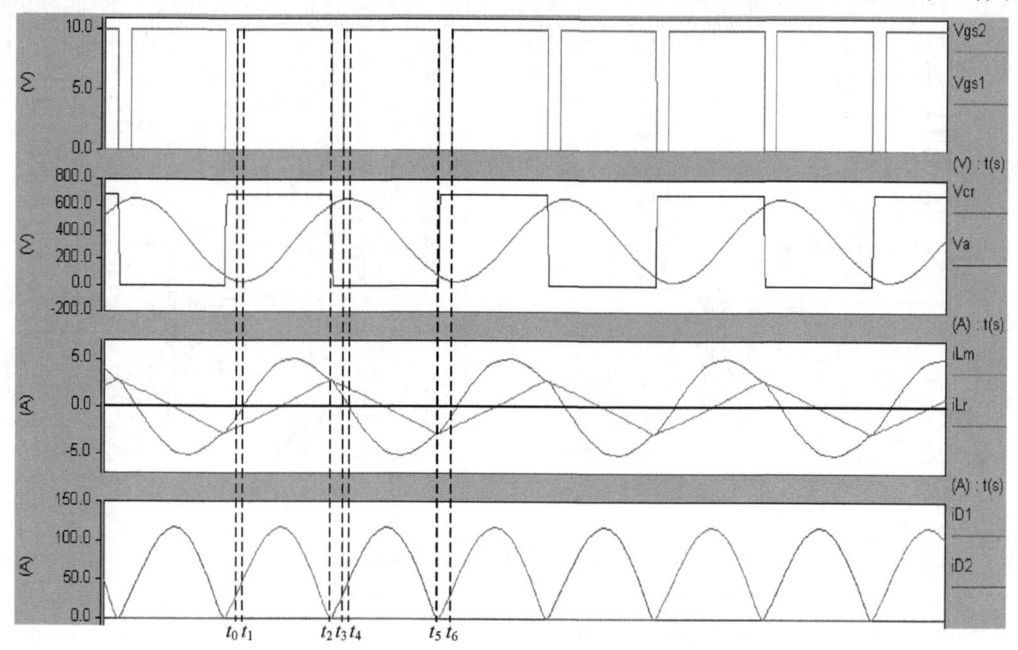

图 3-20 $f_s=f_{r1}$时主要工作波形

种条件下时，谐振腔无功能量最小，变换器效率最高。功率开关管 VF_2 可实现 ZVS，二次侧整流管可实现 ZCS。

（3）$f_s>f_{r1}$时的工作模态分析

图 3-21 给出了 LLC 谐振变换器工作在$f_s>f_{r1}$时的主要工作波形。同$f_{r2}<f_s<f_{r1}$时一样分为 8 个工作模态。工作模态等效模型如图 3-22 所示。

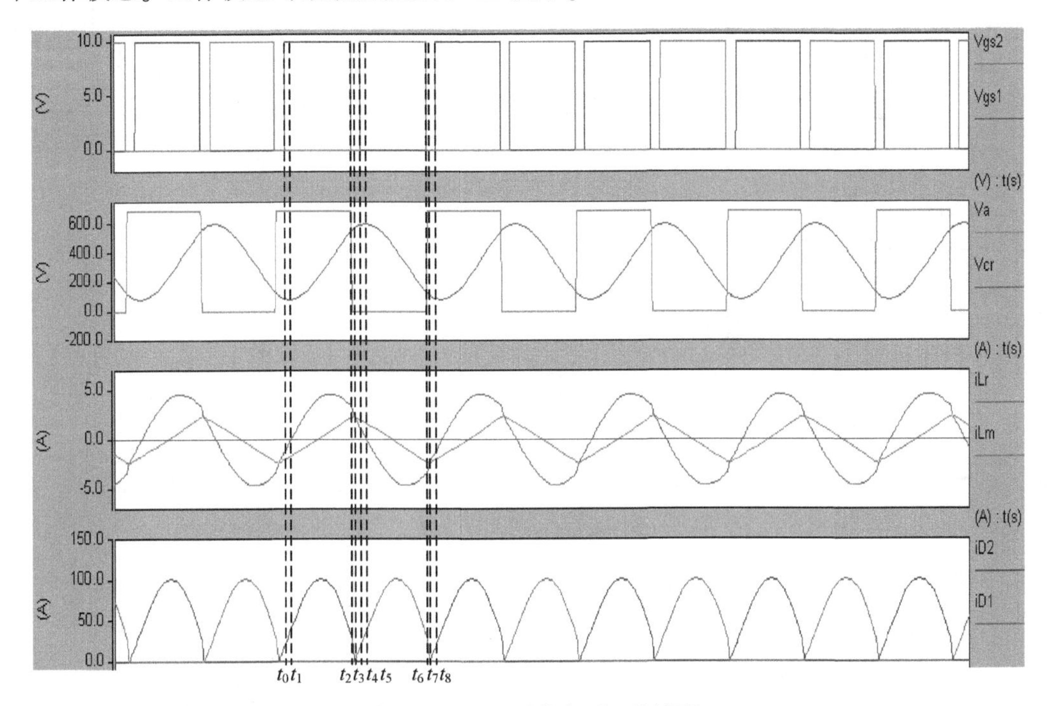

图 3-21　$f_s>f_{r1}$时的主要工作波形

1）模态 1［t_0－t_1］。t_0时刻之前，C_{oss1}放电结束，功率开关管 VF_1 的寄生体二极管 VD_{oss1} 开始导通，只有在这样的条件下功率开关管 VF_1 的 ZVS 才可以实现。当达到 t_0 时刻时，VF_1 开始导通，变换器进入工作模态 1，如图 3-22a 所示。在此模态阶段中因为谐振电流 i_{Lr}比励磁电流 i_{Lm}大，一次绕组电流方向由一次侧同名端自上向下。另外由变压器原理可知同步整流管 VF_{sr2}导通开始，此时的励磁电感 L_m 将由于输出电压 nV_o 的钳位作用而进行线性的充电，电流线性增加。该过程中能量回馈输入源，C_{r1}充电，C_{r2}放电，谐振过程中励磁电感 L_m 是不参与的。t_1时刻 i_{Lr}减小到零，模态 1 结束。

2）模态 2［t_1－t_2］。t_1时刻，谐振电流 i_{Lr}由零变正，进入工作模态 2，如图 3-22b 所示。该时刻开关管 VF_1 的驱动已开始触发门极，功率管 VF_1 导通，谐振电流 i_{Lr}比励磁电流 i_{Lm}大，变压器一次电流方向由一次侧同名端自上向下，二次侧同步整流管 VF_{sr2}继续导通。谐振过程中 L_m 不参与，由于输出电压的钳位，C_{r1}放电，C_{r2}充电。t_2时刻开关管 VF_2 关断，模态 2 结束。

3）模态 3［t_2－t_3］。t_2时刻，VF_1 和 VF_2 处于关断状态，进入死区阶段。此时谐振电流 i_{Lr}大于励磁电流 i_{Lm}，一次绕组电流由同名端向下端流动，因此同步整流管 VF_{sr2}维持导通，谐振过程中励磁电感 L_m 不参与，由于输出电压的钳位作用，C_{oss2}放电。同时 C_{r1}仍处于放电状态，C_{r2}仍处于充电状态。直流电源能量向负载传输。t_3时刻谐振电流值等于励磁电流值，

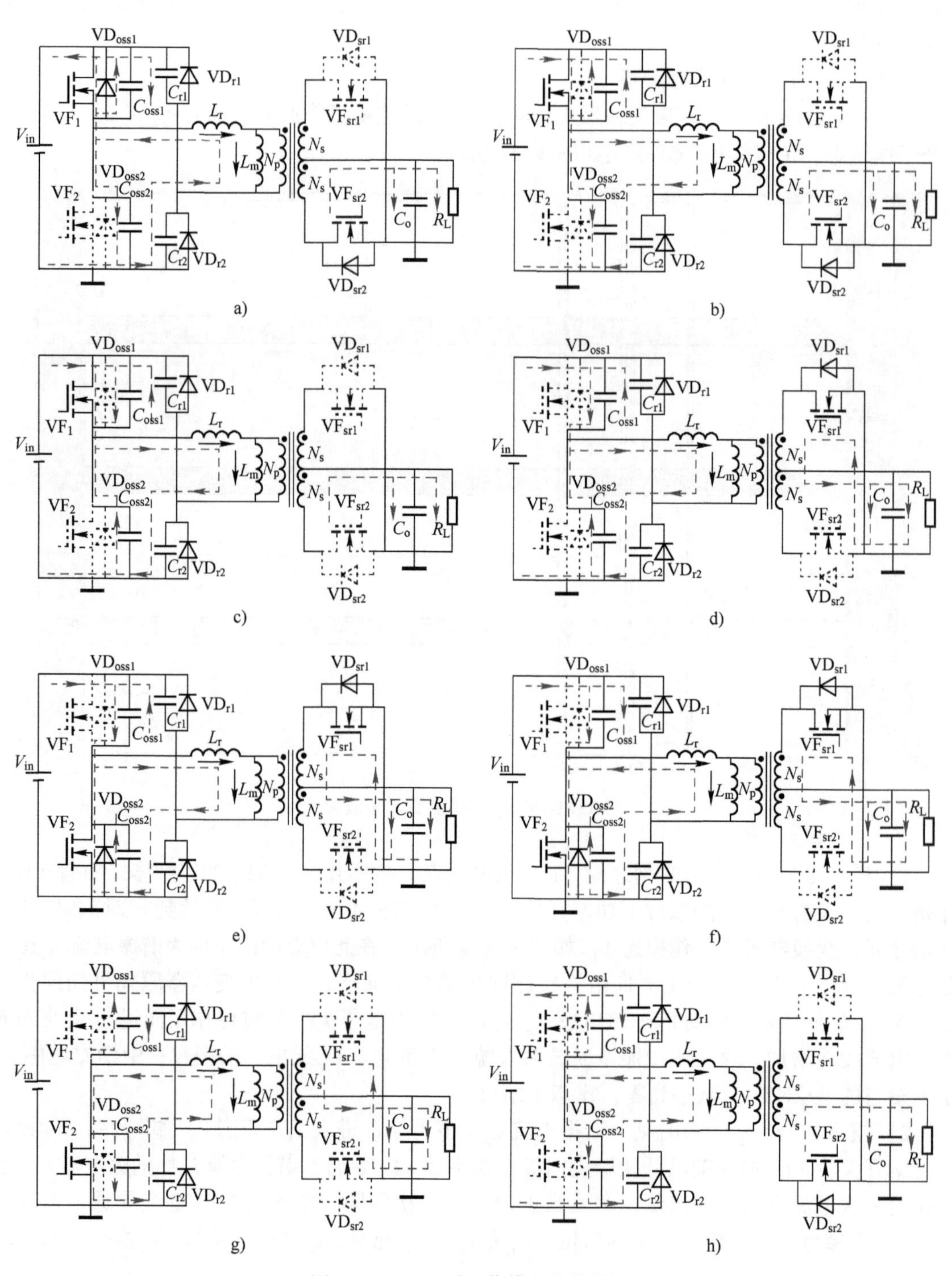

图 3-22 $f_s > f_{r1}$时工作模态等效模型

a) $[t_0 - t_1]$ b) $[t_1 - t_2]$ c) $[t_2 - t_3]$ d) $[t_3 - t_4]$

e) $[t_4 - t_5]$ f) $[t_5 - t_6]$ g) $[t_6 - t_7]$ h) $[t_7 - t_8]$

种条件下时，谐振腔无功能量最小，变换器效率最高。功率开关管 VF_2 可实现 ZVS，二次侧整流管可实现 ZCS。

（3）$f_s>f_{r1}$时的工作模态分析

图 3-21 给出了 LLC 谐振变换器工作在$f_s>f_{r1}$时的主要工作波形。同$f_{r2}<f_s<f_{r1}$时一样分为 8 个工作模态。工作模态等效模型如图 3-22 所示。

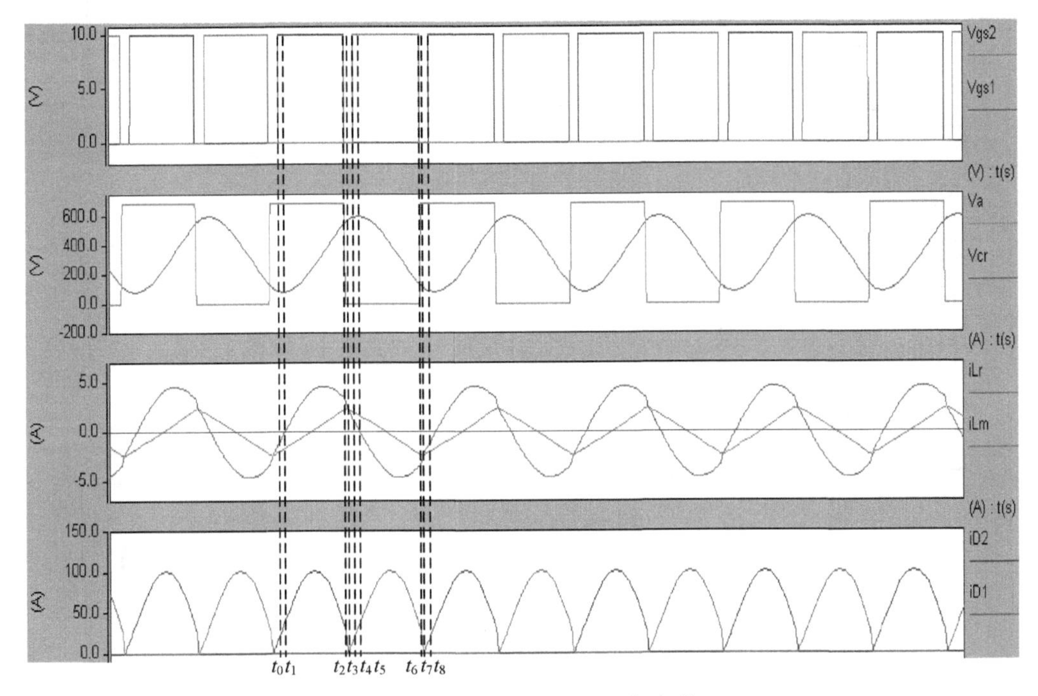

图 3-21　$f_s>f_{r1}$时的主要工作波形

1）模态 1［t_0-t_1］。t_0时刻之前，C_{oss1}放电结束，功率开关管 VF_1 的寄生体二极管 VD_{oss1} 开始导通，只有在这样的条件下功率开关管 VF_1 的 ZVS 才可以实现。当达到 t_0 时刻时，VF_1 开始导通，变换器进入工作模态 1，如图 3-22a 所示。在此模态阶段中因为谐振电流 i_{Lr}比励磁电流 i_{Lm}大，一次绕组电流方向由一次侧同名端自上向下。另外由变压器原理可知同步整流管 VF_{sr2}导通开始，此时的励磁电感 L_m 将由于输出电压 nV_o 的钳位作用而进行线性的充电，电流线性增加。该过程中能量回馈输入源，C_{r1}充电，C_{r2}放电，谐振过程中励磁电感 L_m 是不参与的。t_1时刻 i_{Lr}减小到零，模态 1 结束。

2）模态 2［t_1-t_2］。t_1时刻，谐振电流 i_{Lr}由零变正，进入工作模态 2，如图 3-22b 所示。该时刻开关管 VF_1 的驱动已开始触发门极，功率管 VF_1 导通，谐振电流 i_{Lr}比励磁电流 i_{Lm}大，变压器一次电流方向由一次侧同名端自上向下，二次侧同步整流管 VF_{sr2}继续导通。谐振过程中 L_m 不参与，由于输出电压的钳位，C_{r1}放电，C_{r2}充电。t_2时刻开关管 VF_2 关断，模态 2 结束。

3）模态 3［t_2-t_3］。t_2时刻，VF_1 和 VF_2 处于关断状态，进入死区阶段。此时谐振电流 i_{Lr}大于励磁电流 i_{Lm}，一次绕组电流由同名端向下端流动，因此同步整流管 VF_{sr2}维持导通，谐振过程中励磁电感 L_m 不参与，由于输出电压的钳位作用，C_{oss2}放电。同时 C_{r1}仍处于放电状态，C_{r2}仍处于充电状态。直流电源能量向负载传输。t_3时刻谐振电流值等于励磁电流值，

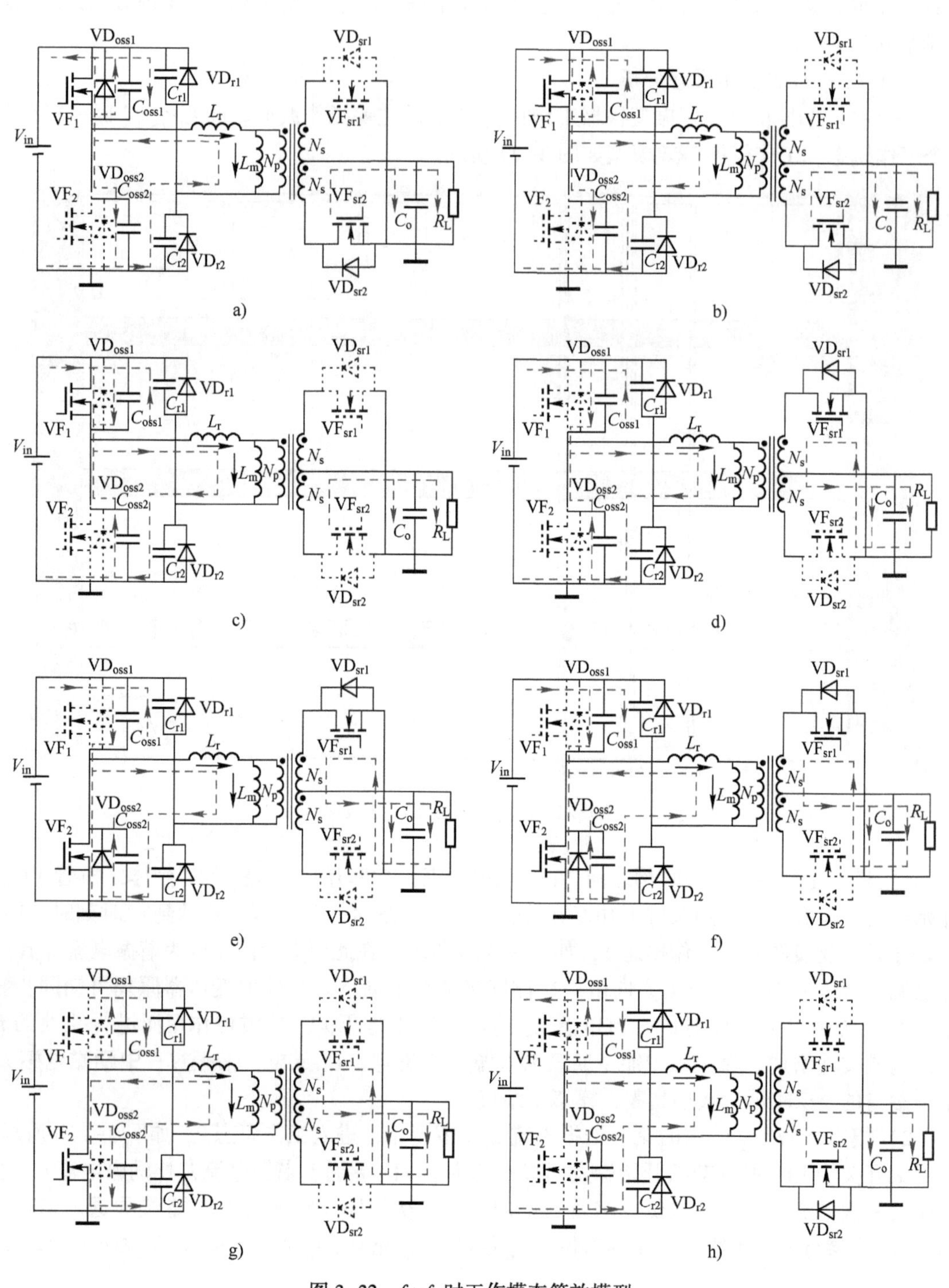

图 3-22 $f_s>f_{r1}$时工作模态等效模型

a）$[t_0-t_1]$ b）$[t_1-t_2]$ c）$[t_2-t_3]$ d）$[t_3-t_4]$

e）$[t_4-t_5]$ f）$[t_5-t_6]$ g）$[t_6-t_7]$ h）$[t_7-t_8]$

模态 3 结束。

4）模态 4［t_3-t_4］。t_3时刻，功率开关状态仍处于死区时间内。经过谐振电感 L_r 的 i_{Lr}对功率开关管 VF_1 的输出结电容 C_{oss1}充电，为 VF_2 的输出结电容 C_{oss2}放电，同时 C_{r1}仍处于放电状态，C_{r2}仍处于充电状态。另外励磁电流 i_{Lm} 比谐振电感 L_r 的谐振电流 i_L 大，所以理想变压器一次绕组电流方向由下端流向同名端，因励磁电感两端电压被输出电压钳位而不参与谐振。此时二次侧同步整流功率开关管 VF_{sr1}导通。直流电源能量向二次侧负载传递能量。t_4时刻 C_{oss2}放电结束，该时刻后功率开关管 VF_2 的寄生体二极管导通，VF_2 可实现 ZVS，模态 4 结束。

5）模态 5［t_4-t_5］。t_4时刻，因为 C_{oss2}结束放电，VF_2 寄生体二极管导通后，VF_2 实现 ZVS 导通。C_{r1}仍处于放电状态，C_{r2}仍处于充电状态。另外励磁电流 i_{Lm} 比谐振电流 i_{Lr}大，所以理想变压器一次绕组电流方向由下端流向同名端，由于输出电压的钳位作用，谐振过程发生过程中励磁电感不参与。同步整流管 VF_{sr1} 导通。t_5时刻点 i_{Lr}降为零，模态 5 结束。

6）模态 6［t_5-t_6］。谐振电感电流 i_{Lr}降为零后变换器进入模态 6，如图 3-22f 所示。由［t_5-t_6］阶段中的励磁电流 i_{Lm}和谐振电感电流 i_{Lr}可得理想变压器一次绕组电流方向由下端指向同名端，二次侧同步整流管 VF_{sr1}维持导通。此时的励磁电感 L_m 将由于输出电压 nV_o 的钳位作用而进行线性的充电。C_{r1} 处于充电状态，C_{r2} 处于放电状态。在 t_6时刻功率开关管 VF_2 关断，模态 6 结束。

7）模态 7［t_6-t_7］。t_6时刻，VF_1、VF_2 关断，开关管进入死区。i_{Lr}大于励磁电流 i_{Lm}，则流经一次绕组的电流方向由下端指向同名端。励磁电感 L_m 被输出电压钳位而不参与谐振过程。二次侧同步整流管 VF_{sr1}处于导通状态，C_{r1}处于充电状态，C_{r2}处于放电状态。t_7时刻励磁电流和谐振电流相等，模态 7 结束。

8）模态 8［t_7-t_8］。t_7时刻励磁电流和谐振电流相等，开关管仍处于死区时间内。经过谐振电感 L_r 的 i_{Lr}对功率开关管 VF_2 的输出结电容 C_{oss2}充电，为功率开关管 VF_1 的输出结电容 C_{oss1}放电，同时 C_{r1}仍处于充电状态，C_{r2}仍处于放电状态。另外励磁电流 i_{Lm} 比谐振电感 L_r 的谐振电流 i_{Lr}大，所以理想变压器一次绕组电流方向由同名端流向下端。励磁电感两端电压被输出电源钳位而不参与谐振。此时二次侧同步整流功率开关管 VF_{sr2}导通。直流电源能量向二次侧负载传递能量。t_8时刻 C_{oss1}放电结束，该时刻后功率开关管 VF_1 的寄生体二极管导通，VF_1 可实现 ZVS，模态 8 结束。变换器进入下一个开关周期。

综上，分体谐振电容型 LLC 谐振变换器的两个谐振电容的动态过程是并联相关的，所以说分体谐振电容型 LLC 谐振变换器与传统单体谐振电容型谐振变换器在原理上是等效的，基本工作模态是相类似的。唯一一点主要的不同是分体谐振电容式 LLC 谐振变换器有自身的过载保护功能。当 $f_s \geq f_{r1}$时，励磁电感两端电压一直被输出电压钳位，从而不参与谐振过程，同时一次侧开关网络的功率开关管可实现 ZVS 软开关，二次整流电流连续因而开关管的 ZCS 软开关丢失。寄生二极管在换相时发生反向恢复将有损耗的发生。当 $f_{r2}<f_s<f_{r1}$时，LLC 变换器的 VF_1、VF_2 可实现 ZVS，并且同步整流电流断续，实现了整流管的 ZCS，消除了因二极管反向恢复所产生的损耗。

2. 稳态特性

通过分析分体谐振电容型 LLC 谐振变换器的稳态工作特性，从中可得到一些对 LLC 谐振变换器能否在全负载范围内实现软开管，使效率达到最优化的重要参数，例如品质因数 Q_e、电感系数 L_n、直流电压增益 M_g、归一化开关频率 f_n 等。为了简化分析过程，在实际工程计算中常使用基波近似分析法（First Harmonic Approximation，FHA）来设计相关参数及分析参数对谐振变换器系统的影响。通过分析可知，传统单谐振电容型 LLC 谐振变换器的等效模型与分体谐振电容型 LLC 谐振变换器的等效模型是一致的，所以在分析分体谐振电容型 LLC 谐振变换器的稳态工作特性时可以使用单体谐振电容型 LLC 谐振变换器的交流等效模型。

基于 FHA 分析法的 LLC 谐振变换器的交流等效模型如图 3-23 所示。其中，V_{ge}是 V_{sq}的基波分量，V_{oe}是 V_{so}的基波分量。因此，图 3-23a 中的非线性、非正弦电路近似变换成图 3-23b 的线性正弦电路（交流等效电路），其中交流等效电路的等效电阻为 R_e。在该电路模型中，输入电压 V_{ge}和输出电压 V_{oe}都是由 VF_1 和 VF_2 按 0.5 的占空比来开通和关断而产生的方波电压（V_{sq}）的基波分量。

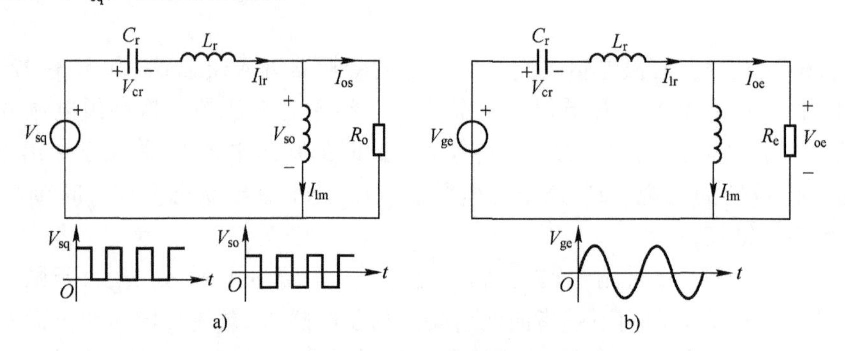

图 3-23　LLC 谐振变换器的交流等效模型

a）LLC 谐振变换器　b）正弦电路模型（交流等效电路）

输入侧 V_{sq}的基波电压分量为 $V_{ge}(t)=\dfrac{2}{\pi}V_{in}\sin(2\pi f_s t)=\dfrac{2}{\pi}V_{in}\sin(\omega_s t)$。其中，$f_s$为开关管的开关频率，$\omega$ 为其角频率 $\omega=2\pi f_s$，其有效值为

$$V_{ge}(t)=\frac{\sqrt{2}}{\pi}V_{in} \tag{3-5}$$

在输出侧，由于 V_{so}近似为方波，故其基波电压为 $V_{oe}(t)=\dfrac{4}{\pi}nV_o\sin(\omega t-\varphi_v)$，其中，$\varphi_v$表示为 V_{oe}和 V_{ge}之间的夹角，其输出电压有效值为

$$V_{oe}(t)=\frac{2\sqrt{2}}{\pi}nV_o \tag{3-6}$$

I_{oe}电流的基波分量为

$$i_{oe}(t)=\frac{\pi}{2}\ \frac{1}{n}I_o\sin(\omega t-\varphi_i) \tag{3-7}$$

式中，φ_i 是 I_{oe}和 V_{oe}之间的夹角，其输出电流有效值为

$$V_{oe}(t)=\frac{\pi}{2\sqrt{2}}\ \frac{1}{n}I_o \tag{3-8}$$

则交流电路等效负载电阻 R_e 表示为

$$R_e=\frac{V_{oe}}{I_{oe}}=\frac{8n^2}{\pi^2}\frac{V_o}{I_o}=\frac{8n^2}{\pi^2}R_o \tag{3-9}$$

由图 3-23b，可以得到谐振网络的输出-输入传递函数为

$$H(j\omega)=\frac{V_{oe}}{V_{ge}}=\frac{(j\omega L_m)\parallel R_e}{(j\omega L_m\parallel R_e)+j\omega L_r+\dfrac{1}{j\omega C_r}} \tag{3-10}$$

则直流增益为

$$M_g=\frac{V_{oe}}{V_{ge}}=\frac{1}{2n}\left|\frac{(j\omega L_m)\parallel R_e}{(j\omega L_m\parallel R_e)+j\omega L_r+\dfrac{1}{j\omega C_r}}\right| \tag{3-11}$$

参数定义见表 3-1。

表 3-1　参数定义

名　　称	表 达 式
电感系数	$L_n=\dfrac{L_m}{L_r}$
归一化频率	$f_n=\dfrac{f_s}{f_{r1}}$
谐振频率	$f_{r1}=\dfrac{1}{2\pi\sqrt{L_rC_r}}$
品质因数	$Q_e=\dfrac{1}{n^2R_o}\sqrt{\dfrac{L_r}{C_r}}$

归一化电压增益 $M_g(f_n,L_n,Q_e)$ 的表达式为

$$M_g(f_n,L_n,Q_e)=\frac{1}{\sqrt{\left(1+\dfrac{1}{L_n}-\dfrac{1}{L_nf_n^2}\right)^2+Q_e^2\left(f_n-\dfrac{1}{f_n}\right)^2}} \tag{3-12}$$

归一化直流电压增益 $M_{gdc}(f_n,L_n,Q_e)$ 的表达式为

$$M_{gdc}(f_n,L_n,Q_e)=\frac{1}{2n\sqrt{\left(1+\dfrac{1}{L_n}-\dfrac{1}{L_nf_n^2}\right)^2+Q_e^2\left(f_n-\dfrac{1}{f_n}\right)^2}} \tag{3-13}$$

因此要想知道电压增益的变化情况有必要理解其控制元素归一化开关频率 f_n、电感系数 L_n 和品质因数 Q_e。归一化电压增益表达式中开关频率 f_n 为控制变量，电感系数 L_n 和品质因数 Q_e 为虚拟变量，因为在变换器谐振腔参数设计完成后，电感系数 L_n 和品质因数 Q_e 将是固定常量，归一化电压增益 $M_g(f_n,L_n,Q_e)$ 仅随归一化频率变化。图 3-24 为归一化电压增益随归一化频率变化曲线。图 3-24a、b 的曲线是在电感系数 L_n 取 1、5、10 和 20，并取不同

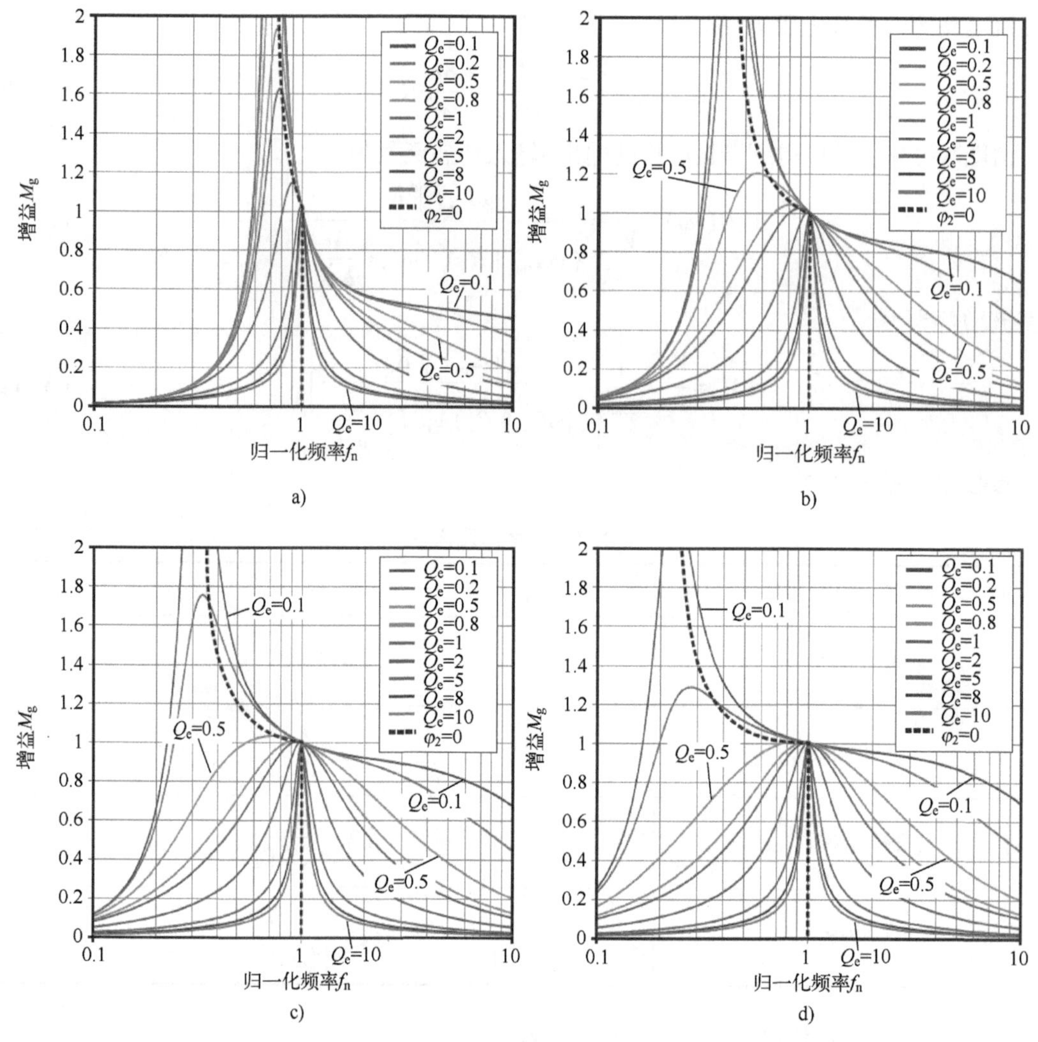

图 3-24　归一化电压增益随归一化频率变化曲线

a) $L_n=1$　b) $L_n=5$

c) $L_n=10$　d) $L_n=20$

品质因数 Q_e 的情况下得到的。根据品质因数的表达式可以看出品质因数 Q_e 的大小与 R_o 成反比例关系，即与负载成正比例关系。图中的虚线 $\varphi_2=0$ 为纯阻性特性曲线，正是通过该曲线可将归一化电压增益曲线图分为容性区和感性区两个部分。虚线左侧为容性区域，右侧为感性区域。通过开关频率来说，当 $f_s>f_{r1}$ 时，输入阻抗为感性，当 $f_s<f_{r2}$ 时，输入阻抗为容性，当 $f_{r2}<f_s<f_{r1}$ 时，谐振网络呈现容性还是感性由负载的轻重和工作频率决定。从图中可以看出，随着 Q_e 的减小曲线向左移动且峰值变大，拐点频率的最小极限就是 f_{r2}，此时 Q_e 趋于零，也就是空载情况。当归一化频率为 1 时，也就是 $f_s=f_{r1}$ 时，L_r 与 C_r 发生谐振相当于短路，所以说无论负载如何变化，电压增益都为 1，此点称为负载独立点。从图中还可以看出，当工作频率贴近 f_{r1} 左侧时，负载若出现很大的波动，只需轻微的调整，工作频率就可实现稳定输出，这样频率的调整范围很窄，对磁性元件设计、减少损耗都是有益的；同时可以在全负载范围内实现开关管的 ZVS 及二次侧整流管的 ZCS。所以变换器在设计时常期望开

关频率大多处于 f_{r1} 左侧的小范围频率段内。

另外通过图 3-24 还可以看出，负载加重即 Q_e 值增加时，变换器越易工作在容性区。当负载减轻即 Q_e 值减小时，变换器越易进入感性区。当 Q_e 固定时，f_s 越靠近谐振频率 f_{r1}，输入阻抗越容易呈现感性，f_s 越远离谐振频率 f_{r1}，输入阻抗越容易呈现容性。从图 3-24 中可以体现，负载的增加会使得峰值增益不断减小，开关频率只有远离谐振频率才可维持原有的电压增益，这时谐振网络容易呈现容性。负载的减少会使得峰值增益极速地增加，开关频率只有加大才能将输出电压拉回到原有的幅值，这时的谐振网络更容易呈现感性。

当品质因数 Q_e 取值固定时，从图 3-24a、b 可以看出，随着电感系数 L_n 的增大，电压增益曲线峰值增益是在减小的，并且增益的变化变得缓慢，同时峰值拐点不断地向左侧移动，这是由于当谐振电感 L_r 固定时，电感系数 L_n 的加大也就是励磁电感 L_m 的减小，谐振频率 f_{r2} 自然也就减小。电感系数 L_n 的不断加大可能造成谐振变换器不能够满足所需要的增益变换范围，同时增大的 L_n 使得增益扁平，在给定的增益变化范围内，谐振变换器需要调节开关频率的范围变得更加宽，这对变压器等磁性器件的设计和效率的提高是十分不利的。如果电感系数 L_n 取得过小，意味着励磁电感会很小，通过分体谐振电容型 LLC 谐振变换器中的模态分析可以发现有些模态励磁电感被输出电压钳位，在输出电压一定的条件下，当励磁电感变小时，通过励磁电感的励磁电流 I_m 将会增大，则在励磁电感中存储的无功能量会变得很大，这样整体的变换器效率难以提升。在设计中电感系数 L_n 要保证能满足整个电压增益的变化范围的同时满足输出电压的稳定，开关频率的范围应该尽量小，所以在取电感系数时应该综合考虑得到一个最优取值。

第4章　三相AC-DC整流电路及控制算法

AC-DC变换器（又称整流器）是电力电子电路中出现最早的一种电源装置，它将交流电变为直流电。根据AC-DC电路所使用的电力电子器件可分为不可控、半控和全控三种AC-DC变换器；根据电路拓扑结构可分为桥式电路和零式电路AC-DC变换器；根据交流输入相数分为单相和三相AC-DC变换器；根据变压器二次电流的方向是单向或双向又可分为单拍电路和双拍电路AC-DC变换器。

目前，最简单且已被大量使用的AC-DC变换器是由普通二极管整流桥实现整流，用电容器实现滤波。由于电路中的二极管为非线性元件，其导通角很小，因此电网仅在每个工频周期的一小部分时间里给负载提供电能，即脉冲状的输入电流含有大量低次谐波。这类传统AC-DC变换器的输入功率因数很低，负载上可以得到的实际有功功率减小；同时其丰富的电流谐波倒流入电网，造成对电网的严重谐波“污染”。采用PFC技术（功率因数校正技术）不仅可以降低线路损耗、节约能源、消除火灾隐患，还可以减小电网的谐波污染，提高电网的供电质量。

本章将分析常见的整流电路，含三相6脉冲和12脉冲SCR拓扑结构；发波方式及滤波器、三相PWM整流器、三相三电平PWM整流器及三相维也纳（Vienna）整流器的设计。

4.1　全数字化晶闸管整流器设计

4.1.1　6/12脉冲整流器的基本工作原理

1. 6脉冲整流器

6脉冲指以6个晶闸管组成的全桥整流，如图4-1所示。

SCR触发导通规律可以总结为：对于共阴极组，哪个阳极电位最高，则哪个SCR管应触发导通；对于共阳极组，哪个阴极电位最低，则哪个SCR管应触发导通。因此，三相桥式全控整流电路，共阴极组和共阳极组必须各有1个SCR同时导通才能形成通路。

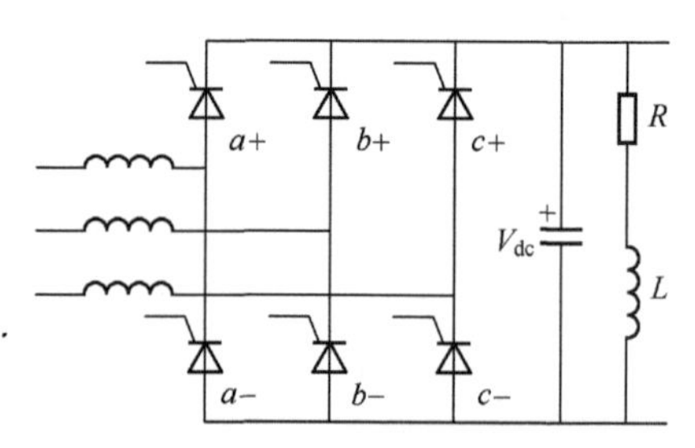

图4-1　6脉冲整流器基本结构

对共阴极组正半周触发，应依次触发$a+$、$b+$、$c+$互差120°；对共阳极组负半周触发，应依次触发$a-$、$b-$、$c-$互差120°。为了便于记忆，可画出3个相差120°的矢量表示共阴极组晶闸

管的触发脉冲 $a+$、$b+$、$c+$，然后相应各差 180°画出共阳极组晶闸管的触发脉冲 $a-$、$b-$、$c-$，得到相邻间隔 60°的 6 个矢量，顺时针所得时序即是各晶闸管触发顺序，如图 4－2 所示。

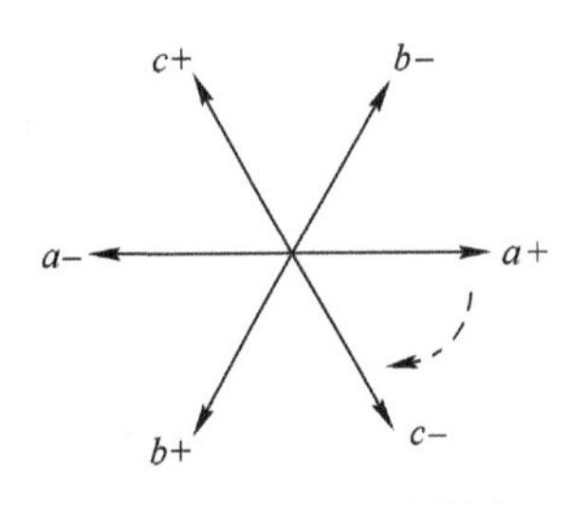

图 4-2　SCR 环流顺序

常用的触发方法是采用间隔为 60°的**双触发脉冲**，即在触发某一个晶闸管时，同时给前一个晶闸管补发一个脉冲，使共阴极组和共阳极组的两个应导通的晶闸管都有触发脉冲。例如当触发了 $a+$时，给 $b-$也送触发脉冲；触发 $c-$时，同时再给 $a+$送一次触发脉冲。因此在采用双脉冲触发时，每个周期内对每个晶闸管要触发两次，两次触发脉冲间隔为 60°。如果把每个晶闸管一次触发的脉冲宽度延至 60°以上，一般取 80°～100°（小于 120°），则称**宽脉冲触发**，也可以达到与双脉冲触发的相同效果。通常多采用双脉冲触发电路，因其脉冲变压器体积较小，且易于达到脉冲前沿较陡，需用功率也较小，只是线路稍复杂。

（1）三相桥式电路带阻感负载时波形

图 4-3a～d 分别为三相桥式电路带阻感负载时（电感足够大），触发角 α 为 0°、30°、60°及 90°时的相关波形。

当 $\alpha=30°$时，每个晶闸管是从自然换相点后移一个角度 α 开始换相。当晶闸管 $a+$和 $c-$导通时输出线电压 V_{ac}，经过 b 相和 a 相间的自然换相点，b 相电压虽然高于 a 相，但是 $b+$尚未触发导通，因而 $a+$、$c-$继续导通输出电压 V_{ac}，直到 $\alpha=30°$触发晶闸管 $b+$，则 $a+$受反压关断，电流由 $a+$换到了 $b+$，此时输出线电压 V_{bc}。由波形分析可见，由于 $\alpha>0$，使得输出电压波形在线电压的正向包络线基础上减小了一块相应于 $\alpha=30°$的面积，因而使输出整流平均电压减小。

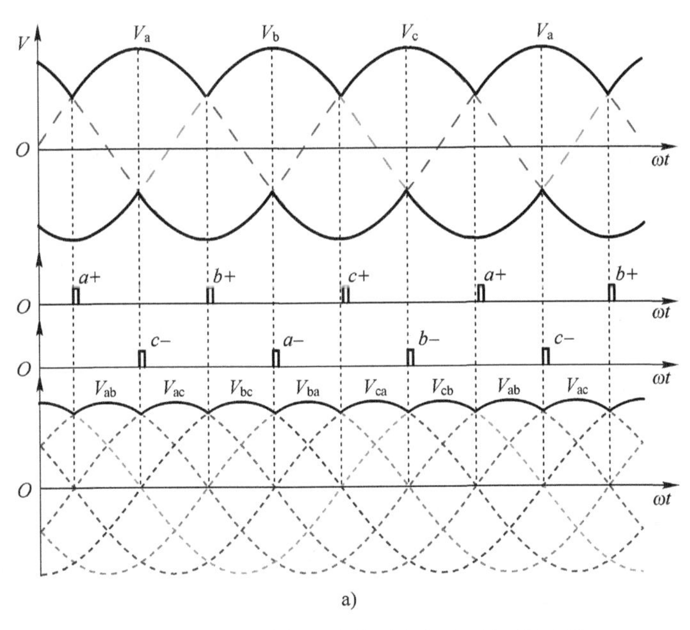

a)

图 4-3　三相桥式电路带阻感负载时相关波形

a）触发角 $\alpha=0°$时相关波形

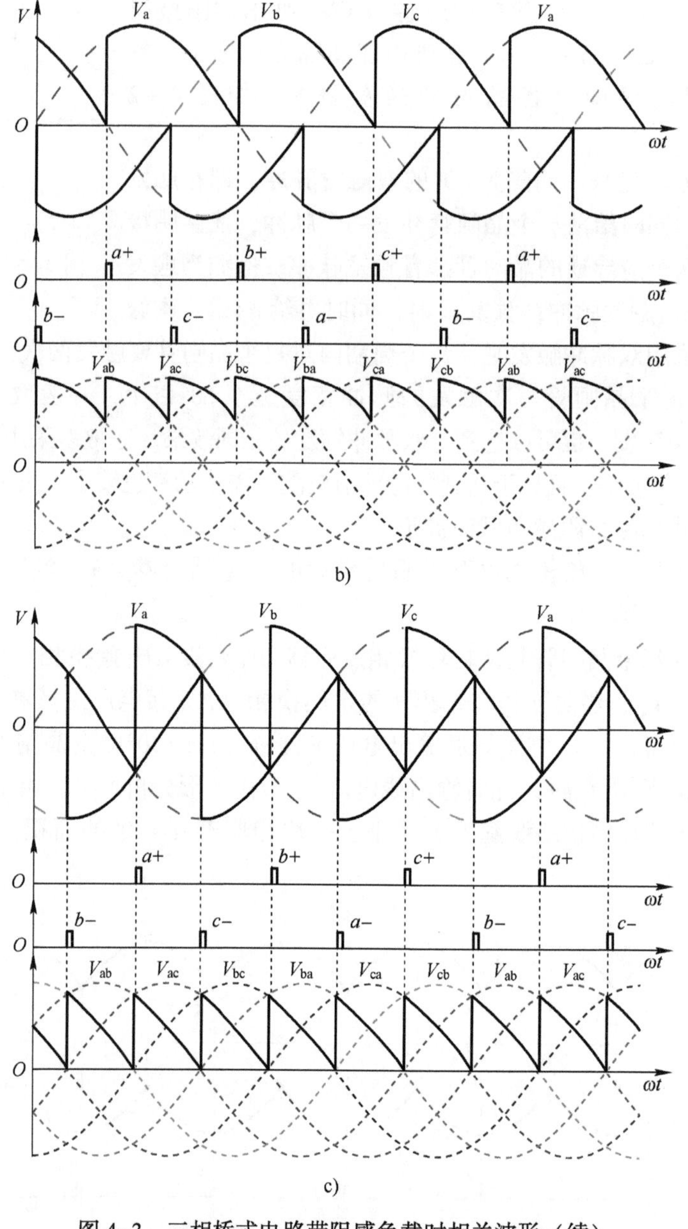

图 4-3　三相桥式电路带阻感负载时相关波形（续）

b）触发角 $\alpha=30°$时相关波形　c）触发角 $\alpha=60°$时相关波形

当 $\alpha>60°$ 时，相电压瞬时值过零变负，由于电感释放能量维持导通，从而使整流输出平均电压 V_d进一步减小。

当 $\alpha=90°$时，波形正负两部分面积相等，因而输出平均电压等于零，即输出带阻感性负载，当电感较大能保证输出电流连续时，触发角最大只能为 90°。

（2）三相桥式电路带阻性负载时波形

带电阻性负载，触发角 $\alpha\leqslant60°$时，由于输出电压 V_d波形连续，负载电流波形也连续。在 1 个周期内每个晶闸管导通 120°，输出电压波形与阻感性负载时相同。

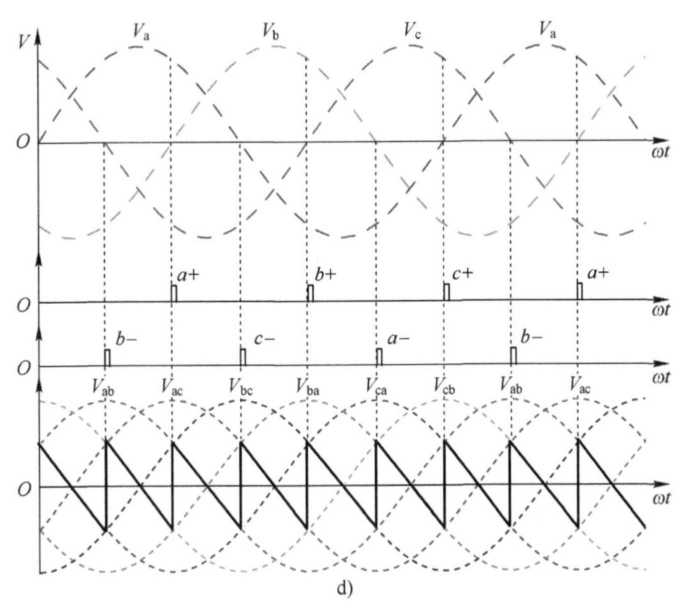

图 4-3　三相桥式电路带阻感负载时相关波形（续）

d）触发角 $\alpha=90°$ 时相关波形

当触发角 $\alpha>60°$时，以触发角 = 90°为例，相关波形如图 4-4 所示，线电压过零时，负载电压电流为 0，SCR 关断，电流波形断续。因此，在 $\alpha>60°$时，负载电流波形断续，在 1 个周期内每个晶闸管导通（$120°-\alpha$），在 1 个周期内每个晶闸管需触发导通两次。因此，阻性负载工作下的触发角范围是 0～120°。

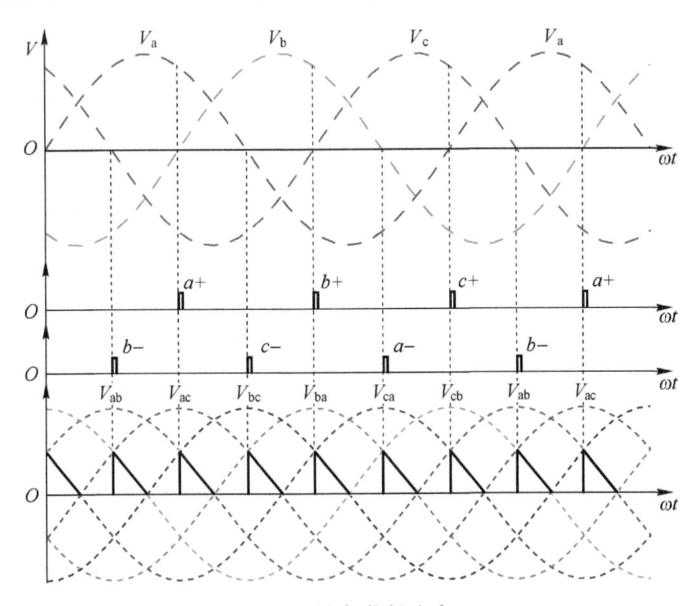

图 4-4　电阻性负载触发角 $\alpha=90°$

由之前分析的触发原理可知，当整流输出电流连续时（即带阻感负载或带阻性负载且 $\alpha<60°$），输出电压的平均值为

$$V_d = \frac{1}{\frac{\pi}{3}} \int_{\frac{\pi}{3}+\alpha}^{\frac{2\pi}{3}+\alpha} \sqrt{6} V_2 \sin(\omega t) \mathrm{d}(\omega t) = \frac{3\sqrt{2}}{\pi} V_2 \cos\alpha \tag{4-1}$$

带电阻负载且 $\alpha>60°$时，电流断流，输出电压的平均值为

$$V_d = \frac{1}{\frac{\pi}{3}} \int_{\frac{\pi}{3}+\alpha}^{\pi} \sqrt{6} V_2 \sin(\omega t) \mathrm{d}(\omega t) = \frac{3\sqrt{2}}{\pi} V_2 \left[1 + \cos\left(\frac{\pi}{3} + \alpha\right)\right] \tag{4-2}$$

令

$$T_L = \frac{3\sqrt{2}}{\pi} \cos\alpha \tag{4-3}$$

$$T_R = \begin{cases} \frac{3\sqrt{2}}{\pi} \cos\alpha, & \alpha \leqslant \frac{\pi}{3} \\ \frac{3\sqrt{2}}{\pi} \left[1+\cos\left(\frac{\pi}{3}+\alpha\right)\right], & \alpha > \frac{\pi}{3} \end{cases} \tag{4-4}$$

则大电感负载和纯电阻性负载时的控制特性如图 4-5 所示。可看到，控制角较大时（即轻载时），控制特性有差异，由于是轻载影响不大，暂时不考虑，统一看作大电感负载。因此，主电路的 SCR 部分的模型为

$$V_d = \frac{3\sqrt{2}}{\pi} V_2 \cos\alpha \tag{4-5}$$

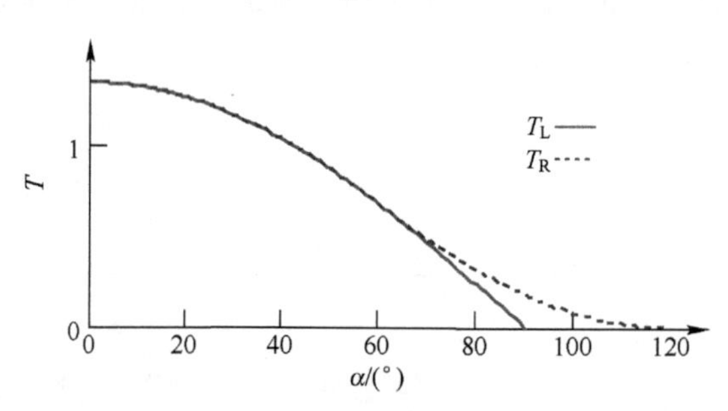

图 4-5　大电感负载和纯电阻性负载时控制特性

2. 12 脉冲整流器

12 脉冲是在原有 6 脉冲整流的基础上，在输入端增加移相变压器（常见为 30°移相变压器）后再增加一组 6 脉冲整流器，如图 4-6 所示。所增加的一组移相 30°的整流桥的触发原理与 6 脉冲整流器相同，但母线电流存在差异。

6 脉冲整流器的相电流基波与相电压同相（忽略换相过程，假定电感足够大，即电流为矩形，触发角为零）

$$\begin{aligned} i_{ac1} = \frac{2\sqrt{3}}{\pi} I_d \Big[& \sin(\omega t) - \frac{1}{5}\sin(5\omega t) - \frac{1}{7}\sin(7\omega t) + \frac{1}{11}\sin(11\omega t) \\ & + \frac{1}{13}\sin(13\omega t) - \frac{1}{17}\sin(17\omega t) - \frac{1}{19}\sin(19\omega t) + \cdots \Big] \end{aligned} \tag{4-6}$$

可看出，输入电流中主要含 5、7、11、13 次谐波。新增加的整流桥Ⅱ网侧线电压比桥Ⅰ

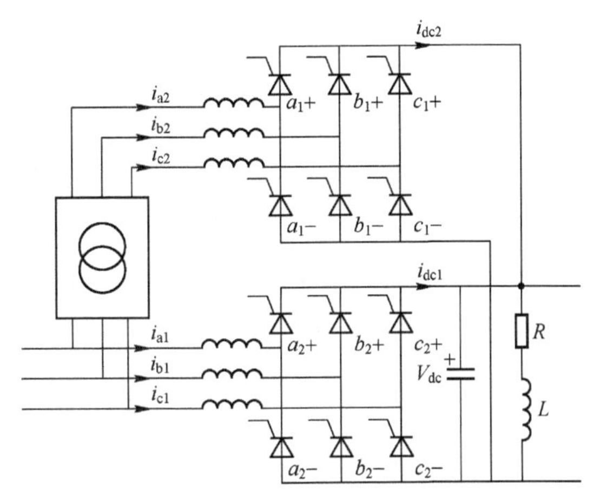

图 4-6　12 脉冲整流器基本结构

超前 30°，网侧线电流也比桥 I 超前 30°。

$$i_{ac2}=\frac{2\sqrt{3}}{\pi}I_d\left[\sin(\omega t)+\frac{1}{5}\sin(5\omega t)+\frac{1}{7}\sin(7\omega t)+\frac{1}{11}\sin(11\omega t)\right.$$
$$\left.+\frac{1}{13}\sin(13\omega t)+\frac{1}{17}\sin(17\omega t)+\frac{1}{19}\sin(19\omega t)+\cdots\right] \tag{4-7}$$

总的输入电流为

$$i_{ac}=\frac{4\sqrt{3}}{\pi}I_d\left[\sin(\omega t)+\frac{1}{11}\sin(11\omega t)+\frac{1}{13}\sin(13\omega t)+\cdots\right] \tag{4-8}$$

两个整流桥产生的 5、7、17、19、…次谐波相互抵消，注入电网的只有 $12k\pm1$ 次谐波。THD 由 6 脉冲整流器的 31.1%降为 15.2%。

3. 12 脉冲整流器主电路模型

如前面分析可知，12 脉冲整流器可看作两个 6 脉冲整流器的叠加，这两个整流器输入电压相差 30°，在控制上相互独立，因此 12 脉冲整流器的分析可等效为 6 脉冲整流器。

对于 6 脉冲整流器，任何时候只有两相有触发脉冲（假设 a+、b−导通，等效电路如图 4-7 所示）。因此观察任意一个 1/6 工频区间（每个区间的边界就是自然换相点），母线电容的供电都是某个线电压，等效成一个电压源，该电压源的电压用 1/6 工频的均值代替。电压源和电容之间有两个电感串联。由于换相过程对 SCR 的模型和控制影响不大，因此建模时不必考虑，其简化过程如图 4-8 所示。

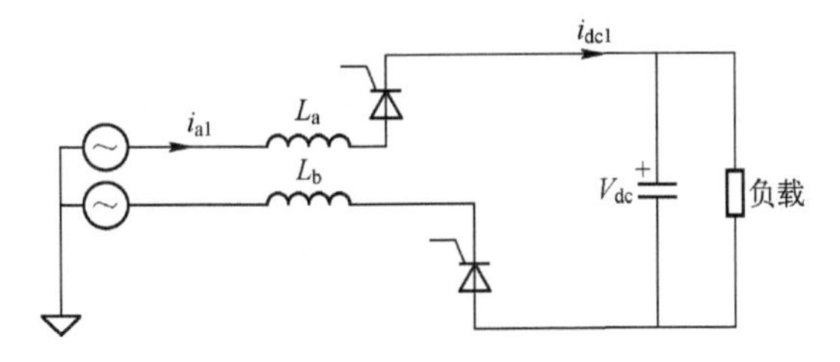

图 4-7　a+、b−导通时三相全桥等效电路

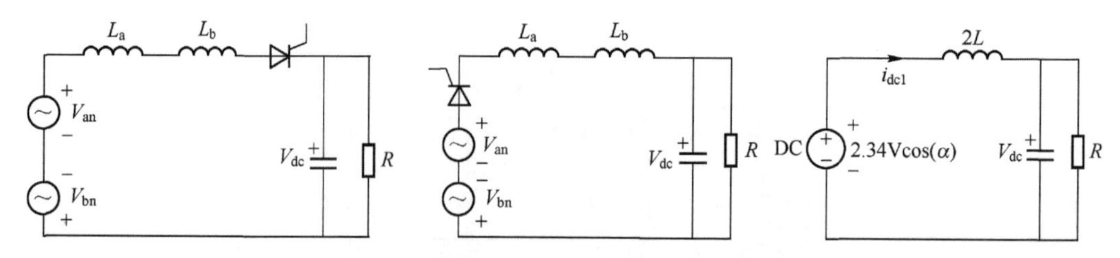

图 4-8　主电路（1/6 工频等效）简化过程

（1）电压环模型

$$V_{dc}(s)=2.34\cos(\alpha)\frac{\left(\frac{1}{sC}\parallel R\right)}{sL+\left(\frac{1}{sC}\parallel R\right)} \tag{4-9}$$

$$\frac{V_{dc}(s)}{\cos\alpha(s)}=2.34\frac{\left(\frac{1}{sC}\parallel R\right)}{sL+\left(\frac{1}{sC}\parallel R\right)}=2.34\frac{R}{s^2RLC+sL+R}=2.34\frac{1}{s^2LC+s\frac{L}{R}+1} \tag{4-10}$$

（2）电流环模型

$$i_{dc}(s)=2.34\cos(\alpha)\frac{1}{sL+\left(\frac{1}{sC}\parallel R\right)} \tag{4-11}$$

$$\frac{i_{dc}(s)}{\cos\alpha(s)}=2.34\frac{1}{sL+\left(\frac{1}{sC}\parallel R\right)}=2.34\frac{1+sRC}{s^2RLC+sL+R}=2.34\frac{\frac{1}{R}+sC}{s^2LC+s\frac{L}{R}+1} \tag{4-12}$$

【注意】电压环和电流环的模型适用范围：频率低于 6 倍工频。如果考察的频段高于适用范围，上述模型失去意义。

4.1.2　软件发波的基本原理

1. 传统 SCR 数字发波方式

为了提高 SCR 整流电路控制的可靠性，数字化控制是一个必然的趋势。采用数字化控制技术后，由于数字控制本身特有的采样及控制延时，使得整流器发波精度降低，容易导致 SCR 整流器输入电流不对称，母线电压纹波增加及系统控制稳定性降低等问题。

SCR 的控制常采用基于 DSP 的方案，在传统的 SCR 整流器发波方式中，通常在定时中断中对 DSP 的 I/O 口进行操作，如下为数字控制 SCR 整流器发波方法。

三相输入线电压分别记为 V_{ab}、V_{bc}、V_{ca}，经 Park 变换后得输入电压在 $\alpha\beta$ 轴下的分量。

$$\begin{cases} V_\alpha=\frac{2}{3}(V_{ab}-0.5V_{ab}-0.5V_{ca}) \\ V_\beta=\frac{2}{3}\left(\frac{\sqrt{3}}{2}V_{bc}-\frac{\sqrt{3}}{2}V_{ca}\right) \end{cases} \tag{4-13}$$

通过式（4-13），可以计算出输入电压的模值及矢量角为

$$\begin{cases} V_{\text{mode}} = \sqrt{V_\alpha^2 + V_\beta^2} \\ \theta = \arccos\left(-\dfrac{V_\beta}{V_{\text{mode}}}\right) \end{cases} \tag{4-14}$$

该矢量角与输入线电压 V_{ab} 的相位角一致，考虑到线电压 $V_{ab}\to V_{ac}\to V_{bc}\to V_{ba}\to V_{ca}\to V_{cb}\to V_{ab}$ 过零点相差 60°，则 SCR 的相电压触发及换相条件见表 4-1。

表 4-1　SCR 的相电压触发及换相条件

触发时刻	对应导通的晶闸管	触发时刻	对应导通的晶闸管
$\theta=\frac{\pi}{3}+\alpha+0$	$a+$，$b-$	$\theta=\frac{\pi}{3}+\alpha+\pi$	$b+$，$a-$
$\theta=\frac{\pi}{3}+\alpha+\frac{\pi}{3}$	$a+$，$c-$	$\theta=\frac{\pi}{3}+\alpha+\frac{4\pi}{3}$	$c+$，$a-$
$\theta=\frac{\pi}{3}+\alpha+\frac{2\pi}{3}$	$b+$，$c-$	$\theta=\frac{\pi}{3}+\alpha+\frac{5\pi}{3}$	$b+$，$b-$

依据表 4-1 的换相条件，软件上定义一个寄存器 ScrEnable，该寄存器的低 6 位对应三相 SCR 整流器的 6 个驱动 I/O，根据输入电压矢量角 θ 和触发角 α 就可实现 SCR 的发波操作。图 4-9 为 SCR 发波的流程图。

大致的流程：SCR 发波开始，令 $\theta_{ab}=\theta-60°$、$\theta_{ac}=\theta-120°$、$\theta_{bc}=\theta-180°$、$\theta_{ba}=\theta-240°$、$\theta_{ca}=\theta-300°$、$\theta_{cb}=\theta$。然后清除所有触发使能标记：E_{ab}、E_{ac}、B_{be}、E_{ba}、E_{ca}、E_{cb}。进而，按顺序依次确定这些使能标志，根据使能的标记进行 SCR 驱动 I/O 处理，从而结束整个 SCR 发波过程。

阴影部分为 E_{ab} 使能标志的流程，其他使能标志的确定过程与之类似，判断 θ_{ab} 与 SCR 触发角 α 的大小关系为：若 θ_{ab} 位于 $[\alpha,\alpha+\delta]$ 的区间（δ 确定窄脉冲的宽度），则 $E_{ab}=1$，把 ScrEnable 中的 $a+$ 和 $b-$ 置位，同时清除（置 0）其他所有的使能标志，否则 E_{ab} 置为 0，从而结束对 E_{ab} 的确定过程。置位情况见表 4-2。

表 4-2　ScrEnable 变量的置位情况

ScrEnable 寄存器排序	×	×	$c-$	$b-$	$a-$	$c+$	$b+$	$a+$
对应数值	×	×	0	1	0	0	0	1

在数字控制系统中，换相操作通常在定时中断中实现，而执行换相操作部分的程序在中断中的位置是相对固定的，并且在一个中断中只执行一次；在定时中断服务程序中除了执行换相操作那部分程序以外，还有很多其他程序需要执行，为此从进入定时中断开始，到执行换相操作那部分程序是需要时间的，一般来说这个时间是相对固定的；另外，期望的换相时刻是由控制系统计算得到，为此期望的换相时刻在时间轴上是随机的，可能位于换相操作之

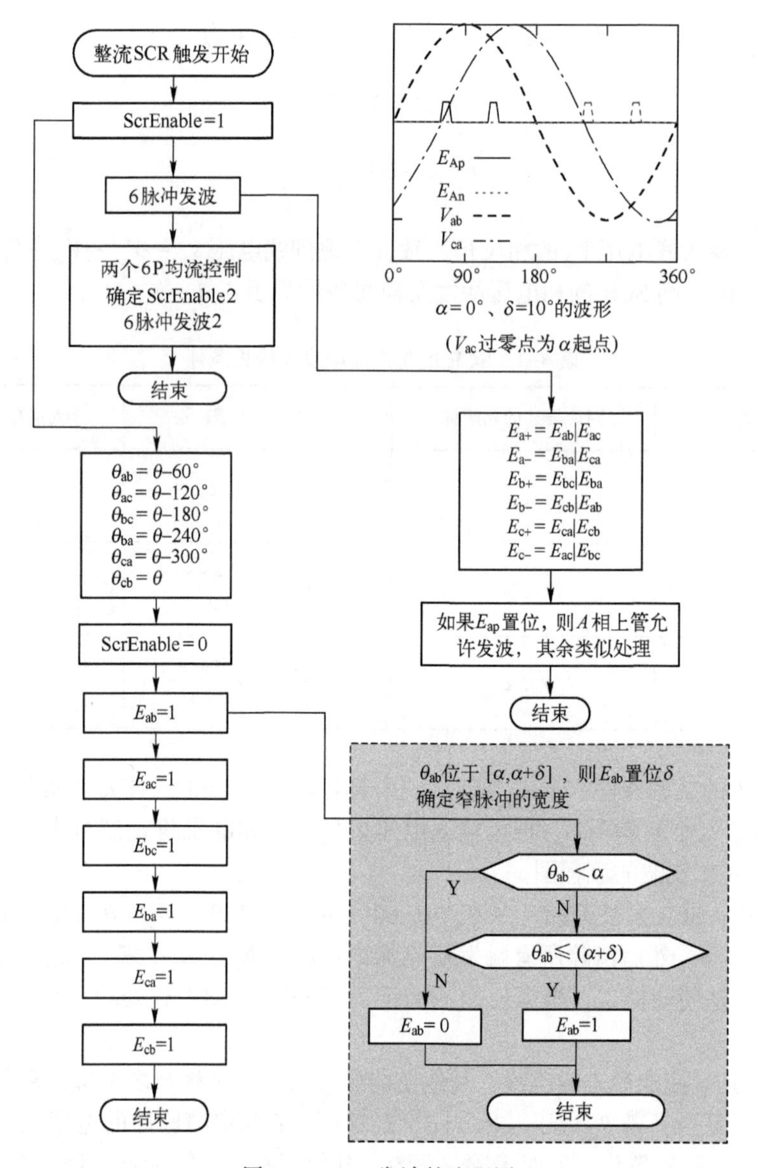

图 4-9　SCR 发波的流程图

前，也有可能在换相操作之后。为此，实际的 SCR 换相时刻和期望的换相时刻就有可能存在偏差，图 4-10 为理想换相时刻和实际换相时刻关系图。

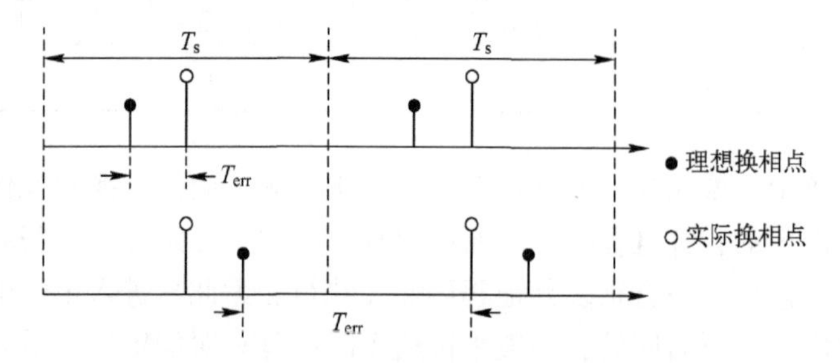

图 4-10　理想换相时刻和实际换相时刻关系图

若理想换相时刻在实际换相操作之前，如图 4-10 上半部所示，当程序运行到换相操作时，进行 SCR 换相操作，这种情况下，期望换相时刻和实际换相时刻的误差为 T_{err}。

若理想换相时刻在实际换相操作之后，如图 4-10 下半部所示，由于已经错过本次中断的换相操作，为此需要程序运行到下 1 个中断的换相操作时才能进行 SCR 换相。

显然，T_{err}的最大值为 1 个中断周期 T_s，采用这种方法时，整流器的发波精度为 1 个 T_s，若 T_s较大，将会使整流器母线出现较大的纹波电压，降低了整流器输出电压的质量。

2. 改进发波方式

为解决常规 SCR 发波引起的换相误差，实现精确的 SCR 换相操作，可采用如下方法。在定时中断中再增加一个高优先级中断方式，根据输入电压的相位和/或幅值特性，以及晶闸管的触发角，获取整流器中各个晶闸管换相的精确时刻，把该精确换相时刻预置到定时器的比较单元中，当换相时刻和定时器匹配时发生定时器比较中断，在定时器比较中断服务子程序中进行 SCR 换相操作，实现精确的 SCR 换相操作。以线电压 V_{ab}为例进行说明。

记录相邻两次进入定时中断进行 AD 采样的定时器时刻 T_{t-1}，T_t和对应的输入电压 $V_{ab}(t-1)$、$V_{ab}(t)$，如图 4-11 所示。其中，T'_{zero}表示上周期 V_{ab}电压过零时的定时器值，T_{fire}表示期望的发波时刻，T_t表示本次中断 AD 采样的定时器值，T_{zero}表示本周期 V_{ab}电压过零时的定时器值，T_{t-1}表示前次中断 AD 采样的定时器值。

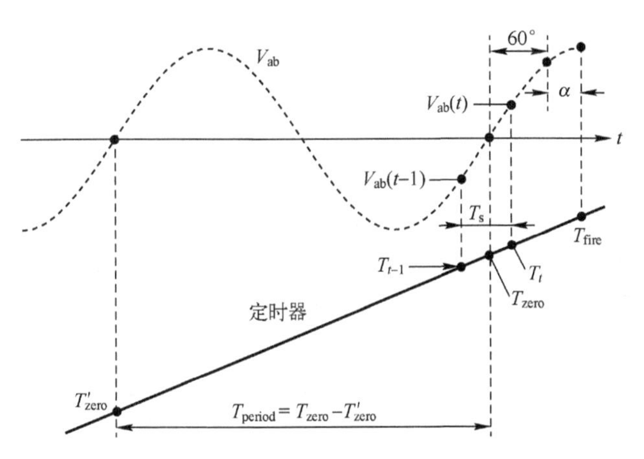

图 4-11 改进方式的各时间点关系图

当发现 $V_{ab}(t-1)<0$ 而且 $V_{ab}(t)>0$ 时，说明输入电压过零，利用线性插值原理计算输入电压的精确过零时刻 T_{zero}。

$$T_{zero}=T_t-\frac{V_{ab}(t)}{V_{ab}(t)-V_{ab}(t-1)}T_s \tag{4-15}$$

根据相邻两次过零时刻 T_{zero}、T'_{zero}，可以计算出输入电压的周期 T_{period}为

$$T_{period}=T_{zero}-T'_{zero} \tag{4-16}$$

由精确的输入电压过零时刻 T_{zero}、输入电压周期 T_{period}以及 SCR 触发角 α，可以计算出精确的 SCR 触发时刻 T_{fire}为

$$T_{fire}=T_{zero}+\frac{\alpha+\frac{\pi}{3}}{2\pi}T_{period} \tag{4-17}$$

把 T_{fire} 预置到DSP定时器的比较单元中，当定时器发生比较匹配时进入定时器比较中断，在定时器比较中断服务子程序中进行SCR换相操作，从而实现SCR的精确发波。

其他线电压也遵循上述原则，若一路线电压对应一路DSP定时比较单元，则耗费DSP较多资源，因此可以采用如下简单方法。

由于SCR触发角 α 的变化范围为0~120°，考虑60°的自然换相角，可知任何一相线电压的精确触发时刻和该相线电压的精确过零点 T_{zero} 之间不可能超过180°。而线电压中 $V_{ab}=-V_{ba}$（$V_{bc}=-V_{cb}$，$V_{ca}=-V_{ac}$），两个线电压的相位相差180°，为此相位相差180°的两相线电压 V_{ab}、V_{ba}（V_{bc}、V_{cb}，V_{ca}、V_{ac}）都可以共用一个比较单元。只需要一个定时器同时具备3个比较单元就可以实现精确的SCR发波。通过一个定时器的3个比较单元分别对 V_{ab}、V_{ba} 和 V_{bc}、V_{cb} 以及 V_{ca}、V_{ac} 进行精确的发波即可。比如采用TI公司的TMS320F2833x系列DSP时，可以用3个ePWM模块实现整流器的精确发波：

EPwm1Regs. CMPA. half. CMPA 对应 V_{ab} 及 $-V_{ba}$；

EPwm2Regs. CMPA. half. CMPA 对应 V_{bc} 及 $-V_{cb}$；

EPwm3Regs. CMPA. half. CMPA 对应 V_{ca} 及 $-V_{ac}$。

4.1.3 输入滤波器设计

晶闸管整流技术成熟，控制简单，可靠性非常高，成本相对较低。但输入功率因数低(只有0.8左右)，输入电流THD大（6脉冲整流时达30%，12脉冲整流时约为10%），输入电流THD和功率因数的指标随负载和输入电压变化，当输入市电电压低、输出负载大时指标好。因此，在使用SCR整流时需加入必要的滤波器，从而滤除谐波。

图4-12为拟设计的双滤波器结构，该滤波器主要吸收12P整流器产生的5次、11次谐波，同时避免和电网的5次、7次谐波产生谐振而损坏滤波器。因此12P整流器双滤波器的设计主要基于以下原则。

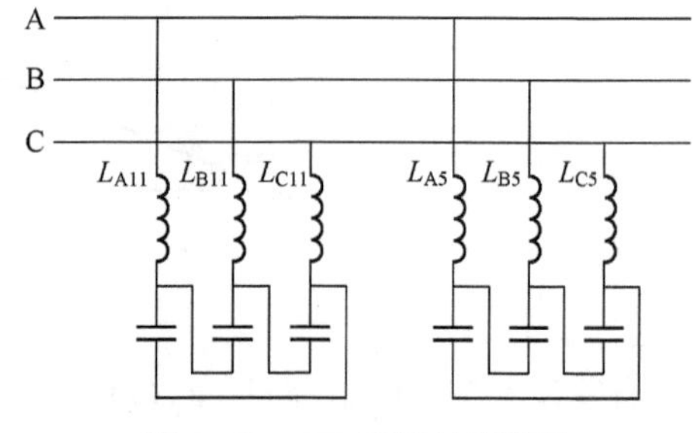

图4-12　12P双滤波器结构

双滤波器的谐振频率要略低于5次和11次谐波频率，保证滤波电容在使用一段时间后谐振频率不会偏离5次、11次谐波频率太多。

双滤波器的谐振频率要远离电网的5次、7次谐波频率，保证不引入电网的5次、7次谐波造成THDi超标和滤波器损坏。

1. 5次、11次滤波电容的选择

5次、11次滤波电容的选择主要考虑的是能够满足输入功率因数的要求，通过电容提供无功补偿来提高原整流电路较低的PF值。如果没有该滤波器，输入的PF一般在0.8左右，带滤波器后若将输入的PF提高至0.9，则需要通过电容来实现。假设以表4-3所示的参数为例进行相关设计。

表 4-3 相关参数

名 称	符 号	数 值
整流器输出功率	P_o	100 kW
效率	η	95%
整流器输入功率	$P_{in}=P_o/\eta$	105.26 kW
输入功率因数（无滤波器）	$\cos\varphi_1$	0.8
输入功率因数（带滤波器）	$\cos\varphi_2$	0.9
输入频率	f_0	50 Hz
输入线电压	V_{in}	400 V

无滤波器情况下：

$$S=\frac{P_{in}}{\cos\varphi_1}=\frac{105.26}{0.8}\text{kV}\cdot\text{A}=131.575\,\text{kV}\cdot\text{A} \tag{4-18}$$

$$Q=S\sqrt{1-\cos\varphi_1}=131.575\times\sqrt{1-0.8^2}\,\text{kV}\cdot\text{A}=78.945\,\text{kV}\cdot\text{A} \tag{4-19}$$

带滤波器情况下：

$$S=\frac{P_{in}}{\cos\varphi_2}=\frac{105.26}{0.9}\text{kV}\cdot\text{A}=116.955\,\text{kV}\cdot\text{A} \tag{4-20}$$

$$Q=S\sqrt{1-\cos\varphi_1}=116.955\times\sqrt{1-0.9^2}\,\text{kV}\cdot\text{A}=50.979\,\text{kV}\cdot\text{A} \tag{4-21}$$

因此，整个滤波器的无功为

$$Q_{filter}=(78.945-50.979)\,\text{kV}\cdot\text{A}=27.965\,\text{kV}\cdot\text{A} \tag{4-22}$$

为了方便计算，忽略滤波器电感电压降，则电感上的无功也可以忽略，滤波器的无功即为电容上的无功，滤波器的输入电压即为电容上的电压。图 4-13 中滤波电容采用△联结，转换成Y联结后可得如下算式。

流过每相电容的电流为

$$I_C=\frac{Q_{filter}/3}{V_{in}/\sqrt{3}}=40.5\,\text{A} \tag{4-23}$$

每相电容为

$$C=\frac{I_C}{\omega V_{in}/\sqrt{3}}=55.8\,\mu\text{F} \tag{4-24}$$

由于采用双滤波器结构，每相电容的值是 5 次和 11 次滤波电容的总和（此处假定 C_5 = 25 μF、C_{11} = 30.8 μF，且满足电流等级要求）。基于以上的计算，为了保证 PF 在 0.9 以上，需要选择的电容值每相至少为 55.8 μF。实际应用中，电容常采用△联结，这样可以减少使用电容的数量。

2. 5 次、11 次滤波电感的选择

电容选定后，接下来就是如何选择匹配的滤波电感。根据经验，11 次滤波器的谐振频率一般设计在 $f_{11}=10.4f_0=520$ Hz 附近，以避免电容老化时由于谐振频率偏离 11 次谐波频率太多而导致滤波效果变差的现象。

$$L_{11}=\frac{1}{(2\pi f_{11})^2C_{11}}=\frac{1}{(2\pi\times520)^2\times30.8\times10^{-6}}\text{mH}=3.04\,\text{mH} \tag{4-25}$$

5 次滤波器的谐振频率一般设计在 $f_5=4.6f_0=230\ \text{Hz}$ 附近，原因同上。

$$L_5=\frac{1}{(2\pi f_5)^2C_5}=\frac{1}{(2\pi\times230)^2\times25\times10^{-6}}\ \text{mH}=19.1\ \text{mH} \tag{4-26}$$

4.2 三相高频整流器分析

4.2.1 传统整流器的缺陷

传统的二极管不可控整流和晶闸管相控整流器的主要缺陷如下。

1）对公用电网产生大量的谐波。

2）整流器工作于深度相控状态时，装置的功率因数极低。

3）输出侧需要较大的平波电抗和滤波电容以滤除纹波。这导致装置的体积、重量增大，损耗也随之上升。

4）相控导致调节周期长，加之输出滤波时间常数又较大，所以系统动态响应慢。

以上缺点中的 3）、4）条还仅是影响装置本身的性能，而 1）、2）条，尤其是大量的谐波，对公用电网产生了严重的污染，已成为公认的电网危害。

电网无功的副作用主要表现为降低了发电、输电设备的利用率，增加了线路损耗。无功还使线路和变压器的电压降增大。

随着用电设备的谐波标准日益严格，以高功率因数、低谐波的高频整流器替代传统的二极管不控整流和晶闸管相控整流装置是大势所趋。和传统整流器相比，高频整流器使得输入电流畸变很小，并保证功率因数为 1。

4.2.2 高频整流电路的结构与特点

按电路的拓扑结构和外特性分类，PWM 整流器分为电压型（升压型或 Boost 型）和电流型（降压型或 Buck 型）。由升压型拓扑结构决定，Boost 电路的输出直流电压高于输入交流线电压峰值，升压型整流器输出一般呈电压源特性，但也有工作在受控电流源的时候；降压电路输出直流电压总低于输入的交流峰值电压，降压型整流器输出一般呈电流源特性，但有时也工作在受控电压源状态。

按是否具有能量回馈功能分类，PWM 整流器分成无能量回馈型整流器（亦称 PFC）和能量回馈型整流器。无论哪种 PWM 整流电路，都基本能达到单位功率因数，但在谐波含量、控制复杂性、动态性能、电路体积等方面有较大差别。

1. PFC 整流电路

图 4-13 是单相升压型 PFC 的基本电路。PFC 工作方式可分为不连续电流模式（DCM）和连续电流模式（CCM）。

DCM 又称为电压跟踪器控制，是 PFC 控制中较简单的一种方法，只含电压环，稳态时开关管的占空比为常数，其电路简单，控制方便。由于电感电流不连续，自然形成了开关管的 ZCS 开通条件，开通损耗小。二极管 VD 自然关断，没有反向恢复问题，但电压、电流应力大。为了降低输入电流的畸变，DCM 模式下输出直流电压必须远高于交流电压峰值。这是因为在 VF 开通过程中，电感电流峰值和平均值都正比于输入正弦电压。VF 关断时，电感放电速率受直流电压影响。直流电压越高则放电时间短，放电部分的平均电流越小，总平均电流越接近正弦。受器件耐压限制，电压型 PFC 的直流电压通常只比交流侧峰值电压略高，所以 DCM 方式的输入电流谐波难以降得很低。因此，DCM 方式适合于小功率、电流畸变要求不高的应用场合。

CCM 又称为乘法器控制，是 PFC 控制中较复杂的一种方法，也采用恒频、变频等控制方式。CCM 一般采用图 4-14 所示的电压外环和电流内环的双闭环控制结构。电压控制器的输出作为内环电流幅值指令 I_m，该指令和电网电压的整流信号相乘作为电流给定。由于电流给定与输入电压成比例，因此电流给定信号和输入电压同相。电流内环使输入电流尽可能跟踪电流指令，最终的 PWM 驱动波形由电流控制器决定。由于电流内环的存在，驱动波形占空比按正弦规律变化，使电感电流平均值为正弦，因此 CCM 也被称为平均电流控制。CCM 的输入电流畸变很小，动态响应较 DCM 快。由于 CCM 方式的输入电流连续，所以在同等输入功率时，CCM 比 DCM 的平均输入电流小。CCM 的开关管电流应力小，适用的功率范围比 DCM 大。另外，CCM 下输入电流连续，所以输入整流桥可以用普通整流二极管构成，而 DCM 电路在开关频率高时需要使用快恢复二极管。但 CCM 的开关损耗比 DCM 大，其控制电路也比较复杂，不过现在已有 CCM 专用 PFC 集成芯片。

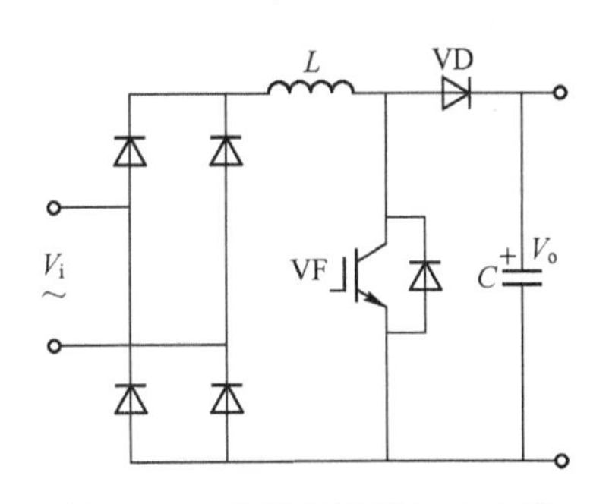

图 4-13　单相升压型 PFC 电路

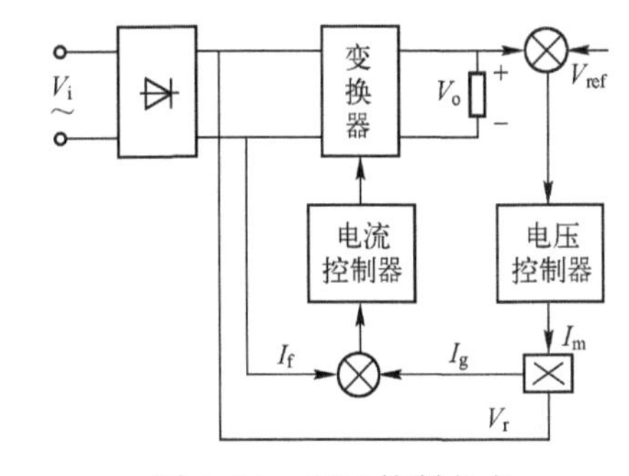

图 4-14　CCM 控制方式

PFC 电路与第 2 章谈到的 Boost、Buck、Cuk、Sepic 等二次变换电路有机地结合，既能完成功率因数、电流波形校正，又能完成输出电压的调节。图 4-15 和图 4-16 分别是 PFC 与 Flyback 和 Cuk 电路结合的例子。尽管整体电路的两级变换共用同一个开关器件，增加了通态电流应力，输出调节范围也受到一定限制，但整体电路结构简单紧凑，控制方便。

本书给出了 3 种单相半波 Boost 型 PFC 电路的仿真模型。其中，模型【4-1】为双环无电压前馈控制，模型【4-2】为双环+电压前馈控制，模型【4-3】为单周期控制，读者请扫描二维码下载。

模型【4-1】

模型【4-2】

模型【4-3】

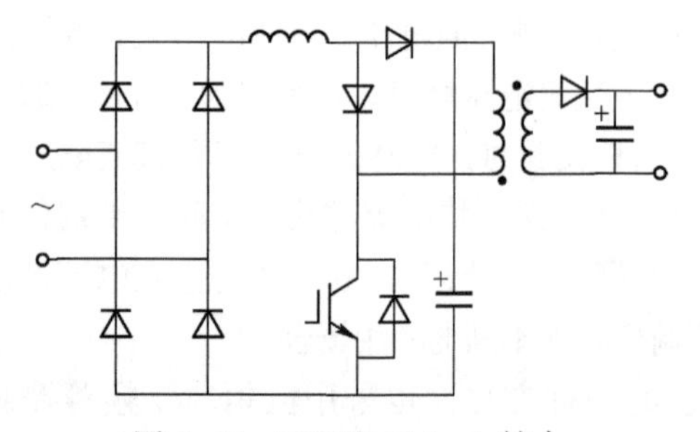

图 4-15　PFC 和 Flyback 结合

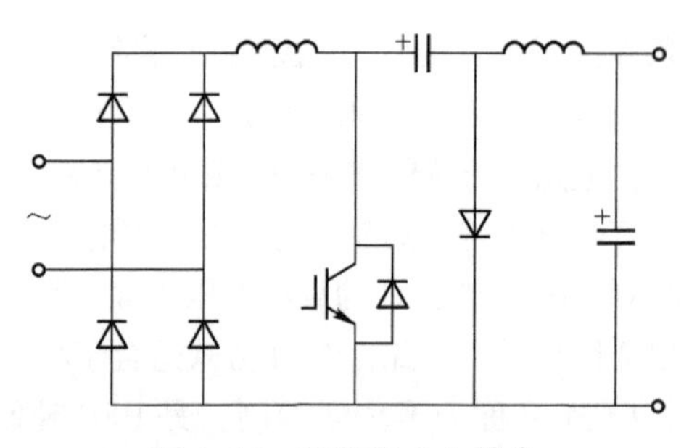

图 4-16　PFC 和 Cuk 结合

为适应大功率应用，需使用三相 PFC 技术。图 4-17a 所示为单开关 Boost 型三相 PFC 整流器（电感输入型），其基本原理是单相断续导电模式（DCM）PFC 在三相电路的延伸。开关管的开关频率远高于电网频率，在开关周期里，输入电压近似不变，在开关导通期间，电感电流线性上升，电流峰值和平均值正比于相电压；在开关管关断期间，电感中的能量释放到负载。1 个开关周期内电感电流平均值是输入电压和输出直流电压的非线性函数。每相电流平均值由多段曲线组成，以 A 相为例，可得电流平均值 $i_{\mathrm{A\_avg}}(t)$ 的表达式为

$$i_{\mathrm{A\_avg}}(t)=\begin{cases}\dfrac{V_{\mathrm{o}}D^2}{2Lf_{\mathrm{s}}}\dfrac{\sin(\omega t)}{\sqrt{3}M-3\sin(\omega t)},0\leqslant\omega t\leqslant\dfrac{\pi}{6}\\[2ex]\dfrac{V_{\mathrm{o}}D^2}{2Lf_{\mathrm{s}}}\dfrac{M\sin(\omega t)+\dfrac{1}{2}\sin\left(2\omega t-\dfrac{2\pi}{3}\right)}{\left[\sqrt{3}M-3\sin\left(\omega t+\dfrac{2\pi}{3}\right)\right]\left[M-\sin\left(\omega t+\dfrac{\pi}{6}\right)\right]},\dfrac{\pi}{6}\leqslant\omega t\leqslant\dfrac{\pi}{3}\\[2ex]\dfrac{V_{\mathrm{o}}D^2}{2Lf_{\mathrm{s}}}\dfrac{M\sin(\omega t)+\sin\left(2\omega t+\dfrac{\pi}{3}\right)}{\left[\sqrt{3}M+3\sin\left(\omega t+\dfrac{2\pi}{3}\right)\right]\left[M-\sin\left(\omega t+\dfrac{\pi}{6}\right)\right]},\dfrac{\pi}{3}\leqslant\omega t\leqslant\dfrac{\pi}{2}\end{cases}\tag{4-27}$$

式中，V_{o} 为整流器输出直流电压；f_{s} 为开关频率；D 为导通占空比；L 为输入电感；M 为输入输出升压比，定义为 $M=\dfrac{V_{\mathrm{o}}}{V_{\mathrm{lmax}}}=\dfrac{V_{\mathrm{o}}}{\sqrt{3}V_{\mathrm{max}}}$，$V_{\mathrm{lmax}}$ 为输入线电压的峰值，V_{max} 为输入相电压的峰值。从 $i_{\mathrm{A\_avg}}(t)$ 的表达式可知，电流输入平均值很大程度上依赖于升压比 M，只有当 M 较大时，输入电流才接近正弦，在这种情况下，总谐波失真 THD 较小，功率因数接近 1。这种电路的缺点是，输入电流工作在 DCM 模式下，开关电流应力大、EMI 高；为了提高功率因数，需增大输出电压 V_{o}，这样导致开关电压应力增加。

采用图 4-17b 所示电路，用同一脉冲驱动 3 个下管，可将电流应力减少 30%左右。单管三相 PFC 电路应用范围往往仅限于中等功率且谐波要求不太严格的场合。

图 4-18 为真正意义的三相 PFC 整流电路，虽然拓扑结构不同，但基本工作原理一致。当某相输入电流小于指令电流时，则该相开关导通，使电感储能。反之，该相开关关断，使电感放电。

图 4-18a、b 所示的电路将 1 个周期 360°分成 6 个区域。每个区域里，三相电流指的大小不变。在任一区域，电路可等效成两个 Boost 变换器，1 个 Boost 对应最大电流输入的那一

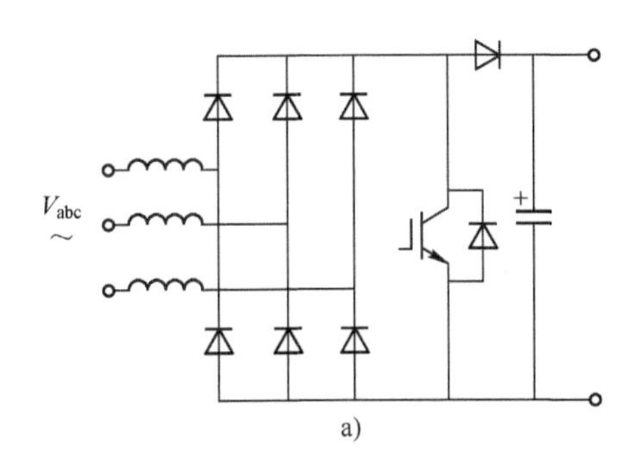

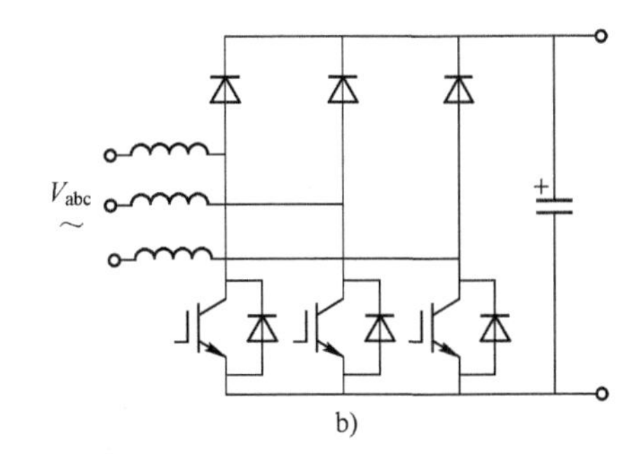

图 4-17　单管三相 PFC 电路

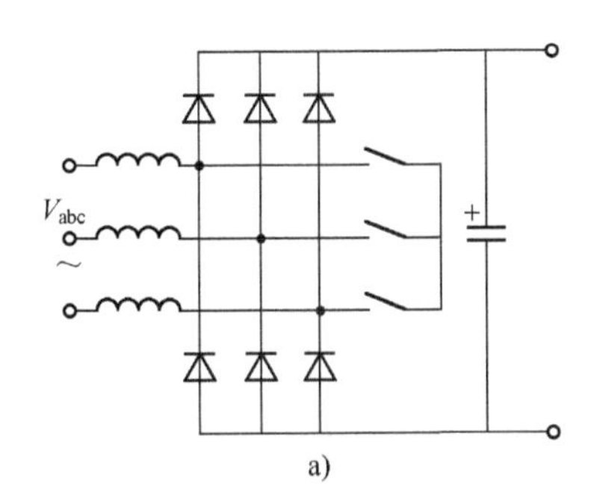

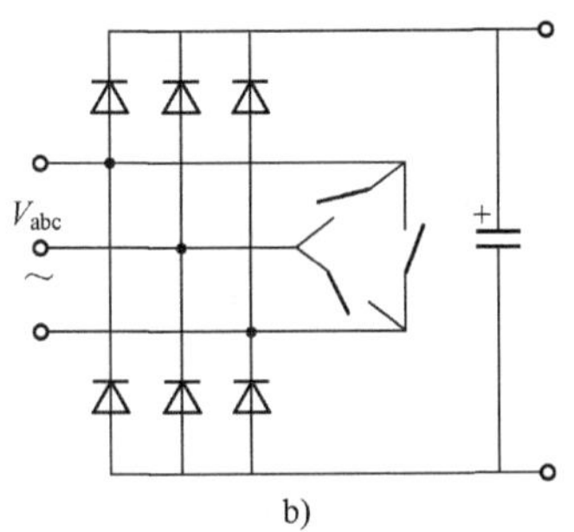

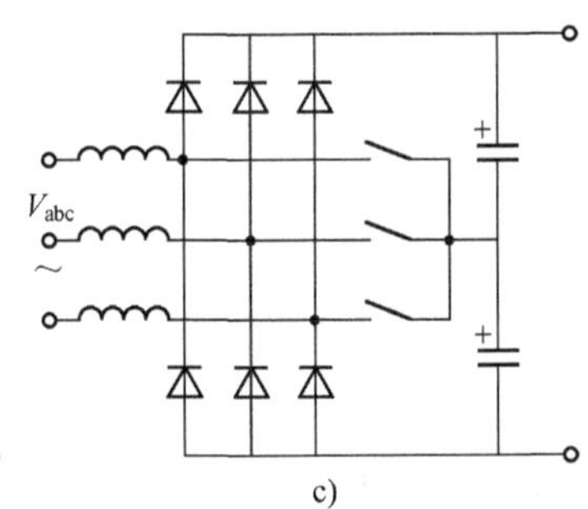

图 4-18　三相 PFC 电路

相，另一 Boost 对应最小输入电流那一相。控制最大和最小的输入电流为正弦，第三相自然也是正弦。图 4-18c 将原输入端的三相中性点移到输出侧，带来的问题是不仅需控制输入电流，还需控制中性点电压。

相关文献表明，图 4-18 所示的电路都能使输入电流畸变很小、输出直流电流纹波很低、可靠性较高、不存在桥臂直通的危险。

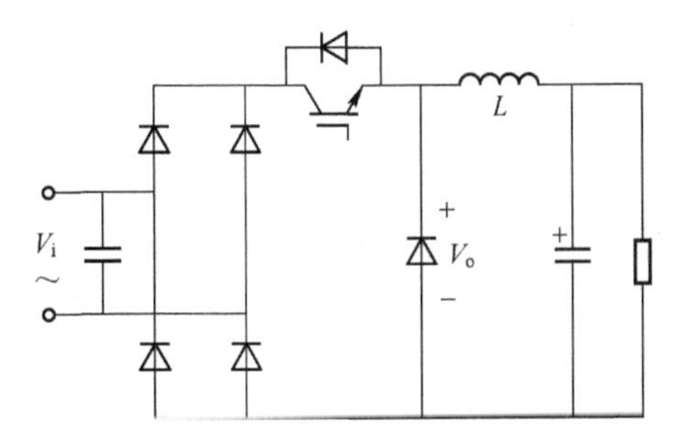

图 4-19　单相降压型 PFC 主电路

降压型 PFC 电路结构如图 4-19 所示，与升压型 PFC 相比，降压 PFC 有其自身的优点。

1）输出电压调节范围广，可以零电压输出。

2）输出电感的限流作用保障电路的运行安全，即使输出短路也不会损坏半导体器件。但与升压型 PFC 中起储能作用的电容相比，降压型 PFC 的直流电感体积较大、成本高，一般只用于焊接电源等特殊场合。

图 4-20 为电容输入型三相 PFC 整流器（降压型 PFC），其基本原理是电感输入型三相 PFC 整流器（升压型 PFC）的对偶，它适用于输出电压低于输入电压的场合。

与升压型 PFC 不同之处在于：工作于 DCM 的 Buck 型三相 PFC 电路的输入电流波形有明显畸变；而且输入功率因数和 THD 依赖于输出电流。输出电流越大，总谐波失真 THD 越小，功率因数越高。为分析方便，以三相不控整流桥中通过二极管 VD_1 的电流为例进行分析，设 i_{d1_Avg}为 1 个开关周期内通过二极管 VD_1 的平均电流，通过理论分析和计算可得

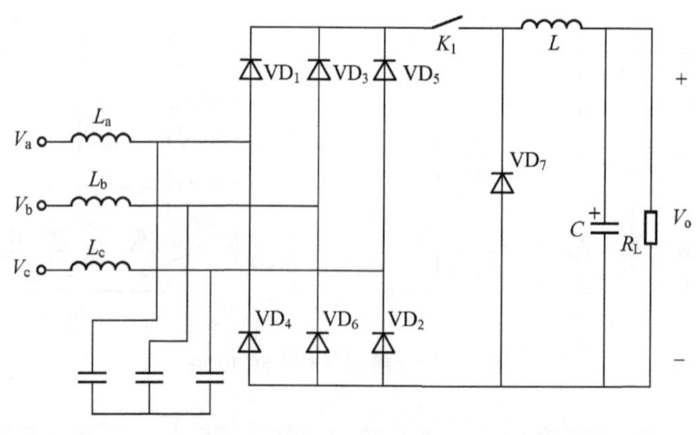

图 4-20　电容输入型三相 Buck 型 PFC

$$i_{\mathrm{d1\_Avg}}(t)=\frac{D^2V_{\mathrm{lmax}}}{2Lf_{\mathrm{s}}}\frac{(\sin\omega t-M)^2}{\sin\omega t},0\leqslant\omega t\leqslant\frac{\pi}{6} \tag{4-28}$$

式中，V_{lmax}为输入线电压的峰值；f_{s}为开关频率；D 为导通占空比；L 为电感；M 为输入输出降压比$\left(M=\frac{V_{\mathrm{o}}}{V_{\mathrm{lmax}}}\right)$。从 $i_{\mathrm{A_avg}}(t)$的表达式可知，电流输入平均值的正弦性很大程度上依赖于降压比 M。只有当 M 较小时，输入电流平均值才接近正弦。输入电压不变时，M 越小意味输出电压越小，如果输出功率不变，则意味输出电流越大。因此可以认为，在输出功率一定的情况下，输出电流越大，总谐波失真 THD 越小，功率因数越接近 1。

2. 能量回馈型 PWM 整流电路

能量回馈型 PWM 整流器均采用全控型开关器件，可以控制输入功率因数，提供交、直流侧的双向能量流动，比 PFC 电路具有更快的动态响应和更好的输入电流波形。

图 4-21a、图 4-21b、图 4-22a 分别为单相半桥、单相全桥、三相桥式电压型 PWM 整流器。稳态工作时，整流器输出直流电压不变，开关管按正弦规律作脉宽调制。由于电感的滤波作用并忽略整流器输出交流电压的谐波，变换器可以看作可控的三相电压源。它与电网电压共同作用于输入电感，产生正弦电流。适当控制整流器输出电压的幅值和相位，就可以获得所需大小和相位的输入电流。

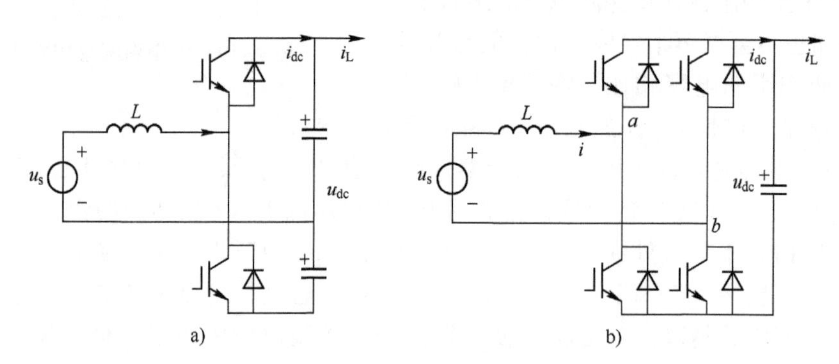

图 4-21　单相整流器

a）单相半桥整流器　b）单相全桥整流器

图 4-22b 所示为三相电流型（降压型）PWM 整流器，其输出呈电流源特性，输出电压可以大范围调节。从交流侧看，电流型整流器可视为可控电流源。由于输出存在大电感，电流型整流器没有桥臂直通和输出短路的问题，所以电流控制简单，控制速度非常快。即使电流开环控制，理论上也能得到较好的动态响应。

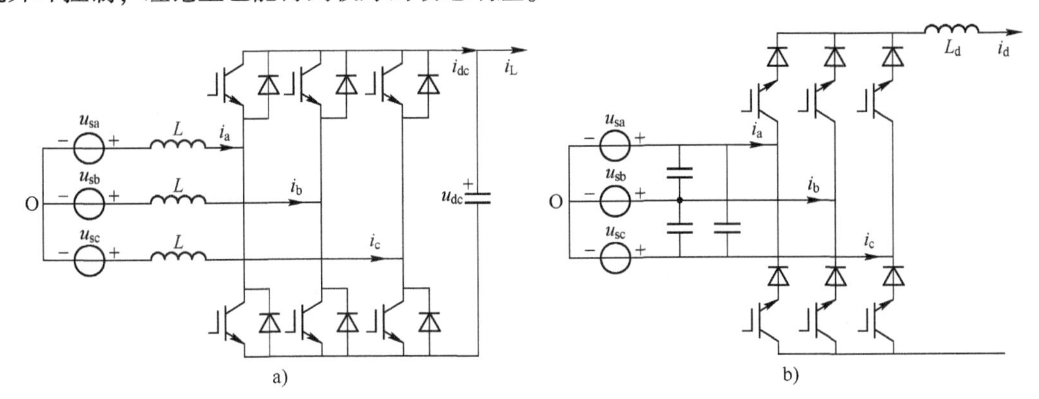

图 4-22　三相 PWM 整流器

a）三相电压型 PWM 整流器　b）三相电流型 PWM 整流器

电流型整流器的应用并不广泛，通常只用于功率较大场合，其原因如下。

1）电流型整流器输出电感的体积、重量和损耗较大。

2）IGBT、MOSFET 等全控器件都是双向导通，主电路构成不方便且通态损耗大。

电流型及电压型的主电路都支持能量的双向流动，作整流器只是它们的功能之一。上述的主电路结构还可以用于无功补偿器，有源电力滤波器，风力、太阳能发电，电力储能系统等应用领域。其控制方式和整流器控制也有很多相近之处。

3. 电压型 PWM 整流器的控制方法

整流器的控制目标是输入电流和输出电压。其中输入电流的控制是整流系统控制的关键所在。因为采用 PWM 整流器的目的就是为了使输入电流波形正弦化。其次，对输入电流的有效控制的实质是对变换器能量流动的有效控制，也就控制了输出电压。基于这个观点，可以将整流器的控制分成间接电流控制和直接电流控制两大类。

（1）间接电流控制

间接电流控制也被称为相位幅值控制（PAC），指通过控制电压型 PWM 整流器交流侧电压的基波幅值和相位，进而间接控制其网侧电流，这种控制方法的直接控制对象是整流桥交流输入端电压 u_{ab}。下面以单相 PWM 整流器为例进行说明。在图 4-21b 所示的单相 PWM 整流电路中，输入电压 u_s 是已知量，输入电流 i 与 u_{ab} 基波分量成互相制约的关系，若要得到所需要的输入电流 i，必须计算出在该电流状态下，电压 u_{ab} 中基波分量的幅值和相位，因此控制住 u_{ab} 中的基波分量，就能达到间接控制输入电流的目的，间接电流控制原理图如图 4-23 所示。

间接控制的静态特性很好，控制结构简便。由于不需要电流传感器，故成本也比较低。目前为止，间接控制实际应用的例子较少。这是因为间接控制规律是基于稳态的观点得到的，系统过渡过程按其自然特性完成，而整流器的自然特性又很差。所以在间接电流控制的电流暂态过程中，有将近 100%的电流超调、电流振荡剧烈、系统的稳定性差、响应慢。引入电流微分反馈或加上串联补偿器都是改进间接电流控制动态响应的有效途径，将有可能使

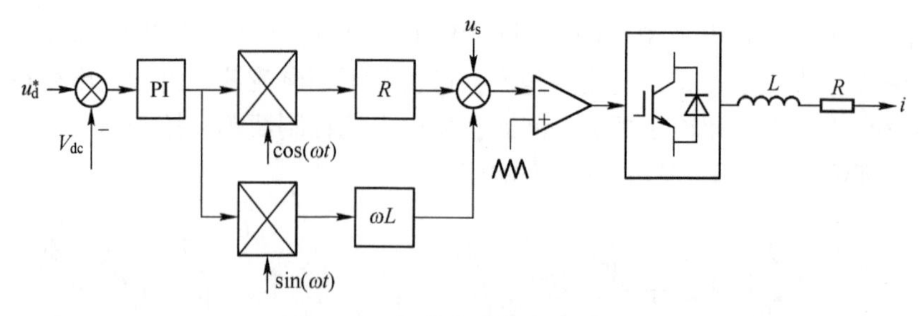

图 4-23　间接电流控制原理图

间接控制实用化。

（2）直接电流控制

凡是引入了输入电流反馈的控制方式均称为直接电流控制方式。直接电流控制具有非常优良的动态性能。从系统控制器的结构形式划分，直接电流控制又可以分为 3 种类型。

1）第一种是电压电流双闭环控制方式。这也是目前应用最广泛、最为实用化的控制方式。它们的共同特点是：输入电流和输出电压分开控制。电压外环的输出作电流指令，电流内环则控制输入电流，使之快速地跟踪电流指令。电流内环不仅是控制电流，而且也起到了改善控制对象的作用。由于电流内环的存在，只要使电流指令限幅就自然达到过电流保护的目的，这是双环控制的优点。从电流控制器的实现方式看，又有滞环比较和三角波比较法控制，两者的区别主要在于开关频率是否固定。

① 滞环电流比较法控制。其工作原理如图 4-24a 所示：电压 PI 控制器的输出和与电源 u_s同相位的单位正弦 $\sin\omega t$ 相乘得到电流参考 i^*，i^* 再与检测到的电流信号 i 比较，经滞环比较产生 PWM 输出，对各功率管进行控制，达到被控电流与输入电压同相或反相的目的。

滞环电流比较法控制实现很方便，且控制误差可由滞环宽度调节，实际中应用较多，但其开关频率会随着电流变化率的不同产生变化，当输入电流在峰值附近时，电流变化缓慢，开关频率低；当输入电流在过零点附近时，电流变化迅速，开关频率较高，另外当直流负载发生变化时，开关频率也必然随着直流负载电流的变化而变化。开关频率的变化，不仅降低了功率开关管的使用寿命，造成器件选择困难，另外还会导致电路产生多种开关频率次的谐波，特别是低次谐波，因而也给滤波器的设计增加了难度。

② 三角波电流比较法控制。与滞环电流比较法控制类似，电路中也包括电流电压外环和电流内环，电流指令 i^* 由电压控制器 PI 输出和一个与电源输入电压 u_s同相位的单位正弦信号相乘得到，指令电流 i^* 和反馈电流 i 经电流控制器后与三角波信号相比较，得到控制功率开关管的 PWM 信号，实现输出电流跟踪指令电流的目的，其控制原理如图 4-24b 所示。

将图 4-24b 的三角波比较法推广到三相电压型 PWM 整流器。参考图 4-22a 所示的电压型 PWM 整流器，可以得到图 4-24c 所示的三相三角波电流比较法的控制原理图。但如果按照图 4-24c 所示的控制方法，三相整流器的三相不能看作一个整体，计算量较大，因此可采用坐标变换的方式对该控制方法进行改进，这部分内容会在“PWM 整流器的建模及运行特征”中进行讨论。

三角波电流比较法控制具有开关频率固定的特点，且单一桥臂上的开关控制互补，为建模分析提供了方便，从而可方便地实现系统的谐波分析，在三角波电流比较法控制中直接检测交流侧电流信号并加以控制，系统反应快，动态响应较好。

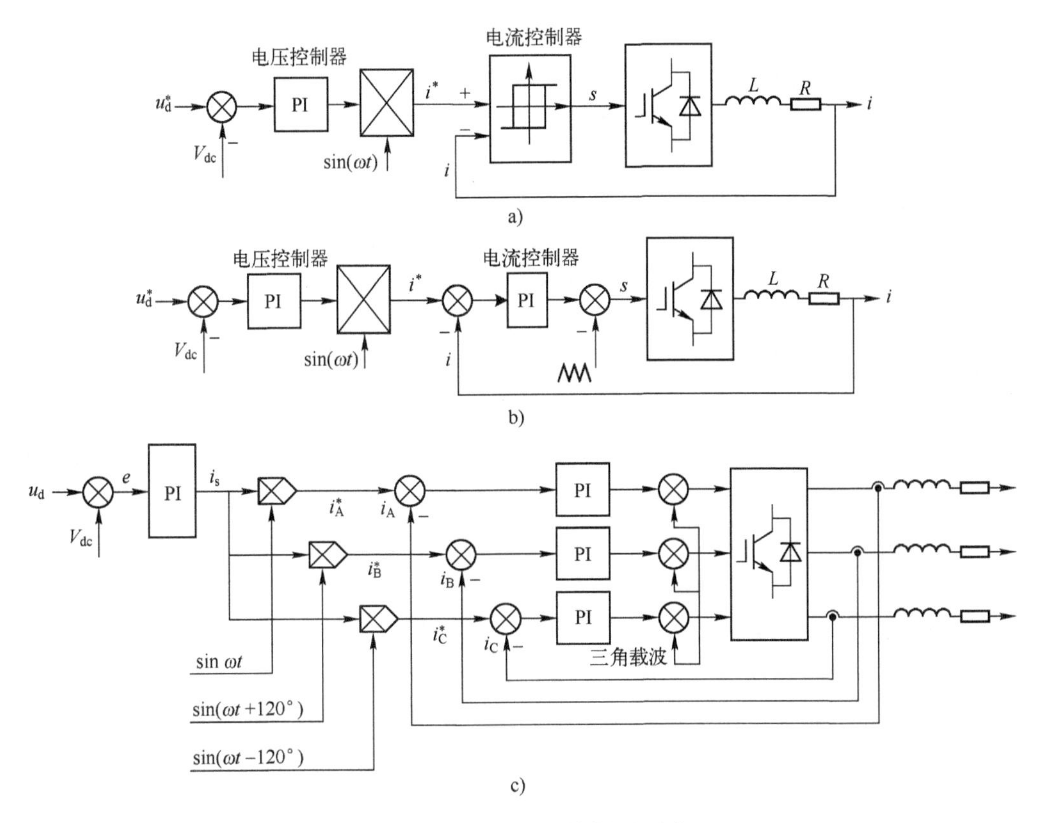

图 4-24　直接电流控制原理图

a）单相滞环电流比较法控制原理图　b）单相三角波电流比较法控制原理图　c）三相三角波电流比较法控制原理图

2）第二种是直接电流控制方式。它以整流器的小信号线性化状态空间模型为基础，电压、电流控制不分开，而是对整个系统进行闭环极点配置或设计最优二次型调节器。该控制方式需要事先离线算出各个静态工作点的状态空间模型及与之对应的反馈矩阵，然后存入存储器。工作时，还要检测负载电流或等效负载电阻以确定当前的工作点，然后查表读取相应的反馈矩阵。这种方式的控制效果不错，只是要求对静态工作点的划分很细，占用存储空间较大，离线计算量也比较大，实现复杂。

3）第三种是非线性控制方法。因为整流器本质上是非线性的，所以用非线性控制方法更为适合。从整流器的模型看，它属于非线性仿射系统。这类系统可以通过非线性状态反馈在实现系统线性化的同时实现解耦。

4.2.3　PWM 整流器的建模及运行特征

建立 PWM 整流器的数学模型，是分析和研究 PWM 整流器的基础。通过模型分析可以得到关于 PWM 整流器的一些基本特性。

1. 坐标变换基础

在三相模型中，如果进行纯数学的坐标变换，将三相静止坐标系→两相静止坐标系→两相旋转坐标系，可以简化表达式，降低系统阶次。各坐标之间的关系如图 4-25 所示。

在坐标系变换过程中，假设：

1）三相静止坐标系的 A 轴、B 轴、C 轴依次滞后 120°。

2）三相静止坐标系的 A 轴与两相静止坐标系的 α 轴重合。

3）两相静止坐标系的 β 轴滞后 α 轴 90°。

4）两相静止坐标系中的旋转矢量与三相静止坐标系中的旋转矢量完全重合，即两相静止坐标系中的旋转矢量的转速、模长均与三相静止坐标系中的旋转矢量的转速、模长完全相等且夹角为 0。

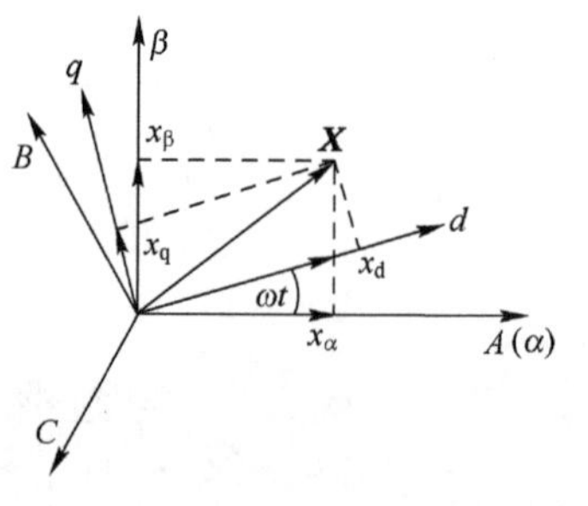

图 4-25　坐标系之间的相互关系

5）两相静止坐标系中的旋转矢量与两相旋转坐标系中的静止矢量完全重合，即两相静止坐标系中的旋转矢量的转速与两相旋转坐标系本身的转速完全相等且夹角为 0，两相静止坐标系中的旋转矢量的模长与两相旋转坐标系中的静止矢量的模长完全相等。

6）三相静止坐标系中的 A 相分量的初始相角为 0；两相静止坐标系中的 α 相分量的初始相角为 0；两相旋转坐标系中 d 轴与两相静止坐标系中 α 轴的夹角的初始相角为 0。这样，在两相旋转坐标系中，d 轴分量代表有功成分，q 轴分量代表无功成分。

设从三相静止坐标系变换到两相静止坐标系的变换矩阵为 $\boldsymbol{T}_{\mathrm{abc}\to\alpha\beta}$，从两相静止坐标系变换到三相静止坐标系的变换矩阵为 $\boldsymbol{T}_{\alpha\beta\to\mathrm{abc}}$；从两相静止坐标系变换到两相旋转坐标系的变换矩阵为 $\boldsymbol{T}_{\alpha\beta\to\mathrm{dq}}$，从两相旋转坐标系变换到两相静止坐标系的变换矩阵为 $\boldsymbol{T}_{\mathrm{dq}\to\alpha\beta}$；则

$$\boldsymbol{T}_{\mathrm{abc}\to\alpha\beta}=\sqrt{\frac{2}{3}}\begin{bmatrix}1 & -\frac{1}{2} & -\frac{1}{2}\\ 0 & \frac{\sqrt{3}}{2} & -\frac{\sqrt{3}}{2}\\ \frac{\sqrt{2}}{2} & \frac{\sqrt{2}}{2} & \frac{\sqrt{2}}{2}\end{bmatrix} \tag{4-29}$$

$$\boldsymbol{T}_{\alpha\beta\to\mathrm{abc}}=\sqrt{\frac{2}{3}}\begin{bmatrix}1 & 0 & \frac{\sqrt{2}}{2}\\ -\frac{1}{2} & \frac{\sqrt{3}}{2} & \frac{\sqrt{2}}{2}\\ -\frac{1}{2} & -\frac{\sqrt{3}}{2} & \frac{\sqrt{2}}{2}\end{bmatrix} \tag{4-30}$$

$$\boldsymbol{T}_{\alpha\beta\to\mathrm{dq}}=\begin{bmatrix}\cos\omega t & \sin\omega t\\ -\sin\omega t & \cos\omega t\end{bmatrix} \tag{4-31}$$

$$\boldsymbol{T}_{\mathrm{dq}\to\alpha\beta}=\begin{bmatrix}\cos\omega t & -\sin\omega t\\ \sin\omega t & \cos\omega t\end{bmatrix} \tag{4-32}$$

2. PWM 整流器的数学模型

设半导体器件是理想开关，图 4-26 为三相电压型 PWM 整流器拓扑，由 KVL、KCL 可列出

$$\begin{cases} u_{sa}-i_aR-L\dfrac{di_a}{dt}-S_au_{dc}=u_{sb}-i_bR-L\dfrac{di_b}{dt}-S_bu_{dc}=u_{sc}-i_cR-L\dfrac{di_c}{dt}-S_cu_{dc} \\ C\dfrac{du_{dc}}{dt}=i_{dc}-i_L=S_ai_a+S_bi_b+S_ci_c-i_L \end{cases} \tag{4-33}$$

式中，u_{sa}、u_{sb}、u_{sc}分别表示三相电网电压；i_a、i_b、i_c分别表示整流器的交流侧输入电流；S_a、S_b、S_c分别表示三相桥臂的开关函数；$S=1$，代表对应的桥臂上管导通，下管关断；$S=0$，代表对应的桥臂下管导通，上管关断；i_{dc}表示整流器的直流侧输出电流；i_c表示整流器的直流侧电容电流；i_L表示整流器的直流侧负载电流；u_{dc}表示整流器的输出直流电压；C 表示整流器输出直流滤波电容；L 表示整流器的每相交流输入电感；R 表示包括电感电阻在内的每相线路阻抗。

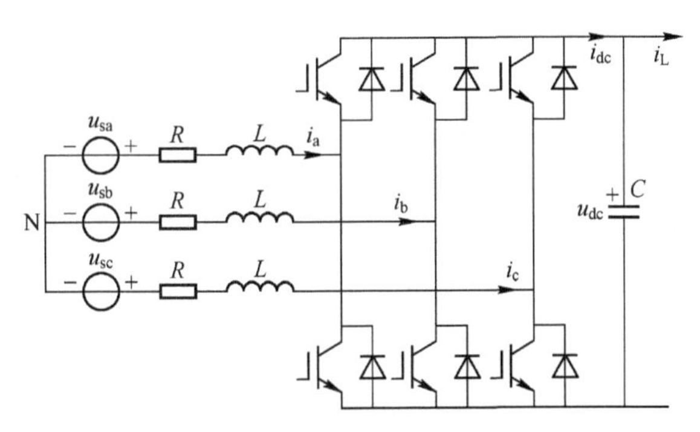

图 4-26　三相 PWM 整流器主电路

将式（4-33）变换为

$$3u_{sa}-2i_aR-2L\frac{di_a}{dt}-3S_au_{dc}=(u_{sa}+u_{sb}+u_{sc})-(i_b+i_c)R-L\frac{d(i_b+i_c)}{dt}-u_{dc}(S_a+S_b+S_c) \tag{4-34}$$

在三相无中性线系统中 $i_a+i_b+i_c=0$，由式（4-34）得

$$\begin{cases} 3u_{sa}-3i_aR-3L\dfrac{di_a}{dt}-3S_au_{dc}=(u_{sa}+u_{sb}+u_{sc})-u_{dc}(S_a+S_b+S_c) \\ \dfrac{di_a}{dt}=-\dfrac{R}{L}i_a+\dfrac{1}{L}\left(\left(u_{sa}-\dfrac{u_{sa}+u_{sb}+u_{sc}}{3}\right)-u_{dc}\left(S_a-\dfrac{S_a+S_b+S_c}{3}\right)\right) \end{cases} \tag{4-35}$$

显然 3 相输入是对称的，可以得到

$$\begin{cases} \dfrac{di_a}{dt}=-\dfrac{R}{L}i_a+\dfrac{1}{L}\left[\left(u_{sa}-\dfrac{u_{sa}+u_{sb}+u_{sc}}{3}\right)-\left(S_a-\dfrac{S_a+S_b+S_c}{3}\right)u_{dc}\right] \\ \dfrac{di_b}{dt}=-\dfrac{R}{L}i_b+\dfrac{1}{L}\left[\left(u_{sb}-\dfrac{u_{sa}+u_{sb}+u_{sc}}{3}\right)-\left(S_b-\dfrac{S_a+S_b+S_c}{3}\right)u_{dc}\right] \\ \dfrac{di_c}{dt}=-\dfrac{R}{L}i_c+\dfrac{1}{L}\left[\left(u_{sc}-\dfrac{u_{sa}+u_{sb}+u_{sc}}{3}\right)-\left(S_c-\dfrac{S_a+S_b+S_c}{3}\right)u_{dc}\right] \\ C\dfrac{du_{dc}}{dt}=S_ai_a+S_bi_b+S_ci_c-i_L \end{cases} \tag{4-36}$$

将式（4-36）转换为矩阵形式，得到

$$
\begin{cases}
\begin{bmatrix} \dfrac{\mathrm{d}i_a}{\mathrm{d}t} \\ \dfrac{\mathrm{d}i_b}{\mathrm{d}t} \\ \dfrac{\mathrm{d}i_c}{\mathrm{d}t} \end{bmatrix} = \begin{bmatrix} -\dfrac{R}{L} & 0 & 0 \\ 0 & -\dfrac{R}{L} & 0 \\ 0 & 0 & -\dfrac{R}{L} \end{bmatrix} \begin{bmatrix} i_a \\ i_b \\ i_c \end{bmatrix} + \begin{bmatrix} \dfrac{2}{3L} & -\dfrac{1}{3L} & -\dfrac{1}{3L} \\ -\dfrac{1}{3L} & \dfrac{2}{3L} & -\dfrac{1}{3L} \\ -\dfrac{1}{3L} & -\dfrac{1}{3L} & \dfrac{2}{3L} \end{bmatrix} \left(\begin{bmatrix} u_{sa} \\ u_{sb} \\ u_{sc} \end{bmatrix} - \begin{bmatrix} S_a \\ S_b \\ S_c \end{bmatrix} u_{dc} \right) \\
C\dfrac{\mathrm{d}u_{dc}}{\mathrm{d}t} = [S_a \quad S_b \quad S_c] \begin{bmatrix} i_a \\ i_b \\ i_c \end{bmatrix} - i_L
\end{cases}
\tag{4-37}
$$

定义：

$$
\begin{bmatrix} \dfrac{\mathrm{d}i_\alpha}{\mathrm{d}t} \\ \dfrac{\mathrm{d}i_\beta}{\mathrm{d}t} \\ \dfrac{\mathrm{d}i_\gamma}{\mathrm{d}t} \end{bmatrix} = \boldsymbol{T}_{abc\to\alpha\beta} \begin{bmatrix} \dfrac{\mathrm{d}i_a}{\mathrm{d}t} \\ \dfrac{\mathrm{d}i_b}{\mathrm{d}t} \\ \dfrac{\mathrm{d}i_c}{\mathrm{d}t} \end{bmatrix}, \quad \begin{bmatrix} i_\alpha \\ i_\beta \\ i_\gamma \end{bmatrix} = \boldsymbol{T}_{abc\to\alpha\beta} \begin{bmatrix} i_a \\ i_b \\ i_c \end{bmatrix}, \quad \begin{bmatrix} S_\alpha \\ S_\beta \\ S_\gamma \end{bmatrix} = \boldsymbol{T}_{abc\to\alpha\beta} \begin{bmatrix} S_a \\ S_b \\ S_c \end{bmatrix}, \quad \begin{bmatrix} u_{s\alpha} \\ u_{s\beta} \\ u_{s\gamma} \end{bmatrix} = \boldsymbol{T}_{abc\to\alpha\beta} \begin{bmatrix} u_{sa} \\ u_{sb} \\ u_{sc} \end{bmatrix}
\tag{4-38}
$$

将 $\boldsymbol{T}_{abc\to\alpha\beta}$ 乘到式（4-37）左右两侧的各项，得

$$
\begin{cases}
\boldsymbol{T}_{abc\to\alpha\beta} \begin{bmatrix} \dfrac{\mathrm{d}i_a}{\mathrm{d}t} \\ \dfrac{\mathrm{d}i_b}{\mathrm{d}t} \\ \dfrac{\mathrm{d}i_c}{\mathrm{d}t} \end{bmatrix} = \boldsymbol{T}_{abc\to\alpha\beta} \begin{bmatrix} -\dfrac{R}{L} & 0 & 0 \\ 0 & -\dfrac{R}{L} & 0 \\ 0 & 0 & -\dfrac{R}{L} \end{bmatrix} \begin{bmatrix} i_a \\ i_b \\ i_c \end{bmatrix} + \boldsymbol{T}_{abc\to\alpha\beta} \begin{bmatrix} \dfrac{2}{3L} & -\dfrac{1}{3L} & -\dfrac{1}{3L} \\ -\dfrac{1}{3L} & \dfrac{2}{3L} & -\dfrac{1}{3L} \\ -\dfrac{1}{3L} & -\dfrac{1}{3L} & \dfrac{2}{3L} \end{bmatrix} \left(\begin{bmatrix} u_{sa} \\ u_{sb} \\ u_{sc} \end{bmatrix} - \begin{bmatrix} S_a \\ S_b \\ S_c \end{bmatrix} u_{dc} \right) \\
C\dfrac{\mathrm{d}u_{dc}}{\mathrm{d}t} = [S_a \quad S_b \quad S_c] \boldsymbol{T}_{abc\to\alpha\beta} \cdot \boldsymbol{T}_{abc\to\alpha\beta} \begin{bmatrix} i_a \\ i_b \\ i_c \end{bmatrix} - i_L
\end{cases}
\tag{4-39}
$$

经整理可得

$$
\begin{cases}
\begin{bmatrix} \dfrac{\mathrm{d}i_\alpha}{\mathrm{d}t} \\ \dfrac{\mathrm{d}i_\beta}{\mathrm{d}t} \\ \dfrac{\mathrm{d}i_\gamma}{\mathrm{d}t} \end{bmatrix} = \begin{bmatrix} -\dfrac{R}{L} & 0 & 0 \\ 0 & -\dfrac{R}{L} & 0 \\ 0 & 0 & -\dfrac{R}{L} \end{bmatrix} \begin{bmatrix} i_\alpha \\ i_\beta \\ i_\gamma \end{bmatrix} + \begin{bmatrix} \dfrac{1}{L} & 0 & 0 \\ 0 & \dfrac{1}{L} & 0 \\ 0 & 0 & \dfrac{1}{L} \end{bmatrix} \left(\begin{bmatrix} u_{s\alpha} \\ u_{s\beta} \\ u_{s\gamma} \end{bmatrix} - \begin{bmatrix} S_\alpha \\ S_\beta \\ S_\gamma \end{bmatrix} u_{dc} \right) \\
C\dfrac{\mathrm{d}u_{dc}}{\mathrm{d}t} = \left[\dfrac{3}{2}\sqrt{\dfrac{2}{3}} \begin{bmatrix} 1 & -\dfrac{1}{2} & -\dfrac{1}{2} \\ 0 & \dfrac{\sqrt{3}}{2} & -\dfrac{\sqrt{3}}{2} \\ \dfrac{\sqrt{2}}{2} & \dfrac{\sqrt{2}}{2} & \dfrac{\sqrt{2}}{2} \end{bmatrix} \begin{bmatrix} S_\alpha \\ S_\beta \\ S_\gamma \end{bmatrix} \right]^{\mathrm{T}} \begin{bmatrix} i_\alpha \\ i_\beta \\ i_\gamma \end{bmatrix} - i_L = \dfrac{3}{2}[S_\alpha \quad S_\beta \quad S_\gamma] \begin{bmatrix} i_\alpha \\ i_\beta \\ i_\gamma \end{bmatrix} - i_L
\end{cases}
\tag{4-40}
$$

忽略零序分量，可得

$$\begin{cases}\begin{bmatrix}\dfrac{\mathrm{d}i_{\alpha}}{\mathrm{d}t}\\\dfrac{\mathrm{d}i_{\beta}}{\mathrm{d}t}\end{bmatrix}=\begin{bmatrix}-\dfrac{R}{L} & 0\\0 & -\dfrac{R}{L}\end{bmatrix}\begin{bmatrix}i_{\alpha}\\i_{\beta}\end{bmatrix}+\begin{bmatrix}\dfrac{1}{L} & 0\\0 & \dfrac{1}{L}\end{bmatrix}\left(\begin{bmatrix}u_{s\alpha}\\u_{s\beta}\end{bmatrix}-\begin{bmatrix}S_{\alpha}\\S_{\beta}\end{bmatrix}u_{dc}\right)\\C\dfrac{\mathrm{d}u_{dc}}{\mathrm{d}t}=\dfrac{3}{2}\begin{bmatrix}S_{\alpha} & S_{\beta}\end{bmatrix}\begin{bmatrix}i_{\alpha}\\i_{\beta}\end{bmatrix}-i_{L}\end{cases}\tag{4-41}$$

定义：

$$\begin{bmatrix}i_{d}\\i_{q}\end{bmatrix}=T_{\alpha\beta\to dq}\begin{bmatrix}i_{\alpha}\\i_{\beta}\end{bmatrix},\quad\begin{bmatrix}S_{d}\\S_{q}\end{bmatrix}=T_{\alpha\beta\to dq}\begin{bmatrix}S_{\alpha}\\S_{\beta}\end{bmatrix},\quad\begin{bmatrix}u_{sd}\\u_{sq}\end{bmatrix}=T_{\alpha\beta\to dq}\begin{bmatrix}u_{s\alpha}\\u_{s\beta}\end{bmatrix}\tag{4-42}$$

将 $\boldsymbol{T}_{\alpha\beta\to dq}$乘到式（4-41）左右两侧的各项，得

$$\begin{cases}\boldsymbol{T}_{\alpha\beta\to dq}\begin{bmatrix}\dfrac{\mathrm{d}i_{\alpha}}{\mathrm{d}t}\\\dfrac{\mathrm{d}i_{\beta}}{\mathrm{d}t}\end{bmatrix}=\boldsymbol{T}_{\alpha\beta\to dq}\begin{bmatrix}-\dfrac{R}{L} & 0\\0 & -\dfrac{R}{L}\end{bmatrix}\begin{bmatrix}i_{\alpha}\\i_{\beta}\end{bmatrix}+\boldsymbol{T}_{\alpha\beta\to dq}\begin{bmatrix}\dfrac{1}{L} & 0\\0 & \dfrac{1}{L}\end{bmatrix}\left(\begin{bmatrix}u_{s\alpha}\\u_{s\beta}\end{bmatrix}-\begin{bmatrix}S_{\alpha}\\S_{\beta}\end{bmatrix}u_{dc}\right)\\C\dfrac{\mathrm{d}u_{dc}}{\mathrm{d}t}=\dfrac{3}{2}\begin{bmatrix}S_{\alpha} & S_{\beta}\end{bmatrix}\boldsymbol{T}_{\alpha\beta\to dq}\cdot\boldsymbol{T}_{\alpha\beta\to dq}\begin{bmatrix}i_{\alpha}\\i_{\beta}\end{bmatrix}-i_{L}\end{cases}\tag{4-43}$$

由于存在式（4-44）的关系（此部分的推导过程详见附录）：

$$\begin{bmatrix}\dfrac{\mathrm{d}i_{d}}{\mathrm{d}t}\\\dfrac{\mathrm{d}i_{q}}{\mathrm{d}t}\end{bmatrix}=T_{\alpha\beta\to dq}\begin{bmatrix}\dfrac{\mathrm{d}i_{\alpha}}{\mathrm{d}t}\\\dfrac{\mathrm{d}i_{\beta}}{\mathrm{d}t}\end{bmatrix}-\begin{bmatrix}0 & -\omega\\\omega & 0\end{bmatrix}\begin{bmatrix}i_{d}\\i_{q}\end{bmatrix}\Rightarrow T_{\alpha\beta\to dq}\begin{bmatrix}\dfrac{\mathrm{d}i_{\alpha}}{\mathrm{d}t}\\\dfrac{\mathrm{d}i_{\beta}}{\mathrm{d}t}\end{bmatrix}=\begin{bmatrix}\dfrac{\mathrm{d}i_{d}}{\mathrm{d}t}\\\dfrac{\mathrm{d}i_{q}}{\mathrm{d}t}\end{bmatrix}+\begin{bmatrix}0 & -\omega\\\omega & 0\end{bmatrix}\begin{bmatrix}i_{d}\\i_{q}\end{bmatrix}\tag{4-44}$$

因此结合式（4-43）和式（4-44）有

$$\begin{cases}\begin{bmatrix}\dfrac{\mathrm{d}i_{d}}{\mathrm{d}t}\\\dfrac{\mathrm{d}i_{q}}{\mathrm{d}t}\end{bmatrix}+\begin{bmatrix}0 & -\omega\\\omega & 0\end{bmatrix}\begin{bmatrix}i_{d}\\i_{q}\end{bmatrix}=\boldsymbol{T}_{\alpha\beta\to dq}\begin{bmatrix}-\dfrac{R}{L} & 0\\0 & -\dfrac{R}{L}\end{bmatrix}\begin{bmatrix}i_{\alpha}\\i_{\beta}\end{bmatrix}+\boldsymbol{T}_{\alpha\beta\to dq}\begin{bmatrix}\dfrac{1}{L} & 0\\0 & \dfrac{1}{L}\end{bmatrix}\left(\begin{bmatrix}u_{s\alpha}\\u_{s\beta}\end{bmatrix}-\begin{bmatrix}S_{\alpha}\\S_{\beta}\end{bmatrix}u_{dc}\right)\\C\dfrac{\mathrm{d}u_{dc}}{\mathrm{d}t}=\dfrac{3}{2}\begin{bmatrix}S_{\alpha} & S_{\beta}\end{bmatrix}\boldsymbol{T}_{\alpha\beta\to dq}\cdot\boldsymbol{T}_{\alpha\beta\to dq}\begin{bmatrix}i_{\alpha}\\i_{\beta}\end{bmatrix}-i_{L}=\dfrac{3}{2}\left\{T_{\alpha\beta\to dq}\begin{bmatrix}S_{\alpha}\\S_{\beta}\end{bmatrix}\right\}^{T}\boldsymbol{T}_{\alpha\beta\to dq}\begin{bmatrix}i_{\alpha}\\i_{\beta}\end{bmatrix}-i_{L}\end{cases}\tag{4-45}$$

进一步可得

$$\begin{cases}\begin{bmatrix}\dfrac{\mathrm{d}i_{d}}{\mathrm{d}t}\\\dfrac{\mathrm{d}i_{q}}{\mathrm{d}t}\end{bmatrix}=\begin{bmatrix}-\dfrac{R}{L} & 0\\0 & -\dfrac{R}{L}\end{bmatrix}\begin{bmatrix}i_{d}\\i_{q}\end{bmatrix}+\begin{bmatrix}\dfrac{1}{L} & 0\\0 & \dfrac{1}{L}\end{bmatrix}\left(\begin{bmatrix}u_{sd}\\u_{sq}\end{bmatrix}-\begin{bmatrix}S_{d}\\S_{q}\end{bmatrix}u_{dc}\right)-\begin{bmatrix}0 & -\omega\\\omega & 0\end{bmatrix}\begin{bmatrix}i_{d}\\i_{q}\end{bmatrix}\\C\dfrac{\mathrm{d}u_{dc}}{\mathrm{d}t}=\dfrac{3}{2}\begin{bmatrix}S_{d}\\S_{q}\end{bmatrix}^{T}\begin{bmatrix}i_{d}\\i_{q}\end{bmatrix}-i_{L}=\dfrac{3}{2}(S_{d}i_{d}+S_{q}i_{q})-i_{L}\end{cases}\tag{4-46}$$

将两个方程合并到一个矩阵中，即得到

$$\frac{\mathrm{d}}{\mathrm{d}t}\begin{bmatrix} i_{\mathrm{d}} \\ i_{\mathrm{q}} \\ u_{\mathrm{dc}} \end{bmatrix}=\begin{bmatrix} -\frac{R}{L} & \omega & -\frac{S_{\mathrm{d}}}{L} \\ -\omega & -\frac{R}{L} & -\frac{S_{\mathrm{q}}}{L} \\ \frac{3S_{\mathrm{d}}}{2C} & \frac{3S_{\mathrm{q}}}{2C} & 0 \end{bmatrix}\begin{bmatrix} i_{\mathrm{d}} \\ i_{\mathrm{q}} \\ u_{\mathrm{dc}} \end{bmatrix}+\begin{bmatrix} \frac{1}{L} & 0 & 0 \\ 0 & \frac{1}{L} & 0 \\ 0 & 0 & -\frac{1}{C} \end{bmatrix}\begin{bmatrix} u_{\mathrm{sd}} \\ u_{\mathrm{sq}} \\ i_{\mathrm{L}} \end{bmatrix} \tag{4-47}$$

图 4-27 是 dq 系下的 PWM 整流器模型的结构图。比较静止坐标系和旋转坐标系下的模型可以发现，静止坐标系模型的各相电流相互独立，不存在耦合关系。同步旋转坐标系下，两相电流之间存在耦合关系。这一性质说明，如果在旋转坐标系下设计电流控制器，应当考虑电流之间的这种耦合关系。

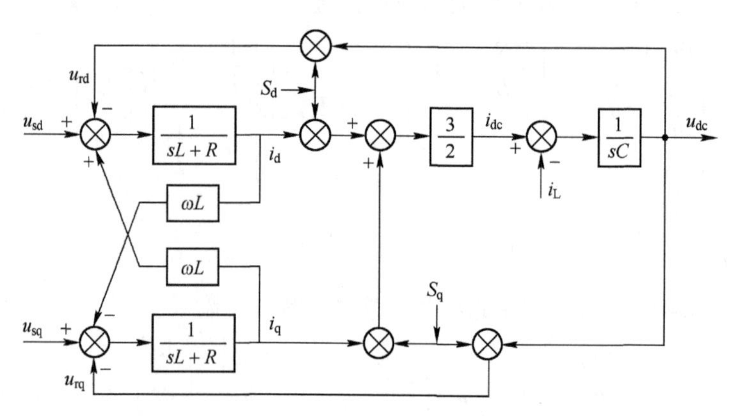

图 4-27　两相同步坐标系下 PWM 整流器模型

4.2.4　数字化实现方案

在两相旋转坐标系模型中，整流器的 d、q 轴电流相互耦合。因此，仅靠电流内环控制效果还不够理想，可以引入电流状态反馈解耦。

整流器模型的输入电流满足：

$$\begin{cases} L\frac{\mathrm{d}i_{\mathrm{d}}}{\mathrm{d}t}=-Ri_{\mathrm{d}}+\omega Li_{\mathrm{q}}+v_{\mathrm{sd}}-v_{\mathrm{rd}} \\ L\frac{\mathrm{d}i_{\mathrm{q}}}{\mathrm{d}t}=-\omega Li_{\mathrm{d}}-Ri_{\mathrm{q}}+v_{\mathrm{sq}}-v_{\mathrm{rq}} \end{cases} \tag{4-48}$$

可以看到，式（4-48）中 d、q 轴电流除受控制量 v_{rd}、v_{rq} 的影响外，还受耦合电压 ωLi_{q}、$-\omega Li_{\mathrm{d}}$ 扰动和电网电压 v_{sd}、v_{sq} 扰动。所以单纯的对 d、q 轴电流作负反馈并没有解除 d、q 轴之间的电流耦合，效果不会很理想。

假设变换器输出的电压矢量中包含 3 个分量：$v_{\mathrm{rd}}=v_{\mathrm{rd1}}+v_{\mathrm{rd2}}+v_{\mathrm{rd3}}$，$v_{\mathrm{rq}}=v_{\mathrm{rq1}}+v_{\mathrm{rq2}}+v_{\mathrm{rq3}}$。令 $v_{\mathrm{rd1}}=v_{\mathrm{sd}}$，$v_{\mathrm{rd2}}=\omega Li_{\mathrm{q}}$，$v_{\mathrm{rq1}}=v_{\mathrm{sq}}$，$v_{\mathrm{rq2}}=-\omega Li_{\mathrm{d}}$，并结合式（4-48）可得

$$
\begin{cases}
L\dfrac{\mathrm{d}i_{\mathrm{d}}}{\mathrm{d}t}+Ri_{\mathrm{d}}=-v_{\mathrm{rd3}} \\
L\dfrac{\mathrm{d}i_{\mathrm{q}}}{\mathrm{d}t}+Ri_{\mathrm{q}}=-v_{\mathrm{rq3}}
\end{cases}
\tag{4-49}
$$

式（4-49）表示的d、q电流子系统中，d、q轴电流是独立控制的，而且控制对象也很简单，相当于对一个一阶对象的控制。引入电网扰动电压（v_{rd1}和v_{rq1}）作前馈，及时补偿电网电压波动的影响，也使系统的动态性能有了进一步提高。

图 4-28 是两相同步坐标系下，带电流状态反馈解耦的双闭环控制结构的整流器原理图。电压控制器和电压反馈构成外环。电压控制器$G_{\mathrm{u}}(s)$的输出作为d轴电流给定，电流控制器和电流反馈构成内环，但电流内环只是整个电流控制的一部分。对电流的控制还包括了电流状态反馈解耦和电网扰动的补偿。将电流调节器$G_{\mathrm{i}}(s)$的输出（$-v_{\mathrm{rd3}}$和$-v_{\mathrm{rq3}}$）分别和d、q电流耦合分量（v_{rd2}和v_{rq2}）及电网电压扰动量（v_{rd1}和v_{rq1}）这两项合成作为整流器的交流侧d、q轴电压输出。图 4-28 中，左边的点画线框表示整流器，右边的点画线框内部分表示由微处理器完成的整流器控制功能。

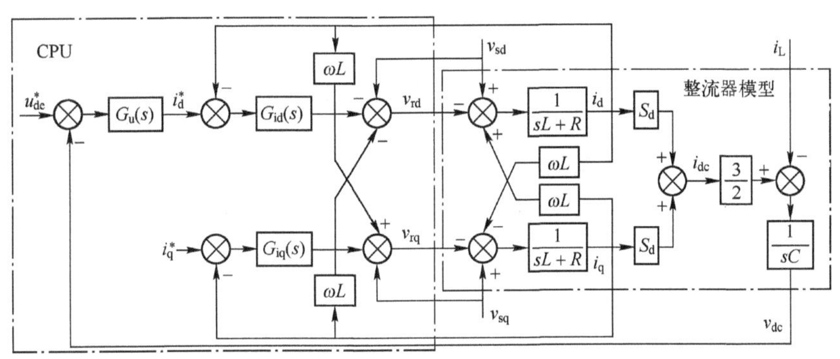

图 4-28　双闭环控制整流器原理框图

从图 4-28 可以看出，经过电流反馈解耦以后，整流系统和直流电动机调速系统很相似。整流器的输入电感与电枢电感类似，其输出电容与电动机的转动惯量类似，有功电流和电动机的转矩电流类似，负载电流与电动机阻转矩类似，而电网电压和电动机的反电势相似。因此可以借用直流电动机调速系统的控制器设计思路，按直流电动机控制器的工程化设计方法设计整流器控制器。

本书给出了三相六管高频整流器带阻性满载的闭环控制仿真模型【4-4】，读者请扫描二维码下载。

模型【4-4】

4.3　二极管钳位三电平整流器设计

4.3.1　三电平 VSR 主电路拓扑结构及数学模型

三相三电平 VSR 主电路拓扑结构如图 4-29 所示，交流侧为三相交流电源，直流侧由两个电压相等的电容器 C_1 和 C_2 构成。每相桥臂有4个开关管和2个二极管构成。当系统稳定运行时，a相桥臂的4个开关管有3种开关状态，选取 C_1 和 C_2 的连接点n作为参考点，从而可以得到 U_{an} 的3种状态：当 VT_{a1}、VT_{a2} 导通，则 $V_{an}=V_{dc1}$；当 VT_{a2}、VT_{a3} 导通，则 $V_{an}=0$；当 VT_{a3}、VT_{a4} 导通，则 $V_{an}=-V_{dc2}$。

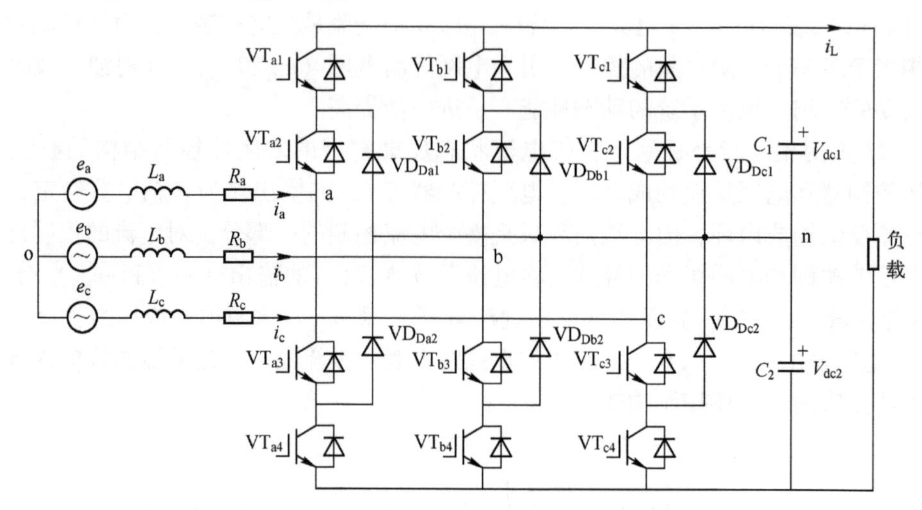

图4-29　三相三电平VSR主电路拓扑结构

由图4-29可得如下的电压关系：

$$\begin{cases} L\dfrac{\mathrm{d}i_a}{\mathrm{d}t}+Ri_a=e_a-(v_{an}+v_{no}) \\ L\dfrac{\mathrm{d}i_b}{\mathrm{d}t}+Ri_b=e_b-(v_{bn}+v_{no}) \\ L\dfrac{\mathrm{d}i_c}{\mathrm{d}t}+Ri_c=e_c-(v_{cn}+v_{no}) \end{cases} \tag{4-50}$$

定义开关函数：当 $S_a=1$ 表示 VT_{a1}、VT_{a2} 导通，VT_{a3}、VT_{a4} 关断；$S_a=0$ 表示 VT_{a2}、VT_{a3} 导通，VT_{a1}、VT_{a4} 关断；$S_a=-1$ 表示 VT_{a1}、VT_{a2} 关断，VT_{a3}、VT_{a4} 导通。

可将 S_a 进一步分解为

$$\begin{cases} S_a=1:\mathrm{S}_{a1}=1,S_{a2}=0,S_{a3}=0 \\ S_a=0:\mathrm{S}_{a1}=0,S_{a2}=1,S_{a3}=0 \\ S_a=-1:\mathrm{S}_{a1}=0,S_{a2}=0,S_{a3}=1 \end{cases} \tag{4-51}$$

同理，S_b、S_c 也做如上分解。因此，图4-29可以简化为图4-30。

$$\begin{cases} L\dfrac{\mathrm{d}i_a}{\mathrm{d}t}+Ri_a=e_a-(S_{a1}V_{dc1}-S_{a3}V_{dc2}+v_{no}) \\ L\dfrac{\mathrm{d}i_b}{\mathrm{d}t}+Ri_b=e_b-(S_{b1}V_{dc1}-S_{b3}V_{dc2}+v_{no}) \\ L\dfrac{\mathrm{d}i_c}{\mathrm{d}t}+Ri_c=e_c-(S_{c1}V_{dc1}-S_{c3}V_{dc2}+v_{no}) \end{cases} \tag{4-52}$$

考虑三相系统平衡：

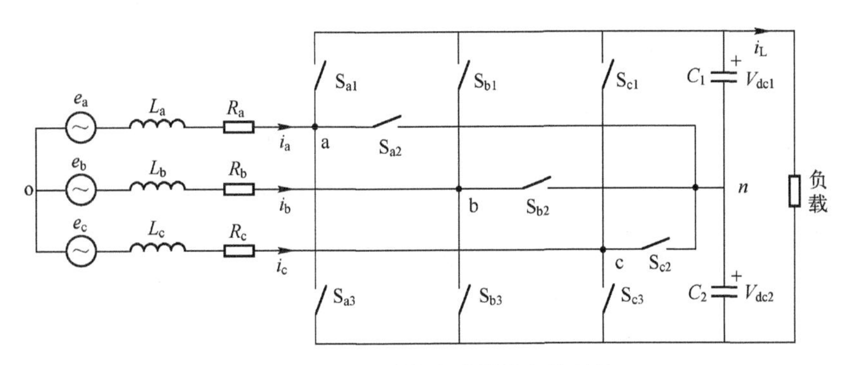

图 4-30　三电平主电路简化拓扑结构

$$\begin{cases}L_a=L_b=L_c=L\\ R_a=R_b=R_c-R\\ c_1=c_2=c\end{cases} \tag{4-53}$$

$$\begin{cases}i_a+i_b+i_c=0\\ e_a+e_b+e_c=0\end{cases} \tag{4-54}$$

则有

$$v_{no}=\frac{1}{3}(e_a+e_b+e_c)-\frac{1}{3}(S_{a1}+S_{b1}+S_{c1})V_{dc1}+\frac{1}{3}(S_{a3}+S_{b3}+S_{c3})V_{dc2} \tag{4-55}$$

将式（4-55）代入式（4-52）可得

$$\begin{cases}L\dfrac{di_a}{dt}+Ri_a=\left(\dfrac{2}{3}e_a-\dfrac{1}{3}e_b-\dfrac{1}{3}e_c\right)+\left(-\dfrac{2}{3}S_{a1}+\dfrac{1}{3}S_{b1}+\dfrac{1}{3}S_{c1}\right)V_{dc1}+\left(\dfrac{2}{3}S_{a3}-\dfrac{1}{3}S_{b3}-\dfrac{1}{3}S_{c3}\right)V_{dc2}\\ L\dfrac{di_b}{dt}+Ri_b=\left(-\dfrac{1}{3}e_a+\dfrac{2}{3}e_b-\dfrac{1}{3}e_c\right)+\left(\dfrac{1}{3}S_{a1}-\dfrac{2}{3}S_{b1}+\dfrac{1}{3}S_{c1}\right)V_{dc1}+\left(-\dfrac{1}{3}S_{a3}+\dfrac{2}{3}S_{b3}-\dfrac{1}{3}S_{c3}\right)V_{dc2}\\ L\dfrac{di_c}{dt}+Ri_c=\left(-\dfrac{1}{3}e_a-\dfrac{1}{3}e_b+\dfrac{2}{3}e_c\right)+\left(\dfrac{1}{3}S_{a1}+\dfrac{1}{3}S_{b1}-\dfrac{2}{3}S_{c1}\right)V_{dc1}+\left(-\dfrac{1}{3}S_{a3}-\dfrac{1}{3}S_{b3}+\dfrac{2}{3}S_{c3}\right)V_{dc2}\\ C_1\dfrac{dv_{dc1}}{dt}=S_{a1}i_a+S_{b1}i_b+S_{c1}i_c-i_L\\ C_2\dfrac{dv_{dc2}}{dt}=-S_{a3}i_a-S_{b3}i_b-S_{c3}i_c-i_L\end{cases} \tag{4-56}$$

由式（4-56）得到三电平整流器在 abc 坐标下的数学模型：

$$\begin{cases}\begin{bmatrix}\dfrac{di_a}{dt}\\ \dfrac{di_b}{dt}\\ \dfrac{di_c}{dt}\end{bmatrix}=\begin{bmatrix}-\dfrac{R}{L} & 0 & 0\\ 0 & -\dfrac{R}{L} & 0\\ 0 & 0 & -\dfrac{R}{L}\end{bmatrix}\begin{bmatrix}i_a\\ i_b\\ i_c\end{bmatrix}+\begin{bmatrix}\dfrac{2}{3L} & -\dfrac{1}{3L} & -\dfrac{1}{3L}\\ -\dfrac{1}{3L} & \dfrac{2}{3L} & -\dfrac{1}{3L}\\ -\dfrac{1}{3L} & -\dfrac{1}{3L} & \dfrac{2}{3L}\end{bmatrix}\left(\begin{bmatrix}e_a\\ e_b\\ e_c\end{bmatrix}-\begin{bmatrix}S_{a1}\\ S_{b1}\\ S_{c1}\end{bmatrix}V_{dc1}+\begin{bmatrix}S_{a3}\\ S_{b3}\\ S_{c3}\end{bmatrix}V_{dc2}\right)\\ \begin{bmatrix}C_1\dfrac{dV_{dc1}}{dt}\\ C_2\dfrac{dV_{dc2}}{dt}\end{bmatrix}=\begin{bmatrix}S_{a1} & S_{b1} & S_{c1}\\ -S_{a1} & -S_{b1} & -S_{c1}\end{bmatrix}\begin{bmatrix}i_a\\ i_b\\ i_c\end{bmatrix}-i_L\end{cases} \tag{4-57}$$

将 abc 下的数学模型进行 $\boldsymbol{T}_{abc\to\alpha\beta}$ 变换，得到 $\alpha\beta$ 下的数学模型：

$$\begin{cases}\dfrac{\mathrm{d}}{\mathrm{d}t}\begin{bmatrix}i_\alpha\\ i_\beta\\ i_\gamma\end{bmatrix}=\begin{bmatrix}-\dfrac{R}{L}&0&0\\0&-\dfrac{R}{L}&0\\0&0&-\dfrac{R}{L}\end{bmatrix}\begin{bmatrix}i_\alpha\\ i_\beta\\ i_\gamma\end{bmatrix}+\begin{bmatrix}\dfrac{1}{L}&0&0\\0&\dfrac{1}{L}&0\\0&0&\dfrac{1}{L}\end{bmatrix}\left(\begin{bmatrix}e_\alpha\\ e_\beta\\ e_\gamma\end{bmatrix}-\begin{bmatrix}S_{\alpha1}\\ S_{\beta1}\\ S_{\gamma1}\end{bmatrix}V_{dc1}+\begin{bmatrix}S_{\alpha3}\\ S_{\beta3}\\ S_{\gamma3}\end{bmatrix}V_{dc2}\right)\\ \begin{bmatrix}C_1\dfrac{\mathrm{d}V_{dc1}}{\mathrm{d}t}\\ C_2\dfrac{\mathrm{d}V_{dc2}}{\mathrm{d}t}\end{bmatrix}=\begin{bmatrix}S_{\alpha1}&S_{\beta1}&S_{\gamma1}\\-S_{\alpha1}&-S_{\beta1}&-S_{\gamma1}\end{bmatrix}\begin{bmatrix}i_\alpha\\ i_\beta\\ i_\gamma\end{bmatrix}-i_L\end{cases}\tag{4-58}$$

去掉零轴分量，再经过 $\boldsymbol{T}_{\alpha\beta\to dq}$ 变换，得到 dq 下的数学模型：

$$\frac{\mathrm{d}}{\mathrm{d}t}\begin{bmatrix}i_d\\ i_q\\ V_{dc1}\\ V_{dc2}\end{bmatrix}=\begin{bmatrix}-\dfrac{R}{L}&\omega&-\dfrac{S_{d1}}{L}&\dfrac{S_{d3}}{L}\\-\omega&-\dfrac{R}{L}&-\dfrac{S_{q1}}{L}&\dfrac{S_{q3}}{L}\\\dfrac{S_{d1}}{C_1}&\dfrac{S_{q1}}{C_1}&0&0\\-\dfrac{S_{d3}}{C_2}&-\dfrac{S_{q3}}{C_2}&0&0\end{bmatrix}\begin{bmatrix}i_d\\ i_q\\ V_{dc1}\\ V_{dc2}\end{bmatrix}+\begin{bmatrix}\dfrac{1}{L}&0&0\\0&\dfrac{1}{L}&0\\0&0&-\dfrac{1}{C_1}\\0&0&-\dfrac{1}{C_2}\end{bmatrix}\begin{bmatrix}e_d\\ e_q\\ i_L\end{bmatrix}\tag{4-59}$$

由式（4-59）可得到如图 4-31 所示的 dq 坐标系下三电平数学模型。

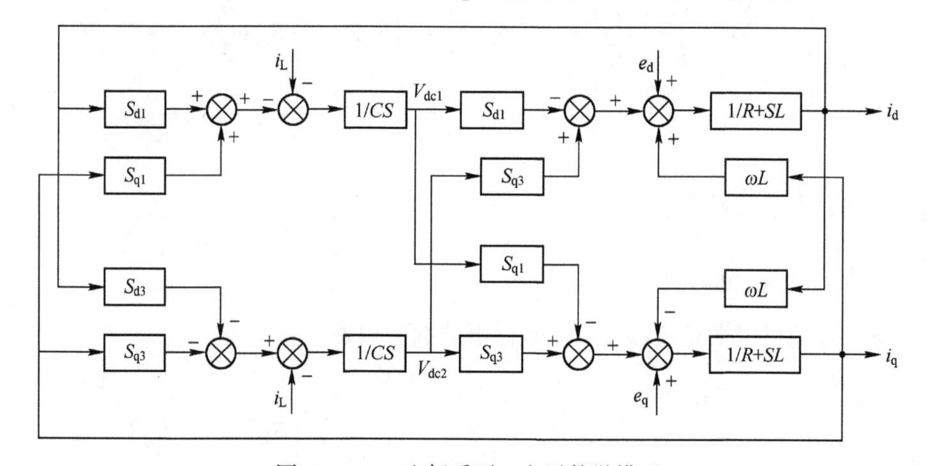

图 4-31　dq 坐标系下三电平数学模型

4.3.2　三电平系统的状态解耦

由于电容两端的电压 V_{dc1} 和 V_{dc2} 几乎相等，可近似等效 $V_{dc1}=V_{dc2}$，根据式（4-59）可推得

$$\begin{cases} L\dfrac{\mathrm{d}i_{\mathrm{d}}}{\mathrm{d}t}=-Ri_{\mathrm{d}}+\omega Li_{\mathrm{q}}+e_{\mathrm{d}}-v_{\mathrm{rd}} \\ L\dfrac{\mathrm{d}i_{\mathrm{q}}}{\mathrm{d}t}=-\omega Li_{\mathrm{d}}-Ri_{\mathrm{q}}+e_{\mathrm{q}}-v_{\mathrm{rq}} \end{cases} \tag{4-60}$$

其中

$$\begin{cases} v_{\mathrm{rd}}=(S_{\mathrm{d1}}-S_{\mathrm{d3}})V_{\mathrm{dc1}} \\ v_{\mathrm{rq}}=(S_{\mathrm{q1}}-S_{\mathrm{q3}})V_{\mathrm{dc2}} \end{cases} \tag{4-61}$$

令：

$$\begin{bmatrix} v_{\mathrm{rd}} \\ v_{\mathrm{rq}} \end{bmatrix}=\begin{bmatrix} e_{\mathrm{d}} \\ e_{\mathrm{q}} \end{bmatrix}+\begin{bmatrix} k_{11} & k_{12} \\ k_{21} & k_{22} \end{bmatrix}\begin{bmatrix} i_{\mathrm{d}} \\ i_{\mathrm{q}} \end{bmatrix}+\begin{bmatrix} v_{\mathrm{rd1}} \\ v_{\mathrm{rq1}} \end{bmatrix} \tag{4-62}$$

将式（4-62）代入式（4-60），并经过拉氏变化后可得

$$\begin{cases} LSi_{\mathrm{d}}=(-R-k_{11})i_{\mathrm{d}}+(\omega L-k_{12})i_{\mathrm{q}}-v_{\mathrm{rd1}} \\ LSi_{\mathrm{q}}=(-\omega L-k_{21})i_{\mathrm{d}}+(-R-k_{22})i_{\mathrm{q}}-v_{\mathrm{rq1}} \end{cases} \tag{4-63}$$

则根据式（4-60）~式（4-62），可得到图 4-32 所示的等效系统框图。

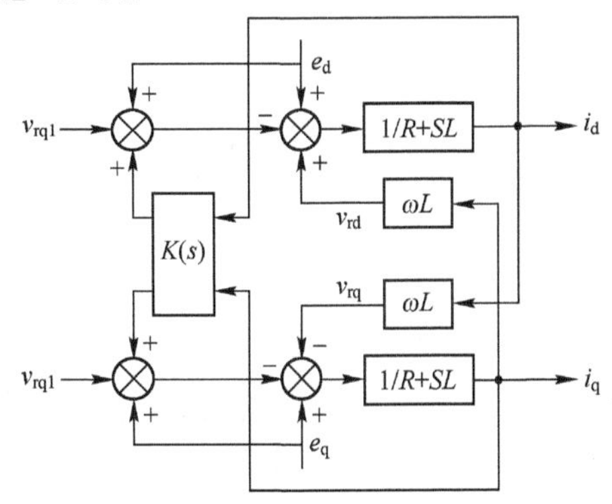

图 4-32　状态反馈解耦控制电流环控制系统框图

由式（4-63）可得

$$\begin{bmatrix} i_{\mathrm{d}} \\ i_{\mathrm{q}} \end{bmatrix}=-\begin{bmatrix} LS+R+k_{11} & k_{12}-\omega L \\ k_{21}+\omega L & LS+R+k_{22} \end{bmatrix}^{-1}\begin{bmatrix} v_{\mathrm{rd1}} \\ v_{\mathrm{rq1}} \end{bmatrix} \tag{4-64}$$

对式（4-64）进一步化简，可得

$$\begin{bmatrix} i_{\mathrm{d}} \\ i_{\mathrm{q}} \end{bmatrix}=-\frac{\begin{bmatrix} LS+R+k_{22} & -(k_{12}-\omega L) \\ -(k_{21}+\omega L) & LS+R+k_{11} \end{bmatrix}\begin{bmatrix} v_{\mathrm{rd1}} \\ v_{\mathrm{rq1}} \end{bmatrix}}{(LS+R+k_{22})(LS+R+k_{11})-(k_{21}+\omega L)(k_{12}-\omega L)} \tag{4-65}$$

令：

$$\Delta=(LS+R+k_{22})(LS+R+k_{11})-(k_{21}+\omega L)(k_{12}-\omega L) \tag{4-66}$$

则根据式（4-65）、式（4-66）可以计算相对增益：

$$\lambda_{11}=\lambda_{22}=\frac{(LS+R+k_{22})(LS+R+k_{11})}{(LS+R+k_{22})(LS+R+k_{11})-(k_{21}+\omega L)(k_{12}-\omega L)} \tag{4-67}$$

当$(k_{21}+\omega L)(k_{12}-\omega L)=0$时，系统完全解耦。所以只要满足以下条件之一即可以达到解耦的目的：$(k_{21}+\omega L)=0$或$(k_{12}-\omega L)=0$。当条件都满足时系统传递函数是对角矩阵，当只满足一个条件时是上三角矩阵或者下三角矩阵。

以满足$(k_{21}+\omega L)=0$为例，假设$k_{11}=0$、$k_{12}=0$、$k_{21}=-\omega L$、$k_{22}=0$，系统传递函数为

$$\begin{bmatrix} i_{\mathrm{d}} \\ i_{\mathrm{q}} \end{bmatrix}=\frac{-1}{\Delta}\begin{bmatrix} LS+R & \omega L \\ 0 & LS+R \end{bmatrix}\begin{bmatrix} v_{\mathrm{rd1}} \\ v_{\mathrm{rq1}} \end{bmatrix} \tag{4-68}$$

d 轴变量对 q 轴没有影响，而 q 轴变量对 d 轴的影响可以看成是外来的扰动。系统还是解耦的。一般情况下，令 $k_{11}=k_{12}=0$、$k_{12}=\omega L$、$k_{21}=-\omega L$，系统方程为

$$\begin{bmatrix} i_d \\ i_q \end{bmatrix} = \frac{-1}{\Delta}\begin{bmatrix} LS+R & 0 \\ 0 & LS+R \end{bmatrix}\begin{bmatrix} v_{rd1} \\ v_{rq1} \end{bmatrix} \tag{4-69}$$

则三电平整流器控制系统结构图如图 4-33 所示。本书给出了 3 套基于 SVPWM 发波的中点钳位三电平整流器仿真模型，分别如模型【4-5】、模型【4-6】、模型【4-7】所示。请读者扫描二维码下载。

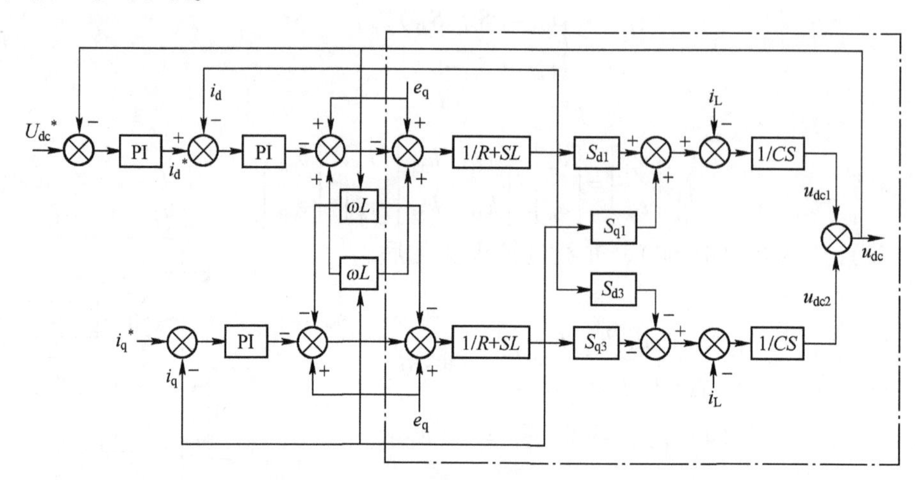

图 4-33　三电平整流器控制系统结构图

模型【4-5】　　模型【4-6】　　模型【4-7】

4.4　Vienna 整流器设计

4.4.1　Vienna 整流器的拓扑结构及工作原理

1. Vienna 整流器拓扑结构分析

三相 Vienna 整流器拓扑结构如图 4-34 所示。在三线制的结构基础上，连接电容中点 M 和中性点 N 就构成了三相四线制结构。V_a、V_b、V_c 是交流侧三个对称的电源，L_a、L_b、L_c 是连接电网电压和整流桥的 3 个参数值完全相等的电感。VD1+、VD1-、VD2+、VD2-、VD3+、VD3-为快恢复二极管，3 个桥臂上分别包含一个等效为双向开关的功率器件 $VF_{a'}$、$VF_{b'}$、$VF_{c'}$，连接于整流器输入端和直流母线电容中端，每个双向开关管工作于开通和关断两种状态。

为了便于后面对整流器原理的分析，现将每一个桥臂做等效简化，如图 4-35a 所示，每个桥臂由 1 个功率器件 VF 和 4 个二极管 VD1、VD2、VD3、VD4 构成的整流桥组成，由于二极管的单相导通性质，图 4-35a 可等效为图 4-35b 所示的一个双向开关 VF_a。

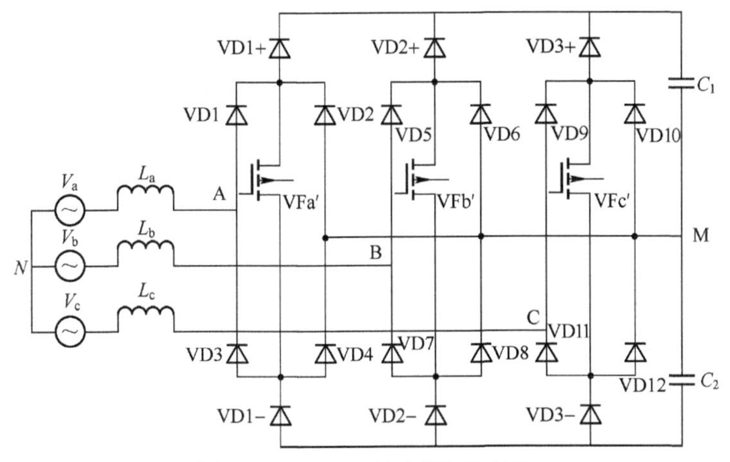

图 4-34　Vienna 整流器拓扑结构

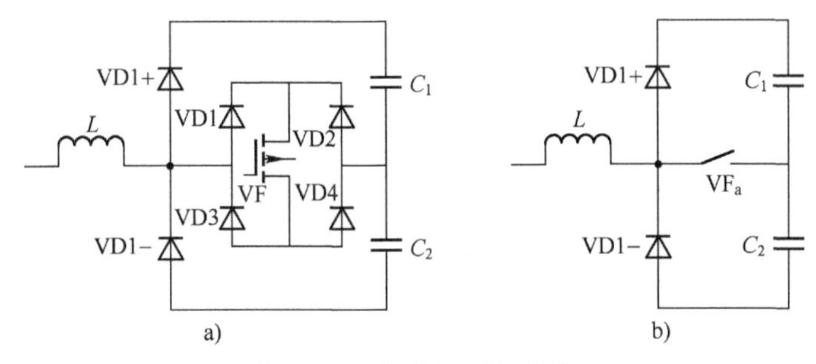

图 4-35　简化的双向开关

通过对每一相桥臂的简化，则可以得到三相三电平 Vienna 整流器的等效简图，如图 4-36 所示。

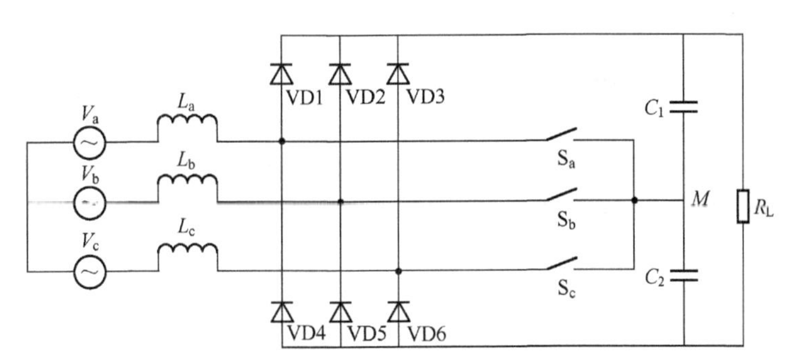

图 4-36　Vienna 整流器简化电路图

简化后的整流电路与简化之前的工作原理完全相同，唯一的差别在于简化后的开关管承受的最大反向电压为直流输出全压，而简化之前所有的二极管以及功率管承受的最大反相电压为输出全压的 1/2。

2. 工作原理及开关状态分析

Vienna 整流电路的工作原理与开关管的状态及电源侧电流方向有关，每一相桥臂都可以等效为一个正反 Boost 电路。三相三线制结构流入 M 点的一相电流通过另外两相构成回路。现以一相电流流通路径为例，另两相与之相同。在电网电压为正半周，开关导通和关断的时候，每一个桥臂上电流的流通路径分别如图 4-37 中箭头所示。

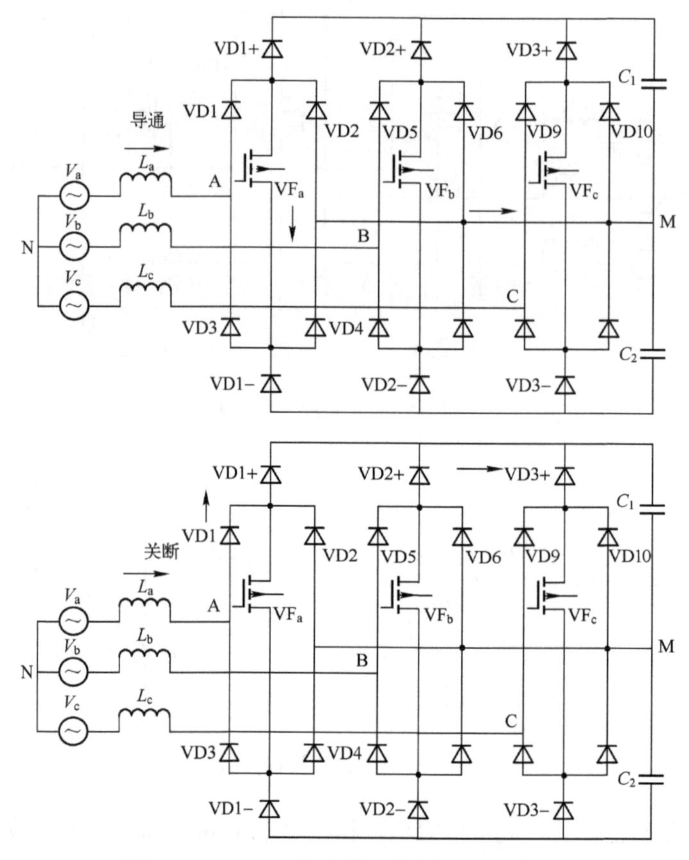

图 4-37　Vienna 整流器工作原理（正半周）

（1）I_a 为正时的工作状态（$V_a>0$）

当开关管 VF_a 导通时，电流通过 VF_a 流至 M 点，电流的流通路径为 N—L_a—VD1—VF_a—VD4—M，该过程中电压 $V_a>0$，电流不断地增大对电感 L_a 进行储能。A 点相对于 M 点电位为 0。在开关 VF_a 关断后，电流通过续流二极管 VD1+续流，流通路径为 N—L_a—VD1—VD1+—$C1$—M。电感释放能量，对电容 $C1$ 充电，A 点相对电容中点电位为 $1/2V_{dc}$。这一过程相当于一个 Boost 电路的充放电过程。

在电网电压为负半周，开关导通和关断的时候，每一个桥臂上电流的流通路径如图 4-38 中箭头所示。

（2）I_a 为负时的工作状态（$V_a<0$）

当开关管 VF_a 导通时，A 点电位被钳位至电容中点 M，A 点对中点电位为 0。电流流通路径为 M—VD2—VF_a—VD3—L_a—N。在开关 VF_a 关断后，电流通过续流二极管 VD1-续流，流通路径为 M—$C2$—VD1—VD3—L_a—N。A 点对中点电位为 $-1/2V_{dc}$。这一过程相当于一个反向 Boost 电路。

以上为一相桥臂工作原理，由于三相之间存在耦合。为了分析电路在三相电路之间的流通状态，特将 1 个电压周期分成 6 等分，每个部分为 60°区间。划分原则为：在每个区间内电压极性保持一致，两相电压符号相同。划分方法如图 4-39 所示。

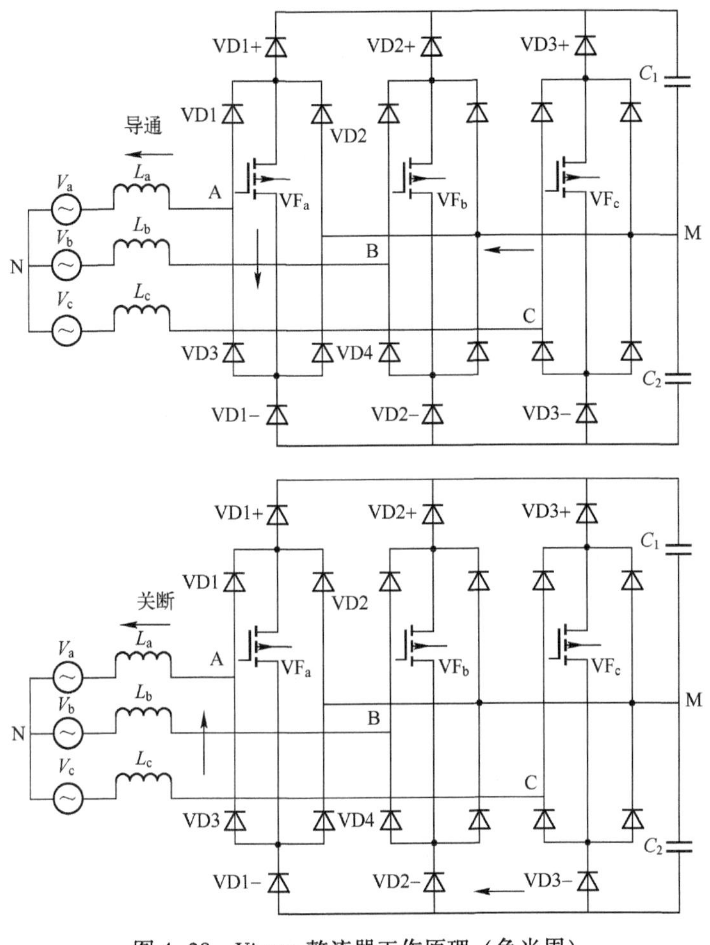

图 4-38　Vienna 整流器工作原理（负半周）

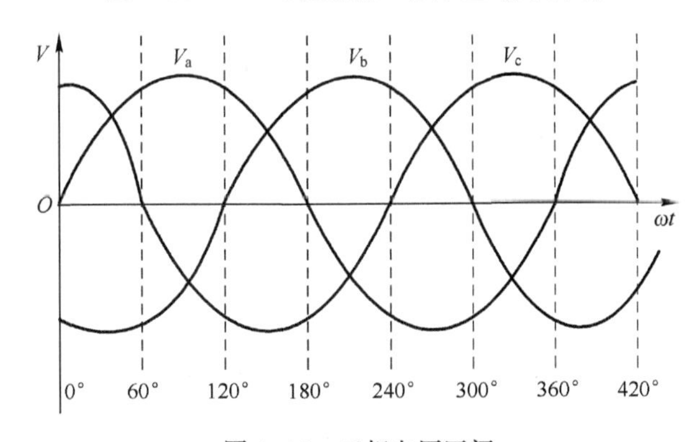

图 4-39　三相电压区间

规定 0°～60°区间为扇区一（$V_a>0$、$V_b<0$、$V_c>0$），60°～120°为扇区二（$V_a>0$、$V_b<0$、$V_c<0$），120°～180°为扇区三（$V_a>0$、$V_b>0$、$V_c<0$），以此类推。由于每相桥臂有导通和关断两种状态，设开关 S_i（$i=a$、b、c）以 1 表示导通，0 表示关断。在扇区一工作状态（$V_a>0$，$V_b<0$，$V_c>0$）下三相 Vienna 整流器共有 8 种工作模式，见表 4-4。

表 4-4　区间 0°~60°内的开关模态

开　关	状　态							
S_a	0	0	0	1	1	1	0	1
S_b	0	0	1	0	0	1	1	1
S_c	0	1	0	0	1	0	1	1

三相 Vienna 电路在扇区一内不同开关模态下的工作情况如图 4-40 所示。

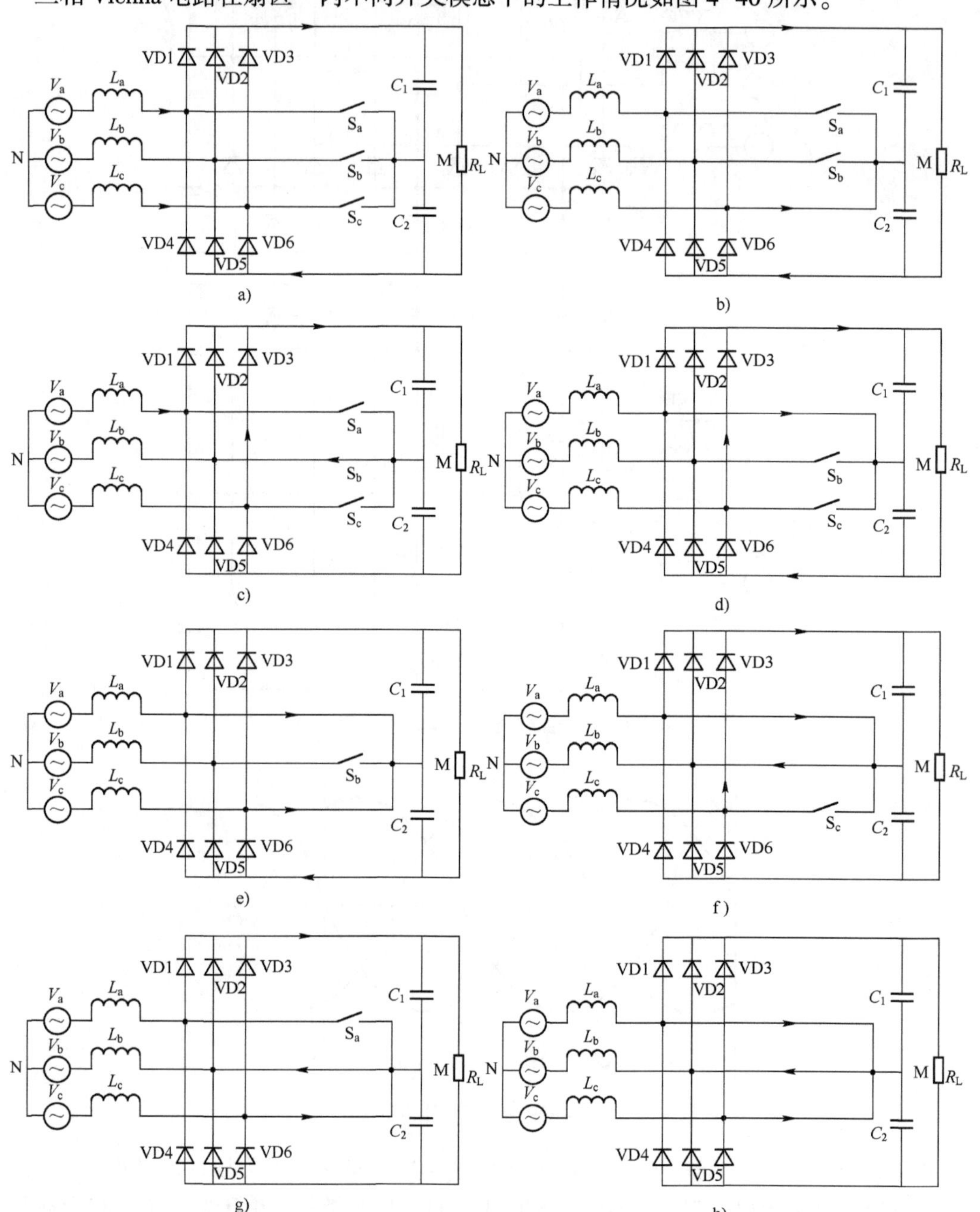

图 4-40　在 0°~60°电压区间内不同开关模态下的工作原理

a）000 状态　b）001 状态　c）010 状态　d）100 状态　e）101 状态

f）110 状态　g）011 状态　h）111 状态

其他区域的工作情况与扇区一类似，通过对开关管的开通与关断的控制从而对电感电流进行控制，使其工作在单位功率因数状态，又可以达到控制输出电压的目的。

4.4.2 Vienna 整流器的数学模型

1. 三相静止坐标下的数学模型

在三相三电平电路中，通过控制每个桥臂双向开关的通断结合电流流向，每相交流侧都有 $1/2V_{dc}$、$-1/2V_{dc}$、0 三种电平状态。重新定义一个开关函数，设 S_i（$i=a,b,c$）为第 i 相的开关函数，则可以将 S_i 表示为

$$S_i=\begin{cases}0, & S_i\ \text{导通}\\ 1, & S_i\ \text{关断,且}\ i_i>0\\ -1, & S_i\ \text{关断,且}\ i_i<0\end{cases} \tag{4-70}$$

简化之后 Vienna 整流器的等效电路如图 4-41 所示。

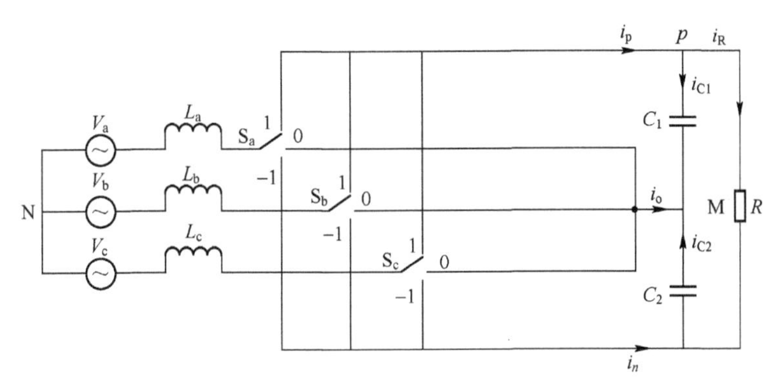

图 4-41 Vienna 整流器等效简化电路图

将开关函数 S_i 分解为 S_{ip}、S_{io}、S_{in} 三个单刀开关。根据开关管的导通情况和电流的流向有以下关系式成立：若 $S_i=1$，则 $S_{ip}=1$、$S_{io}=0$、$S_{in}=0$；若 $S_i=0$，则 $S_{ip}=0$、$S_{io}=1$、$S_{in}=0$；若 $S_i=-1$，则 $S_{ip}=0$、$S_{io}=0$、$S_{in}=1$。显而易见开关满足如下约束关系：

$$\begin{cases}S_{ip}+S_{io}+S_{in}=1\\ S_{ij}=0\ \text{或}\ 1\end{cases} \tag{4-71}$$

式中，$i=a$、b、c；$j=p$、n、o。

根据三相 Vienna 整流器的等效简图，由 KVL，列出电路方程可以得到下面的等式：

$$\begin{cases}L_a\dfrac{di_a}{dt}=V_a-Ri_a-v_{aN}\\ L_b\dfrac{di_b}{dt}=V_b-Ri_b-v_{bN}\\ L_c\dfrac{di_c}{dt}=V_c-Ri_c-v_{cN}\end{cases} \tag{4-72}$$

式中，L_a、L_b、L_c 为交流侧电感；R 为交流侧等效电阻；i_a、i_b、i_c 为三桥臂的交流电流。

v_{aN}、v_{bN}、v_{cN} 分别为每相桥臂交流输入端对交流电源中性点 N 的电压，可以表示为

$$\begin{cases} v_{aN}=v_{aM}+v_{MN} \\ v_{bN}=v_{bM}+v_{MN} \\ v_{cN}=v_{cM}+v_{MN} \end{cases} \tag{4-73}$$

式中，v_{aM}、v_{bM}、v_{cM}分别为整流桥三相桥臂交流输入端对输出中点 M 的电压；v_{MN}为输出中点 M 对中性点 N 的电压。

由开关函数的定义和电路图可得交流侧电压：

$$\begin{cases} v_{aM}=S_{ap}V_{C1}-S_{an}V_{C2} \\ v_{bM}=S_{bp}V_{C1}-S_{bn}V_{C2} \\ v_{cM}=S_{cp}V_{C1}-S_{cn}V_{C2} \end{cases} \tag{4-74}$$

三相对称时有下列恒等式：

$$\begin{cases} v_a+v_b+v_c=0 \\ i_a+i_b+i_c=0 \end{cases} \tag{4-75}$$

由式（4-72）~式（4-75）可得

$$v_{MN}=-\frac{(v_{aM}+v_{bM}+v_{cM})}{3}=-\frac{[(S_{ap}+S_{bp}+S_{cp})V_{C1}-(S_{an}+S_{bn}+S_{cn})V_{C2}]}{3} \tag{4-76}$$

$$\begin{cases} v_{aN}=\left(S_{ap}-\dfrac{S_{ap}+S_{bp}+S_{cp}}{3}\right)V_{C1}+\left(-S_{an}+\dfrac{S_{an}+S_{bn}+S_{cn}}{3}\right)V_{C2} \\ v_{bN}=\left(S_{bp}-\dfrac{S_{ap}+S_{bp}+S_{cp}}{3}\right)V_{C1}+\left(-S_{bn}+\dfrac{S_{an}+S_{bn}+S_{cn}}{3}\right)V_{C2} \\ v_{cN}=\left(S_{cp}-\dfrac{S_{ap}+S_{bp}+S_{cp}}{3}\right)V_{C1}+\left(-S_{cn}+\dfrac{S_{an}+S_{bn}+S_{cn}}{3}\right)V_{C2} \end{cases} \tag{4-77}$$

根据电压上侧 p 点，可列出下关系：

$$\begin{cases} i_p=i_{C1}+i_R \\ i_{C1}=C_1\dfrac{dV_{C1}}{dt} \\ i_p=S_{ap}i_a+S_{bp}i_b+S_{cp}i_c \end{cases} \tag{4-78}$$

根据电压下侧 n 点，可列出如下关系：

$$\begin{cases} i_n=i_{C2}-i_R \\ i_{C2}=-C_2\dfrac{dV_{C2}}{dt} \\ i_n=S_{an}i_a+S_{bn}i_b+S_{cn}i_c \end{cases} \tag{4-79}$$

对直流侧中点 M 有如下关系式：

$$\begin{cases} i_o=-i_{C2}-i_{C1} \\ i_o=S_{ao}i_a+S_{bo}i_b+S_{co}i_c \end{cases} \tag{4-80}$$

式中，C_1、C_2为直流电容的值；R 为直流侧负载电阻；V_{C1}、V_{C2}分别为直流侧两电容电压；i_R 为直流侧负载电流；i_{C1}和 i_{C2}分别为两个直流电容的电流。

在满足三相电网电压对称的时候，得到在 *abc* 坐标系下 Vienna 整流器的数学模型表达式，易知 Vienna 整流器是一个多变量、强耦合、高阶次非线性系统。

$$\boldsymbol{Z}\frac{\mathrm{d}\boldsymbol{X}}{\mathrm{d}t}=\boldsymbol{AX}+\boldsymbol{Bu} \tag{4-81}$$

式中，$\boldsymbol{Z}=\mathrm{diag}[L_1\quad L_2\quad L_3\quad C_1\quad C_2]$；$\boldsymbol{X}=[i_a\quad i_b\quad i_c\quad V_{C1}\quad V_{C2}]^{\mathrm{T}}$；

$\boldsymbol{B}=\mathrm{diag}[1\quad 1\quad 1\quad 0\quad 0]$；$u=[v_a\quad v_b\quad v_c\quad 0\quad 0]^{\mathrm{T}}$。

假设三相电网电压对称为

$$\begin{bmatrix}V_a\\V_b\\V_c\end{bmatrix}=V_p\begin{bmatrix}\cos(\omega t+\varphi)\\ \cos\left(\omega t+\varphi-\dfrac{2\pi}{3}\right)\\ \cos\left(\omega t+\varphi-\dfrac{4\pi}{3}\right)\end{bmatrix} \tag{4-82}$$

$$\boldsymbol{A}=\begin{bmatrix}-R & 0 & 0 & -\left(S_{ap}-\dfrac{S_{ap}+S_{bp}+S_{cp}}{3}\right) & \left(S_{an}-\dfrac{S_{an}+S_{bn}+S_{cn}}{3}\right)\\ 0 & -R & 0 & -\left(S_{bp}-\dfrac{S_{ap}+S_{bp}+S_{cp}}{3}\right) & \left(S_{bn}-\dfrac{S_{an}+S_{bn}+S_{cn}}{3}\right)\\ 0 & 0 & -R & -\left(S_{cp}-\dfrac{S_{ap}+S_{bp}+S_{cp}}{3}\right) & \left(S_{cn}-\dfrac{S_{an}+S_{bn}+S_{cn}}{3}\right)\\ S_{ap} & S_{bp} & S_{cp} & -\dfrac{1}{R_0} & \dfrac{1}{R_0}\\ -S_{an}-S_{bn}-S_{cn} & -\dfrac{1}{R_0} & -\dfrac{1}{R_0} & & \end{bmatrix} \tag{4-83}$$

进而得到 Vienna 整流电路三相静止坐标系下的等效电路模型，如图 4-42 所示。

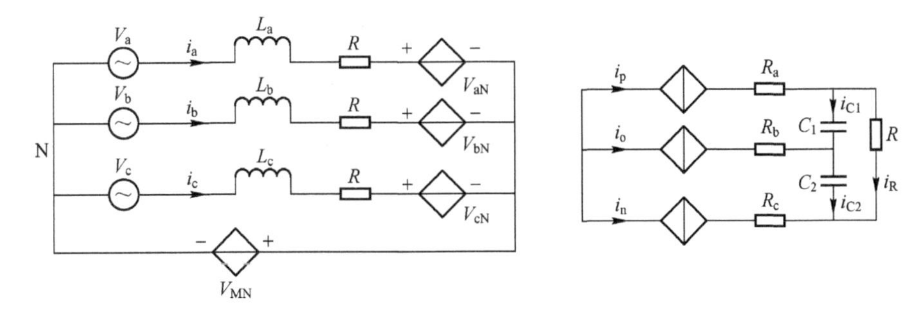

图 4-42　*abc* 静止坐标系下的等效电路模型

2. 同步旋转坐标下的数学模型

在 *abc* 坐标系下的 Vienna 整流电路的三相变量互相耦合，为简化系统设计，在同步旋转坐标系下，三相交流量电压电流将成为直流量。设 *dq* 坐标系中 *d* 轴相对于 *a* 轴的初始角度为 0，则 *abc* 到 *dq* 的变换矩阵为

$$\boldsymbol{K}=\sqrt{\frac{2}{3}}\begin{bmatrix}\cos\omega t & \cos(\omega t-2\pi/3) & \cos(\omega t+2\pi/3)\\ -\sin\omega t & -\sin(\omega t-2\pi/3) & -\sin(\omega t+2\pi/3)\end{bmatrix} \tag{4-84}$$

所有在 *abc* 坐标系下的三相变量通过式（4-84）转换为 *dq* 坐标系下的旋转直流量：

$$\begin{bmatrix} \boldsymbol{X}_{\mathrm{d}} \\ \boldsymbol{X}_{\mathrm{q}} \end{bmatrix} = \boldsymbol{K}[\boldsymbol{X}_{\mathrm{a}} \quad \boldsymbol{X}_{\mathrm{b}} \quad \boldsymbol{X}_{\mathrm{c}}]^{\mathrm{T}} \tag{4-85}$$

对于开关函数相应的坐标变换为

$$\begin{cases} \begin{bmatrix} S_{\mathrm{dp}} \\ S_{\mathrm{qp}} \end{bmatrix} = \boldsymbol{K}[S_{\mathrm{ap}} \quad S_{\mathrm{bp}} \quad S_{\mathrm{cp}}]^{\mathrm{T}} \\ \begin{bmatrix} S_{\mathrm{dn}} \\ S_{\mathrm{qn}} \end{bmatrix} = \boldsymbol{K}[S_{\mathrm{an}} \quad S_{\mathrm{bn}} \quad S_{\mathrm{cn}}]^{\mathrm{T}} \\ \begin{bmatrix} S_{\mathrm{do}} \\ S_{\mathrm{qo}} \end{bmatrix} = \boldsymbol{K}[S_{\mathrm{ao}} \quad S_{\mathrm{bo}} \quad S_{\mathrm{co}}]^{\mathrm{T}} \end{cases} \tag{4-86}$$

可以得到 dq 坐标系下 Vienna 等效电路，见式（4-87）和式（4-88）。Vienna 整流电路交流侧相当于两个受控电压源。对于直流侧相当于受控电流源。如图 4-43 所示。

$$\begin{cases} L\dfrac{\mathrm{d}i_{\mathrm{d}}}{\mathrm{d}t} = -Ri_{\mathrm{d}} + \omega Li_{\mathrm{q}} - S_{\mathrm{dp}}V_{\mathrm{C1}} + S_{\mathrm{dn}}V_{\mathrm{C2}} + V_{\mathrm{d}} \\ L\dfrac{\mathrm{d}i_{\mathrm{q}}}{\mathrm{d}t} = -Ri_{\mathrm{q}} - \omega Li_{\mathrm{d}} - S_{\mathrm{qp}}V_{\mathrm{C1}} + S_{\mathrm{qn}}V_{\mathrm{C2}} + V_{\mathrm{q}} \end{cases} \tag{4-87}$$

$$\begin{cases} C\dfrac{\mathrm{d}V_{\mathrm{C1}}}{\mathrm{d}t} = S_{\mathrm{dp}}i_{\mathrm{d}} + S_{\mathrm{qp}}i_{\mathrm{q}} - i_{\mathrm{R}} \\ C\dfrac{\mathrm{d}V_{\mathrm{C2}}}{\mathrm{d}t} = -S_{\mathrm{dn}}i_{\mathrm{d}} - S_{\mathrm{qn}}i_{\mathrm{q}} - i_{\mathrm{R}} \end{cases} \tag{4-88}$$

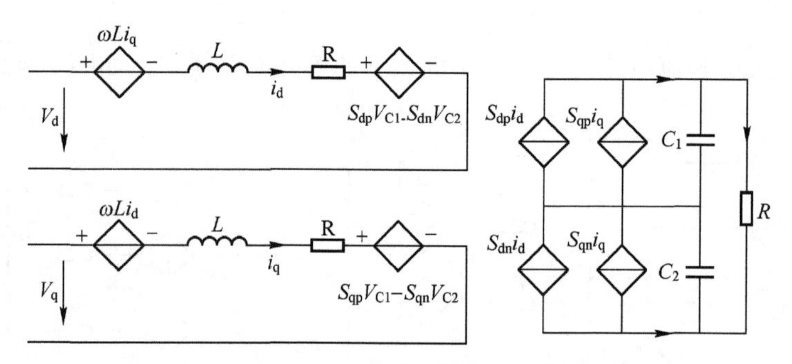

图 4-43　dq 坐标系下的等效电路模型

3. 双闭环控制器设计

式（4-87）经过整理，可得

$$\begin{cases} V_{\mathrm{d}} = L\dfrac{\mathrm{d}i_{\mathrm{d}}}{\mathrm{d}t} + Ri_{\mathrm{d}} - \omega Li_{\mathrm{q}} + S_{\mathrm{dp}}V_{\mathrm{C1}} - S_{\mathrm{dn}}V_{\mathrm{C2}} \\ V_{\mathrm{q}} = L\dfrac{\mathrm{d}i_{\mathrm{q}}}{\mathrm{d}t} + Ri_{\mathrm{q}} + \omega Li_{\mathrm{d}} + S_{\mathrm{qp}}V_{\mathrm{C1}} - S_{\mathrm{qn}}V_{\mathrm{C2}} \end{cases} \tag{4-89}$$

令 $W_d = S_{\mathrm{dq}}V_{\mathrm{C1}} - S_{\mathrm{dn}}V_{\mathrm{C2}}$ 为交流侧电压在 d 轴的分量，$W_{\mathrm{q}} = S_{\mathrm{qp}}V_{\mathrm{C1}} - S_{\mathrm{qn}}V_{\mathrm{C2}}$ 为交流侧电压在 q 轴的分量，设微分算子 $P = \mathrm{d}/\mathrm{d}t$，经过整理，把式（4-89）化简成

$$\begin{cases} W_{\mathrm{d}}=-(LP+R)i_{\mathrm{d}}+\omega Li_{\mathrm{q}}+V_{\mathrm{d}} \\ W_{\mathrm{q}}=-(LP+R)i_{\mathrm{q}}-\omega Li_{\mathrm{d}}+V_{\mathrm{q}} \end{cases} \tag{4-90}$$

每一个恒等式中都含有 i_{d}、i_{q}。每一相电流的变化都会对另一相电压电流产生影响，方便对电流的 dq 轴分量进行控制，现对相互耦合的电流 i_{d}、i_{q}采用电流前馈解耦控制算法，引入前馈电流 i_{d}^*、i_{q}^*。

$$\begin{cases} V_{\mathrm{d}}^*=\left(K_{\mathrm{P}}+\dfrac{K_{\mathrm{I}}}{S}\right)(i_{\mathrm{d}}^*-i_{\mathrm{d}})+\omega Li_{\mathrm{q}}+V_{\mathrm{d}} \\ V_{\mathrm{q}}^*=\left(K_{\mathrm{P}}+\dfrac{K_{\mathrm{I}}}{S}\right)(i_{\mathrm{q}}^*-i_{\mathrm{q}})-\omega Li_{\mathrm{d}}+V_{\mathrm{q}} \end{cases} \tag{4-91}$$

通过上式得到指令电压矢量值在 dq 坐标系的分量，再经过 Park 反变换即可得到在 α、β 坐标系下的分量。也就是指令电压矢量在 α、β 坐标轴上的投影。由于 d 轴代表有功分量，q 轴表示无功分量，通过解耦后的电压电流可以分别控制系统的有功与无功。指令电流矢量可以通过下面的公式获得

$$i_{\mathrm{d}}^*=\left(K_1+\frac{K_2}{S}\right)(V_{\mathrm{ref}}-V_{\mathrm{dc}}) \tag{4-92}$$

图 4-44 为 Vienna 整流器矢量控制框图，采用基于前馈解耦的电压电流双闭环控制策略。输出电压的采样值与给定值做差，经 PI 调节器可以得到电流指令值；三相电压电流经 Clark 变换、Park 变换，可以得到同步旋转坐标系下的直流量。输出的指令电压矢量值即是本空间矢量控制所需要跟踪的量。输入 SVPWM 矢量控制模块中，通过 SVPWM 算法实现对开关管的驱动。

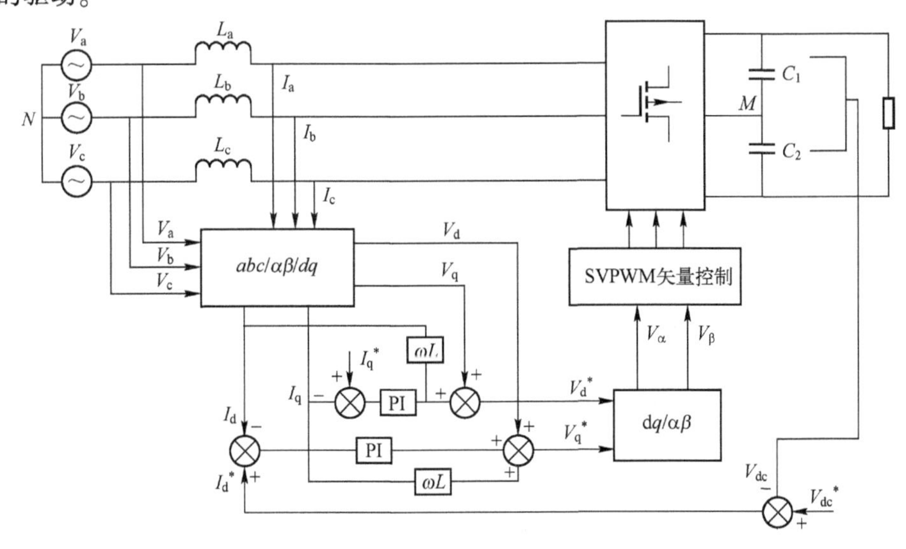

图 4-44　Vienna 整流器矢量控制框图

4.4.3　Vienna 整流器空间矢量调制算法

1. Vienna 整流器空间矢量平面

由 Vienna 整流器的工作原理可知，三相三电平 Vienna 整流器，根据电流方向，每个桥

臂有 $V_{dc}/2$、0 和$-V_{dc}/2$ 三种输出电压。为了更直观地表示电平状态，分别定义为状态 1、0、−1，所以三电平整流器共有 $3^3=27$ 种电平状态（其中，1、1、1，−1、−1、−1 为两种无效状态）。v_{aN}、v_{bN}、v_{cN}的不同组合，即空间矢量的模在 *abc* 坐标系下的投影值。它们之间的关系见表 4-5。

表 4-5　输入端相电压值和旋转矢量模值

25 个矢量	电平状态	v_{aN}	v_{bN}	v_{cN}	模值
$\boldsymbol{V}_0$	000	0	0	0	0
$\boldsymbol{V}_{1n}$	0-1-1	$V_{dc}/3$	$-V_{dc}/6$	$-V_{dc}/6$	$V_{dc}/3$
$\boldsymbol{V}_{1p}$	100	$V_{dc}/3$	$-V_{dc}/6$	$-V_{dc}/6$	$V_{dc}/3$
$\boldsymbol{V}_{2n}$	00-1	$V_{dc}/6$	$V_{dc}/6$	$-V_{dc}/3$	$V_{dc}/3$
$\boldsymbol{V}_{2p}$	110	$V_{dc}/6$	$V_{dc}/6$	$-V_{dc}/3$	$V_{dc}/3$
$\boldsymbol{V}_{3n}$	-10-1	$-V_{dc}/6$	$V_{dc}/3$	$-V_{dc}/6$	$V_{dc}/3$
$\boldsymbol{V}_{3p}$	010	$-V_{dc}/6$	$V_{dc}/3$	$-V_{dc}/6$	$V_{dc}/3$
$\boldsymbol{V}_{4n}$	-100	$-V_{dc}/3$	$V_{dc}/6$	$V_{dc}/6$	$V_{dc}/3$
$\boldsymbol{V}_{4p}$	011	$-V_{dc}/3$	$V_{dc}/6$	$V_{dc}/6$	$V_{dc}/3$
$\boldsymbol{V}_{5n}$	-1-10	$-V_{dc}/6$	$-V_{dc}/6$	$V_{dc}/3$	$V_{dc}/3$
$\boldsymbol{V}_{5p}$	001	$-V_{dc}/6$	$-V_{dc}/6$	$V_{dc}/3$	$V_{dc}/3$
$\boldsymbol{V}_{6n}$	0-10	$V_{dc}/6$	$-V_{dc}/3$	$V_{dc}/6$	$V_{dc}/3$
$\boldsymbol{V}_{6p}$	101	$V_{dc}/6$	$-V_{dc}/3$	$V_{dc}/6$	$V_{dc}/3$
$\boldsymbol{V}_{11}$	10-1	$V_{dc}/2$	0	$-V_{dc}/2$	$V_{dc}/\sqrt{3}$
$\boldsymbol{V}_{12}$	01-1	0	$V_{dc}/2$	$-V_{dc}/2$	$V_{dc}/\sqrt{3}$
$\boldsymbol{V}_{13}$	-110	$-V_{dc}/2$	$V_{dc}/2$	0	$V_{dc}/\sqrt{3}$
$\boldsymbol{V}_{14}$	-101	$-V_{dc}/2$	0	$V_{dc}/2$	$V_{dc}/\sqrt{3}$
$\boldsymbol{V}_{15}$	0-11	0	$-V_{dc}/2$	$V_{dc}/2$	$V_{dc}/\sqrt{3}$
$\boldsymbol{V}_{16}$	1-10	$V_{dc}/2$	$-V_{dc}/2$	0	$V_{dc}/\sqrt{3}$
$\boldsymbol{V}_1$	1-1-1	$2V_{dc}/3$	$-V_{dc}/3$	$-V_{dc}/3$	$2V_{dc}/3$
$\boldsymbol{V}_2$	11-1	$V_{dc}/3$	$V_{dc}/3$	$-2V_{dc}/3$	$2V_{dc}/3$
$\boldsymbol{V}_3$	-11-1	$-V_{dc}/3$	$2V_{dc}/3$	$-V_{dc}/3$	$2V_{dc}/3$
$\boldsymbol{V}_4$	-111	$-2V_{dc}/3$	$V_{dc}/3$	$V_{dc}/3$	$2V_{dc}/3$
$\boldsymbol{V}_5$	-1-11	$-V_{dc}/3$	$-V_{dc}/3$	$2V_{dc}/3$	$2V_{dc}/3$
$\boldsymbol{V}_6$	1-11	$V_{dc}/3$	$-2V_{dc}/3$	$V_{dc}/3$	$2V_{dc}/3$

25 种电平状态得到的 25 种电压矢量，其中包括 12 个小矢量（可分为 6 个正小矢量和 6 个负小矢量）、6 个中矢量、6 个大矢量和 1 个 0 矢量，见表 4-6。认为 $V_{C1}=V_{C2}=V_{dc}/2$，按模值的不同，将 25 种电压矢量按大小分为零矢量、小矢量、中矢量、大矢量。对应的模值

大小分别为 0、$V_{dc}/3$、$\sqrt{3}V_{dc}/3$、$2V_{dc}/3$。可以产生 19 个不等的电压矢量值。25 个矢量的顶点组成一个正六边形空间矢量图，如图 4-45 所示。

表 4-6　三电平空间矢量表

零　矢　量		V_{00}
小矢量	正小矢量	V_{1p}、V_{2p}、V_{3p}、V_{4p}、V_{5p}、V_{6p}
	负小矢量	V_{1n}、V_{2n}、V_{3n}、V_{4n}、V_{5n}、V_{6n}
中矢量		V_{11}、V_{12}、V_{13}、V_{14}、V_{15}、V_{16}
大矢量		V_1、V_2、V_3、V_4、V_5、V_6

由图 4-45 可以看出，小矢量存在冗余矢量，在矢量图的位置相同，根据电平状态的正负，在小矢量中输出电平为正的是正小矢量，输出电平为负的是负小矢量。由于两个矢量的作用效果相同，所以选择矢量的合成就有多种可能，这使得空间矢量控制更加多样化，而且可以利用小矢量成对出现对中点电位进行控制。

6 个大矢量把空间矢量图划分成 6 个大区域，每个大区域又可以划分为 6 个小区域，如大区域一内的一~六共 6 个小区域划分方法，矢量图中一共有 6×6=36 个小区域。这样划分可以方便地确立用来合成的 3 个矢量。

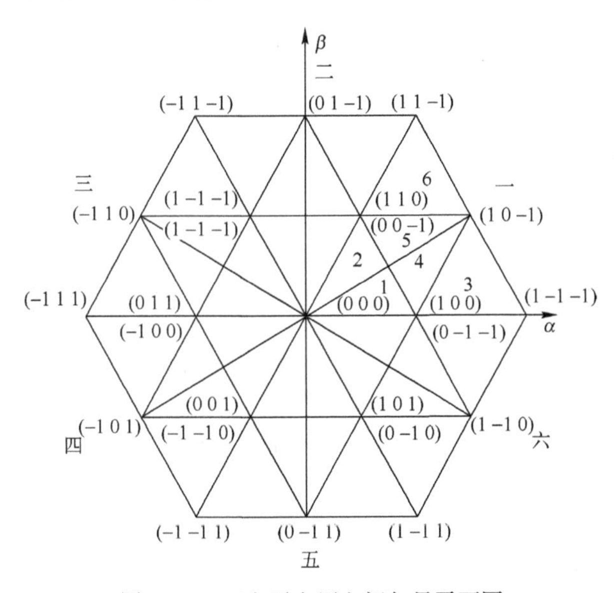

图 4-45　三电平电压空间矢量平面图

2. 矢量区域的判断

矢量区域的判断方法有多种，常用的有基于调制比 M 及矢量角度 θ 的判断方法和利用边界条件的判断方法两种。如图 4-46 将参考矢量 $\boldsymbol{V}^*$ 在 α、β 坐标系下分解得到 v_α、v_β 坐标分量，它们之间的关系为 $|\boldsymbol{V}^*|=\sqrt{v_\alpha^2+v_\beta^2}$，$\tan\theta=v_\beta/v_\alpha$。根据空间矢量平面图，利用 α、β 坐标系下的边界条件组合判断每一个区间。

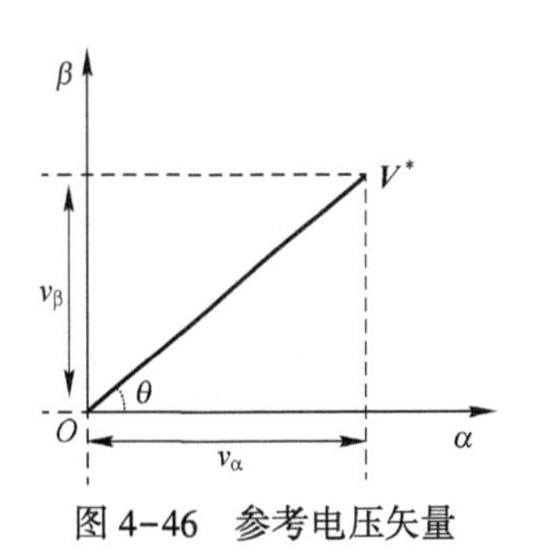

图 4-46　参考电压矢量

首先，判断大区域一~ 六，其判断的约束条件见表4-7。

表4-7　大区域的约束条件

V^* 所在的大区域	约束条件
一	$v_\beta>0$ 且$\sqrt{3}v_\alpha-v_\beta>0$
二	$v_\beta>0$ 且$\sqrt{3}v_\alpha-v_\beta\leqslant0$ 且$\sqrt{3}v_\alpha+v_\beta\geqslant0$
三	$v_\beta>0$ 且$\sqrt{3}v_\alpha+v_\beta<0$
四	$v_\beta\leqslant0$ 且$\sqrt{3}v_\alpha-v_\beta\leqslant0$
五	$v_\beta\leqslant0$ 且$\sqrt{3}v_\alpha+v_\beta<0$ 且$\sqrt{3}v_\alpha-v_\beta>0$
六	$v_\beta\leqslant0$ 且$\sqrt{3}v_\alpha+v_\beta\geqslant0$

小区域的判断方法与大区域类似，只是需要约束的边界条件更多，将每一个边界条件标于图4-47中，(1) ~ (9) 所示为边界公式。

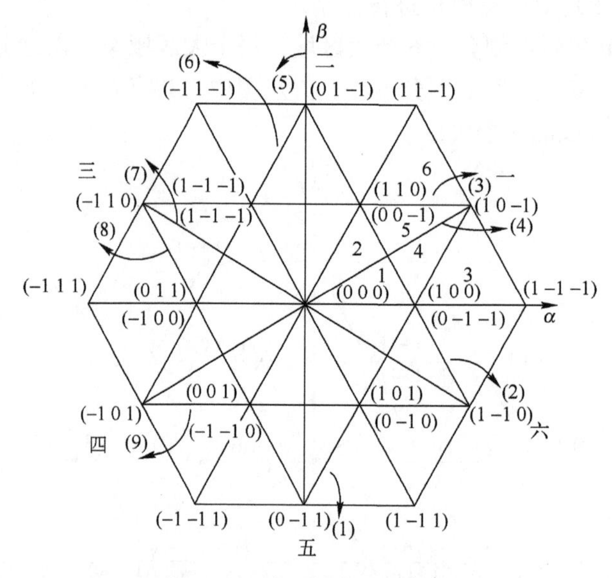

图4-47　小区域的边界条件

(1) 为 $v_\beta-\sqrt{3}v_\alpha+\sqrt{3}/3U_{dc}=0$;

(2) 为 $v_\beta+\sqrt{3}v_\alpha-\sqrt{3}/3U_{dc}=0$;

(3) 为 $v_\beta-\sqrt{3}/6U_{dc}=0$;

(4) 为 $v_\beta-\sqrt{3}/3v_\alpha=0$;

(5) 为 $v_\alpha=0$;

(6) 为 $v_\beta-\sqrt{3}v_\alpha-\sqrt{3}/3U_{dc}=0$;

(7) 为 $v_\beta+\sqrt{3}/3v_\alpha=0$;

(8) 为 $v_\beta+\sqrt{3}v_\alpha+\sqrt{3}/3U_{dc}=0$;

(9) 为 $v_\beta+\sqrt{3}/6U_{dc}=0$。

以第一大区域 $N=1$，小区域 $n=1$、2 为例，介绍区域约束条件是如何判断矢量所处区域的。现在假设矢量在第一大区域 $N=1$ 时，若(2)<0，可以确定矢量在 1、2 小区域内选择；若(4)<0，只有小区域 $n=1$ 满足条件；若(4)>0，则矢量在小区域 $n=2$ 内。其他小区域的判断方法与此类似，只是约束条件各有不同，在进行判断的时候需要学者认真仔细地考虑每一个约束量。

36 个小区域的判断方法的详述见表 4-8。

表 4-8　小区域的边界约束条件

V^* 所在的小区域				约束条件
N	一	n	1	(2)<0，且(4)<0
			2	(2)<0，且(4)>0
			3	(1)<0
			4	(1)>0，且(2)>0，且(4)<0
			5	(2)>0，且(3)<0，且(4)>0
			6	(3)>0
	二	n	1	(3)<0，且(5)>0
			2	(3)<0，且(5)<0
			3	(2)>0
			4	(2)<0，且(3)>0，且(5)>0
			5	(3)>0，且(5)<0，且(6)<0
			6	(6)>0
	三	n	1	(6)<0，且(7)>0
			2	(6)<0，且(7)<0
			3	(3)>0
			4	(3)<0，且(6)>0，且(7)>0
			5	(6)>0，且(7)<0，且(8)>0
			6	(8)<0
	四	n	1	(4)>0，且(8)>0
			2	(4)<0，且(8)>0
			3	(6)>0
			4	(4)>0，且(6)<0，且(8)<0
			5	(4)<0，且(8)<0，且(9)>0
			6	(9)<0
	五	n	1	(5)<0，且(9)>0
			2	(5)>0，且(9)>0
			3	(8)<0
			4	(5)<0，且(8)>0，且(9)<0
			5	(1)>0，且(5)>0，且(9)<0
			6	(1)<0
	六	n	1	(1)>0，且(7)<0
			2	(1)>0，且(7)>0
			3	(9)<0
			4	(1)<0，且(7)>0，且(9)>0
			5	(1)<0，且(7)>0，且(2)<0
			6	(2)>0

基于 θ 角和调制比 M 的空间矢量调制算法：根据式 $|V^*|=\sqrt{v_\alpha^2+v_\beta^2}$，$\tan\theta=v_\beta/v_\alpha$ 可得到参考矢量的幅值 $|V^*|$ 和该矢量与 α 轴的夹角 θ。每个大区域区间间隔 60°，利用 θ 即可判断出矢量所在的大区域。判断出大区域后，利用调制比 M 和 θ 即可判断出所在的小区域。定义三电平 Vienna 整流器的调制比为

$$M=\frac{|V^*|}{2/3V_{dc}} \tag{4-93}$$

为便于计算，引入 $m=2\sqrt{3}M/3$。通过反正切得到 θ 值，$\theta\in(-\pi,\pi)$。通过 θ 判断矢量所在大区域 N 的方法见表 4-9。

表 4-9　基于 θ 值大区域 N 的判断方法

N	一	二	三
判断条件	$\theta\in\left(0,\frac{\pi}{3}\right]$	$\theta\in\left(\frac{\pi}{3},\frac{2\pi}{3}\right]$	$\theta\in\left(\frac{2\pi}{3},\pi\right]$
N	四	五	六
判断条件	$\theta\in\left(-\pi,-\frac{2\pi}{3}\right]$	$\theta\in\left(-\frac{2\pi}{3},-\frac{\pi}{3}\right]$	$\theta\in\left(-\frac{\pi}{3},0\right]$

为了便于直观判断大区域现引入 θ^*，$\theta^*\in(0,2\pi)$。

$$\theta^*=\begin{cases}\theta+2\pi, & \theta\leqslant 0\\ \theta, & \theta>0\end{cases} \tag{4-94}$$

基于 θ^* 值大区域 N 的判断方法见表 4-10。

表 4-10　基于 θ^* 值大区域 N 的判断方法

N	一	二	三
判断条件	$\theta^*\in\left(0,\frac{\pi}{3}\right]$	$\theta^*\in\left(\frac{\pi}{3},\frac{2\pi}{3}\right]$	$\theta^*\in\left(\frac{2\pi}{3},\pi\right]$
N	四	五	六
判断条件	$\theta^*\in\left(\pi,\frac{4\pi}{3}\right]$	$\theta^*\in\left(\frac{4\pi}{3},\frac{5\pi}{3}\right]$	$\theta^*\in\left(\frac{5\pi}{3},\pi\right)$

判断完大区域,判断小区域,定义公式为

$$\theta''=-\frac{\pi(N-1)}{3}+\theta^* \tag{4-95}$$

其判断条件见表 4-11。

表 4-11　判断条件

小区域 n	判 断 条 件
1	$\theta''<\frac{\pi}{6}$，且 $\sin\left(\theta''+\frac{\pi}{3}\right)<\frac{1}{2}$
2	$\theta''\geqslant\frac{\pi}{6}$，且 $m\sin\left(\theta''+\frac{\pi}{3}\right)<\frac{1}{2}$
3	$\theta''<\frac{\pi}{6}$，且 $m\sin\left(\theta''+\frac{\pi}{3}\right)\geqslant\frac{1}{2}$

（续）

小区域 n	判断条件
4	$\theta''<\frac{\pi}{6}$时，且 $m\sin\left(\theta''+\frac{\pi}{3}\right)\geqslant\frac{1}{2}$，$m\sin\left(\frac{\pi}{3}-\theta''\right)<\frac{1}{2}$，$m\sin\theta''<\frac{1}{2}$
5	$\theta''\geqslant\frac{\pi}{6}$时，且 $m\sin\left(\theta''+\frac{\pi}{3}\right)\geqslant\frac{1}{2}$，$m\sin\left(\frac{\pi}{3}-\theta''\right)<\frac{1}{2}$，$m\sin\theta''<\frac{1}{2}$
6	$\theta''\geqslant\frac{\pi}{6}$时，且 $m\sin\theta''\geqslant\frac{1}{2}$

两种方法各有优缺点，基于 θ 角度的调制方法，在矢量图中便于理解，通过 MATLAB 仿真容易实现。但是涉及大量的反正切计算，不利于在 DSP 或者单片机下的数字实现。利用边界条件判断的算法，需要对 36 个小区域的边界条件进行细心设计。在每个小区域中都要进行约束条件的判定，使得判定过程中容易出错。

3. 矢量的作用时间

第一步确定小区域后，选择矢量所处三角形的三个顶点矢量去合成参考电压矢量，根据伏秒平衡原理可以列出三个矢量的作用时间方程。

现在以大区域一内的六个小区域为例，分别确定每一个小区间内的三个矢量及求出三个矢量的作用时间。求解方法也同样可以分两种。

1）当指令电压矢量在大区域 $N=1$，小区域 $n=1$ 时，由图 4-48 可以确定三个矢量为 $\boldsymbol{V}_{01}$、$\boldsymbol{V}_{0}$、$\boldsymbol{V}_{02}$，设 T_1、T_2、T_3 分别是三个矢量的作用时间，列出平衡方程：

$$\begin{cases}\frac{1}{2}T_1+\frac{1}{2}\cos\left(\frac{\pi}{3}\right)T_3=MT_s\cos\theta\\ T_1+T_2+T_3=T_s\\ \frac{1}{2}\sin\left(\frac{\pi}{3}\right)T_3=MT_s\sin\theta\end{cases}\tag{4-96}$$

求解方程组，得 T_1、T_2、T_3：

$$\begin{cases}T_1=\frac{4\sqrt{3}}{3}MT_s\sin\left(\frac{\pi}{3}-\theta\right)\\ T_2=T_S-\frac{4\sqrt{3}}{3}MT_s\sin\left(\frac{\pi}{3}+\theta\right)\\ T_3=\frac{4\sqrt{3}}{3}MT_s\sin\theta\end{cases}\tag{4-97}$$

2）当指令电压矢量在大区域 $N=1$，小区域 $n=2$ 时，由图 4-49 可以确定三个矢量为 $\boldsymbol{V}_{02}$、$\boldsymbol{V}_{01}$、$\boldsymbol{V}_{0}$，设 T_1、T_2、T_3 分别是三个矢量的作用时间，列出平衡方程：

$$\begin{cases}\frac{1}{2}T_2+\frac{1}{2}\cos\left(\frac{\pi}{3}\right)T_1=MT_s\cos\theta\\ T_1+T_2+T_3=T_s\\ \frac{1}{2}\sin\left(\frac{\pi}{3}\right)T_1=MT_s\sin\theta\end{cases}\tag{4-98}$$

求解方程组，得 T_1、T_2、T_3：

$$
\begin{cases}
T_1 = \dfrac{4\sqrt{3}}{3} M T_s \sin\theta \\
T_2 = \dfrac{4\sqrt{3}}{3} M T_s \sin\left(\dfrac{\pi}{3}-\theta\right) \\
T_3 = T_s - \dfrac{4\sqrt{3}}{3} M T_s \sin\left(\dfrac{\pi}{3}+\theta\right)
\end{cases}
\tag{4-99}
$$

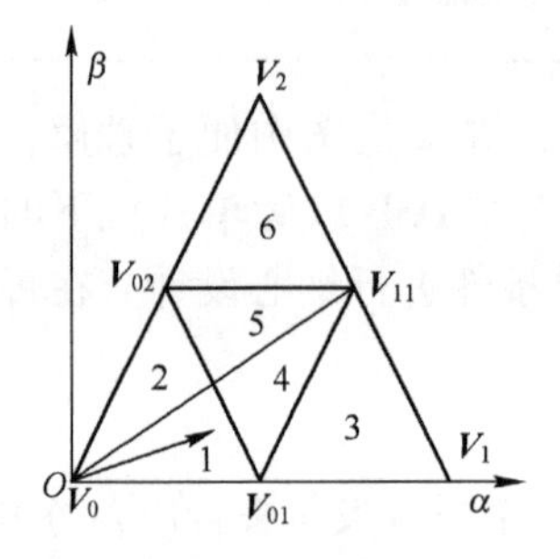

图 4-48 $\boldsymbol{V}^*$ 处于（一）1 区域

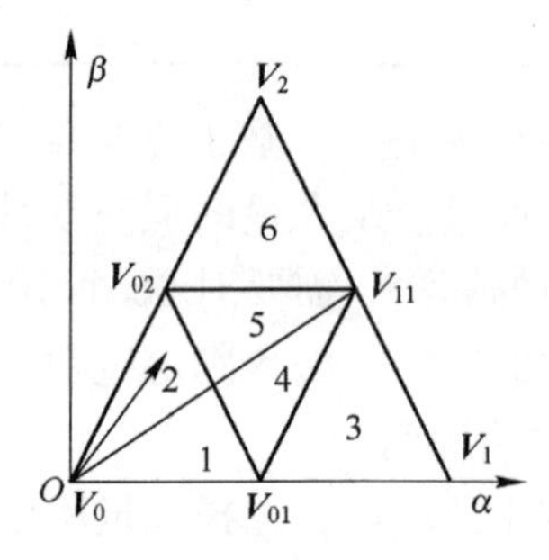

图 4-49 $\boldsymbol{V}^*$ 处于（一）2 区域

3）当指令电压矢量在大区域 $N=1$，小区域 $n=3$ 时，由图 4-50 可以确定三个矢量为 $\boldsymbol{V}_{01}$、$\boldsymbol{V}_{11}$、$\boldsymbol{V}_1$，设 T_1、T_2、T_3 分别是三个矢量的作用时间，列出平衡方程：

$$
\begin{cases}
\dfrac{1}{2}T_1 + \dfrac{\sqrt{3}}{2}\cos\left(\dfrac{\pi}{6}\right)T_2 + T_3 = M T_s \cos\theta \\
T_1 + T_2 + T_3 = T_s \\
\dfrac{\sqrt{3}}{2}\sin\left(\dfrac{\pi}{6}\right)T_2 = M T_s \sin\theta
\end{cases}
\tag{4-100}
$$

求解方程组，得 T_1、T_2、T_3：

$$
\begin{cases}
T_1 = \dfrac{4\sqrt{3}}{3} M T_s \sin\theta \\
T_2 = \dfrac{4\sqrt{3}}{3} M T_s \sin\left(\dfrac{\pi}{3}-\theta\right) \\
T_3 = T_s - \dfrac{4\sqrt{3}}{3} M T_s \sin\left(\dfrac{\pi}{3}+\theta\right)
\end{cases}
\tag{4-101}
$$

4）当指令电压矢量在大区域 $N=1$，小区域 $n=4$ 时，由图 4-51 可以确定 3 个矢量为 $\boldsymbol{V}_{01}$、$\boldsymbol{V}_{11}$、$\boldsymbol{V}_{02}$，设 T_1、T_2、T_3 分别是三个矢量的作用时间，列出平衡方程：

$$
\begin{cases}
\dfrac{1}{2}T_1 + \dfrac{\sqrt{3}}{2}\cos\left(\dfrac{\pi}{6}\right)T_2 + \dfrac{1}{2}\cos\left(\dfrac{\pi}{3}\right)T_3 = M T_s \cos\theta \\
T_1 + T_2 + T_3 = T_s \\
\dfrac{\sqrt{3}}{2}\sin\left(\dfrac{\pi}{6}\right)T_2 + \dfrac{1}{2}\sin\left(\dfrac{\pi}{3}\right)T_3 = M T_s \sin\theta
\end{cases}
\tag{4-102}
$$

求解方程组，得 T_1、T_2、T_3：

$$\begin{cases} T_1 = T_s - \dfrac{4\sqrt{3}}{3} M T_s \sin\theta \\ T_2 = \dfrac{4\sqrt{3}}{3} M T_s \sin\left(\dfrac{\pi}{3}+\theta\right) - T_s \\ T_3 = T_s - \dfrac{4\sqrt{3}}{3} M T_s \sin\left(\dfrac{\pi}{3}-\theta\right) \end{cases} \tag{4-103}$$

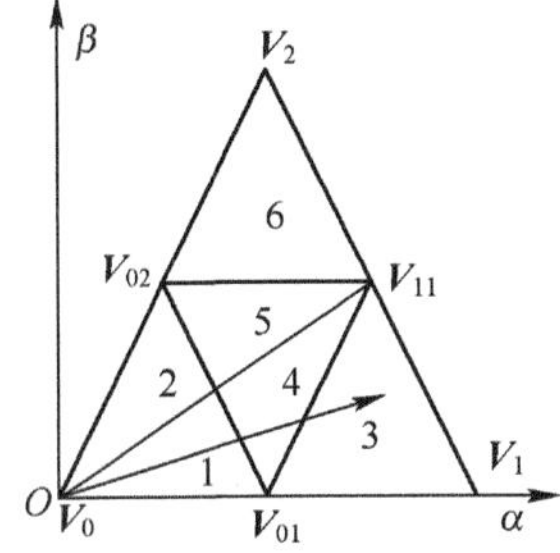

图 4-50　$\boldsymbol{V}^*$ 处于（一）3 区域

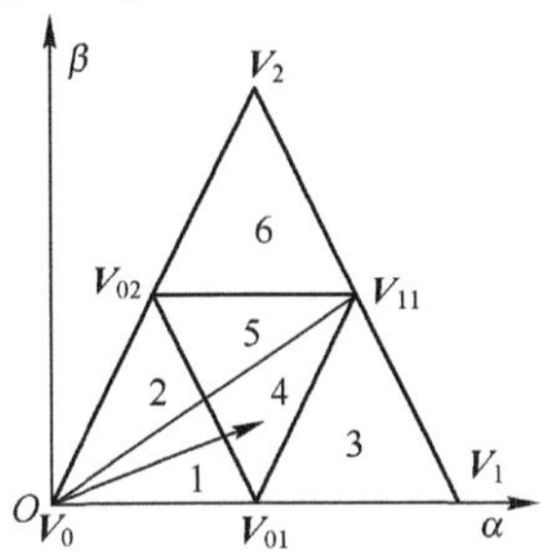

图 4-51　$\boldsymbol{V}^*$ 处于（一）4 区域

5）当指令电压矢量在大区域 $N=1$，小区域 $n=5$ 时，由图 4-52 可以确定三个矢量为 $\boldsymbol{V}_{02}$、$\boldsymbol{V}_{01}$、$\boldsymbol{V}_{11}$，设 T_1、T_2、T_3 分别是三个矢量的作用时间，列出平衡方程：

$$\begin{cases} \dfrac{1}{2}T_2 + \dfrac{1}{2}\cos\left(\dfrac{\pi}{3}\right)T_1 + \dfrac{\sqrt{3}}{2}\cos\left(\dfrac{\pi}{6}\right)T_3 = MT_s\cos\theta \\ T_1 + T_2 + T_3 = T_s \\ \dfrac{\sqrt{3}}{2}\sin\left(\dfrac{\pi}{6}\right)T_3 + \dfrac{1}{2}\sin\left(\dfrac{\pi}{3}\right)T_1 = MT_s\sin\theta \end{cases} \tag{4-104}$$

求解方程组，得 T_1、T_2、T_3：

$$\begin{cases} T_1 = T_s - \dfrac{4\sqrt{3}}{3} M T_s \sin\left(\dfrac{\pi}{3}-\theta\right) \\ T_2 = T_s - \dfrac{4\sqrt{3}}{3} M T_s \sin(\theta) \\ T_3 = \dfrac{4\sqrt{3}}{3} M T_s \sin\left(\dfrac{\pi}{3}+\theta\right) - T_s \end{cases} \tag{4-105}$$

6）当指令电压矢量在大区域 $N=1$，小区域 $n=6$ 时，由图 4-53 可以确定三个矢量为 $\boldsymbol{V}_{02}$、$\boldsymbol{V}_2$、$\boldsymbol{V}_{11}$，设 T_1、T_2、T_3 分别是三个矢量的作用时间，列出平衡方程并求解。

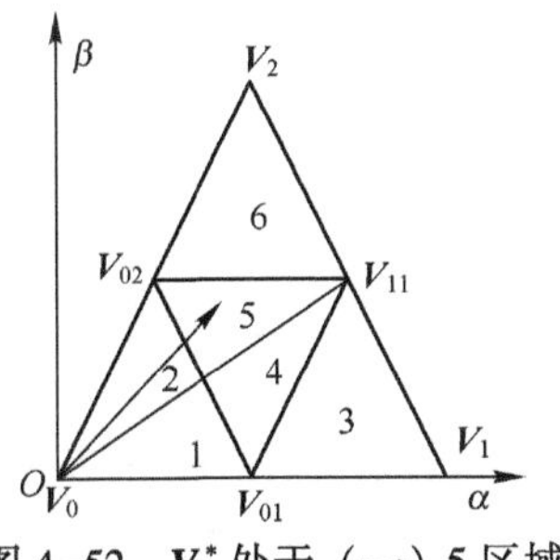

图 4-52　$\boldsymbol{V}^*$ 处于（一）5 区域

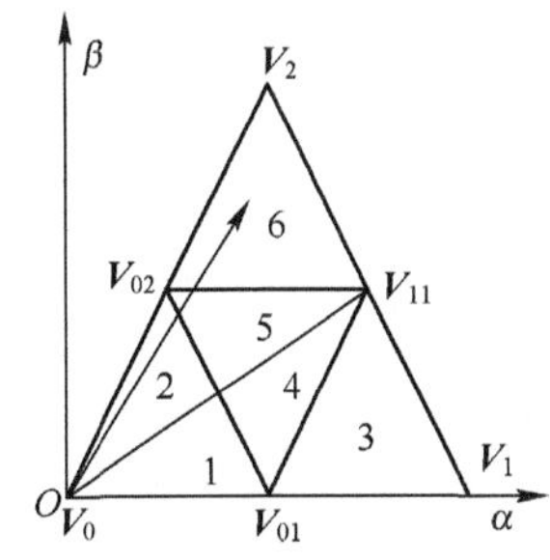

图 4-53　$\boldsymbol{V}^*$ 处于（一）6 区域

其他五个大区域的判断方法相同。将计算结果列入表 4-12 中。

表 4-12　矢量作用时间计算表

V^* 所在的区域		T_1、T_2、T_3
$N=1,2,3,4,5,6$	$n=1$	$T_1=T_x$，$T_2=T_s-T_y$，$T_3=T_z$
	$n=2$	$T_1=T_z$，$T_2=T_x$，$T_3=T_s-T_y$
	$n=3$	$T_1=2T_s-T_y$，$T_2=T_z$，$T_3=T_x-T_s$
	$n=4$	$T_1=T_s-T_z$，$T_2=T_y-T_s$，$T_3=T_s-T_x$
	$n=5$	$T_1=T_s-T_x$，$T_2=T_s-T_z$，$T_3=T_y-T_s$
	$n=6$	$T_1=2T_s-T_y$，$T_2=T_z-T_s$，$T_3=T_x$

表 4-12 中的 T_x、T_y、T_z 是为了方便计算引入的公式：

$$\begin{cases} T_x=\dfrac{4\sqrt{3}}{3}MT_s\sin\left(\dfrac{\pi}{3}-\theta\right) \\ T_y=\dfrac{4\sqrt{3}}{3}MT_s\sin\left(\dfrac{\pi}{3}+\theta\right) \\ T_z=\dfrac{4\sqrt{3}}{3}MT_s\sin\theta \end{cases} \tag{4-106}$$

还有一种计算方法就是将 $M\sin\theta$、$M\cos\theta$ 分别用 $3v_\beta/2V_{dc}$、$3v_\alpha/2V_{dc}$ 表示，也可以列出不同大区域、不同小区域内的所有时间关系式，进而求得时间。为了方便表示现设：

$$\begin{cases} X=\dfrac{\sqrt{3}T_s}{V_{dc}}(\sqrt{3}v_\alpha+v_\beta) \\ Y=\dfrac{\sqrt{3}T_s}{V_{dc}}(\sqrt{3}v_\alpha-v_\beta) \\ Z=\dfrac{2\sqrt{3}v_\beta}{V_{dc}}T_s \end{cases} \tag{4-107}$$

易求解出 $T_x=V$，$T_y=V$，$T_z=Z$，则所有时间关系见表 4-13。

表 4-13　时间计算表

矢量所在的区域		T_1	T_2	T_3
$N=1$	$n=1$	$T-X$	Y	Z
	$n=2$	$T-X$	Y	Z
	$n=3$	$2T-X$	$Y-T$	Z
	$n=4$	$T-Z$	$X-T$	$T-Y$
	$n=5$	$T-Z$	$X-T$	$T-Y$
	$n=6$	$2T-X$	Y	Z
$N=2$	$n=1$	$T-Z$	X	$-Y$
	$n=2$	$T-Z$	X	$-Y$
	$n=3$	$2T-Z$	$-Y$	$X-T$
	$n=4$	$T+Y$	$Z-T$	$T-X$
	$n=5$	$T+Y$	$Z-T$	$T-X$
	$n=6$	$2T-Z$	$-Y-T$	X

（续）

矢量所在的区域		T_1	T_2	T_3
$N=3$	$n=1$	$T+Y$	Z	$-X$
	$n=2$	$T+Y$	Z	$-X$
	$n=3$	$2T+Y$	$Z-T$	$-X$
	$n=4$	$-T-Y$	$X+T$	$T-Z$
	$n=5$	$-T-Y$	$X+T$	$T-Z$
	$n=6$	$2T+$	Z	$-X-T$
$N=4$	$n=1$	$T+X$	$-Y$	$-Z$
	$n=2$	$T+X$	$-Y$	$-Z$
	$n=3$	$2T+X$	$-Z$	$-Y-Z$
	$n=4$	$T+Z$	$-X-T$	$T+Y$
	$n=5$	$T+Z$	$-X-T$	$T+Y$
	$n=6$	$2T+X$	$-Z-T$	$-Y$
$N=5$	$n=1$	$T+Z$	$-X$	Y
	$n=2$	$T+Z$	$-X$	Y
	$n=3$	$2T+Z$	$-T-X$	Y
	$n=4$	$T-Y$	$-T-Z$	$X+T$
	$n=5$	$T-Y$	$-T-Z$	$X+T$
	$n=6$	$2T+Z$	$-X$	$Y-T$
$N=6$	$n=1$	$T-Y$	$-Z$	X
	$n=2$	$T-Y$	$-Z$	X
	$n=3$	$2T-Y$	X	$-Z-T$
	$n=4$	$T-X$	$Y-T$	$T+Z$
	$n=5$	$T-X$	$Y-T$	$T+Z$
	$n=6$	$2T-Y$	$X-T$	$-Z$

4. 矢量的作用顺序

矢量作用顺序的分配原则：①为了减少功率管关断次数、降低功率管损耗，三相开关动作时，每次最好只有一个开关动作。②合成指令电压矢量的一个周期内，矢量是对称分布的。当首尾矢量相同时，对应的开关状态也相同。③可以利用小矢量平衡中性点电位。

两电平整流器 SVPWM 控制可以采用五段式合成方法和七段式合成方法，扩展到三电平整流器中仍然适用，但是三电平整流器含有冗余矢量，导致选择矢量合成方法具有多样性。现在以 $N=1$，$n=3$ 为例，根据矢量分配原则，分为正负五段矢量作用顺序两种。

1）正五段矢量作用顺序：$\boldsymbol{V}_{1p}$—$\boldsymbol{V}_1$—$\boldsymbol{V}_{11}$—$\boldsymbol{V}_1$—$\boldsymbol{V}_{1p}$。

2）负五段矢量作用顺序：$\boldsymbol{V}_{1n}$—$\boldsymbol{V}_1$—$\boldsymbol{V}_{11}$—$\boldsymbol{V}_1$—$\boldsymbol{V}_{1n}$。

五段式矢量变化图如图 4-54 所示。

图 4-54a 是正小矢量工作时对应的矢量图，图 4-54b 是负小矢量工作时对应的矢量图，正、负小矢量不同时出现。图 4-54a 中 S_a 和图 4-54b 中的 S_c 电平状态保持不变，因此开关保持不变，所以五段式矢量作用顺序方法开关损耗小，开关次数少。图 4-54a 中，矢量电平状态从（100）变为（1-1-1）。假设对应的电压区间为 $V_a>0$，$V_b<0$，$V_c<0$。则对应的开关状态为（011）到（000），有两个开关管 S_b、S_c 同时从闭合到关断。违背了只有一相开

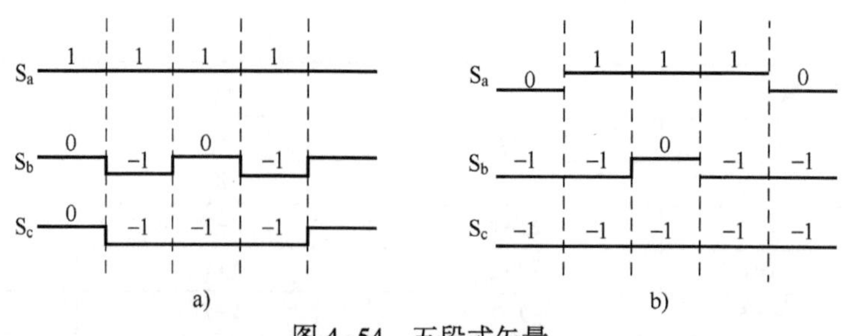

图 4-54　五段式矢量

a）正小矢量　b）负小矢量

关发生变化的原则。导致交流侧谐波增大。

同样，以 $N=1$，$n=3$ 为例，根据矢量分配原则，分为正负七段矢量作用顺序两种。

1）正七段矢量作用顺序：$\boldsymbol{V}_{1p}$—$\boldsymbol{V}_{11}$—$\boldsymbol{V}_{1}$—$\boldsymbol{V}_{1n}$—$\boldsymbol{V}_{1}$—$\boldsymbol{V}_{11}$—$\boldsymbol{V}_{1p}$。

2）负七段矢量作用顺序：$\boldsymbol{V}_{1n}$—$\boldsymbol{V}_{1}$—$\boldsymbol{V}_{11}$—$\boldsymbol{V}_{1p}$—$\boldsymbol{V}_{11}$—$\boldsymbol{V}_{1}$—$\boldsymbol{V}_{1n}$。

七段式矢量变化图如图 4-55 所示。

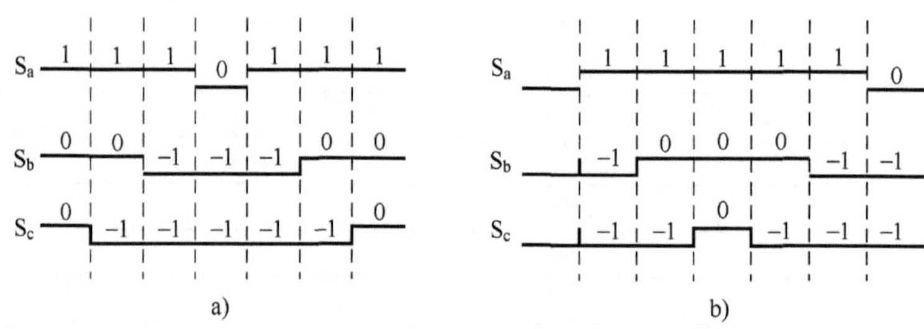

图 4-55　七段式矢量

a）正小矢量　b）负小矢量

图 4-55 中看出，图 4-55a、b 中每一个矢量变化只有一相电平发生改变，对应的同一时刻只有一相开关动作发生改变。由于七段式调制方法可以调节中性点平衡，本文选用这种方法进行 SVPWM 调制。而且选择负七段式矢量作用顺序，首尾分别选择为负小矢量，中间矢量为正小矢量。以负小矢量为初始矢量的调制顺序见表 4-14。

表 4-14　七段式矢量调制顺序

区域判断		七个矢量作用顺序						
$N=1$	$n=1$	$\boldsymbol{V}_{1n}$	$\boldsymbol{V}_{2n}$	$\boldsymbol{V}_{00}$	$\boldsymbol{V}_{1p}$	$\boldsymbol{V}_{00}$	$\boldsymbol{V}_{2n}$	$\boldsymbol{V}_{1n}$
	$n=2$	$\boldsymbol{V}_{2n}$	$\boldsymbol{V}_{00}$	$\boldsymbol{V}_{1p}$	$\boldsymbol{V}_{2p}$	$\boldsymbol{V}_{1p}$	$\boldsymbol{V}_{00}$	$\boldsymbol{V}_{2n}$
	$n=3$	$\boldsymbol{V}_{1n}$	$\boldsymbol{V}_{1}$	$\boldsymbol{V}_{11}$	$\boldsymbol{V}_{1p}$	$\boldsymbol{V}_{11}$	$\boldsymbol{V}_{1}$	$\boldsymbol{V}_{1n}$
	$n=4$	$\boldsymbol{V}_{1n}$	$\boldsymbol{V}_{2n}$	$\boldsymbol{V}_{11}$	$\boldsymbol{V}_{1p}$	$\boldsymbol{V}_{11}$	$\boldsymbol{V}_{2n}$	$\boldsymbol{V}_{1n}$
	$n=5$	$\boldsymbol{V}_{2n}$	$\boldsymbol{V}_{11}$	$\boldsymbol{V}_{1p}$	$\boldsymbol{V}_{2p}$	$\boldsymbol{V}_{1p}$	$\boldsymbol{V}_{11}$	$\boldsymbol{V}_{2n}$
	$n=6$	$\boldsymbol{V}_{2n}$	$\boldsymbol{V}_{11}$	$\boldsymbol{V}_{2}$	$\boldsymbol{V}_{2p}$	$\boldsymbol{V}_{2}$	$\boldsymbol{V}_{11}$	$\boldsymbol{V}_{2n}$
$N=2$	$n=1$	$\boldsymbol{V}_{2n}$	$\boldsymbol{V}_{00}$	$\boldsymbol{V}_{3p}$	$\boldsymbol{V}_{2p}$	$\boldsymbol{V}_{3p}$	$\boldsymbol{V}_{00}$	$\boldsymbol{V}_{2n}$
	$n=2$	$\boldsymbol{V}_{3n}$	$\boldsymbol{V}_{2n}$	$\boldsymbol{V}_{00}$	$\boldsymbol{V}_{3p}$	$\boldsymbol{V}_{00}$	$\boldsymbol{V}_{2n}$	$\boldsymbol{V}_{3n}$
	$n=3$	$\boldsymbol{V}_{2n}$	$\boldsymbol{V}_{12}$	$\boldsymbol{V}_{2}$	$\boldsymbol{V}_{2p}$	$\boldsymbol{V}_{2}$	$\boldsymbol{V}_{12}$	$\boldsymbol{V}_{2n}$
	$n=4$	$\boldsymbol{V}_{2n}$	$\boldsymbol{V}_{12}$	$\boldsymbol{V}_{3p}$	$\boldsymbol{V}_{2p}$	$\boldsymbol{V}_{3p}$	$\boldsymbol{V}_{12}$	$\boldsymbol{V}_{2n}$
	$n=5$	$\boldsymbol{V}_{3n}$	$\boldsymbol{V}_{2n}$	$\boldsymbol{V}_{12}$	$\boldsymbol{V}_{3p}$	$\boldsymbol{V}_{12}$	$\boldsymbol{V}_{2n}$	$\boldsymbol{V}_{3n}$
	$n=6$	$\boldsymbol{V}_{3n}$	$\boldsymbol{V}_{3}$	$\boldsymbol{V}_{12}$	$\boldsymbol{V}_{3p}$	$\boldsymbol{V}_{12}$	$\boldsymbol{V}_{3}$	$\boldsymbol{V}_{3n}$

（续）

区域判断		七个矢量作用顺序						
$N=3$	$n=1$	V_{3n}	V_{4n}	V_{00}	V_{3p}	V_{00}	V_{4n}	V_{3n}
	$n=2$	V_{4n}	V_{00}	V_{3p}	V_{4p}	V_{3p}	V_{00}	V_{4n}
	$n=3$	V_{3n}	V_{3}	V_{13}	V_{3p}	V_{13}	V_{3}	V_{3n}
	$n=4$	V_{3n}	V_{4n}	V_{13}	V_{3p}	V_{13}	V_{4n}	V_{3n}
	$n=5$	V_{4n}	V_{13}	V_{3p}	V_{4p}	V_{3p}	V_{13}	V_{4n}
	$n=6$	V_{4n}	V_{13}	V_{4}	V_{4p}	V_{4}	V_{13}	V_{4n}
$N=4$	$n=1$	V_{4n}	V_{00}	V_{5p}	V_{4p}	V_{5p}	V_{00}	V_{4n}
	$n=2$	V_{5n}	V_{4n}	V_{00}	V_{5p}	V_{00}	V_{4n}	V_{5n}
	$n=3$	V_{4n}	V_{14}	V_{4}	V_{4p}	V_{4}	V_{14}	V_{4n}
	$n=4$	V_{4n}	V_{14}	V_{5p}	V_{4p}	V_{5p}	V_{14}	V_{4n}
	$n=5$	V_{5n}	V_{4n}	V_{14}	V_{5p}	V_{14}	V_{4n}	V_{5n}
	$n=6$	V_{5n}	V_{5}	V_{14}	V_{5p}	V_{14}	V_{5}	V_{5n}
$N=5$	$n=1$	V_{5n}	V_{6n}	V_{00}	V_{5p}	V_{00}	V_{6n}	V_{5n}
	$n=2$	V_{6n}	V_{00}	V_{5p}	V_{6p}	V_{5p}	V_{00}	V_{6n}
	$n=3$	V_{5n}	V_{5}	V_{15}	V_{5p}	V_{15}	V_{5}	V_{5n}
	$n=4$	V_{5n}	V_{6n}	V_{15}	V_{5p}	V_{15}	V_{6n}	V_{5n}
	$n=5$	V_{6n}	V_{15}	V_{5p}	V_{6p}	V_{5p}	V_{15}	V_{6n}
	$n=6$	V_{6n}	V_{15}	V_{6}	V_{6p}	V_{6}	V_{15}	V_{6n}
$N=6$	$n=1$	V_{6n}	V_{00}	V_{1p}	V_{6p}	V_{1p}	V_{00}	V_{6n}
	$n=2$	V_{1n}	V_{6n}	V_{00}	V_{1p}	V_{00}	V_{6n}	V_{1n}
	$n=3$	V_{6n}	V_{16}	V_{6}	V_{6p}	V_{6}	V_{16}	V_{6n}
	$n=4$	V_{6n}	V_{16}	V_{1p}	V_{6p}	V_{1p}	V_{16}	V_{6n}
	$n=5$	V_{1n}	V_{6n}	V_{16}	V_{1p}	V_{16}	V_{6n}	V_{1n}
	$n=6$	V_{1n}	V_{1}	V_{16}	V_{1p}	V_{16}	V_{1}	V_{1n}

当确定三个电压矢量后，相应的得到七段式矢量的电平状态和开关状态，虽然电平状态多达25种，但是对应的开关只有开通和闭合两种情况。当开关导通表示为1，开关关断表示为0，对应的开关状态最多有$2^3=8$种。表4-15为七段式矢量调制方法在每一个小区域内对应的开关状态和电平切换顺序。

表4-15　各小区域的开关状态和电平切换顺序

指令电压所在区域		开关状态和电平切换顺序	
$N=1$	$n=1$	开关状态	100 110 111 011 111 110 100
		电平切换顺序	0-1-1 00-1 000 100 000 00-1 0-1-1
	$n=2$	开关状态	110 111 011 001 011 111 110
		电平切换顺序	00-1 000 100 110 100 000 00-1
	$n=3$	开关状态	100 000 010 011 010 000 100
		电平切换顺序	0-1-1 1-1-1 10-1 100 10-1 1-1-1 0-1-1

（续）

指令电压所在区域		开关状态和电平切换顺序	
$N=1$	$n=4$	开关状态	100 110 010 011 010 110 100
		电平切换顺序	0-1-1 00-1 10-1 100 10-1 00-1 0-1-1
	$n=5$	开关状态	110 010 011 001 011 010 110
		电平切换顺序	00-1 10-1 100 110 100 10-1 00-1
	$n=6$	开关状态	110 010 000 001 000 010 110
		电平切换顺序	00-1 10-1 11-1 110 11-1 10-1 00-1
$N=2$	$n=1$	开关状态	110 111 101 001 101 111 110
		电平切换顺序	00-1 000 010 110 010 000 00-1
	$n=2$	开关状态	010 110 111 101 111 110 010
		电平切换顺序	-10-1 00-1 000 010 000 00-1 -10-1
	$n=3$	开关状态	110 100 000 001 000 100 110
		电平切换顺序	00-1 01-1 11-1 110 11-1 01-1 00-1
	$n=4$	开关状态	110 100 101 001 101 100 110
		电平切换顺序	00-1 01-1 010 110 010 01-1 00-1
	$n=5$	开关状态	010 110 100 101 100 110 010
		电平切换顺序	-10-1 00-1 01-1 010 01-1 00-1 -10-1
	$n=6$	开关状态	010 000 100 101 100 000 010
		电平切换顺序	-10-1 -11-1 01-1 010 01-1 -11-1 -10-1
$N=3$	$n=1$	开关状态	010 011 111 101 111 011 010
		电平切换顺序	-10-1 -100 000 010 000 -100 -10-1
	$n=2$	开关状态	011 111 101 100 101 111 011
		电平切换顺序	-100 000 010 011 010 000 -100
	$n=3$	开关状态	010 000 001 101 001 000 010
		电平切换顺序	-10-1 -11-1 -110 010 -110 -11-1 -10-1
	$n=4$	开关状态	010 011 001 101 001 011 010
		电平切换顺序	-10-1 -100 -110 010 -110 -100 -10-1
	$n=5$	开关状态	011 001 101 100 101 001 011
		电平切换顺序	-100 -110 010 011 010 -110 -100
	$n=6$	开关状态	011 001 000 100 000 001 011
		电平切换顺序	-100 -110 -111 011 -111 -110 -100
$N=4$	$n=1$	开关状态	011 111 110 100 110 111 011
		电平切换顺序	-100 000 001 011 001 000 -100
	$n=2$	开关状态	001 011 111 110 111 011 001
		电平切换顺序	-1-10 -100 000 001 000 00-1 -1-10
	$n=3$	开关状态	011 010 000 100 000 010 011
		电平切换顺序	-100 -101 -111 011 -111 -101 -100
	$n=4$	开关状态	011 010 110 100110 010 011
		电平切换顺序	-100 -101 001 011 001 -101 -100
	$n=5$	开关状态	001 011 010 110 010 011 001
		电平切换顺序	-1-10 -100 -101 001 -101 -100 -1-10
	$n=6$	开关状态	001 000 010 110 010 000 001
		电平切换顺序	-1-10 -1-11 -101 001 -101 -1-11 -1-10

（续）

指令电压所在区域		开关状态和电平切换顺序	
$N=5$	$n=1$	开关状态	001 101 111 110 111 101 001
		电平切换顺序	−1−10 0−10 000 001 000 0−10 −1−10
	$n=2$	开关状态	101 111 110 010 110 111 101
		电平切换顺序	0−10 000 001 101 001 000 0−10
	$n=3$	开关状态	001 000 100 110 100 000 001
		电平切换顺序	−1−10 −1−11 0−11 001 0−11 −1−11 −1−10
	$n=4$	开关状态	001 101 100 110 100 101 001
		电平切换顺序	−1−10 0−10 0−11 001 0−11 0−10 −1−10
	$n=5$	开关状态	101 100 110 010 110 100 101
		电平切换顺序	0−10 0−11 001 101 001 0−11 0−10
	$n=6$	开关状态	101 100 000 010 000 100 101
		电平切换顺序	0−10 0−11 1−11 101 1−11 0−11 0−10
$N=6$	$n=1$	开关状态	101 111 011 010 011 111 101
		电平切换顺序	0−10 000 100 101 100 000 0−10
	$n=2$	开关状态	100 101 111 011 111 101 100
		电平切换顺序	0−1−1 0−10 000 100 000 0−10 0−1−1
	$n=3$	开关状态	101 001 000 010 000 001 101
		电平切换顺序	0−10 1−10 1−11 101 1−11 1−10 0−10
	$n=4$	开关状态	101 001 011 010 011 001 101
		电平切换顺序	0−10 1−10 100 101 100 1−10 0−10
	$n=5$	开关状态	100 101 001 011 001 101 100
		电平切换顺序	0−1−1 0−10 1−10 100 1−10 0−10 0−1−1
	$n=6$	开关状态	100 000 001 011 001 000 100
		电平切换顺序	0−1−1 1−1−1 1−10 100 1−10 1−1−1 0−1−1

若 $\boldsymbol{V}_1$、$\boldsymbol{V}_2$、$\boldsymbol{V}_3$ 表示一个小区域内的三个矢量，T_1、T_2、T_3 表示对应矢量作用时间，则图 4-56 坐标表示七段式矢量调制方式的每一个矢量作用顺序和相对应的作用时间。

$1/4T_1$	$1/2T_2$	$1/2T_3$	$1/2T_1$	$1/2T_3$	$1/2T_2$	$1/4T_1$
$\boldsymbol{V}_1$	$\boldsymbol{V}_2$	$\boldsymbol{V}_3$	$\boldsymbol{V}_1$	$\boldsymbol{V}_3$	$\boldsymbol{V}_2$	$\boldsymbol{V}_1$

图 4-56　矢量作用时间

图 4-56 表示了第 1 个到第 7 个作用的矢量和对应的矢量作用时间。第 1 个矢量是负小矢量，第 4 个矢量是正小矢量。如果采用正小矢量作为初始矢量的七段式调制顺序可以用同样的方法得到对应的开关状态和电平切换顺序。

本书给出了基于 SVPWM 的 Vienna 整流器仿真模型【4-8】，该 SVPWM 是基于调制比 M 和矢量角度 θ 方法，请读者扫描二维码下载。

模型【4-8】

第 5 章　逆变电源原理及应用

5.1　逆变电源常见拓扑分析

5.1.1　单相逆变器的数学模型及控制器设计

图 5-1 为正、负直流母线结构单相半桥式逆变器带无源 *LC* 低通滤波器的等效电路模型。

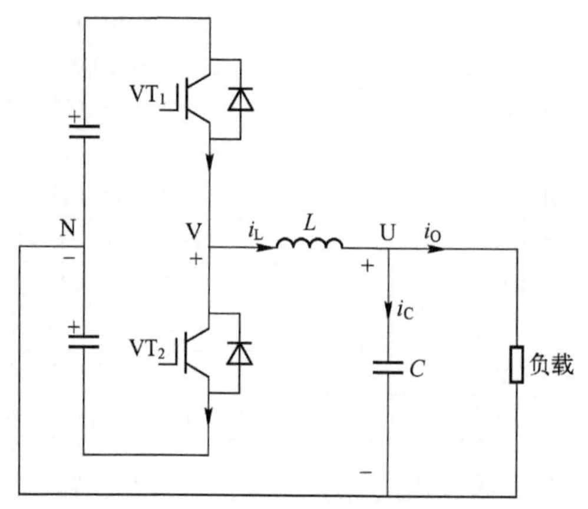

图 5-1　单相半桥式逆变器等效电路模型

在实际电路中，输出滤波电感的寄生电阻和输出馈线的等效电阻相对感抗来说是非常小的，因此在图 5-1 中省略了这部分阻值，也就是将输出滤波电感等效为一个理想的电抗器。假定各电压、电流的正方向定义如图 5-1 标注所示，根据图 5-1 的等效电路模型，可以得到 *LC* 二阶低通滤波器的等效数学模型为

$$\begin{cases} L\dfrac{\mathrm{d}}{\mathrm{d}t}i_{\mathrm{L}}=v_{\mathrm{V}}-v_{\mathrm{U}} \\ C\dfrac{\mathrm{d}}{\mathrm{d}t}u_{\mathrm{U}}=i_{\mathrm{L}}-i_{\mathrm{O}} \end{cases} \tag{5-1}$$

式中，v_{V}为桥臂中点对 N 线电压，是直流母线电压与开关函数的乘积；v_{U}为输出电压，即滤波电容端电压；i_{L} 为输出滤波电感电流；i_{O} 为负载电流；L 为输出滤波电感器电感值；C 为输出滤波电容器电容值。

此外，对于 *LC* 输出滤波器的前级，带正、负直流母线结构的单相半桥电路若采用 SPWM 调制方式仅能采用双极性 SPWM 调制。其调制原理如图 5-2 所示。

单相半桥逆变器的开关管按图 5-2 的调制方式工作，上管 VT_1 与下管 VT_2 互补导通。设 SPWM 载波周期（开关周期）为 T，在一个载波周期内，VT_1 管导通时桥臂中点输出电压为 $+V_{DC}$（V_{DC}为单边直流母线电压），其导通时间为 DT。

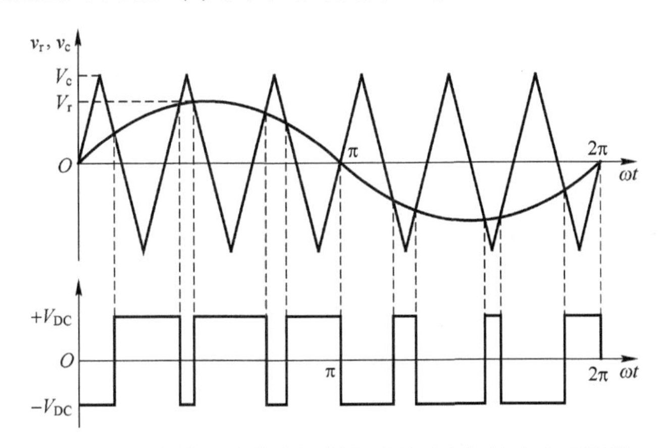

图 5-2　双极性正弦脉宽调制方式及逆变桥输出电压波形

根据调制原理，V_1 管的占空比 D 为

$$D=(v_r+V_c)/(2V_c) \tag{5-2}$$

式中，v_r 为参考信号（SPWM 调制波信号）的瞬时值；V_c 为三角波信号（SPWM 载波信号）的峰值。

假定三角波的频率为 ω_c，正弦调制波（参考信号）v_r 为

$$v_r=V_r\sin(\omega_r t+\varphi) \tag{5-3}$$

那么，对图 2-3 所示的逆变器桥臂中点输出电压波形进行傅里叶分解可得

$$\begin{aligned} v_V = & \frac{V_r}{V_c}V_{DC}\sin(\omega_r t+\varphi)+\frac{4V_{DC}}{\pi}\sum_{m=1,3,5,\cdots}^{\infty}\frac{J_0\left(\frac{mV_r\pi}{2V_c}\right)}{m}\sin\frac{m\pi}{2}\cos(m\omega_c t) \\ & +\frac{4V_{DC}}{\pi}\sum_{m=1,2,\cdots}^{\infty}\sum_{n=\pm1,\pm2,\cdots}^{\infty}\frac{J_0\left(\frac{mV_r\pi}{2V_c}\right)}{m}\sin\frac{(m+n)\pi}{2}\cos\left(m\omega_c t+n\omega_r t+n\varphi-\frac{n\pi}{2}\right) \end{aligned} \tag{5-4}$$

式中，J_0 为零阶贝塞尔函数。

从式（5-4）可以看出，逆变器桥臂中点输出的电压包括基波、载波的奇次谐波和以载波的 m（$m=1,2,3\cdots$）次谐波为中心的边频谐波组成，且边频谐波幅值自中心向两侧衰减。

工程中，设计逆变器的开关频率远高于输出滤波器的截止频率，则滤波器的输出电压除基波分量外的其他谐波成分被大大地衰减。因此对于基波而言，半桥电路（含 SPWM 调制环节）可等效为比例环节 K_{SPWM}。

结合式（5-4），有

$$K_{SPWM}=\frac{\frac{V_r}{V_c}\cdot V_{DC}\sin(\omega_r t+\varphi)}{u_r}=\frac{\frac{V_r}{V_c}\cdot V_{DC}\sin(\omega_r t+\varphi)}{U_r\sin(\omega_r t+\varphi)}=\frac{V_{DC}}{V_c} \tag{5-5}$$

因此在仅考虑基波情况下，半桥电路的等效数学模型为

$$v_{\mathrm{V}}=K_{\mathrm{SPWM}}v_{\mathrm{r}} \tag{5-6}$$

由式（5-1）和式（5-6），可以得到单相半桥逆变器（半桥电路加输出 LC 低通滤波电路）在静止坐标轴系下的状态方程为

$$\frac{\mathrm{d}}{\mathrm{d}t}\begin{bmatrix} i_{\mathrm{L}} \\ v_{\mathrm{U}} \end{bmatrix}=\begin{bmatrix} 0 & -\dfrac{1}{L} \\ \dfrac{1}{C} & 0 \end{bmatrix}\begin{bmatrix} i_{\mathrm{L}} \\ v_{\mathrm{U}} \end{bmatrix}+\begin{bmatrix} 0 & \dfrac{K_{\mathrm{SPWM}}}{L} \\ -\dfrac{1}{C} & 0 \end{bmatrix}\begin{bmatrix} i_{\mathrm{O}} \\ v_{\mathrm{r}} \end{bmatrix} \tag{5-7}$$

将式（5-7）转化为框图形式，可得到单相半桥逆变器的数学模型如图 5-3 所示。

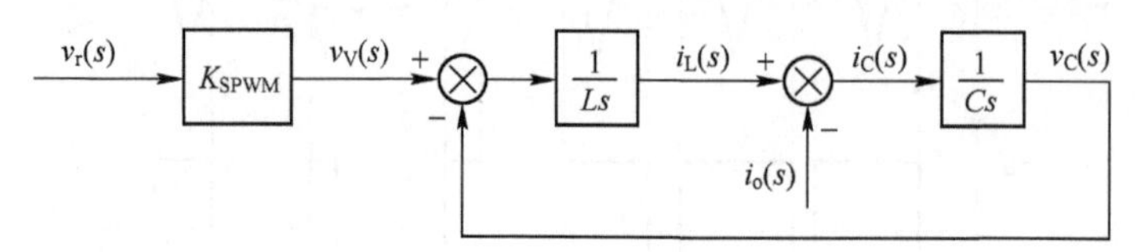

图 5-3　单相半桥逆变器的数学模型框图

对于电感电流瞬时值反馈控制，由于电感电流等于流经功率开关管的电流，因此对电流基准的限幅就可以方便地实现功率开关管的限流保护功能。另外，从图 5-3 可以看出，以电感电流作为电流内环的反馈量，负载电流作用于电感电流内环的外部，且电感电流不能突变，因此负载扰动效应将不能得到很好的抑制，输出外特性相对较差。

对于电容电流瞬时值反馈控制，从图 5-3 可知，负载电流包含在电容电流内环内，因此负载的扰动可以在内环得到很好的抑制；又由于输出电压是电容电流在电容上的纯积分，控制了电容电流的波形也就控制了输出电压的波形。因此相对电感电流瞬时值反馈控制来说，采用电容电流瞬时值反馈控制的逆变器外特性硬且动态响应快。但不足的是，电容电流瞬时值反馈控制不具有负载电流限制能力，对于功率开关管和负载短路限流保护功能无能为力，只能借助其他辅助措施和手段来实现。

结合两种控制方案的优点，采用带负载电流前馈控制技术的电感电流瞬时值反馈控制方案，其系统框图如图 5-4 所示。负载电流前馈控制的加入，可以使电感电流内环对负载的扰动得到一定的抑制，提高系统的动态响应能力和输出外特性。当设计电感电流的反馈系数与负载电流的前馈系数相同时，该方案也就成了电容电流瞬时值反馈控制。

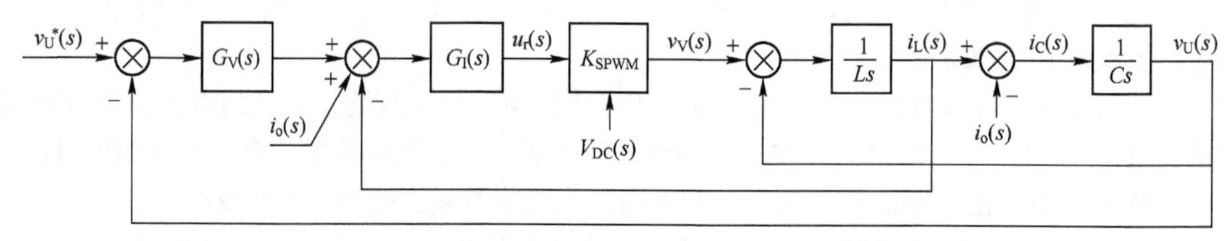

图 5-4　电压、电流瞬时值双闭环控制的单相半桥逆变器模拟控制系统框图

5.1.2　三相逆变器的数学模型及控制器设计

1. 静止坐标系下三相逆变电源的数学模型

图 5-5 是三相逆变器主电路，由三相逆变桥、三相滤波器组成。假定三相滤波器对称一致，滤波电感为 L，滤波电容为 C，R_0 为电感损耗、线路阻抗及器件开关损耗的总效应。

i_A、i_B、i_C 分别为流过三相电感的电流，v_{AB}、v_{BC}、v_{CA} 为逆变器输出线电压，v_{ab}、v_{bc}、v_{ca} 分别 3 个滤波电容电压，i_a、i_b、i_c 分别为负载电流。

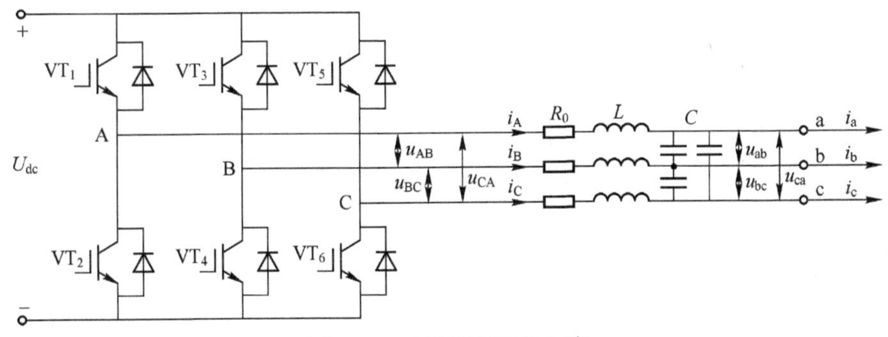

图 5-5　三相逆变器主电路

取逆变器滤波电感和电容为状态变量，根据 KVL 和 KCL，可得

$$\begin{cases} C\dfrac{\mathrm{d}v_{ab}}{\mathrm{d}t}-C\dfrac{\mathrm{d}v_{ca}}{\mathrm{d}t}=i_A-i_a \\ C\dfrac{\mathrm{d}v_{bc}}{\mathrm{d}t}-C\dfrac{\mathrm{d}v_{ab}}{\mathrm{d}t}=i_B-i_b \\ C\dfrac{\mathrm{d}v_{ca}}{\mathrm{d}t}-C\dfrac{\mathrm{d}v_{bc}}{\mathrm{d}t}=i_C-i_c \end{cases} \tag{5-8}$$

$$\begin{cases} L\dfrac{\mathrm{d}i_A}{\mathrm{d}t}-L\dfrac{\mathrm{d}i_B}{\mathrm{d}t}=v_{AB}-v_{ab}-R_0i_A+R_0i_B \\ L\dfrac{\mathrm{d}i_B}{\mathrm{d}t}-L\dfrac{\mathrm{d}i_C}{\mathrm{d}t}=v_{BC}-v_{bc}-R_0i_B+R_0i_C \\ L\dfrac{\mathrm{d}i_C}{\mathrm{d}t}-L\dfrac{\mathrm{d}i_A}{\mathrm{d}t}=v_{CA}-v_{ca}-R_0i_C+R_0i_A \end{cases} \tag{5-9}$$

对于对称的三相三线制逆变器，有 $i_A+i_B+i_C=i_a+i_b+i_c=0$，对于电容电压有 $v_{ab}+v_{bc}+v_{ca}=0$，所以式（5-8）和式（5-9）中的 6 个方程组独立的变量只有 4 个。式（5-8）和式（5-9）经过整理得到

$$\begin{cases} 3C\dfrac{\mathrm{d}v_{ab}}{\mathrm{d}t}=i_A-i_a-i_B+i_b \\ 3C\dfrac{\mathrm{d}v_{bc}}{\mathrm{d}t}=i_B-i_b-i_C+i_c \\ 3C\dfrac{\mathrm{d}v_{ca}}{\mathrm{d}t}=i_C-i_c-i_A+i_a \end{cases} \tag{5-10}$$

$$\begin{cases} 3L\dfrac{\mathrm{d}i_A}{\mathrm{d}t}=v_{ca}-v_{ab}-v_{CA}+v_{AB}+3R_0i_A \\ 3L\dfrac{\mathrm{d}i_B}{\mathrm{d}t}=v_{ab}-v_{bc}-v_{AB}+v_{BC}+3R_0i_B \\ 3L\dfrac{\mathrm{d}i_C}{\mathrm{d}t}=v_{bc}-v_{ca}-v_{BC}+v_{CA}+3R_0i_C \end{cases} \tag{5-11}$$

线电压与相电压的关系可由下式表示：

$$\begin{bmatrix} v_{ab} \\ v_{bc} \\ v_{ca} \end{bmatrix} = \begin{bmatrix} 1 & -1 & 0 \\ 0 & 1 & -1 \\ -1 & 0 & 1 \end{bmatrix} \begin{bmatrix} v_a \\ v_b \\ v_c \end{bmatrix} \tag{5-12}$$

$$\begin{bmatrix} v_{AB} \\ v_{BC} \\ v_{CA} \end{bmatrix} = \begin{bmatrix} 1 & -1 & 0 \\ 0 & 1 & -1 \\ -1 & 0 & 1 \end{bmatrix} \begin{bmatrix} v_A \\ v_B \\ v_C \end{bmatrix} \tag{5-13}$$

将式（5-12）和式（5-13）分别代入式（5-10）与式（5-11）得到

$$\begin{cases} 3C\dfrac{dv_a}{dt} = i_A - i_a \\ 3C\dfrac{dv_b}{dt} = i_B - i_b \\ 3C\dfrac{dv_c}{dt} = i_C - i_c \end{cases} \tag{5-14}$$

$$\begin{cases} L\dfrac{di_A}{dt} = v_A - v_a + R_0 i_A \\ L\dfrac{di_B}{dt} = v_B - v_b + R_0 i_B \\ L\dfrac{di_C}{dt} = v_C - v_c + R_0 i_C \end{cases} \tag{5-15}$$

取 v_a、v_b、i_A、i_B 为状态变量列写状态方程，则逆变器的数学模型为

$$\frac{d}{dt}\begin{bmatrix} v_a \\ v_b \\ i_A \\ i_B \end{bmatrix} = \begin{bmatrix} 0 & 0 & \dfrac{1}{3C} & 0 \\ 0 & 0 & 0 & \dfrac{1}{3C} \\ -\dfrac{1}{L} & 0 & -\dfrac{R_0}{L} & 0 \\ 0 & -\dfrac{1}{L} & 0 & -\dfrac{R_0}{L} \end{bmatrix} \begin{bmatrix} v_a \\ v_b \\ i_A \\ i_B \end{bmatrix} - \begin{bmatrix} 0 & 0 & -\dfrac{1}{3C} & 0 \\ 0 & 0 & 0 & -\dfrac{1}{3C} \\ \dfrac{1}{L} & 0 & 0 & 0 \\ 0 & \dfrac{1}{L} & 0 & 0 \end{bmatrix} \begin{bmatrix} v_A \\ v_B \\ i_a \\ i_b \end{bmatrix} \tag{5-16}$$

可以看出，该模型是一个多输入多输出的耦合系统，为进一步分析该系统，可将其由三相静止坐标系转换到两相静止坐标系和两相旋转坐标系下来化简模型，降低系统阶次。

2. 坐标变换

由于是三相无中性线系统，三相输出电压之间以及电感电流之间不是独立的，空间矢量和坐标变换概念的引入，使得三相变量可以在三相静止坐标系与两相坐标系之间转换，因此利用坐标变换，可以将三相模型转换到两相坐标系下，简化系统模型，降低系统阶次。实际应用中除了 abc 坐标系外，基于两相 $\alpha\beta$ 静止坐标系和 dq 旋转坐标系的控制也应用很广。

（1）$\alpha\beta$ 坐标系

$\alpha\beta$ 两相静止坐标系：在矢量空间，将 α 轴固定在 a 轴方向上，β 轴超前 α 轴 90°，如

图 5-6 所示。

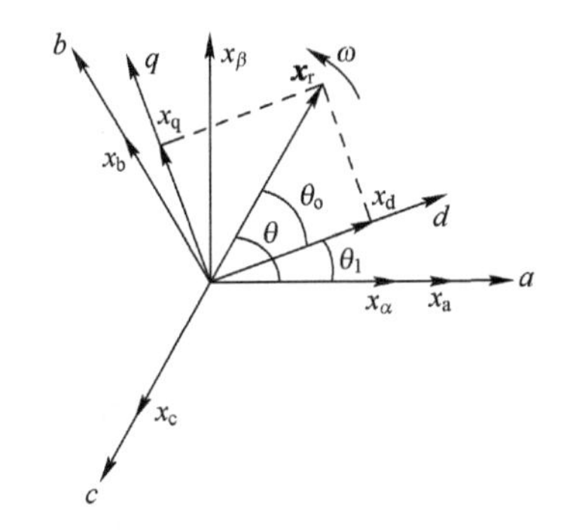

图 5-6　三相静止坐标系与 $\alpha\beta$ 坐标系及 dq 坐标系之间的关系

由附录可得到三相 abc 坐标系与两相静止 $\alpha\beta$ 坐标系（除零轴）的转换关系：

$$\begin{bmatrix} x_a \\ x_b \\ x_c \end{bmatrix} = \sqrt{\frac{2}{3}} \begin{bmatrix} 1 & 0 \\ -\frac{1}{2} & \frac{\sqrt{3}}{2} \\ -\frac{1}{2} & -\frac{\sqrt{3}}{2} \end{bmatrix} \begin{bmatrix} x_\alpha \\ x_\beta \end{bmatrix} = \boldsymbol{C}_{\alpha\beta\to abc} \begin{bmatrix} x_\alpha \\ x_\beta \end{bmatrix} \tag{5-17}$$

$$\begin{bmatrix} x_\alpha \\ x_\beta \end{bmatrix} = \sqrt{\frac{2}{3}} \begin{bmatrix} 1 & -\frac{1}{2} & -\frac{1}{2} \\ 0 & \frac{\sqrt{3}}{2} & -\frac{\sqrt{3}}{2} \end{bmatrix} \begin{bmatrix} x_a \\ x_b \\ x_c \end{bmatrix} = \boldsymbol{C}_{abc\to\alpha\beta} \begin{bmatrix} x_a \\ x_b \\ x_c \end{bmatrix} \tag{5-18}$$

（2）dq 坐标系

在矢量空间 q 轴超前 d 轴 90°，坐标系以 ωt 的角速度与空间合成矢量同步旋转。其中，θ_1 为 t 时间内 dq 坐标系相对 a 轴所转过的角度或矢量 x_r 转过的角度，即 $\theta_1=\omega t$。图中 θ_o 为合成空间矢量 $\boldsymbol{x}_r$ 与 abc 坐标系的初始夹角，即 $\omega t=0$ 时，$\boldsymbol{x}_r$ 与 a 轴的夹角。若三相变量为对称的，则合成矢量 $\boldsymbol{x}_r$ 可表示成 $x_r=\frac{3}{2}X_m e^{j(\omega t+\theta_o)}$。

利用空间合成矢量相等的原则，可得静止 $\alpha\beta$ 坐标系与 dq 坐标系之间变换关系为

$$\begin{bmatrix} x_d \\ x_q \end{bmatrix} = \begin{bmatrix} \cos\theta & \sin\theta \\ -\sin\theta & \cos\theta \end{bmatrix} \begin{bmatrix} x_\alpha \\ x_\beta \end{bmatrix} = \boldsymbol{T}_{\alpha\beta\to dq} \begin{bmatrix} x_\alpha \\ x_\beta \end{bmatrix} \tag{5-19}$$

$$\begin{bmatrix} x_\alpha \\ x_\beta \end{bmatrix} = \begin{bmatrix} \cos\theta & -\sin\theta \\ \sin\theta & \cos\theta \end{bmatrix} \begin{bmatrix} x_d \\ x_q \end{bmatrix} = \boldsymbol{T}_{dq\to\alpha\beta} \begin{bmatrix} x_d \\ x_q \end{bmatrix} \tag{5-20}$$

3. 逆变器在两相静止 $\alpha\beta$ 坐标系及两相旋转 dq 坐标系下的数学模型

将式（5-14）和式（5-15）进行 Clarke 变换，得到逆变器在 $\alpha\beta$ 坐标系下的数学模型如式（5-21）和式（5-22）所示。

$$\begin{cases} 3C\dfrac{dv_\alpha}{dt}=i_\alpha-i'_\alpha \\ 3C\dfrac{dv_\beta}{dt}=i_\beta-i'_\beta \end{cases} \tag{5-21}$$

$$
\begin{cases}
L\dfrac{\mathrm{d}i_{\alpha}}{\mathrm{d}t}=V_{\alpha}-v_{\alpha}-R_0 i_{\alpha}\\
L\dfrac{\mathrm{d}i_{\beta}}{\mathrm{d}t}=V_{\beta}-v_{\beta}-R_0 i_{\beta}
\end{cases}
\tag{5-22}
$$

其中，V_{α}、V_{β} 对应逆变器桥臂输出相电压 v_{A}、v_{B}、v_{C} Clarke 变换的输出，v_{α}、v_{β} 对应负载端相电压 v_{a}、v_{b}、v_{c} Clarke 变换的输出，i_{α}、i_{β} 对应 i_{A}、i_{B}、i_{C} Clarke 变换的输出，i'_{α}、i'_{β} 对应 i_{a}、i_{b}、i_{c} Clarke 变换的输出，再将式（5-21）和式（5-22）进行 Park 变换，可以得到基于同步旋转 dq 坐标系的逆变器的数学模型如式（5-23）和式（5-24）所示。

$$
\begin{cases}
C\dfrac{\mathrm{d}v_{\mathrm{d}}}{\mathrm{d}t}=\dfrac{1}{3}i_{\mathrm{d}}-\dfrac{1}{3}i'_{\mathrm{d}}+\omega C v_{\mathrm{q}}\\
C\dfrac{\mathrm{d}v_{\mathrm{q}}}{\mathrm{d}t}=\dfrac{1}{3}i_{\mathrm{q}}-\dfrac{1}{3}i'_{\mathrm{q}}-\omega C v_{\mathrm{d}}
\end{cases}
\tag{5-23}
$$

$$
\begin{cases}
L\dfrac{\mathrm{d}i_{\mathrm{d}}}{\mathrm{d}t}=V_{\mathrm{d}}-v_{\mathrm{d}}-R_0 i_{\mathrm{d}}+\omega L i_{\mathrm{q}}\\
L\dfrac{\mathrm{d}i_{\mathrm{q}}}{\mathrm{d}t}=V_{\mathrm{q}}-v_{\mathrm{q}}-R_0 i_{\mathrm{q}}-\omega L i_{\mathrm{d}}
\end{cases}
\tag{5-24}
$$

V_{d}、V_{q} 对应 V_{α}、V_{β}，v_{d}、v_{q} 对应 v_{α}、v_{β}，i_{d}、i_{q} 对应 i_{α}、i_{β}，i'_{d}、i'_{q} 对应 i'_{α}、i'_{β}。

利用 Laplace 变换将式（5-23）和式（5-24）变换到 s 域，对于 d 轴可得式（5-25）所示的关系。

$$
\begin{cases}
v_{\mathrm{d}}=\dfrac{1}{3sC}(i_{\mathrm{d}}-i'_{\mathrm{d}}+3\omega C v_{\mathrm{q}})\\
i_{\mathrm{d}}=\dfrac{1}{sL+r}(V_{\mathrm{d}}-v_{\mathrm{d}}+\omega L i_{\mathrm{q}})
\end{cases}
\tag{5-25}
$$

对于 q 轴可以得到式（5-26）所示的关系。

$$
\begin{cases}
v_{\mathrm{q}}=\dfrac{1}{3sC}(i_{\mathrm{q}}-i'_{\mathrm{q}}-3\omega C v_{\mathrm{d}})\\
i_{\mathrm{q}}=\dfrac{1}{sL+r}(V_{\mathrm{q}}-v_{\mathrm{q}}-\omega L i_{\mathrm{d}})
\end{cases}
\tag{5-26}
$$

根据式（5-25）和式（5-26）可以画出其传递函数框图，如图 5-7 所示。可以看出，对于 d 轴，除控制量 V_{d} 外耦合电压 $\omega L i_{\mathrm{q}}$ 和输出电压 v_{d} 扰动都会对 i_{d} 产生影响，输出电压 v_{d} 除受到 i_{d} 影响外还会受到耦合电流 $3\omega C v_{\mathrm{q}}$ 和负载扰动电流 i'_{q} 的影响，同理，可以得出 q 轴

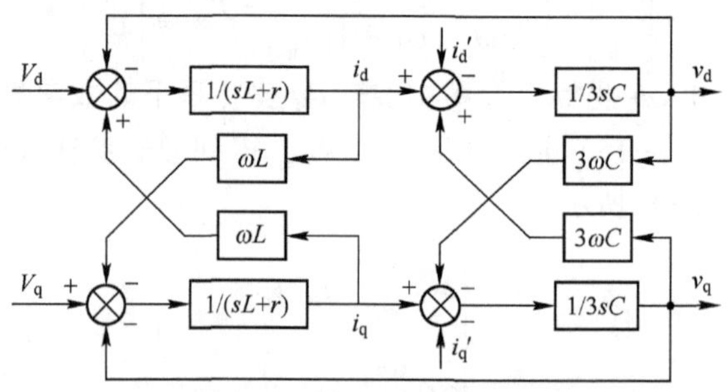

图 5-7　逆变器在两相旋转坐标系下的传递函数框图

上系统的耦合情况。

理想情况下，在稳态时三相逆变器输出的电压为

$$\begin{cases} v_{\mathrm{a}}=V_{\mathrm{m}}\cos\omega t \\ v_{\mathrm{b}}=V_{\mathrm{m}}\cos\left(\omega t+\dfrac{2}{3}\pi\right) \\ v_{\mathrm{c}}=V_{\mathrm{m}}\cos\left(\omega t-\dfrac{2}{3}\pi\right) \end{cases} \tag{5-27}$$

式中，V_{m} 为相电压幅值。将输出电压通过 Clarke 和 Park 变换转换到两相旋转坐标系下，如式（5-28）所示。可以看出，在稳态时 d 轴分量为常量，其值为三相静止坐标系下相电压幅值，q 轴分量等于零。

$$\begin{bmatrix} v_{\mathrm{d}} \\ v_{\mathrm{q}} \end{bmatrix}=\boldsymbol{T}_{\alpha\beta\to dq}\boldsymbol{C}_{abc\to\alpha\beta}\begin{bmatrix} v_{\mathrm{a}} \\ v_{\mathrm{b}} \\ v_{\mathrm{c}} \end{bmatrix}=\begin{bmatrix} V_{\mathrm{m}} \\ 0 \end{bmatrix} \tag{5-28}$$

4. 逆变器的解耦控制

由之前的分析可知，三相三线逆变器模型在三相静止坐标系和两相同步旋转坐标系下都存在耦合，这样会对逆变器的控制带来困难，所以需要对逆变器模型进行解耦，下面利用前馈解耦的方法对逆变器进行解耦。

令 $L\dfrac{\mathrm{d}i_{\mathrm{d}}}{\mathrm{d}t}+R_0i_{\mathrm{d}}=\left(K_{\mathrm{Pi}}+\dfrac{K_{\mathrm{Ii}}}{s}\right)(i_{\mathrm{d}}^*-i_{\mathrm{d}})$，$L\dfrac{\mathrm{d}i_{\mathrm{q}}}{\mathrm{d}t}+R_0i_{\mathrm{q}}=\left(K_{\mathrm{Pi}}+\dfrac{K_{\mathrm{Ii}}}{s}\right)(i_{\mathrm{q}}^*-i_{\mathrm{q}})$，式中 i_{d}^*、i_{q}^* 分别表示内环电流在两个坐标轴的参考量，K_{Pi}、K_{Ii}为电流内环 PI 控制器的系数。可得到电压控制方程为

$$\begin{cases} V_{\mathrm{d}}=\left(K_{\mathrm{Pi}}+\dfrac{K_{\mathrm{Ii}}}{s}\right)(i_{\mathrm{d}}^*-i_{\mathrm{d}})+v_{\mathrm{d}}-\omega Li_{\mathrm{q}} \\ V_{\mathrm{q}}=\left(K_{\mathrm{Pi}}+\dfrac{K_{\mathrm{Ii}}}{s}\right)(i_{\mathrm{q}}^*-i_{\mathrm{q}})+v_{\mathrm{q}}+\omega Li_{\mathrm{d}} \end{cases} \tag{5-29}$$

再将式（5-29）代入式（5-24），得到

$$\begin{cases} i_{\mathrm{d}}=\dfrac{1}{sL+R_0}\left(K_{\mathrm{Pi}}+\dfrac{K_{\mathrm{Ii}}}{s}\right)(i_{\mathrm{d}}^*-i_{\mathrm{d}}) \\ i_{\mathrm{q}}=\dfrac{1}{sL+R_0}\left(K_{\mathrm{Pi}}+\dfrac{K_{\mathrm{Ii}}}{s}\right)(i_{\mathrm{q}}^*-i_{\mathrm{q}}) \end{cases} \tag{5-30}$$

可见，i_{d}、i_{q} 互不影响，通过电压前馈实现了电流的解耦。同理，将负载电流前馈到电压外环，得到电流控制方程为

$$\begin{cases} i_{\mathrm{d}}^*=3\left(K_{\mathrm{Pv}}+\dfrac{K_{\mathrm{Iv}}}{s}\right)(v_{\mathrm{d}}^*-v_{\mathrm{d}})+i'_{\mathrm{d}}-3\omega Cv_{\mathrm{q}} \\ i_{\mathrm{q}}^*=3\left(K_{\mathrm{Pv}}+\dfrac{K_{\mathrm{Iv}}}{s}\right)(v_{\mathrm{q}}^*-v_{\mathrm{q}})+i'_{\mathrm{q}}+3\omega Cv_{\mathrm{d}} \end{cases} \tag{5-31}$$

式中，K_{Pv}、K_{Iv}分别为电压外环 PI 控制器系数；v_{d}^*、v_{q}^* 为外环电压给定量。三相逆变器解耦控制框图如图 5-8 所示。

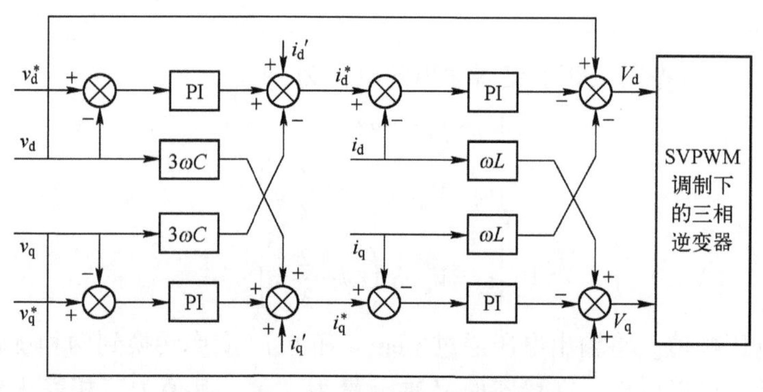

图 5-8　三相逆变器解耦控制框图

5. 电压电流闭环控制器设计

通过上述分析，本书对三相三线逆变器建立了数学模型并实现了在 dq 旋转坐标系下的解耦控制模型。在此基础上，再进行逆变器电压电流双闭环控制系统的设计，电流内环的作用是提高逆变器的动态响应能力，从而抑制电压的波动。电压外环使逆变器的输出电压能跟踪给定的参考值。从控制框图可以看出，d 轴与 q 轴是对称的，控制上也是对称的，图 5-9 为 d 轴电流闭环控制框图。

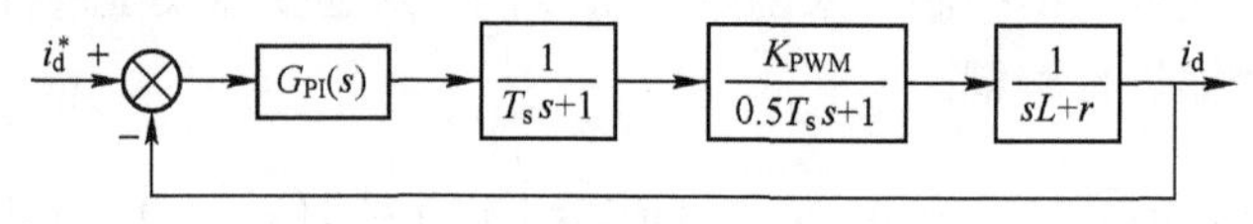

图 5-9　d 轴电流环控制框图

图中 K_{PWM} 为逆变器的等效增益，T_s 为采样周期（即逆变器的开关周期），L 为滤波电感，r 表示功率管开关过程中产生的损耗和电感、线路阻抗的总的等效阻抗，$1/(T_s s+1)$ 为采样信号的延迟，$\frac{1}{0.5T_s s+1}$ 为 PWM 控制存在的惯性环节，为了降低控制器设计复杂程度，将这两相合并，$G_{PI}(s)$ 为 PI 调节器的传递函数，如式（5-32）所示。

$$G_{PI}(s)=K_{Pi}\frac{\tau_i s+1}{\tau_i s} \tag{5-32}$$

$$K_{Ii}=\frac{K_{Pi}}{\tau_i} \tag{5-33}$$

则可以得到系统开环传递函数，如式（5-34）所示。

$$G(s)=K_{Pi}\cdot\frac{\tau_i s+1}{\tau_i s}\cdot\frac{K_{PWM}}{1.5T_s s+1}\cdot\frac{1}{Ls+r} \tag{5-34}$$

由于电流内环对电流的跟随性的要求较高，因此设计时以跟随性为主。将电流环按典型 I 型系统来进行设计，I 型系统动态响应能力较快且其超调量小。根据 I 型系统的设计准则，可得如式（5-35）所示的电流闭环传递函数。

$$P(s)=\frac{G(s)}{G(s)+1}=\frac{1}{\frac{1.5T_s}{K}s^2+\frac{1}{K}s+1}=\frac{1}{\frac{1.5LT_s}{K_{Pi}K_{PWM}}s^2+\frac{L}{K_{Pi}K_{PWM}}s+1} \tag{5-35}$$

电压反馈环路可以使输出电压保持稳定的值，同时电压环的输出是电流内环的输入。逆变

器稳态运行时 i_q 等于零，动态过程中 i_d 的变化也很小。并且在电压电流双环控制系统中，电流内环的响应速度远高于电压外环，在直流电压发生较大变化之前，i_q 已经完成其瞬态过程达到 0，因此可先忽略 q 轴电流的影响。可对电流环进行降阶处理，将其等效为一阶惯性环节：

$$C(s)=\frac{1}{T_{is}s+1} \tag{5-36}$$

式中，$T_{is}=L/(K_{Pi}K_{PWM})$，由上述分析可以画出电压环控制框图，如图 5-10 所示。

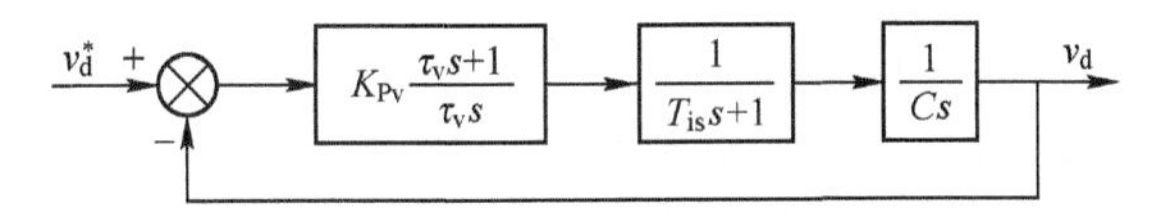

图 5-10　电压环控制框图

电压闭环的加入是为了使逆变器输出的电压稳定，所以电压环应具有很强的抗干扰性，典型 II 型系统是一个三阶系统，可以看作两个积分环节，所以具有很强的抗干扰性，所以将电压环按照 II 型系统设计，开环传递函数如式（5-37）所示。

$$W(s)=\frac{K(\tau s+1)}{s^2(Ts+1)} \tag{5-37}$$

由电压环的控制框图可以写出其开环传递函数，如式（5-38）所示。

$$G_V(s)=K_{Pv}\cdot\frac{\tau_v s+1}{\tau_v s}\cdot\frac{1}{T_{is}s+1}\cdot\frac{1}{Cs}=\frac{K_{Pv}(\tau_v s+1)}{C\tau_v s^2(T_{is}s+1)} \tag{5-38}$$

5.1.3　组合式三相逆变器的数学模型及控制器设计

在 5.1.2 节中谈到的三相三线制逆变器只能带线性对称负载，但在有些场合，逆变器的供电对象除了三相电动机这样的线性对称负载以外，可能还有单相用电设备，如果三相负载的不对称很严重，甚至只有一相有负载、其他两相空载，这时逆变器就要求具有三相单独供电能力。为了让三相逆变器能在更广的范围内使用，必须使其具备一定的带非对称甚至非线性负载的能力，在这种情况下，逆变器必须采用三相四线输出。理论界提供了两种解决方案：三相四线制逆变器和组合式三相逆变器。

三相四线制逆变器由三个半桥单相逆变器构成，如图 5-11 所示，它与三相三线制逆变器的区别在于它的输出电压中点连接到输入直流电源的中性点，该中点将直流电源分为电压

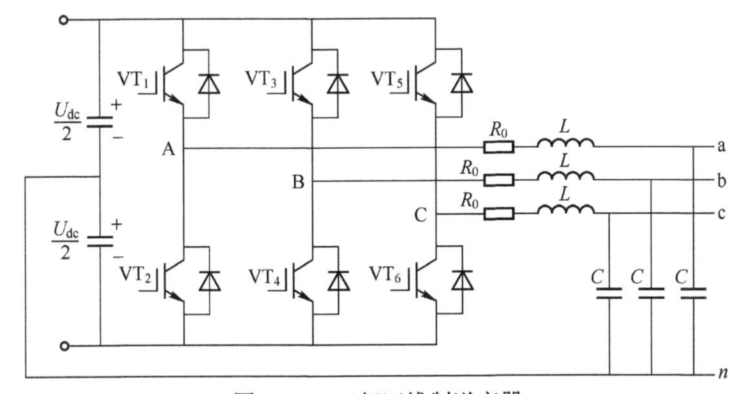

图 5-11　三相四线制逆变器

相等的两个电源，由于 3 个单相逆变器共用了直流电源，所以成本可以降低。这种逆变器的建模过程与三相三线制类似，这并不是本书要讨论的主要问题。

组合式三相逆变器由三个全桥单相逆变器构成，这 3 个独立的桥式逆变器按相位差 120°、240°的相序进行组合。这种结构系统彻底解决了负载 100%不平衡的问题，结构关系非常明确，保证了三相输出电压平衡，电压稳定度高。图 5-12 为组合式三相逆变器的主电路结构图，该逆变器为由 3 个单相逆变器组成的一个三相逆变器。其中 L 为滤波电感，C 为滤波电容，R_0 为线路等效电阻，输出变压器的匝比为 1。i_{oa}、i_{ob} 和 i_{oc} 表示三相负载电流，忽略滤波电容的影响，也即三相电感电流，v_{oa}、v_{ob}、v_{oc} 为三相逆变器输出的相电压，忽略变压器的影响，也即电容电压，v_a、v_b、v_c 为逆变桥输出的三相相电压，i_a、i_b、i_c 为三相逆变器的电感电流。

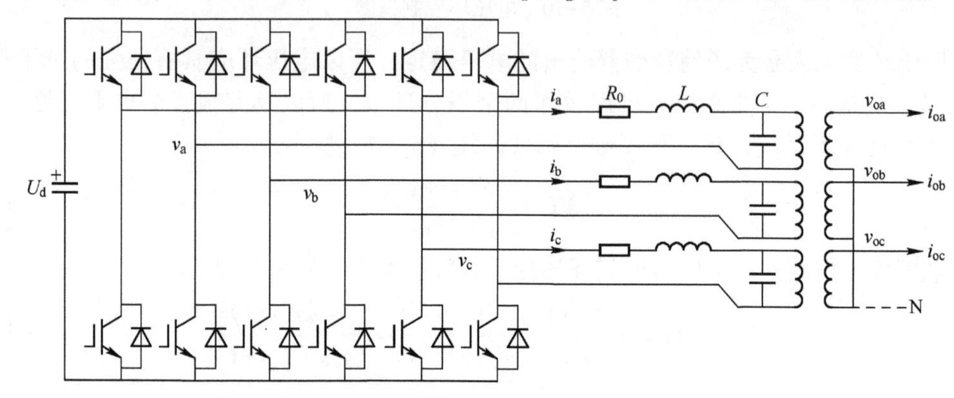

图 5-12　组合式三相逆变器主电路

1. 三相静止坐标系下模型

根据图 5-12 三相逆变器的主电路结构，并以电感电流和电容电压为状态变量，可分别得到式（5-39）所示的三相逆变器的电压电流方程。

$$\begin{cases} v_j = R_0 i_j + L\dfrac{\mathrm{d}i_j}{\mathrm{d}t} + v_{oj} \\ i_j = C\dfrac{\mathrm{d}v_{oj}}{\mathrm{d}t} + i_{oj} \end{cases}, j=a、b、c \tag{5-39}$$

由式(5-39)可得三相逆变器的状态方程为

$$\frac{\mathrm{d}}{\mathrm{d}t}\begin{bmatrix} v_{oa} \\ v_{ob} \\ v_{oc} \\ i_a \\ i_b \\ i_c \end{bmatrix} = \begin{bmatrix} 0 & 0 & 0 & \frac{1}{C} & 0 & 0 \\ 0 & 0 & 0 & 0 & \frac{1}{C} & 0 \\ 0 & 0 & 0 & 0 & 0 & \frac{1}{C} \\ -\frac{1}{L} & 0 & 0 & -\frac{R_0}{L} & 0 & 0 \\ 0 & -\frac{1}{L} & 0 & 0 & -\frac{R_0}{L} & 0 \\ 0 & 0 & -\frac{1}{L} & 0 & 0 & -\frac{R_0}{L} \end{bmatrix} \begin{bmatrix} v_{oa} \\ v_{ob} \\ v_{oc} \\ i_a \\ i_b \\ i_c \end{bmatrix} + \begin{bmatrix} 0 & 0 & 0 & -\frac{1}{C} & 0 & 0 \\ 0 & 0 & 0 & 0 & -\frac{1}{C} & 0 \\ 0 & 0 & 0 & 0 & 0 & -\frac{1}{C} \\ \frac{1}{L} & 0 & 0 & 0 & 0 & 0 \\ 0 & \frac{1}{L} & 0 & 0 & 0 & 0 \\ 0 & 0 & \frac{1}{L} & 0 & 0 & 0 \end{bmatrix} \begin{bmatrix} v_a \\ v_b \\ v_c \\ i_{oa} \\ i_{ob} \\ i_{oc} \end{bmatrix} \tag{5-40}$$

三相逆变器的三相静止坐标系数学模型中，由式（5-40）看到，abc 三相之间的电压电流是相互独立的，由此不难得到这种由 3 个单相逆变器组合而成的三相逆变器在三相静止坐标系中的控制可以采用三相完全独立的控制技术，且三相之间无耦合关系，可采用较灵活的控制方式。

2. $\alpha\beta$ 坐标系下的模型

根据图 5-8 所示的三相静止/两相静止坐标的关系以及两者之间的三角关系，并为使得各变量变换后的极值不变，可以得到变换矩阵，详见附录所示。

经过计算可得到两相静止坐标系中的三相逆变器的电压电流方程分别为

$$\begin{cases}\dfrac{\mathrm{d}}{\mathrm{d}t}\begin{bmatrix}v_{\mathrm{o}\alpha}\\v_{\mathrm{o}\beta}\end{bmatrix}=\dfrac{1}{C}\left(\begin{bmatrix}i_{\alpha}\\i_{\beta}\end{bmatrix}-\begin{bmatrix}i_{\mathrm{o}\alpha}\\i_{\mathrm{o}\beta}\end{bmatrix}\right)\\ \dfrac{\mathrm{d}}{\mathrm{d}t}\begin{bmatrix}i_{\alpha}\\i_{\beta}\end{bmatrix}=\dfrac{1}{L}\left(\begin{bmatrix}v_{\alpha}\\v_{\beta}\end{bmatrix}-R_0\begin{bmatrix}i_{\alpha}\\i_{\beta}\end{bmatrix}-\begin{bmatrix}v_{\mathrm{o}\alpha}\\v_{\mathrm{o}\beta}\end{bmatrix}\right)\end{cases}\tag{5-41}$$

两相静止坐标系中的模型同三相静止坐标系中的数学模型相同，$\alpha\beta$ 两相之间的电压电流是相互独立的，因而 α 与 β 两轴上可以采用如同单相逆变器中的波形控制技术。图 5-13 为三相逆变器两相静止坐标系模型中的 α 轴模型，β 轴与之类似，只是相关变量为 β 相的变量，$\alpha\beta$ 坐标系模型与三相坐标系模型不同的是，三相减少到了两相，相应地闭环控制回路也由三个减少为两个。

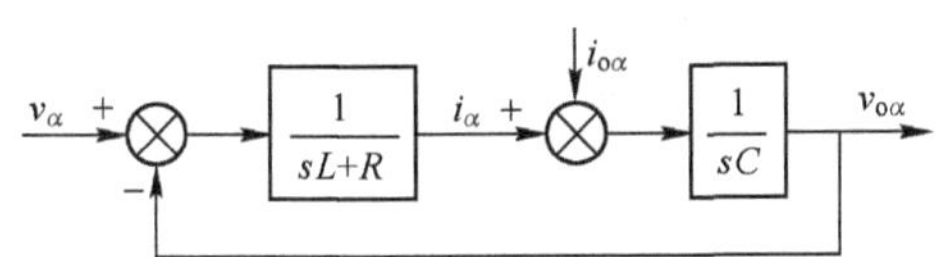

图 5-13　三相逆变器的两相静止坐标系的 α 轴模型

3. dq 坐标系下的模型

定义两相旋转坐标系的 dq 坐标系如图 5-6 所示，根据两相静止与旋转坐标系之间的关系，得到两相静止坐标系到旋转坐标系的转换矩阵 $\boldsymbol{T}_{\alpha\beta\to dq}$，旋转坐标系到两相静止坐标系的转换矩阵 $\boldsymbol{T}_{dq\to\alpha\beta}$。将三相逆变器的 $\alpha\beta$ 坐标系模型变换为 dq 坐标系下的数学模型，dq 坐标系中的电压电流方程为

$$\begin{cases}\dfrac{d}{\mathrm{d}t}\begin{bmatrix}v_{\mathrm{od}}\\v_{\mathrm{oq}}\end{bmatrix}=\begin{bmatrix}0&\omega\\-\omega&0\end{bmatrix}\begin{bmatrix}v_{\mathrm{od}}\\v_{\mathrm{oq}}\end{bmatrix}+\dfrac{1}{C}\left(\begin{bmatrix}i_{\mathrm{d}}\\i_{\mathrm{q}}\end{bmatrix}-\begin{bmatrix}i_{\mathrm{od}}\\i_{\mathrm{oq}}\end{bmatrix}\right)\\ \dfrac{\mathrm{d}}{\mathrm{d}t}\begin{bmatrix}i_{\mathrm{d}}\\i_{\mathrm{q}}\end{bmatrix}=\dfrac{1}{L}\begin{bmatrix}v_{\mathrm{od}}\\v_{\mathrm{oq}}\end{bmatrix}+\dfrac{1}{C}\begin{bmatrix}-\dfrac{R_0}{L}&\omega\\-\omega&-\dfrac{R_0}{L}\end{bmatrix}\begin{bmatrix}i_{\mathrm{d}}\\i_{\mathrm{q}}\end{bmatrix}+\dfrac{1}{L}\begin{bmatrix}v_{\mathrm{d}}\\v_{\mathrm{q}}\end{bmatrix}\end{cases}\tag{5-42}$$

图 5-14 所示的 dq 坐标系下三相逆变器的数学模型，q 轴的输出电压以及电感电流分量耦合到 d 轴上，而 d 轴的输出电压以及电感电流分量耦合到 q 轴上，即 dq 坐标系下的三相逆变器数学模型是一个两输入两输出的耦合系统。

在三相逆变器输出电压对称的情况下，经过三相坐标系到两相旋转坐标系的变换之后，dq 模型中的三相逆变器的 d 轴分量为一常量，而 q 轴分量为零，这样方便了三相逆变器在

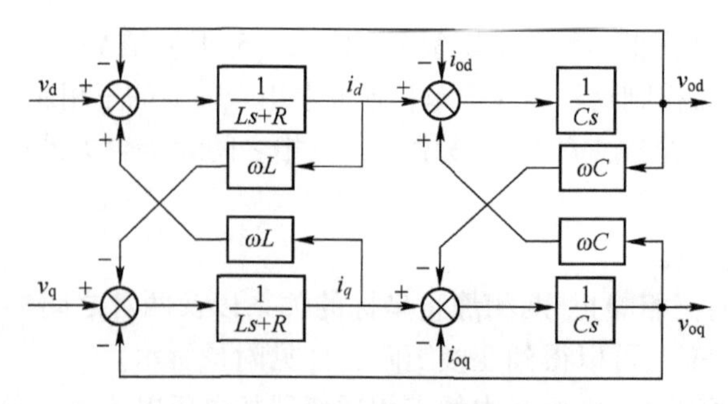

图 5-14　三相逆变器的 dq 模型

dq 坐标系中的控制以及并联调压的实现。使用反馈线性化，把控制对象中的耦合解除掉，其控制器如图 5-15 所示。该控制器为双闭环结构，包括外环电压环、内环电流环。电压环调节器的输出加入负载电流前馈，与电感电流之差作为电流内环的给定，经电流内环调节器输出后加上输出电压作为系统的发波参考量。

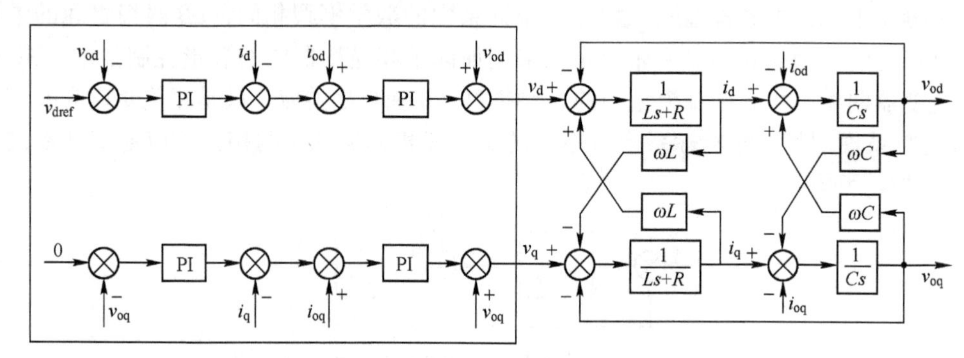

图 5-15　三相逆变器的双闭环控制器

5.1.4　三相四桥臂逆变器的数学模型及控制器设计

三相四桥臂逆变器同样也是解决输出带不对称负载的拓扑结构，如图 5-16 所示，它把输出中点连到第四个桥臂的中间，可以让中性线上流过电流，从而具备了带非对称负载的能力，同时可以看到，和三相三桥臂逆变器一样，这种逆变器只需一个直流电源。与三相四线

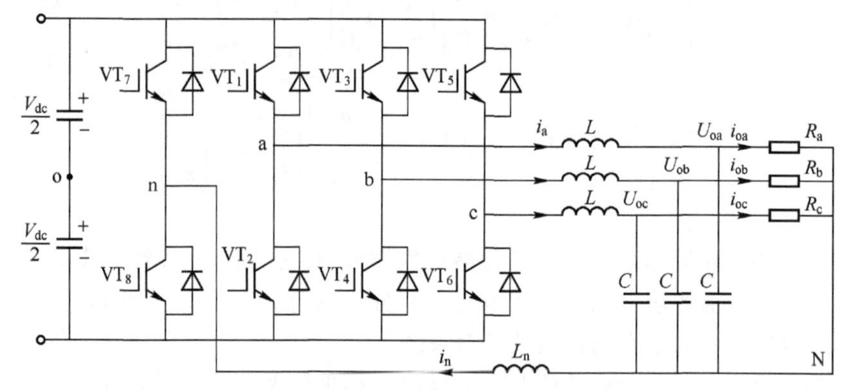

图 5-16　三相四桥臂逆变器

制逆变器相比，三相四桥臂逆变器具有较高的直流电压利用率；与组合式三相逆变器相比，电路简单，器件减少，成本降低。

1. 三相静止坐标系下的模型

假设开关管视为理想开关，且不考虑滤波电感和中性线电感的寄生电阻。其中，$i_j(j=a、b、c)$为三相电感电流，$i_{oj}(j=a、b、c)$为三相负载电流，i_{dc}为直流侧电流，$v_j(j=a、b、c、n)$为逆变桥臂输出电压，参考点为o点，$v_{oj}(j=a、b、c)$为逆变器输出电压，$v_{jn}(j=a、b、c)$为逆变桥臂相对于第四桥臂n的电压。

定义开关函数$S_j(j=a、b、c、n)$，$S_j=1$，表示上桥臂导通，下桥臂断开；$S_j=0$，表示上桥臂断开，下桥臂导通。则根据KVL可得

$$\begin{bmatrix} v_{an} \\ v_{bn} \\ v_{cn} \end{bmatrix} = L\frac{\mathrm{d}}{\mathrm{d}t}\begin{bmatrix} i_a \\ i_b \\ i_c \end{bmatrix} + \begin{bmatrix} v_{oa} \\ v_{ob} \\ v_{oc} \end{bmatrix} + L_n\frac{\mathrm{d}}{\mathrm{d}t}\begin{bmatrix} i_n \\ i_n \\ i_n \end{bmatrix} \Rightarrow L\frac{d}{\mathrm{d}t}\begin{bmatrix} i_a \\ i_b \\ i_c \end{bmatrix} = \begin{bmatrix} v_{an} \\ v_{bn} \\ v_{cn} \end{bmatrix} - \begin{bmatrix} v_{oa} \\ v_{ob} \\ v_{oc} \end{bmatrix} - L_n\frac{\mathrm{d}}{\mathrm{d}t}\begin{bmatrix} i_n \\ i_n \\ i_n \end{bmatrix} \tag{5-43}$$

进一步可得电压正序、负序及零序分量的等效方程。其中，下角标pos表示正序分量，下角标neg表示负序分量，下角标0表示零序分量。

$$\begin{cases} \begin{bmatrix} v_{an\_pos} \\ v_{bn\_pos} \\ v_{cn\_pos} \end{bmatrix} = L\frac{\mathrm{d}}{\mathrm{d}t}\begin{bmatrix} i_{a\_pos} \\ i_{b\_pos} \\ i_{c\_pos} \end{bmatrix} + \begin{bmatrix} v_{oa\_pos} \\ v_{ob\_pos} \\ v_{oc\_pos} \end{bmatrix} \\ \begin{bmatrix} v_{an\_neg} \\ v_{bn\_neg} \\ v_{cn\_neg} \end{bmatrix} = L\frac{\mathrm{d}}{\mathrm{d}t}\begin{bmatrix} i_{a\_neg} \\ i_{b\_neg} \\ i_{c\_neg} \end{bmatrix} + \begin{bmatrix} v_{oa\_neg} \\ v_{ob\_neg} \\ v_{oc\_neg} \end{bmatrix} \\ \begin{bmatrix} v_{an\_0} \\ v_{bn\_0} \\ v_{cn\_0} \end{bmatrix} = (L+3L_n)\frac{\mathrm{d}}{\mathrm{d}t}\begin{bmatrix} i_{a\_0} \\ i_{b\_0} \\ i_{c\_0} \end{bmatrix} + \begin{bmatrix} v_{oa\_0} \\ v_{ob\_0} \\ v_{oc\_0} \end{bmatrix} \end{cases} \tag{5-44}$$

根据KCL可得

$$\begin{cases} \frac{\mathrm{d}}{\mathrm{d}t}\begin{bmatrix} v_{oa} \\ v_{ob} \\ v_{oc} \end{bmatrix} = \frac{1}{C}\left([i_a \quad i_b \quad i_c]^{\mathrm{T}} - \begin{bmatrix} \frac{v_{oa}}{R_a} & \frac{v_{ob}}{R_b} & \frac{v_{oc}}{R_c} \end{bmatrix}^{\mathrm{T}} \right) \\ i_a+i_b+i_c=i_n;S_a i_a+S_b i_b+S_c i_c-S_n i_n=i_{dc} \end{cases} \tag{5-45}$$

在三相静止坐标系下，系统有着复杂的耦合关系且当负载不平衡时会导致三相电感电流的不平衡，无法实现第四桥臂和前三桥臂的解耦，同时输出电压和电感电流都为交流量，很难实现无静差调节。仿照三相三桥臂逆变器在同步旋转坐标系下的分析，可方便地实现无静差调节，同时也能实现系统完全解耦。

2. 两相旋转坐标系下的模型

仿照附录中的Clarke变换过程，结合Park变换，可得三相静止坐标系到逆时针同步旋转坐标系下的变换矩阵$\boldsymbol{T}_{abc\to dq0}^{acw}$及逆矩阵$\boldsymbol{T}_{dq0\to abc}^{acw}$，这两个变换矩阵用于电压、电流等正序变换中，正序分量经过变换后变为了直流量；三相静止坐标系到顺时针同步旋转坐标系下的变换矩阵$\boldsymbol{T}_{abc\to dq0}^{cw}$及逆矩阵$\boldsymbol{T}_{dq0\to abc}^{cw}$，这两个变换矩阵用于电压、电流等负序变换中，负序分量

经过变换后变为直流量。

$$\boldsymbol{T}_{abc\to dq0}^{acw}=\frac{2}{3}\begin{bmatrix}\cos\omega t & \cos(\omega t-120^\circ) & \cos(\omega t+120^\circ)\\ -\sin\omega t & -\sin(\omega t-120^\circ) & -\sin(\omega t+120^\circ)\\ 0.5 & 0.5 & 0.5\end{bmatrix}$$

$$\boldsymbol{T}_{dq0\to abc}^{acw}=\begin{bmatrix}\cos\omega t & -\sin\omega t & 1\\ \cos(\omega t-120^\circ) & -\sin(\omega t-120^\circ) & 1\\ \cos(\omega t+120^\circ) & -\sin(\omega t+120^\circ) & 1\end{bmatrix}$$

$$\boldsymbol{T}_{abc\to dq0}^{cw}=\frac{2}{3}\begin{bmatrix}\cos\omega t & \cos(\omega t+120^\circ) & \cos(\omega t-120^\circ)\\ -\sin\omega t & -\sin(\omega t+120^\circ) & -\sin(\omega t-120^\circ)\\ 0.5 & 0.5 & 0.5\end{bmatrix}$$

$$\boldsymbol{T}_{dq0\to abc}^{acw}=\begin{bmatrix}\cos\omega t & -\sin\omega t & 1\\ \cos(\omega t+120^\circ) & -\sin(\omega t+120^\circ) & 1\\ \cos(\omega t-120^\circ) & -\sin(\omega t-120^\circ) & 1\end{bmatrix}$$

通过 $\boldsymbol{T}_{abc\to dq0}^{acw}$,并考虑到正序分量下 0 轴分量为零,则可得电压电流在同步旋转坐标系下的正序分量为

$$\begin{bmatrix}v_{\mathrm{d\_pos}}\\ v_{\mathrm{q\_pos}}\end{bmatrix}=L\frac{\mathrm{d}}{\mathrm{d}t}\begin{bmatrix}i_{\mathrm{d\_pos}}\\ i_{\mathrm{q\_pos}}\end{bmatrix}+\omega L\begin{bmatrix}-i_{\mathrm{q\_pos}}\\ i_{\mathrm{d\_pos}}\end{bmatrix}+\begin{bmatrix}v_{\mathrm{od\_pos}}\\ v_{\mathrm{oq\_pos}}\end{bmatrix}\tag{5-46}$$

因此通过前馈控制可以对 dq 轴分量进行解耦控制即可。

通过 $\boldsymbol{T}_{abc\to dq0}^{cw}$，并考虑到负序分量下 0 轴分量为零，则可得电压电流在同步旋转坐标系下的负序分量为

$$\begin{bmatrix}v_{\mathrm{d\_neg}}\\ v_{\mathrm{q\_neg}}\end{bmatrix}=L\frac{\mathrm{d}}{\mathrm{d}t}\begin{bmatrix}i_{\mathrm{d\_neg}}\\ i_{\mathrm{q\_neg}}\end{bmatrix}+\omega L\begin{bmatrix}i_{\mathrm{q\_neg}}\\ -i_{\mathrm{d\_neg}}\end{bmatrix}+\begin{bmatrix}v_{\mathrm{od\_neg}}\\ v_{\mathrm{oq\_neg}}\end{bmatrix}\tag{5-47}$$

因此通过前馈控制可以对 dq 轴分量进行解耦控制即可。

电压电流在同步旋转坐标系下的零序分量为

$$\begin{bmatrix}v_{\mathrm{d\_0}}\\ v_{\mathrm{q\_0}}\\ v_{\mathrm{0\_0}}\end{bmatrix}=(L+3L_{\mathrm{n}})\frac{\mathrm{d}}{\mathrm{d}t}\begin{bmatrix}i_{\mathrm{d\_0}}\\ i_{\mathrm{q\_0}}\\ i_{\mathrm{0\_0}}\end{bmatrix}+\omega(L+3L_{\mathrm{n}})\begin{bmatrix}-i_{\mathrm{q\_0}}\\ i_{\mathrm{d\_0}}\\ i_{\mathrm{0\_0}}\end{bmatrix}+\begin{bmatrix}v_{\mathrm{od\_0}}\\ v_{\mathrm{oq\_0}}\\ v_{\mathrm{o0\_0}}\end{bmatrix}\tag{5-48}$$

式中，$x_{\mathrm{d\_pos}}$、$x_{\mathrm{q_pos}}$为正序分量在 $dq0$ 的投影；$x_{\mathrm{d\_neg}}$、$x_{\mathrm{q_neg}}$为负序分量在 $dq0$ 的投影；$x_{\mathrm{d\_0}}$、$x_{\mathrm{q\_0}}$、$x_{\mathrm{0_0}}$为零序分量在 $dq0$ 的投影。

3. 三相四桥臂发波方法

（1）三维空间下的开关矢量

三相四桥臂逆变器的简化图如图 5-17 所示，前三个桥臂中点对第四桥臂中点电压为 $\boldsymbol{V}_{\mathrm{an}}$、$\boldsymbol{V}_{\mathrm{bn}}$、$\boldsymbol{V}_{\mathrm{cn}}$（$\boldsymbol{V}_{\mathrm{an}}$、$\boldsymbol{V}_{\mathrm{bn}}$、$\boldsymbol{V}_{\mathrm{cn}}$为标幺值）。

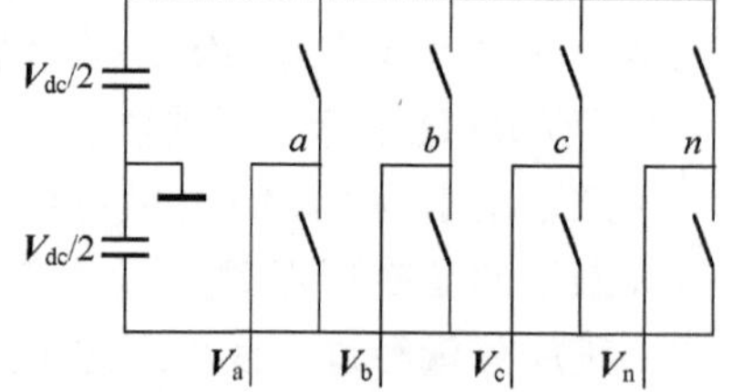

图 5-17　三相四桥臂逆变器简化图

假定 a、b、c、n 分别代表 4 个桥臂的开关状态，上桥臂开关管导通为 1，关断为 0，这样就共有 $2^4=16$ 个开关状态；相电压 $\boldsymbol{U}_{\mathrm{an}}$、$\boldsymbol{U}_{\mathrm{bn}}$、$\boldsymbol{U}_{\mathrm{cn}}$为空间电压矢量；$\boldsymbol{U}_0\sim\boldsymbol{U}_{15}$为每个开关状态所对应的 16 个合成矢量，其中包括两个零矢量（$\boldsymbol{U}_0$和 $\boldsymbol{U}_{15}$），见表 5-1。将这 16 合成

矢量 $\boldsymbol{U}_0 \sim \boldsymbol{U}_{15}$ 在 abc 坐标系下画成空间矢量图，如图 5-18 所示，得到了由两个立方体所构成的空间 12 面体。

以状态 6 为例，此时 a、b、c、n 分别为 1、1、0、0；$\boldsymbol{V}_{an}$、$\boldsymbol{V}_{bn}$、$\boldsymbol{V}_{cn}$ 分别为 1、1、0；这表示的是 a、b 上桥臂开关管导通，下管关断；c 上桥臂的开关管关断，下管开通。空间矢量为 $\boldsymbol{U}_6$，位于 abc 坐标系中(1,1,0)坐标处。

表 5-1　开关状态和开关矢量

状态	a	b	c	n	$\boldsymbol{V}_{an}$	$\boldsymbol{V}_{bn}$	$\boldsymbol{V}_{cn}$	矢量
0	0	0	0	0	0	0	0	$\boldsymbol{V}_0$
1	0	0	1	0	0	0	1	$\boldsymbol{V}_1$
2	0	1	0	0	0	1	0	$\boldsymbol{V}_2$
3	0	1	1	0	0	1	1	$\boldsymbol{V}_3$
4	1	0	0	0	1	0	0	$\boldsymbol{V}_4$
5	1	0	1	0	1	0	1	$\boldsymbol{V}_5$
6	1	1	0	0	1	1	0	$\boldsymbol{V}_6$
7	1	1	1	0	1	1	1	$\boldsymbol{V}_7$
8	0	0	0	1	-1	-1	-1	$\boldsymbol{V}_8$
9	0	0	1	1	-1	-1	0	$\boldsymbol{V}_9$
10	0	1	0	1	-1	0	-1	$\boldsymbol{V}_{10}$
11	0	1	1	1	-1	0	0	$\boldsymbol{V}_{11}$
12	1	0	0	1	0	-1	-1	$\boldsymbol{V}_{12}$
13	1	0	1	1	0	-1	0	$\boldsymbol{V}_{13}$
14	1	1	0	1	0	0	-1	$\boldsymbol{V}_{14}$
15	1	1	1	1	0	0	0	$\boldsymbol{V}_{15}$

从图 5-18 中可以看出，16 个开关矢量指向两个六面体的顶点处。$\boldsymbol{V}_0 \sim \boldsymbol{V}_7$ 在上方的六面体上，在正区域里；$\boldsymbol{V}_8 \sim \boldsymbol{V}_{15}$ 在下方的六面体上，在负区域里。由这 16 个开关矢量所构成的空间 12 面体包含了所有的空间矢量，而且这两个六面体的边长均为 1，这使得空间矢量表达得十分简明清楚。在这个 12 面体中，有 6 个与坐标轴平行的平面，分别是 $\boldsymbol{V}_a=\pm 1$，$\boldsymbol{V}_b=\pm 1$，$\boldsymbol{V}_c=\pm 1$；有 6 个与坐标轴夹角成 45°的平面，分别是 $\boldsymbol{V}_a-\boldsymbol{V}_b=\pm 1$，$\boldsymbol{V}_b-\boldsymbol{V}_c=\pm 1$，$\boldsymbol{V}_a-\boldsymbol{V}_c=\pm 1$。通过这 6 个制约条件，就可以知道电压矢量的空间位置和轨迹。

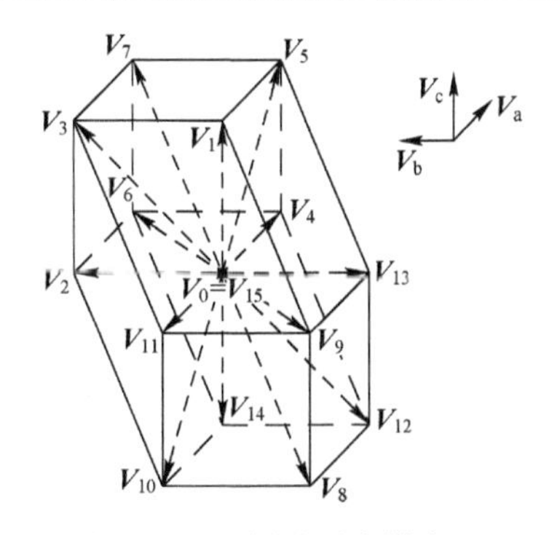

图 5-18　四桥臂逆变器在 abc 坐标系下的开关矢量图

(2) 开关矢量的确定

通过观察图 5-18，可以得到这样一个规律，14 个非零开关矢量与坐标轴的夹角只有 0°和 45°两种情况。因此，可用 6 个平面 $\boldsymbol{V}_a=0$，$\boldsymbol{V}_b=0$，$\boldsymbol{V}_c=0$ 以及 $\boldsymbol{V}_a-\boldsymbol{V}_b=0$，$\boldsymbol{V}_b-\boldsymbol{V}_c=0$，$\boldsymbol{V}_a-\boldsymbol{V}_c=0$ 将控制区域进行切割。这样整个空间 12 面体就被切割成 24 个小的空间四面体。这样，

只要知道了参考电压矢量在上述 6 个平面表达式的符号，也就知道了它所在四面体，即可以利用构成四面体的矢量组来拟合参考电压矢量。例如，某一时刻的参考电压矢量在 abc 坐标系中的坐标为（$\boldsymbol{V}_a$，$\boldsymbol{V}_b$，$\boldsymbol{V}_c$），并且有 $\boldsymbol{V}_a>0$，$\boldsymbol{V}_b>0$，$\boldsymbol{V}_c>0$，$\boldsymbol{V}_a-\boldsymbol{V}_b>0$，$\boldsymbol{V}_b-\boldsymbol{V}_c>0$，$\boldsymbol{V}_a-\boldsymbol{V}_c>0$，则它在 $\boldsymbol{V}_4$、$\boldsymbol{V}_6$、$\boldsymbol{V}_7$ 开关矢量组所组成的空间四面体中。

四面体的选择就是根据参考矢量计算区域指针 N，来确定参考矢量位于哪个四面体中。平面 SVPWM 中确定扇区的参考矢量是通过 $\alpha\beta$ 坐标系下表达式构成；3D-SVPWM 确定四面体的参考矢量就是输入的三相电压 $\boldsymbol{V}_{refa}$、$\boldsymbol{V}_{refb}$、$\boldsymbol{V}_{refc}$。可由式（5-49）来确定要选择的四面体：

$$N=1+K_1+2K_2+4K_3+8K_4+16K_5+32K_6 \tag{5-49}$$

其中

$$K_1=\begin{cases}1, & \boldsymbol{V}_{refa}\geqslant 0\\ 0, & \boldsymbol{V}_{refa}<0\end{cases}\quad K_2=\begin{cases}1, & \boldsymbol{V}_{refb}\geqslant 0\\ 0, & \boldsymbol{V}_{refb}<0\end{cases}\quad K_3=\begin{cases}1, & \boldsymbol{V}_{refc}\geqslant 0\\ 0, & \boldsymbol{V}_{refc}<0\end{cases}$$

$$K_4=\begin{cases}1, & \boldsymbol{V}_{refa}-\boldsymbol{V}_{refb}\geqslant 0\\ 0, & \boldsymbol{V}_{refa}-\boldsymbol{V}_{refb}<0\end{cases}\quad K_5=\begin{cases}1, & \boldsymbol{V}_{refb}-\boldsymbol{V}_{refc}\geqslant 0\\ 0, & \boldsymbol{V}_{refb}-\boldsymbol{V}_{refc}<0\end{cases}\quad K_6=\begin{cases}1, & \boldsymbol{V}_{refa}-\boldsymbol{V}_{refc}\geqslant 0\\ 0, & \boldsymbol{V}_{refa}-\boldsymbol{V}_{refc}<0\end{cases}$$

N 为区域指针 $\left(N=1+\sum_{i=1}^{6}k_i 2^{i-1}\right)$，取值范围为 1～64。由于 K_i 的取值并不完全独立，N 只有 24 个数值，表 5-2 给出了指针变量所对应的矢量组，图 5-19 给出了指针变量 N 所对应的四面体位置。

表 5-2　指针变量与所对应的矢量组

N	$\boldsymbol{V}_{d1}$	$\boldsymbol{V}_{d2}$	$\boldsymbol{V}_{d3}$	N	$\boldsymbol{V}_{d1}$	$\boldsymbol{V}_{d2}$	$\boldsymbol{V}_{d3}$
1	$\boldsymbol{V}_8$	$\boldsymbol{V}_9$	$\boldsymbol{V}_{11}$	41	$\boldsymbol{V}_8$	$\boldsymbol{V}_{12}$	$\boldsymbol{V}_{13}$
5	$\boldsymbol{V}_1$	$\boldsymbol{V}_9$	$\boldsymbol{V}_{11}$	42	$\boldsymbol{V}_4$	$\boldsymbol{V}_{12}$	$\boldsymbol{V}_{13}$
7	$\boldsymbol{V}_1$	$\boldsymbol{V}_3$	$\boldsymbol{V}_{11}$	46	$\boldsymbol{V}_4$	$\boldsymbol{V}_5$	$\boldsymbol{V}_{13}$
8	$\boldsymbol{V}_1$	$\boldsymbol{V}_3$	$\boldsymbol{V}_7$	48	$\boldsymbol{V}_4$	$\boldsymbol{V}_5$	$\boldsymbol{V}_7$
9	$\boldsymbol{V}_8$	$\boldsymbol{V}_9$	$\boldsymbol{V}_{13}$	49	$\boldsymbol{V}_8$	$\boldsymbol{V}_{10}$	$\boldsymbol{V}_{14}$
13	$\boldsymbol{V}_1$	$\boldsymbol{V}_9$	$\boldsymbol{V}_{13}$	51	$\boldsymbol{V}_2$	$\boldsymbol{V}_{10}$	$\boldsymbol{V}_{14}$
14	$\boldsymbol{V}_1$	$\boldsymbol{V}_5$	$\boldsymbol{V}_{13}$	52	$\boldsymbol{V}_2$	$\boldsymbol{V}_6$	$\boldsymbol{V}_{14}$
16	$\boldsymbol{V}_1$	$\boldsymbol{V}_5$	$\boldsymbol{V}_7$	56	$\boldsymbol{V}_2$	$\boldsymbol{V}_6$	$\boldsymbol{V}_7$
17	$\boldsymbol{V}_8$	$\boldsymbol{V}_{10}$	$\boldsymbol{V}_{11}$	57	$\boldsymbol{V}_8$	$\boldsymbol{V}_{12}$	$\boldsymbol{V}_{13}$
19	$\boldsymbol{V}_2$	$\boldsymbol{V}_{10}$	$\boldsymbol{V}_{11}$	58	$\boldsymbol{V}_4$	$\boldsymbol{V}_{12}$	$\boldsymbol{V}_{14}$
23	$\boldsymbol{V}_2$	$\boldsymbol{V}_3$	$\boldsymbol{V}_{11}$	60	$\boldsymbol{V}_4$	$\boldsymbol{V}_6$	$\boldsymbol{V}_{14}$
24	$\boldsymbol{V}_2$	$\boldsymbol{V}_3$	$\boldsymbol{V}_7$	64	$\boldsymbol{V}_4$	$\boldsymbol{V}_6$	$\boldsymbol{V}_7$

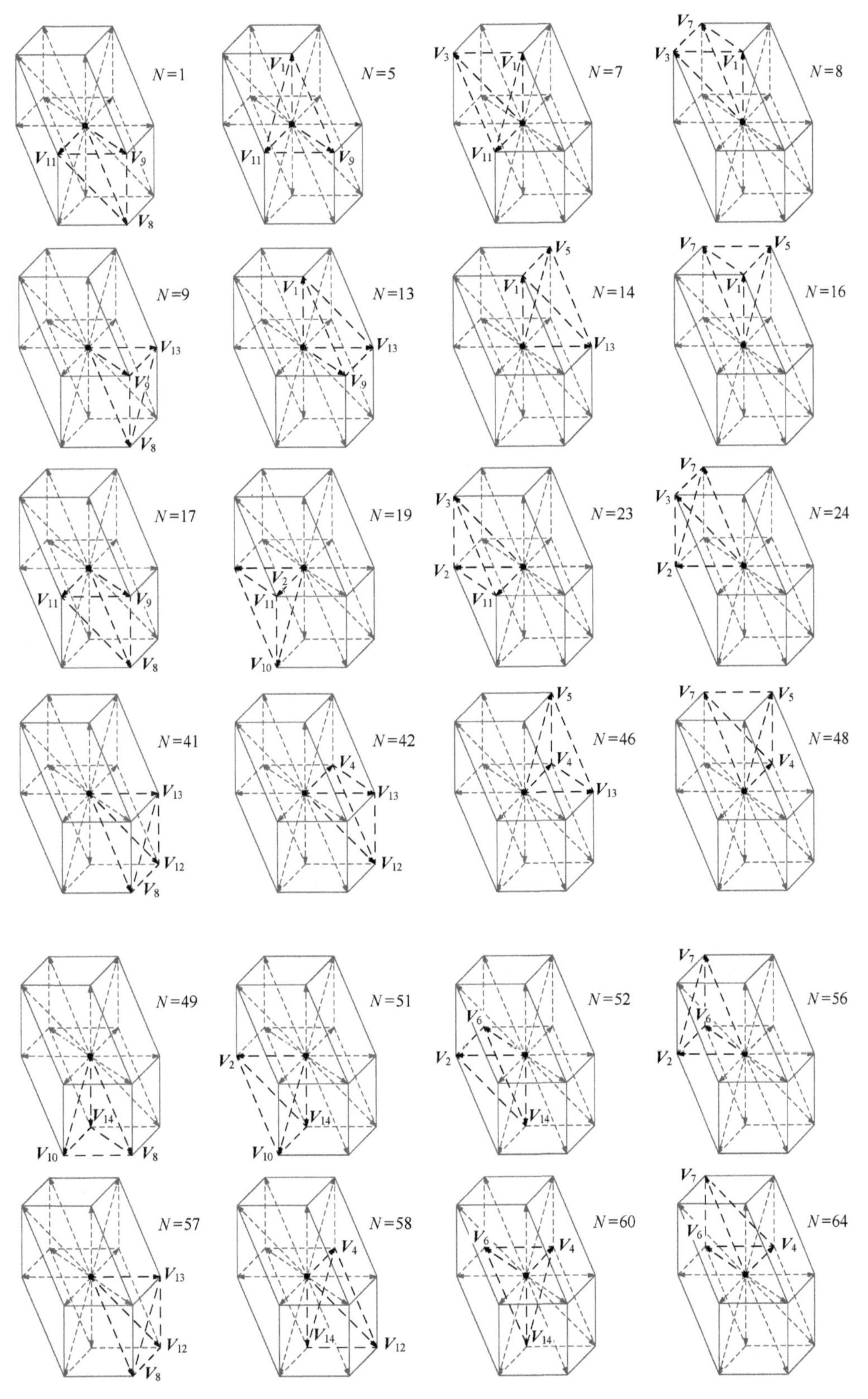

图 5-19　24 个空间四面体区域

在这 24 个四面体中有 12 个为无效四面体,在实际算法过程中不起作用。这是由于在划分这些无效四面体时,其使用的依据在三相正弦系统中不存在。

例如,当 $N=1$ 时 $K_i=0$ 恒成立,即要求 $V_{\rm refa}$、$V_{\rm refb}<0$,$V_{\rm refc}<0$,$V_{\rm refa}<V_{\rm refb}<V_{\rm refc}$。这在标准的三相正弦系统中是不成立的,也就是说 N 在数值上可以取 1,但在实际算法中取不到 1。同理,其余 11 个四面体因三相参考电压不能同时大于零或小于零,因而也是无效四面体。如图 5-20 所示为有效的四面体。

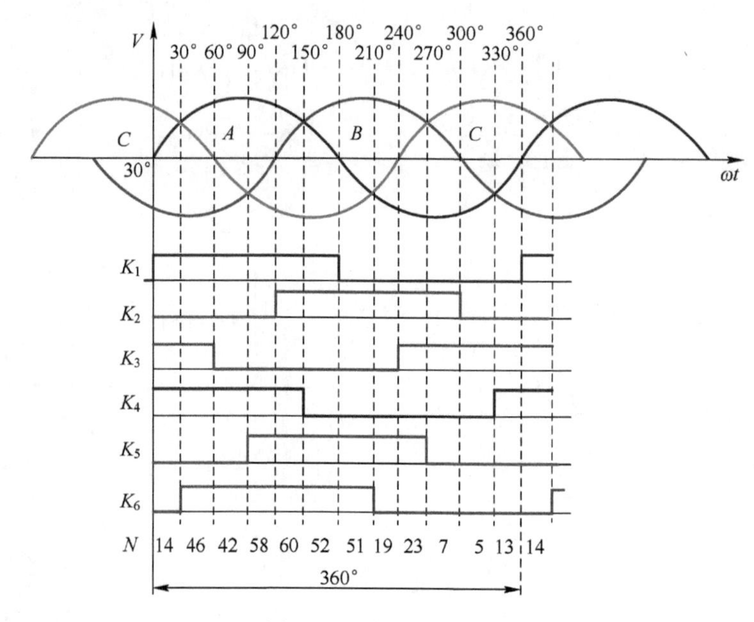

图 5-20 有效的四面体

(3) 占空比的计算

得到了参考电压矢量所在的四面体,即找到了能够合成它的开关矢量组合。根据伏秒面积相等,就可以计算出每个开关矢量的占空比,也就是说每一时刻参考电压矢量的大小等于每个开关电压矢量与其占空比的乘积之和。如式(5-50)所示,对矩阵求逆,就得到了占空比的值,如式(5-51)所示。

$$\boldsymbol{V}_{\rm ref}=\begin{bmatrix}V_{\rm refa}\\V_{\rm refb}\\V_{\rm refc}\end{bmatrix}=\begin{bmatrix}V_{\rm d1\_a} & V_{\rm d2\_a} & V_{\rm d3\_a}\\V_{\rm d1\_b} & V_{\rm d2\_b} & V_{\rm d3\_b}\\V_{\rm d1\_c} & V_{\rm d2\_c} & V_{\rm d3\_b}\end{bmatrix}\begin{bmatrix}d_1\\d_2\\d_3\end{bmatrix} \tag{5-50}$$

$$\begin{cases}d_0=1-d_1-d_2-d_3\\ \begin{bmatrix}d_1\\d_2\\d_3\end{bmatrix}=\begin{bmatrix}V_{\rm d1\_a} & V_{\rm d2\_a} & V_{\rm d3\_a}\\V_{\rm d1\_b} & V_{\rm d2\_b} & V_{\rm d3\_b}\\V_{\rm d1\_c} & V_{\rm d2\_c} & V_{\rm d3\_b}\end{bmatrix}^{-1}\boldsymbol{V}_{\rm ref}\end{cases} \tag{5-51}$$

式中,$\boldsymbol{V}_{\rm ref}$为参考电压矢量;$\boldsymbol{V}_{\rm d1}$、$\boldsymbol{V}_{\rm d2}$、$\boldsymbol{V}_{\rm d3}$为三个非零开关电压矢量,下标 a、b、c 表示在空间坐标系上各轴的投影值;d_1、d_2、d_3分别为各个合成非零矢量所对应的占空比,d_0则是零矢量的占空比。可以是 $\boldsymbol{V}_0(0,0,0)$、$\boldsymbol{V}_{15}(1,1,1)$两个零矢量某一个或两个的组合。以 $N=1$ 为例,

开关矢量组为 $\boldsymbol{V}_8(-1,-1,-1)$、$\boldsymbol{V}_9(-1,-1,0)$、$\boldsymbol{V}_{11}(-1,0,0)$，根据式（5-51）得出

$$\begin{bmatrix} d_1 \\ d_2 \\ d_3 \end{bmatrix} = \begin{bmatrix} -1 & -1 & -1 \\ -1 & -1 & 0 \\ -1 & 0 & 0 \end{bmatrix}^{-1} \quad \boldsymbol{V}_{\text{ref}} = \begin{bmatrix} -\boldsymbol{V}_{\text{cref}} \\ -\boldsymbol{V}_{\text{bref}}+\boldsymbol{V}_{\text{cref}} \\ -\boldsymbol{V}_{\text{aref}}+\boldsymbol{V}_{\text{cref}} \end{bmatrix}$$

用同样的方法可以计算出参考电压矢量在其他有效的四面体中所对应的占空比，表 5-3 给出了指针变量 N 与矢量组和占空比的对应关系。

表 5-3　指针与矢量组和占空比的对应关系

N	$\boldsymbol{V}_{\text{d1}}$	$\boldsymbol{V}_{\text{d2}}$	$\boldsymbol{V}_{\text{d3}}$	d_1	d_2	d_3
5	$\boldsymbol{V}_1$	$\boldsymbol{V}_9$	$\boldsymbol{V}_{11}$	$\boldsymbol{V}_{\text{cref}}$	$-\boldsymbol{V}_{\text{bref}}$	$-\boldsymbol{V}_{\text{aref}}+\boldsymbol{V}_{\text{bref}}$
7	$\boldsymbol{V}_1$	$\boldsymbol{V}_3$	$\boldsymbol{V}_{11}$	$-\boldsymbol{V}_{\text{bref}}+\boldsymbol{V}_{\text{cref}}$	$\boldsymbol{V}_{\text{bref}}$	$-\boldsymbol{V}_{\text{aref}}$
13	$\boldsymbol{V}_1$	$\boldsymbol{V}_9$	$\boldsymbol{V}_{13}$	$\boldsymbol{V}_{\text{cref}}$	$-\boldsymbol{V}_{\text{aref}}$	$\boldsymbol{V}_{\text{aref}}-\boldsymbol{V}_{\text{bref}}$
14	$\boldsymbol{V}_1$	$\boldsymbol{V}_5$	$\boldsymbol{V}_{13}$	$-\boldsymbol{V}_{\text{aref}}+\boldsymbol{V}_{\text{cref}}$	$\boldsymbol{V}_{\text{aref}}$	$-\boldsymbol{V}_{\text{bref}}$
19	$\boldsymbol{V}_2$	$\boldsymbol{V}_{10}$	$\boldsymbol{V}_{11}$	$\boldsymbol{V}_{\text{bref}}$	$-\boldsymbol{V}_{\text{cref}}$	$-\boldsymbol{V}_{\text{aref}}+\boldsymbol{V}_{\text{cref}}$
23	$\boldsymbol{V}_2$	$\boldsymbol{V}_3$	$\boldsymbol{V}_{11}$	$\boldsymbol{V}_{\text{bref}}-\boldsymbol{V}_{\text{cref}}$	$\boldsymbol{V}_{\text{cref}}$	$-\boldsymbol{V}_{\text{aref}}$
42	$\boldsymbol{V}_4$	$\boldsymbol{V}_{12}$	$\boldsymbol{V}_{13}$	$\boldsymbol{V}_{\text{aref}}$	$-\boldsymbol{V}_{\text{cref}}$	$-\boldsymbol{V}_{\text{bref}}+\boldsymbol{V}_{\text{cref}}$
46	$\boldsymbol{V}_4$	$\boldsymbol{V}_5$	$\boldsymbol{V}_{13}$	$\boldsymbol{V}_{\text{aref}}-\boldsymbol{V}_{\text{cref}}$	$\boldsymbol{V}_{\text{cref}}$	$-\boldsymbol{V}_{\text{bref}}$
51	$\boldsymbol{V}_2$	$\boldsymbol{V}_{10}$	$\boldsymbol{V}_{14}$	$\boldsymbol{V}_{\text{bref}}$	$-\boldsymbol{V}_{\text{aref}}$	$\boldsymbol{V}_{\text{aref}}-\boldsymbol{V}_{\text{cref}}$
52	$\boldsymbol{V}_2$	$\boldsymbol{V}_6$	$\boldsymbol{V}_{14}$	$-\boldsymbol{V}_{\text{aref}}+\boldsymbol{V}_{\text{bref}}$	$\boldsymbol{V}_{\text{aref}}$	$-\boldsymbol{V}_{\text{cref}}$
58	$\boldsymbol{V}_4$	$\boldsymbol{V}_{12}$	$\boldsymbol{V}_{14}$	$\boldsymbol{V}_{\text{aref}}$	$-\boldsymbol{V}_{\text{bref}}$	$\boldsymbol{V}_{\text{bref}}-\boldsymbol{V}_{\text{cref}}$
60	$\boldsymbol{V}_4$	$\boldsymbol{V}_6$	$\boldsymbol{V}_{14}$	$\boldsymbol{V}_{\text{aref}}-\boldsymbol{V}_{\text{bref}}$	$\boldsymbol{V}_{\text{bref}}$	$-\boldsymbol{V}_{\text{cref}}$

（4）PWM 调制波的生成

每个四面体中 3 个非零矢量确定后，需要确定开关的排序，即决定开关矢量的作用顺序。根据不同的零矢量加入方式可以组合出许多种开关样式，基本上还是 5 段式或 7 段式。图 5-21 为有效四面体的开关状态，只添加了一种零矢量。该方式在一个工频周期内，对于 A、B、C 桥臂而言，每个开关管都有 1/3 的时间不动作，开关损耗较小。

（5）DSP 代码示例

完整代码【5-1】请扫描二维码获取。

代码【5-1】

```
void 3D_SVPWM()
{
    //A 相电流与零比较
    if(i16VrefA>=0){K1 = 1;}
    else {K1 = 0;}
    //B 相电流与零比较
    if(i16VrefB>=0){K2 = 1;}
    else {K2 = 0;}
    //C 相电流与零比较
    if(i16VrefC>=0){K3 = 1;}
```

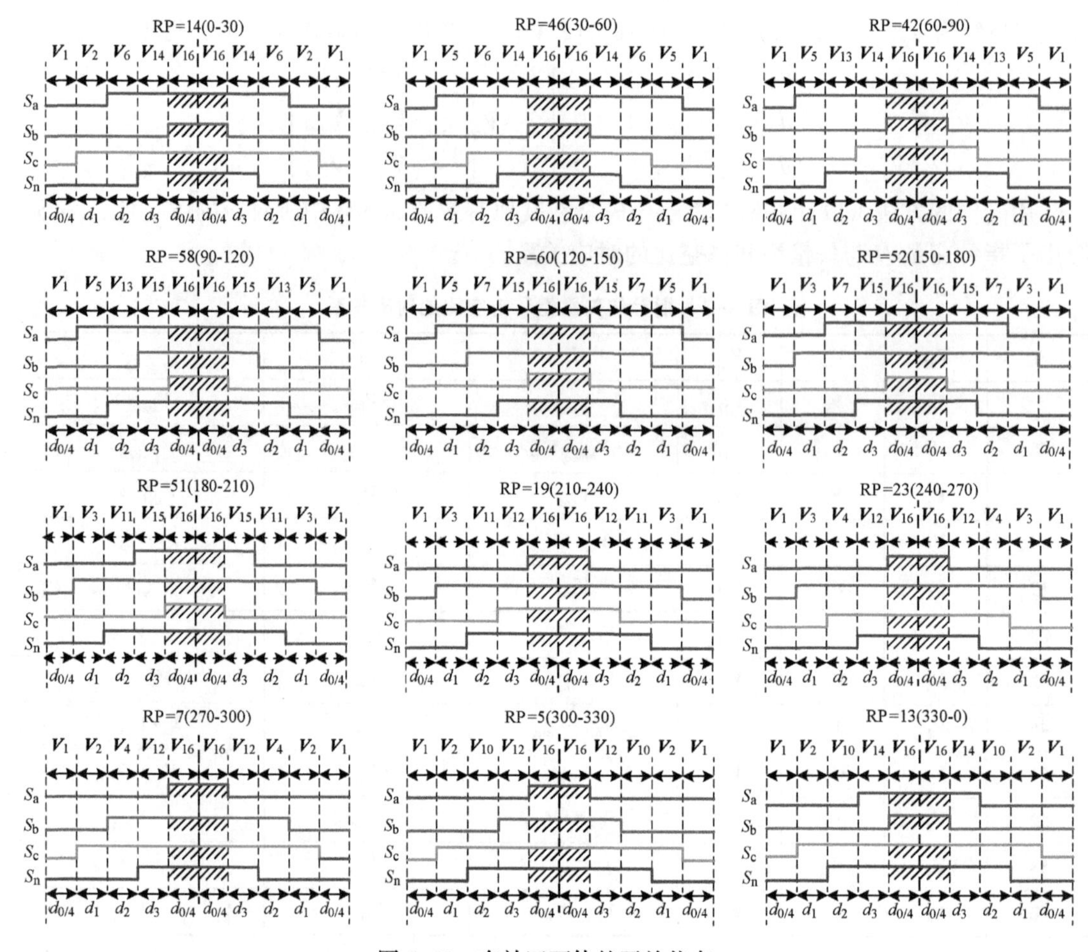

图 5-21　有效四面体的开关状态

```
else {K3 = 0;}
//A 相电流与 B 相电流比较
if(i16VrefA >= i16VrefB) {K4 = 1;}
else {K4 = 0;}
//B 相电流与 C 相电流比较
if(i16VrefB >= i16VrefC) {K5 = 1;}
else {K5 = 0;}
//A 相电流与 C 相电流比较
if(i16VrefA >= i16VrefC) {K6 = 1;}
else {K6 = 0;}
//四面体的选择
N =1+K1+2 * K2+4 * K3+8 * K4+16 * K5+32 * K6;
//矢量作用时间饱和处理
T1=T1 * uT1Period_0/(T1+T2);
T2=T2 * uT1Period_0/(T1+T2);
switch(N)
{
```

```
        case 5:
            D1 = i16VrefC;
            D2 = -i16VrefB;
            D3 = -i16VrefA+i16VrefB;
            D4 = _IQ(1)-D1-D2-D3;
            P1=D4/2;                //第一桥臂开关作用时间
            P2=D3+D4/2;             //第二桥臂开关作用时间
            P3=D1+D2+D3+D4/2;       //第三桥臂开关作用时间
            P4=D2+D3+D4/2;          //第四桥臂开关作用时间
        break;
        … …
    }
}
```

5.1.5 仿真模型

1. 单相逆变器仿真模型

本书提供了单相半桥闭环逆变器仿真模型【5-1】，请读者扫描二维码下载。

2. 三相三线制逆变器仿真模型

本书提供了三相三线制并网逆变器仿真模型【5-2】，请读者扫描二维码下载。

3. 三相四线制逆变器仿真

本书提供了两个三相四线制逆变器仿真模型。带线性负载模型为【5-3】，带非线性负载模型为【5-4】，请读者扫描二维码下载。

模型【5-1】

模型【5-2】

模型【5-3】

模型【5-4】

5.2 多电平逆变器拓扑分析

20 世纪 80 年代，多电平逆变器的概念被提出。起初，该电路用两个串联的电容将直流母线电压分为 3 个电平，每个桥臂用 4 个开关管串联，用一对串联钳位二极管和内侧开关管并联，其中心抽头和两个电容的中点连接，实现中点钳位，形成所谓中点钳位（Neutral Point Clamped，NPC）逆变器。在这个电路中，主功率器件关断时仅仅承受直流母线电压的一半。之后，该电路扩展到任意 N 电平。

目前，多电平逆变技术已成为电力电子学中，以高压大功率逆变为研究对象的一个新的研究领域，多电平逆变器具有以下突出优点。

1）每个功率器件仅承受 1/(m-1)的母线电压（m 为电平数），所以可以用低耐压的器件实现高压大功率输出，且无须动态均压电路。

2）电平数的增加，改善了输出电压波形，减小了输出电压波形畸变（THD）。

3）可以用较低的开关频率达到高开关频率下两电平变换器对电机绕组电流相同的控制效果，因而开关损耗小，系统效率高。

4）由于电平数的增加，在相同的直流母线电压条件下，较之两电平逆变器，开关器件所承受的 dv/dt 应力大大减小；在高压大功率电机驱动中，有效防止电机转子绕组绝缘击穿，同时改善了装置的 EMC 特性。

5）无须输出变压器，大大减小了系统的体积和损耗。

5.2.1 多电平逆变器拓扑结构

目前多电平逆变器的主电路拓扑结构，主要可划分为以下三种类型：二极管钳位多电平逆变器（Diode-Clamped Multilevel Inverter）；飞跨电容多电平逆变器（Flying-capacitor Multilevel Inverter）；级联型多电平逆变器（Cascaded Multilevel Inverter）。

1. 二极管钳位多电平逆变器

（1）基本原理

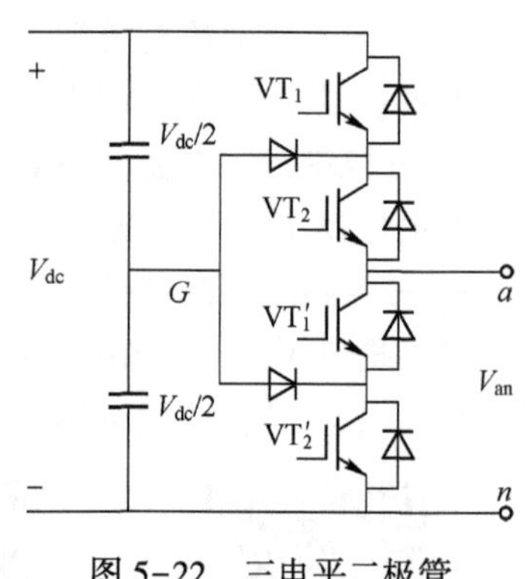

图 5-22　三电平二极管钳位半桥逆变器

图 5-22 为三电平二极管钳位半桥逆变器。串联电容 C_1、C_2将直流侧电压分成 3 个电平，定义两个电容的中点 G 为中性点，那么输出电压 V_{aG}有 3 个状态：$V_{dc}/2$，0 和$-V_{dc}/2$。若要 V_{aG}输出 $V_{dc}/2$，则开关器件 VT_1和 VT_2开通；若要 V_{aG}输出$-V_{dc}/2$，则 VT'_1和 VT'_2开通；若要 V_{aG}输出 0 电平，则开关器件 VT_2和 VT'_1开通。二极管 VD_1和 VD_2将输出的电压钳位在直流母线电压的一半。当 VT_1和 VT_2开通时，a 点与 n 点之间的电压差为 V_{dc}，即 $V_{an}=V_{dc}$。这里，VD_2平衡 VT'_1和 VT'_2之间的电压。其中 VT'_1承受电容 C_1上的电压，VT'_2承受电容 C_2上的电压。如果输出电压被转移到 a 点和 n 点之间，那么图 5-22 所示的逆变器将变成一个 DC-DC 直流逆变器，它将输出 3 个电平：V_{dc}、$V_{dc}/2$、0。

图 5-23 为三相五电平二极管钳位逆变器，其直流母线端有 4 个电容 C_1，C_2，C_3和 C_4。

如果直流母线电压为 V_{dc}，则每个电容上分得的电压为 $V_{dc}/4$，通过二极管钳位，每一个开关器件将承受一个电容上的电压即 $V_{dc}/4$，则对于一个单桥臂 m 电平的二极管钳位逆变器，每个开关器件仅承受 $V_{dc}/(m-1)$。

根据三电平钳位电路的分析，对于图 5-23 所示的五电平逆变器，仍以 a 相为例进行说明。中点 G 作为输出电压的参考点，a 相有四对互补的开关器件，即(S_{a1},S'_{a1})，(S_{a2},S'_{a2})，(S_{a3},S'_{a3})，(S_{a4},S'_{a4})。互补的开关器件定义为：当其中一个开通时另外一个关断。那么通过这四对开关器件的不同组合，使得 a 点和 G 点之间的电压 V_{aG}存在 5 种电平：

当 $V_{aG}=V_{dc}/2$ 时，需开通 VT_{a1}、VT_{a2}、VT_{a3}、VT_{a4}；

当 $V_{aG}=V_{dc}/4$ 时，需开通 VT_{a2}、VT_{a3}、VT_{a4}、VT'_{a1}；

当 $V_{aG}=0$ 时，需开通 VT_{a3}、VT_{a4}、VT'_{a1}、VT'_{a2}；

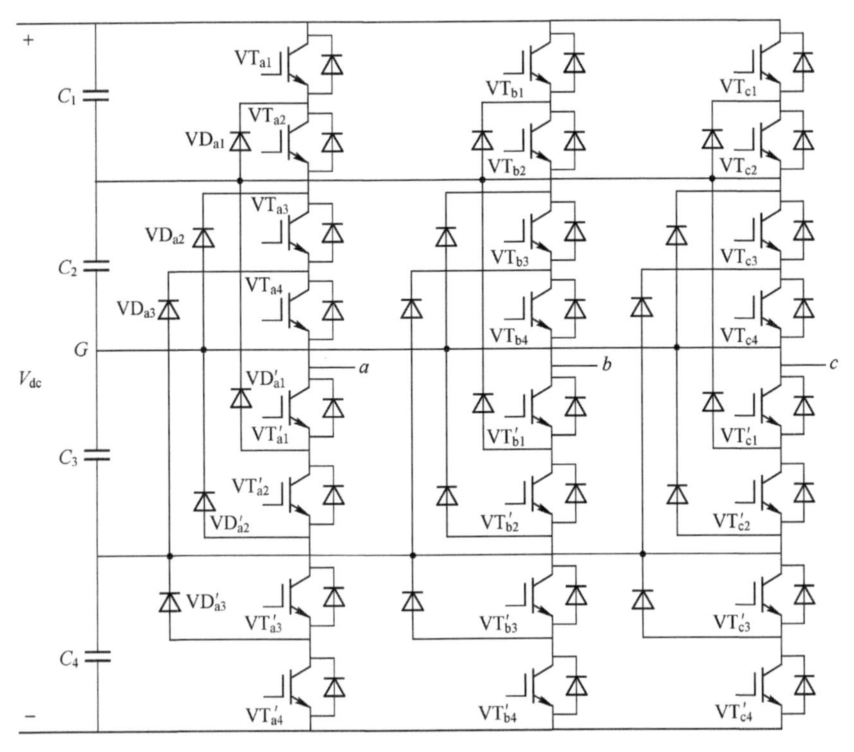

图 5-23　三相五电平二极管钳位逆变器

当 $V_{aG}=-V_{dc}/4$ 时，需开通 VT_{a4}、VT'_{a1}、VT'_{a2}、VT'_{a3}；

当 $V_{aG}=-V_{dc}/2$ 时，需开通 VT'_{a1}、VT'_{a2}、VT'_{a3}、VT'_{a4}。

上述开关组合可以用表 5-4 来表示，其中 $VT_j=1$ 表示开关导通，$VT_j=0$ 表示开关断开。

表 5-4　五电平二极管钳位开关状态

输出电压 V_{aG}	开关状态							
	VT_{a1}	VT_{a2}	VT_{a3}	VT_{a4}	VT'_{a1}	VT'_{a2}	VT'_{a3}	VT'_{a4}
$V_{aG}=V_{dc}/2$	1	1	1	1	0	0	0	0
$V_{aG}=V_{dc}/4$	0	1	1	1	1	0	0	0
0	0	0	1	1	1	1	0	0
$V_{aG}=-V_{dc}/2$	0	0	0	1	1	1	1	0
$V_{aG}=-V_{dc}/4$	0	0	0	0	1	1	1	1

图 5-24 为七电平二极管钳位型逆变器的结构图。直流侧由 6 个电容串联构成，每个电容上的电压为 $1/6U_{dc}$，通过开关器件的不同组合使输出电压产生不同的电平。

（2）主要特点

二极管钳位型逆变器的主要优点如下。

1）输出功率大，器件开关频率低，等效开关频率高。

2）输出电压谐波含量随电平数的增加而显著降低。

3）交流输出端不需要变压器连接，动态响应好，传输带宽较宽。

4）阶梯波调制时，器件在基频下工作，开关损耗小，效率高。

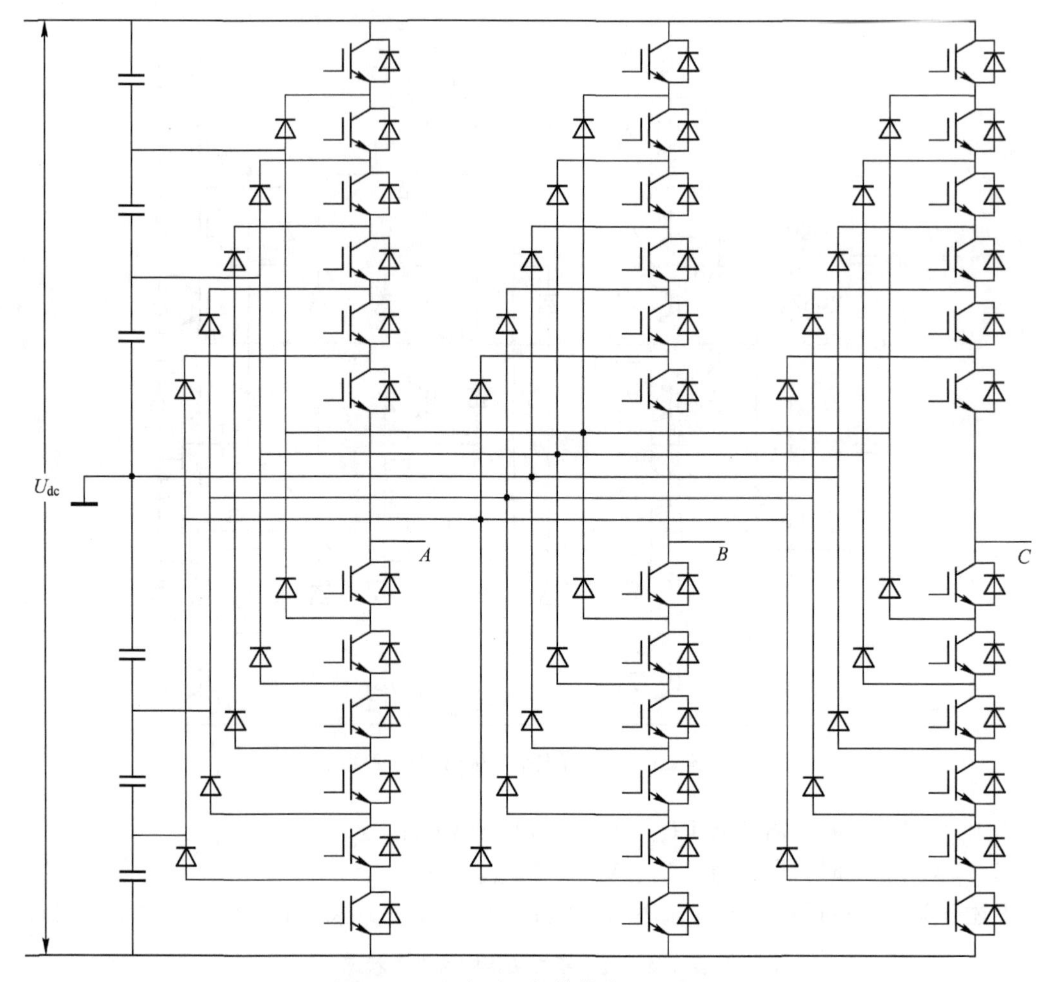

图 5-24　七电平二极管钳位型逆变器

其主要缺点如下。

1）钳位二极管的耐压要求较高，数量庞大。对于 m 电平逆变器，若使每个二极管的耐压等级相同，每相所需的二极管数量为 $2(m-2)$ 个。这些二极管不但提高了成本，而且会在线路安装方面造成相当大的困难。因此在实际应用中一般仅限于七电平或九电平逆变器的研究。

2）在逆变器进行有功功率传送时，直流侧各电容的充放电时间各不相同，从而造成了电容电压不平衡，增加了系统动态控制的难度。

3）难以实现四象限运行。

2. 飞跨电容多电平变换器

（1）基本原理

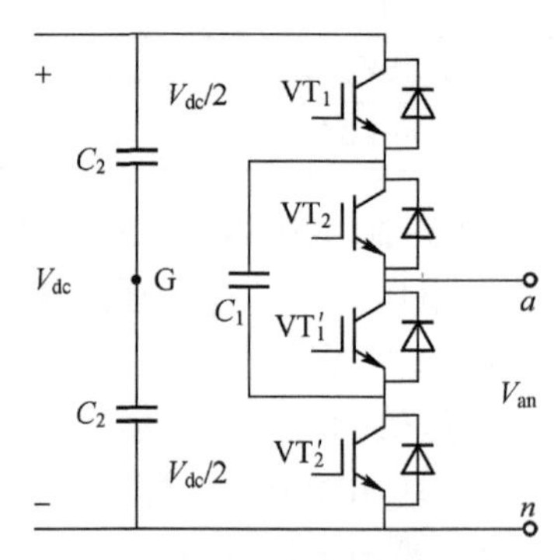

图 5-25　半桥飞跨电容三电平逆变器

图 5-25 为半桥飞跨电容三电平逆变器。这种拓扑是利用电容来钳位开关器件上的电压。图中，a 点和 G 点之间的电压为 V_{aG}，若 V_{aG} 输出 $V_{dc}/2$，则开通 VT_1 和 VT_2；若 V_{aG} 输出

$-V_{dc}/2$，则开通 VT_1' 和 VT_2'，若 V_{aG} 输出 0 电平，则开通 VT_1 和 VT_1' 或 VT_2 和 VT_2'。因此 V_{aG} 可以输出三种电平，即：$V_{aG}=V_{dc}/2$，0 或 $-V_{dc}/2$。当 VT_1、VT_1' 开通时，直流电源对电容 C_1 充电，当 VT_2、VT_2' 开通时，C_1 放电，因此 C_1 电容上的电压平衡可以通过选择适当的零电平的开关组合来实现。本书提供了飞跨电容型三电平逆变电路仿真模型【5-5】，请读者扫描二维码下载。

模型【5-5】

图 5-26 为五电平的飞跨电容变换器，其电压的合成将比二极管钳位逆变器更加灵活，以图 5-26 中 A 相为例进行说明。令 a 点和 G 点之间的电压为 V_{aG}，那么 V_{aG} 可以通过表 5-5 所示的开关组合来控制输出相应电平的电压。

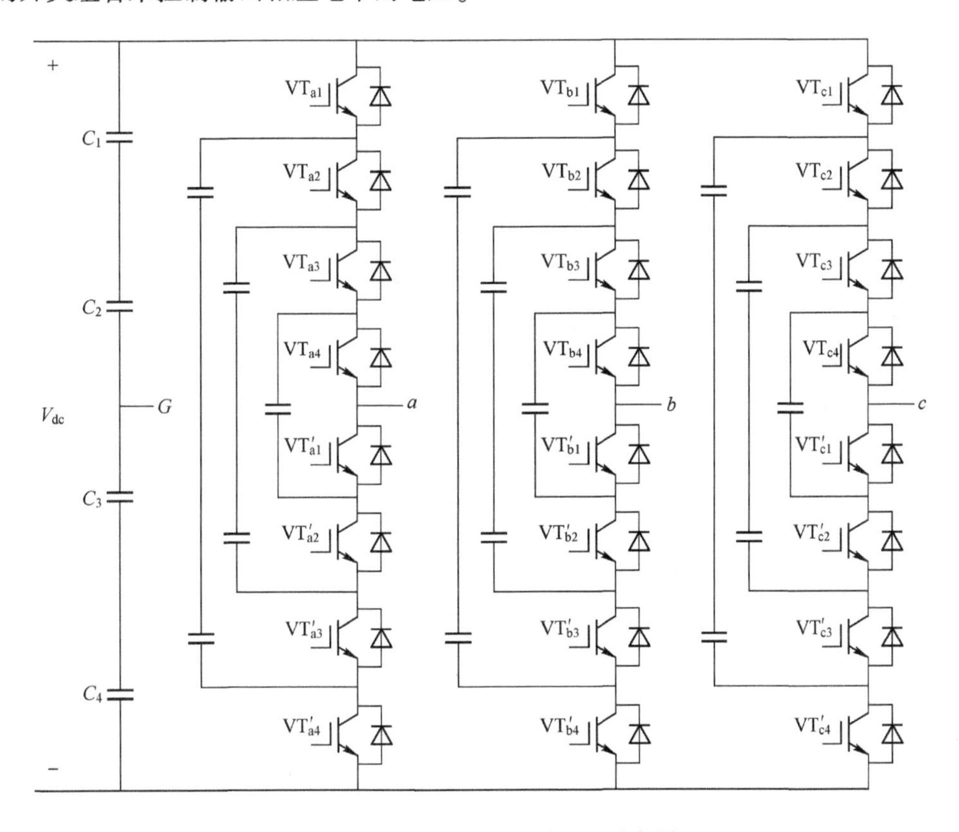

图 5-26　三相五电平飞跨电容逆变器

表 5-5　五电平飞跨电容逆变器开关状态

输出电压 V_{aG}	开关状态							
	VT_{a1}	VT_{a2}	VT_{a3}	VT_{a4}	VT_{a1}'	VT_{a2}'	VT_{a3}'	VT_{a4}'
$V_{aG}=V_{dc}/2$	1	1	1	1	0	0	0	0
$V_{aG}=V_{dc}/4$	1	1	1	0	1	0	0	0
	0	1	1	1	0	0	0	1
	1	0	1	1	0	0	1	0

（续）

输出电压 V_{aG}	开关状态							
	VT_{a1}	VT_{a2}	VT_{a3}	VT_{a4}	VT'_{a1}	VT'_{a2}	VT'_{a3}	VT'_{a4}
$V_{aG}=0$	1	1	0	0	1	1	0	0
	0	0	1	1	0	0	1	1
	1	0	1	0	1	0	1	0
	1	0	0	1	0	1	1	0
	0	1	0	1	0	1	0	1
	0	1	1	0	1	0	0	1
$V_{aG}=-V_{dc}/4$	0	0	0	0	1	1	1	0
	0	0	0	1	0	1	1	1
	0	0	1	0	1	0	1	1
$V_{aG}=-V_{dc}/2$	0	0	0	0	1	1	1	1

通过表 5-5 所示的开关逻辑所对应的输出的电压，可知 V_{aG} 可以输出 $V_{dc}/2$、$V_{dc}/4$、$-V_{dc}/2$、$-V_{dc}/4$、0，共 5 种电平，开关器件的导通状态总结如下。

1）$V_{aG}=V_{dc}/2$，开通所有的上部开关器件 VT_{a1}、VT_{a2}、VT_{a3}、VT_{a4}。

2）$V_{aG}=V_{dc}/4$，有以下 3 种开关组合。

① 开通 VT_{a1}、VT_{a2}、VT_{a3}、VT'_{a1}（V_{aG}为上部两个 C_4电容上的电压 $V_{dc}/2$ 减去 C_{a1}上的电压 $V_{dc}/4$ 而得）。

② 开通 VT_{a2}、VT_{a3}、VT_{a4}、VT'_{a4}（V_{aG}为 C_{a3}上的电压 $3V_{dc}/4$ 减去下部两个 C_4电容上的电压 $V_{dc}/2$ 而得）。

③ 开通 VT_{a1}、VT_{a3}、VT_{a4}、VT'_{a3}（V_{aG}为上部两个 C_4电容上的电压 $V_{dc}/2$ 减去 C_{a3}上的电压 $3V_{dc}/4$ 再加上 C_{a2}上的电压 $V_{dc}/2$ 而得）。

3）$V_{aG}=0$，开关有以下 6 种组合。

① VT_{a1}、VT_{a2}、VT'_{a1}、VT'_{a2}（V_{aG}为上部两个 C_4 电容上的电压 $V_{dc}/2$ 减去 C_{a2}上的电压 $V_{dc}/2$ 而得）。

② VT_{a3}、VT_{a4}、VT'_{a3}、VT'_{a4}（V_{aG}为 C_{a2}上的电压 $V_{dc}/2$ 减去下部两个 C_4上的电压 $V_{dc}/2$ 而得）。

③ VT_{a1}、VT_{a3}、VT'_{a1}、VT'_{a3}（V_{aG}为上部两个 C_4 电容上的电压 $V_{dc}/2$ 减去 C_{a3}上的电压 $3V_{dc}/4$ 加上 C_{a2}上的电压 $V_{dc}/2$ 减去 C_{a1}上的电压 $V_{dc}/4$ 而得）。

④ VT_{a1}、VT_{a4}、VT'_{a2}、VT'_{a3}（V_{aG}为 C_4上的电压 $V_{dc}/2$ 减去 C_{a3}上的电压 $3V_{dc}/4$ 加上 C_{a1}上的电压 $V_{dc}/4$）。

⑤ VT_{a2}、VT_{a4}、VT'_{a2}、VT'_{a4}（V_{aG}为 C_{a3}上的电压 $3V_{dc}/4$ 减去 C_{a2}上的电压 $V_{dc}/2$ 加上 C_{a1}上的电压 $V_{dc}/4$ 减去下部 C_4上的电压 $V_{dc}/2$）。

⑥ VT_{a2}、VT_{a3}、VT'_{a1}、VT'_{a4}（V_{aG}为 C_{a3}上的电压 $3V_{dc}/4$ 减去 C_{a1}上的电压 $V_{dc}/4$ 减去下部两个 C_4上的电压 $V_{dc}/2$）。

4）$V_{aG}=-V_{dc}/4$，有以下 3 种可能的组合。

① VT_{a1}、VT'_{a1}、VT'_{a2}、VT'_{a3}（V_{aG}为上部两个 C_4 电容上的电压 $V_{dc}/2$ 减去 C_{a3}上的电压

$3V_{dc}/4$）。

② VT_{a4}、VT'_{a2}、VT'_{a3}、VT'_{a4}（V_{aG}为C_{a1}上的电压$V_{dc}/4$减去下部C_4上的电压$V_{dc}/2$）。

③ VT_{a3}、VT'_{a1}、VT'_{a3}、VT'_{a4}（V_{aG}为C_{a2}上的电压$V_{dc}/2$减去C_{a1}上的电压$V_{dc}/4$）。

5）$V_{aG}=-V_{dc}/2$，开通所有的下部开关器件VT'_{a1}，VT'_{a2}，VT_{a3}，VT'_{a4}。

图5-27为三相七电平飞跨电容型逆变器。假定所有的电容器具有相同的电压等级，那么电容器的串联连接就表明了钳位点间的电压电平。A相桥臂的15个内环电容与其他两相桥臂的内环电容相互独立。每相桥臂共用同样的直流侧串联电容。

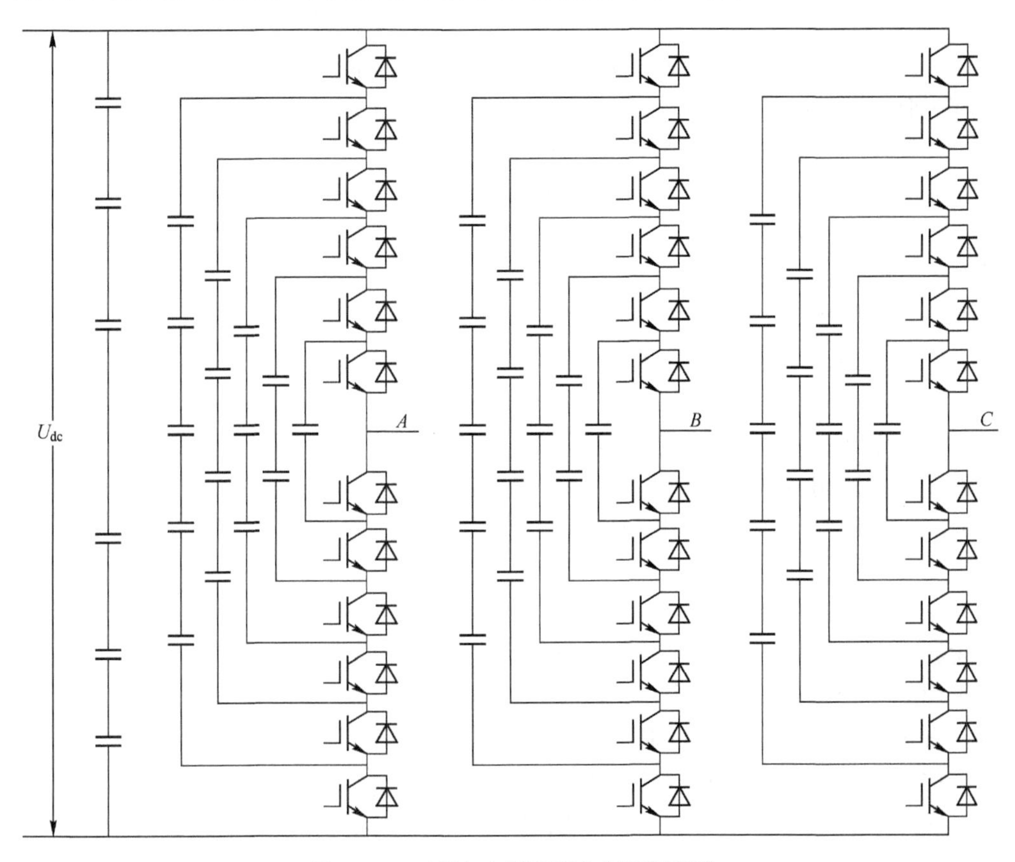

图5-27 三相七电平飞跨电容型逆变器

（2）主要特点

该多电平逆变器除了拥有谐波含量随电平数增加而降低的优点外，还具有如下优点。

1）电平合成的自由度和灵活性高于二极管钳位型多电平逆变器，开关方式更加灵活、对功率器件保护能力较强。

2）既能控制有功功率，又能控制无功功率，适于高压直流输电系统。

3）大量的冗余组合开关状态，可用于电压平衡控制。

其主要缺点如下。

1）需要大量的储存电容。若所有电容器的电压等级都与主功率器件的电压相同，则一个m电平的飞跨电容型多电平逆变器每相桥臂需要$(m-1)(m-2)/2$个辅助电容，而直流侧上还需要（$m-1$）个电容。比如$m=5$，则需要6个钳位电容，并且母线端需要4个电容。

这就增加了电平数较高时安装的难度，同时也增加了系统成本。

2）为了使电容的充放电保持平衡，对于中间值电平需要采用不同的开关组合。这就增加了系统控制的复杂性，器件的开关频率较高，开关损耗较大。

3）与二极管钳位型多电平逆变器一样，飞跨电容型多电平逆变器也存在导通负荷不一致的问题。

4）难于实现四象限运行。

3. 级联型多电平逆变器

（1）基本原理

级联型多电平逆变器采用多个单相功率单元依次相连的方式实现级联，由这种拓扑结构组成的电压源型变频器由美国罗宾康公司发明并申请专利，取名为完美无谐波变频器。

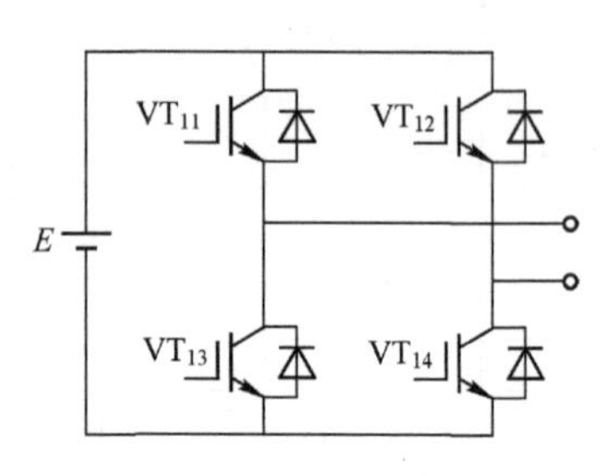

图 5-28　单相功率单元电路

单相功率单元电路如图 5-28 所示，每个功率单元都有正向导通、反向导通和旁路 3 种工作状态。当 VT_{11}、VT_{14}导通时，功率单元处于正向导通状态，输出电压为 E；当 VT_{12}、VT_{13}导通时，功率单元处于反向导通状态，输出电压为$-E$；当VT_{11}、VT_{12}或VT_{13}、VT_{14}同时导通时，则处于旁路状态，输出电压为零。

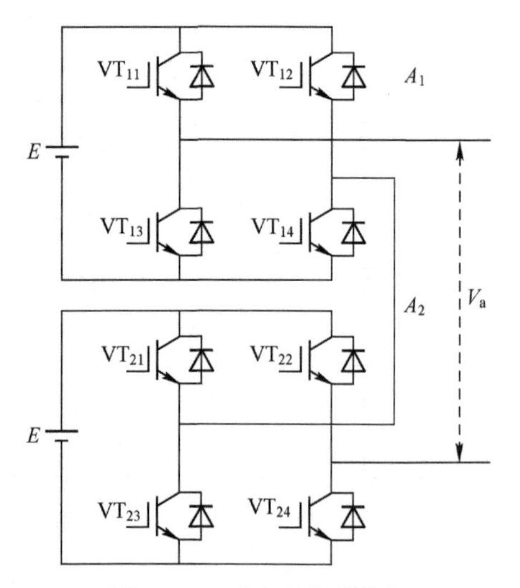

图 5-29　两功率单元叠加

为了能使电路中每个功率单元都按照上述 3 种工作状态工作，控制方式采用载波移相 SPWM 控制（将在后文进行阐述），载波采用双极性三角波。当多电平逆变器是用 m 个功率单元串联叠加时，m 个功率单元左桥臂载波依次超前 π/m 相位角，右桥臂载波三角波应超前左桥臂 180°，各个功率单元的左右桥臂采用同一个正弦波进行调制，以使各个功率单元的左右桥臂输出的电压中的基波完全相同。这样，m 个功率单元输出电压的串联叠加，就可以使多电平逆变器的输出电压成为 $2m+1$ 电平的电压，并能使级联电路中的每一个功率单元按图 5-28 中的 3 种工作状态工作。以 $m=2$ 为例，对这种控制方式进行说明。其电路如图 5-29 所示，其工作波形如图 5-30 所示。

A_1 左桥臂 VT_{11}、VT_{13}载波的初相角为 0°，右桥臂 VT_{12}、VT_{14}载波的初相角为 180°；A_2 的左桥臂载波的初相角为 90°，右桥臂载波的初相角为 270°。A_1、A_2 的左右桥臂的调制波采用同一个正弦波，A_1 左桥臂的输出电压为 V_a，右桥臂的输出电压为 V_b，A_1 两桥臂之间的输出电压 $V_{ab}=V_a-V_b$；A_2 的左桥臂输出电压为 V_a^1，右桥臂输出电压为 V_b^1，A_2 两桥臂之间的输出电压 $V_{ab}^1=V_a^1-V_b^1$。A_1 与 A_2 串联叠加后总的输出电压 $V_A=V_{ab}^1+V_{ab}$是一个五电平电压波形。对于 A_1，VT_{11}、VT_{14}导通时输出 V_{ab}的正半周，VT_{12}、VT_{13}导通时输出 V_{ab}的负半周，VT_{11}、VT_{12}或 VT_{13}、VT_{14}导通时 A_1 输出电压等于零（旁路状态）；对于 A_2，VT_{21}、VT_{24}导通时输出 V_{ab}^1的正半周，VT_{22}、VT_{23}导通时输出 V_{ab}^1的负半周，VT_{21}、VT_{22}或 VT_{23}、VT_{24}导通时 A_2 输出

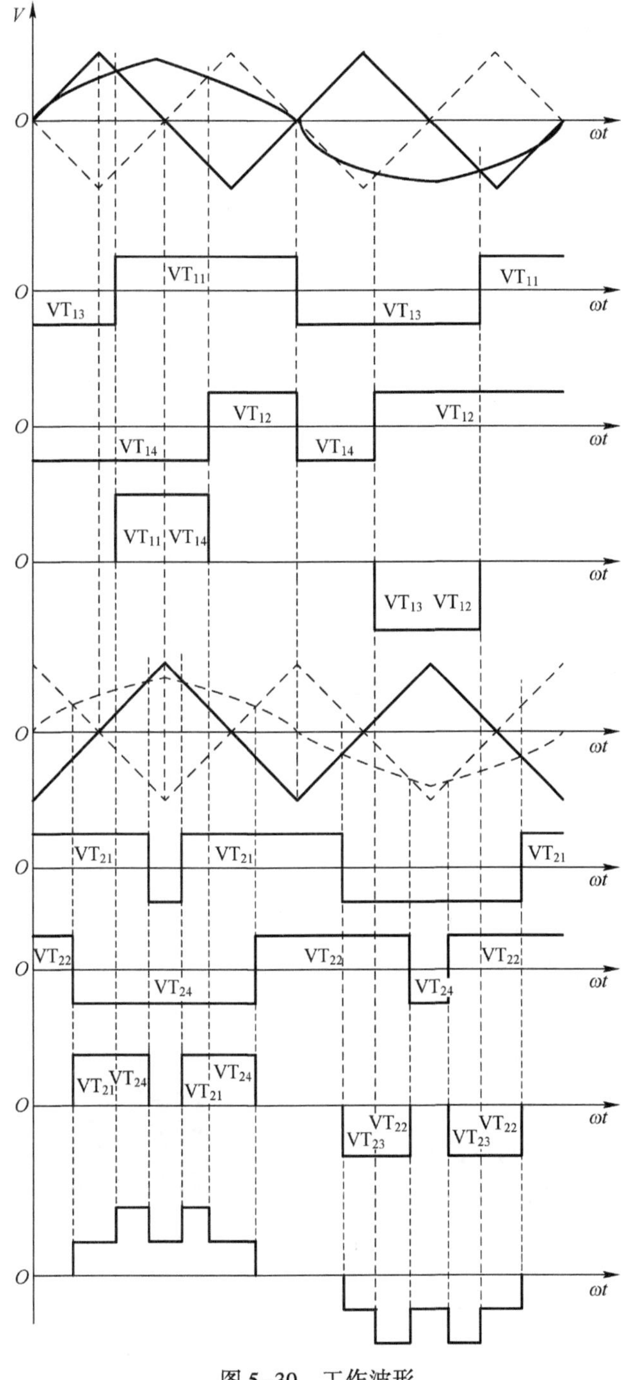

图 5-30　工作波形

电压等于零（旁路状态）。由上述的工作过程可知，这种载波移相控制方式可以实现正向导通、反向导通和旁路 3 种工作状态。

依次类推，可以得到图 5-31 所示的 N 单元级联型三相逆变器。每个功率单元的输出电压通过串联方式叠加，形成多电平逆变器的输出电压。每个功率单元可以产生一个三电平的输出电压。由 m 个逆变器单元级联而成的多电平逆变器的电平数为（$2m+1$）。

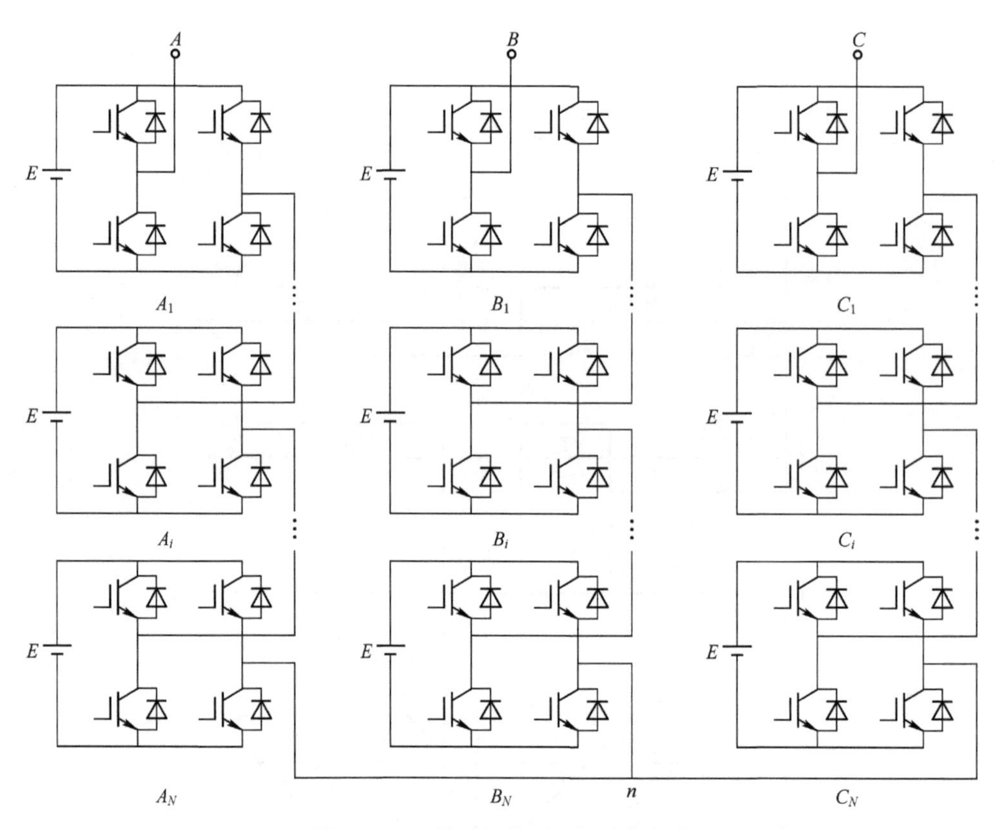

图 5-31 *N* 单元级联型三相逆变电路

（2）仿真分析

本书提供了三相六单元【5-6】、单相三单元【5-7】输出的级联仿真模型，请读者扫描相应的二维码下载。由于篇幅有限，本书只分析三相六单元的模型构建并给出相应的仿真波形，单相三单元的模型请读者自行分析，本书不做赘述。

模型【5-6】

模型【5-7】

在三相六单元仿真模型中，PWM 采用载波移相 SPWM（CPS-SPWM）方式可以得到叠加的电压输出，电压叠加有效降低了 dv/dt。CPS-SPWM 波形如图 5-32 所示，调制波频率为 50 Hz，6 组移相载波频率为 400 Hz。

三角载波由 Repeating Sequence 模块提供，频率设为 400 Hz，设置 Time values 和 Output values 两个参数可得到所需要的三角载波。调制正弦波为双极性控制，由 Sine wave 模块产生所需波形。调制波与三角载波比较采用 Ports&Subsystems 中 Subsystem 子系统模块，利用 Subtract、Relay 模块让调制波与三角载波相减，结果为正则输出高电平，结果为负则输出低电平。

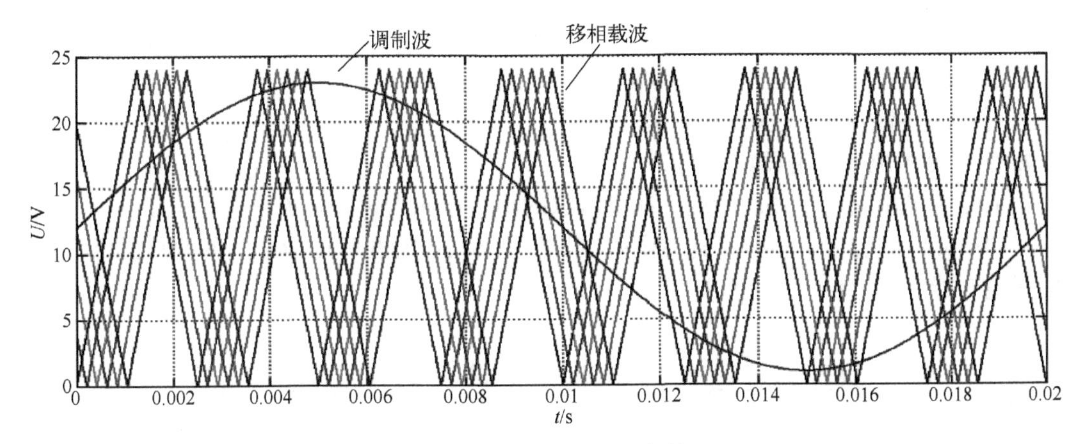

图 5-32　CPS-SPWM 波形

调制波信号需要输出 3 组，每组调制波幅值、频率相同，相位互差 1/3，分别为 A 相 0°，B 相 120°，C 相-120°。通过仿真得到三相变频器相电压输出波形如图 5-33 所示。

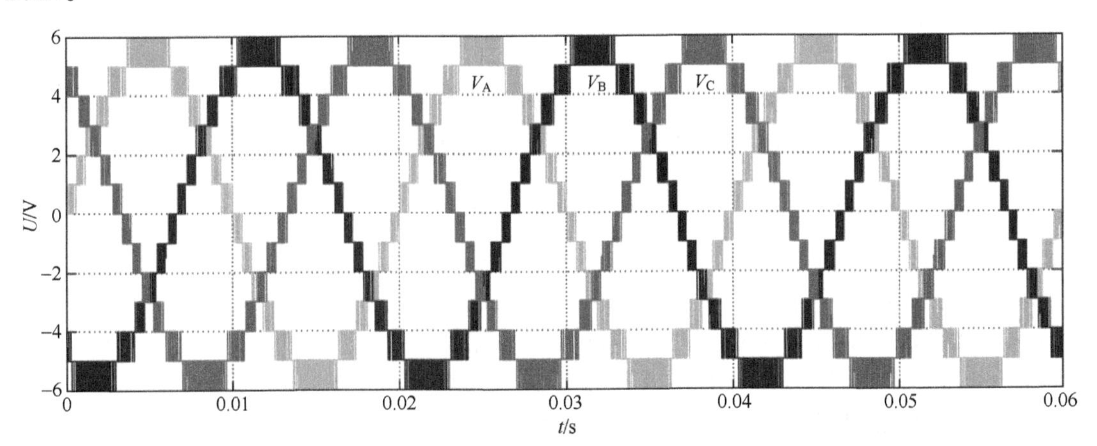

图 5-33　相电压输出波形图

（3）级联结构特点

相对于二极管钳位型多电平逆变器和飞跨电容型多电平逆变器，级联型多电平逆变器具有以下优点。

1）避免了大量钳位二极管或者电压平衡电容的使用。

2）比较于其他两种多电平逆变器，级联型多电平逆变器获得同样电平数输出时，使用的元器件最少，容易实现电平数较高的电压输出。

3）基于低电压等级的功率单元级联，每个功率单元的结构相同，容易进行模块化设计，易于向更高电压等级扩展。

4）直流侧的均压比较容易实现。

5）各个功率单元的工作负荷一致。

其主要缺点如下。

1）对于有功功率变换场合，需要独立直流源，当采用不控整流方式获得直流电压时，输入电流含有丰富的低次谐波，为减小对电网的谐波污染，输入变压器通常采用移相结构，造成系统体积庞大，成本高，设计困难。

2）传统电路结构难于实现四象限运行。

4. 级联型多电平逆变器的扩展

为了在输出相同电平数的情况下减少级联的功率单元数量，相关学者提出了基于不同电压等级的单元级联型混合多电平逆变电路结构。图 5-34 为电压比为 2:1 的两单元级联混合七电平逆变器。

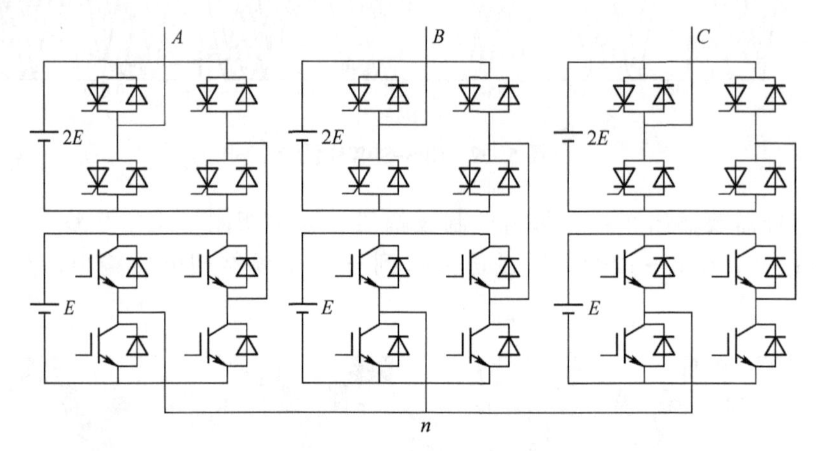

图 5-34　电压比为 2 : 1 的两单元级联混合七电平逆变器

另一种情况为不同电平、不同电压等级功率单元的混合级联结构，图 5-35 为三电平单元和五电平单元混合级联的电路结构。当两个单元直流侧总电压比 1 : 2，即两单元直流侧电容电压相同时，该混合单元输出电压为七电平，与 3 个三电平单元级联的七电平电路所用主开关器件数相同，对主电路并未做出优化，只是一种新的组合形式。并且不同电平单元的级联电路的 PWM 协调控制比较困难，因此这种扩展方法只具有理论意义。

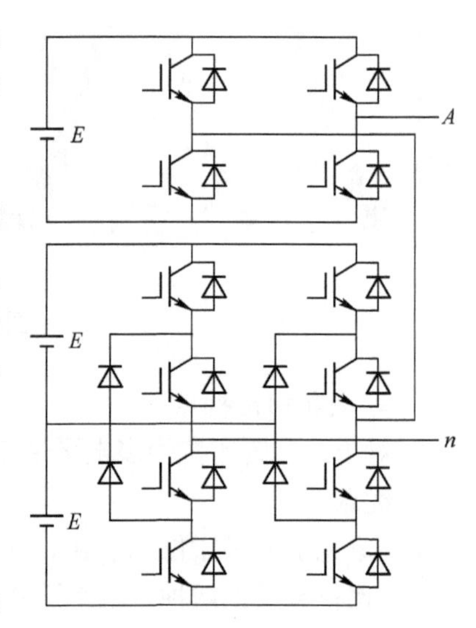

图 5-35　三电平单元和五电平单元混合级联的电路结构

5.2.2　多电平逆变器的调制技术

多电平逆变器的 PWM 控制是多电平逆变器研究的关键技术，对多电平逆变器的电压输出波形质量、系统损耗以及效率都有直接的影响。多电平逆变器功能的实现，不仅要有适当的电路拓扑结构作为基础，还要有相应的 PWM 控制方法作为保障，才能保证系统高性能和高效率的运行。目前，多电平 PWM 技术归纳起来可以分为以下几类：阶梯波脉宽调制技术，基于载波组的消谐波 PWM 技术，载波相移 PWM 技术，多电平电压空间矢量调制以及错时采样 SVPWM 技术等。

1. 多电平消谐波法

多电平消谐波 PWM 也被称为基于载波（Carried-Based）的 PWM，该方法是将传统的两电平的正弦 PWM 应用于多电平逆变器而得。基本原理是变换器的各相使用一个正弦调制波，与多个三角载波进行比较，如图 5-36 所示。

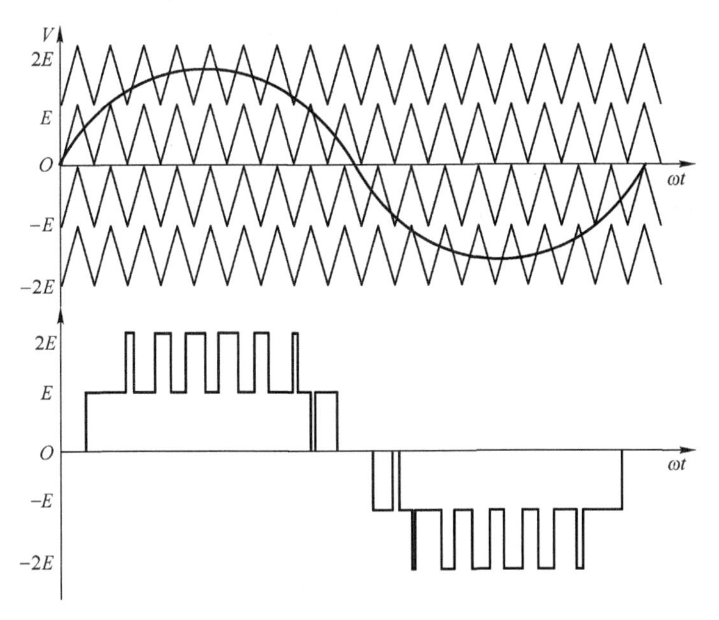

图 5-36　多电平消谐波 PWM 方法原理示意图

例如对于一个 n 电平的变换器，每相采用 $n-1$ 个具有相同频率和相同峰-峰值的三角载波与同一正弦调制波相比来控制开关器件的开关状态。$n-1$ 个三角载波所占区域在空间上紧密相连且对称分布于零参考的正负两侧。

2. 多电平空间矢量 PWM 方法

多电平电压空间矢量调制技术是常规的两电平 SVPWM 技术在多电平逆变器上的扩展。常规的两电平 SVPWM 技术是根据不同的开关组合方式，生成 8 个电压空间矢量，其中 6 个非零矢量，两个为零矢量，在空间旋转坐标系下，对于任意时刻的矢量由相邻的两个非零矢量合成，通过在一个调制周期内对两个非零矢量和零矢量的作用时间进行优化安排，得到 PWM 输出波形。两电平 SVPWM 的数字化实现已被广泛应用，本书不花篇幅来详细介绍，但给出了两电平 SVPWM 发波的仿真模型【5-8】，请读者扫描二维码下载。

模型【5-8】

对于多电平 SVPWM 技术，其基本原理与两电平 SVPWM 技术相似，只是开关组合的方式随着电平数的增加而有所增加，其规律是对于 m 电平逆变器，其电压空间矢量的数目为 m^3 个，当然这些电平中有些在空间上是重合的。比如对于三电平逆变器，其电压空间矢量的数目为 27 个，其中独立的电压空间矢量为 19 个（1 个零矢量，18 个非零矢量），同样，在空间旋转坐标系下，对于任意时刻的矢量由相邻的 3 个非零矢量合成，在一个开关调制周期内对 3 个非零矢量与零矢量的作用时间进行优化安排，得到 PWM 输出波形。由于电平数与电压空间矢量的数目之间是三次方关系，所以多电平 SVPWM 技术在电平数较高时受到很大限制，因此 SVPWM 技术虽然在两电平通用变频器中获得了广泛应用，却难以向多电平扩展，只在二极管钳位型三电平电路中获得了实际应用。

以三相三电平二极管钳位型逆变器为例进行说明。三相三电平逆变器也可用开关变量 S_a、S_b、S_c 分别表示各桥臂的开关状态，不同的是此时 A、B、C 桥臂各有三种开关状态。设直流母线电压为 V_D，则 A 相可以输出 3 个电平的电压：$+V_D/2$（$S_a=1$），0（$S_a=0$），$-V_D/2$（$S_a=-1$），B 相、C 相同理。输出线电压可表示为

$$\begin{bmatrix} v_{AB} \\ v_{BC} \\ v_{CA} \end{bmatrix} = \frac{1}{2}V_D \begin{bmatrix} 1 & -1 & 0 \\ 0 & 1 & -1 \\ -1 & 0 & 1 \end{bmatrix} \begin{bmatrix} S_a \\ S_b \\ S_c \end{bmatrix} \tag{5-52}$$

三相三电平逆变器共有 $3^3=27$ 种开关状态。与三相两电平逆变器相仿，三相三电平逆变器可以定义逆变器的开关状态为（$S_aS_bS_c$）。但三电平逆变器共有 27 个开关状态对应于 19 个特定的空间电压矢量。在（000）、（111）、（222）这 3 种开关状态时，逆变器输出线电压（v_{AB}，v_{BC}，v_{CA}）为(0,0,0)，称这 3 个开关状态所对应的电压矢量为零矢量。在（211）和（100）这两种开关状态时，逆变器输出线电压（v_{AB}，v_{BC}，v_{CA}）为（$V_D/2$，0，$-V_D/2$），因此将这两种开关状态所对应的电压矢量用一个电压矢量 $\boldsymbol{V}_1$ 表示。同理，（221）和（110）、（121）和（010）、（122）和（011）、（112）和（001）、（212）和（101）分别用一个电压矢量 $\boldsymbol{V}_2$、$\boldsymbol{V}_3$、$\boldsymbol{V}_4$、$\boldsymbol{V}_5$、V_6 表示。表 5-6 为开关状态与电压矢量对照表。图 5-37 为三电平逆变器的电压空间矢量图。

表 5-6　开关状态与电压矢量对照表

开关状态	S_a	S_b	S_c	电压矢量
S_1	0	0	0	$\boldsymbol{V}_0$
S_2	1	1	1	$\boldsymbol{V}_0$
S_3	2	2	2	$\boldsymbol{V}_0$
S_4	1	0	0	$\boldsymbol{V}_1$
S_5	1	1	0	$\boldsymbol{V}_2$
S_6	0	1	0	$\boldsymbol{V}_3$
S_7	0	1	1	$\boldsymbol{V}_4$
S_8	0	0	1	$\boldsymbol{V}_5$
S_9	1	0	1	$\boldsymbol{V}_6$
S_{10}	2	1	1	$\boldsymbol{V}_1$
S_{11}	2	2	1	$\boldsymbol{V}_2$
S_{12}	1	2	1	$\boldsymbol{V}_3$
S_{13}	1	2	2	$\boldsymbol{V}_4$
S_{14}	1	1	2	$\boldsymbol{V}_5$
S_{15}	2	1	2	$\boldsymbol{V}_6$
S_{16}	2	1	0	$\boldsymbol{V}_7$
S_{17}	1	2	0	$\boldsymbol{V}_8$
S_{18}	0	2	1	$\boldsymbol{V}_9$

（续）

开关状态	S_a	S_b	S_c	电压矢量
S_{19}	0	1	2	$\boldsymbol{V}_{10}$
S_{20}	1	0	2	$\boldsymbol{V}_{11}$
S_{21}	2	0	1	$\boldsymbol{V}_{12}$
S_{22}	2	0	0	$\boldsymbol{V}_{13}$
S_{23}	2	2	0	$\boldsymbol{V}_{14}$
S_{24}	0	2	0	$\boldsymbol{V}_{15}$
S_{25}	0	2	2	$\boldsymbol{V}_{16}$
S_{26}	0	0	2	$\boldsymbol{V}_{17}$
S_{27}	2	0	2	$\boldsymbol{V}_{18}$

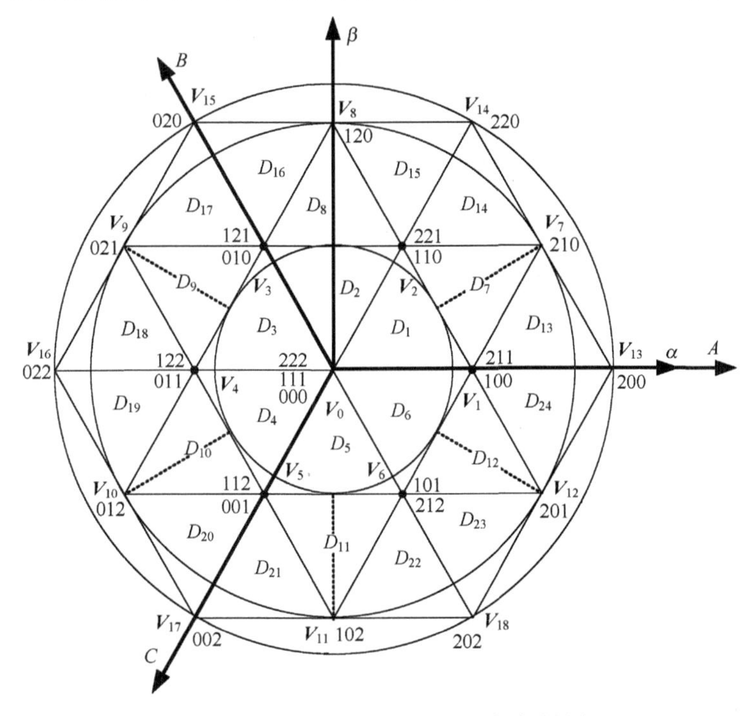

图 5-37　三电平逆变器电压空间矢量图

为了方便计算，定义三电平逆变器电压空间矢量调制比为

$$M=\frac{|\boldsymbol{V}^*|}{\dfrac{2}{3}\boldsymbol{V}_D} \tag{5-53}$$

其中，$|\boldsymbol{V}^*|$是二极管钳位型三电平逆变器旋转电压矢量 $\boldsymbol{V}^*$ 的模长，其旋转的角速度 $\omega=2\pi f$，$2\boldsymbol{V}_D/3$ 是电压矢量 $\boldsymbol{V}_{13}$的模长。

旋转电压矢量 $\boldsymbol{V}^*$ 是由所在扇区的 3 个电压矢量 $\boldsymbol{V}_x$、$\boldsymbol{V}_y$、$\boldsymbol{V}_z$ 合成的。它们的作用时间分别为 T_x、T_y、T_z，且 $T_x+T_y+T_z=T_s$，T_s 为开关周期。现定义：

$$X=\frac{T_x}{T_s},\ Y=\frac{T_y}{T_s},\ Z=\frac{T_z}{T_s} \tag{5-54}$$

三电平逆变器的整个矢量空间分成 6 个大的区间，每一个区间又按照调制比条件分成 4 个小的扇区，所以，三电平逆变器共有 24 个扇区。现在以第一个区间（$0<\theta<60°$）为例，计算旋转电压矢量 $\boldsymbol{V}^*$ 处在扇区 D_1、D_7、D_{13}、D_{14} 时 $\boldsymbol{V}_x$、$\boldsymbol{V}_y$、$\boldsymbol{V}_z$ 所对应的 X、Y、Z 值。定义 M 的边界条件分别为 $Mark1$，$Mark2$，$Mark3$。

$$Mark1=\frac{\sqrt{3}/2}{\sqrt{3}\cos\theta+\sin\theta},\qquad \frac{1}{Mark1}=2\left(\cos\theta+\frac{\sin\theta}{\sqrt{3}}\right)$$

$$Mark2=\begin{cases}\dfrac{\sqrt{3}/2}{\sqrt{3}\cos\theta-\sin\theta},\ \theta\leqslant\dfrac{\pi}{6}\\[2ex] \dfrac{\sqrt{3}/4}{\sin\theta},\ \dfrac{\pi}{6}<\theta\leqslant\dfrac{\pi}{3}\end{cases},\qquad \frac{1}{Mark2}=\begin{cases}2\left(\cos\theta-\dfrac{\sin\theta}{\sqrt{3}}\right),\ \theta\leqslant\dfrac{\pi}{6}\\[2ex] \dfrac{4\sin\theta}{\sqrt{3}},\ \dfrac{\pi}{6}\leqslant\theta\leqslant\dfrac{\pi}{3}\end{cases}$$

$$Mark3=\frac{\sqrt{3}}{\sqrt{3}\cos\theta+\sin\theta},\qquad \frac{1}{Mark3}=\cos\theta+\frac{\sin\theta}{\sqrt{3}}$$

旋转矢量 $\boldsymbol{V}^*$ 在不同扇区的矢量图如图 5-38 所示。

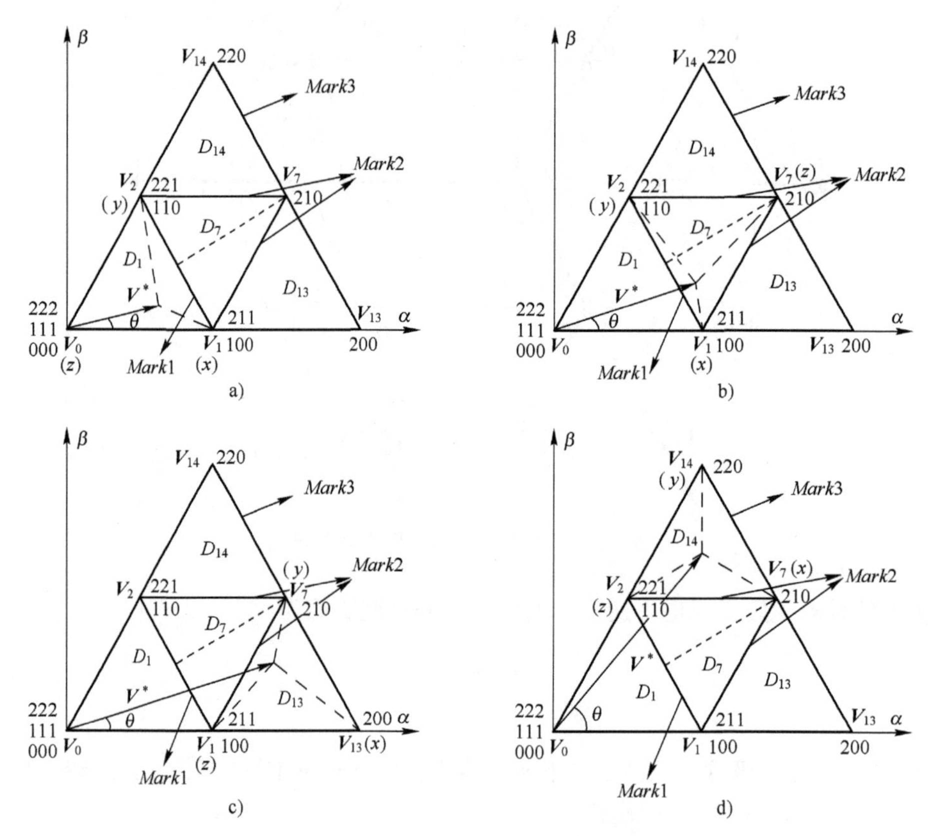

图 5-38 旋转矢量 $\boldsymbol{V}^*$ 在不同扇区的矢量图

a）旋转矢量 $\boldsymbol{V}^*$ 在 D_1 扇区的矢量图 b）旋转矢量 $\boldsymbol{V}^*$ 在 D_7 扇区的矢量图

c）旋转矢量 $\boldsymbol{V}^*$ 在 D_{13} 扇区的矢量图 d）旋转矢量 $\boldsymbol{V}^*$ 在 D_{14} 扇区的矢量图

1）当调制比 $M<Mark1$，即旋转矢量 $\boldsymbol{V}^*$ 处于扇区 D_1 时，$\boldsymbol{V}^*$ 是由 $\boldsymbol{V}_0$、$\boldsymbol{V}_1$ 和 $\boldsymbol{V}_2$ 3 个电压矢量合成的，如图 5-38a 所示。根据矢量合成原理，可以列出如下方程：

$$\begin{cases}\dfrac{1}{2}X+\dfrac{1}{2}\cos\left(\dfrac{\pi}{3}\right)\cdot Y=M\cos\theta\\ \dfrac{1}{2}\sin\left(\dfrac{\pi}{3}\right)\cdot Y=M\sin\theta\\ X+Y+Z=1\end{cases}\tag{5-55}$$

解方程（5-55）得

$$\begin{cases}X=2M\left(\cos\theta-\dfrac{\sin\theta}{\sqrt{3}}\right)\\ Y=M\dfrac{4\sin(\theta)}{\sqrt{3}}\\ Z=1-2M\left(\cos\theta+\dfrac{\sin\theta}{\sqrt{3}}\right)\end{cases}\tag{5-56}$$

已知 X、Y、Z 的值，按式（5-54）就可求出 $\boldsymbol{V}_x$、$\boldsymbol{V}_y$、$\boldsymbol{V}_z$ 的作用时间 T_x，T_y，T_z。

$$\begin{cases}T_x=\left[2M\left(\cos\theta-\dfrac{\sin\theta}{\sqrt{3}}\right)\right]T_s\\ T_y=\left(M\dfrac{4\sin\theta}{\sqrt{3}}\right)T_s\\ T_z=\left[1-2M\left(\cos\theta+\dfrac{\sin\theta}{\sqrt{3}}\right)\right]T_s\end{cases}\tag{5-57}$$

2）当调制比 $Mark1<M<Mark2$，即旋转矢量 $\boldsymbol{V}^*$ 处于扇区 D_7 时，$\boldsymbol{V}^*$ 是由 $\boldsymbol{V}_1$、$\boldsymbol{V}_2$ 和 $\boldsymbol{V}_7$ 3 个电压矢量合成的，如图 5-38b 所示，可列出如下方程：

$$\begin{cases}\dfrac{1}{2}X+\dfrac{1}{2}\cos\left(\dfrac{\pi}{3}\right)\cdot Y+\cos\left(\dfrac{\pi}{6}\right)\cos\left(\dfrac{\pi}{6}\right)\cdot Z=M\cos\theta\\ \dfrac{1}{2}\sin\left(\dfrac{\pi}{3}\right)\cdot Y+\cos\left(\dfrac{\pi}{6}\right)\sin\left(\dfrac{\pi}{6}\right)\cdot Z=M\sin\theta\\ X+Y+Z=1\end{cases}\tag{5-58}$$

解得

$$\begin{cases}X=1-M\dfrac{4\sin\theta}{\sqrt{3}}\\ Y=1-2M\left(\cos\theta-\dfrac{\sin\theta}{\sqrt{3}}\right)\\ Z=-1+2M\left(\cos\theta+\dfrac{\sin\theta}{\sqrt{3}}\right)\end{cases}，则\begin{cases}T_x=\left(1-M\dfrac{4\sin\theta}{\sqrt{3}}\right)T_s\\ T_y=\left[1-2M\left(\cos\theta-\dfrac{\sin\theta}{\sqrt{3}}\right)\right]T_s\\ T_z=\left[-1+2M\left(\cos\theta+\dfrac{\sin\theta}{\sqrt{3}}\right)\right]T_s\end{cases}\tag{5-59}$$

3）当调制比 $Mark2<M<Mark3$，且 $0<\theta<30°$，即旋转矢量 $\boldsymbol{V}^*$ 处于扇区 D_{13} 时，$\boldsymbol{V}^*$ 是由 $\boldsymbol{V}_1$、$\boldsymbol{V}_{13}$ 和 $\boldsymbol{V}_7$ 3 个电压矢量合成的，如图 5-38c 所示，可列出如下方程：

$$
\begin{cases}
X+\cos\left(\dfrac{\pi}{6}\right)\cos\left(\dfrac{\pi}{6}\right)\cdot Y+\dfrac{1}{2}Z=M\cos\theta \\
\cos\left(\dfrac{\pi}{6}\right)\sin\left(\dfrac{\pi}{6}\right)\cdot Y=M\sin\theta \\
X+Y+Z=1
\end{cases}
\tag{5-60}
$$

解得

$$
\begin{cases}
X=-1+2M\left(\cos\theta-\dfrac{\sin\theta}{\sqrt{3}}\right) \\
Y=M\dfrac{4\sin\theta}{\sqrt{3}} \\
Z=2-2M\left(\cos\theta+\dfrac{\sin\theta}{\sqrt{3}}\right)
\end{cases}
，则
\begin{cases}
T_x=\left[-1+2M\left(\cos\theta-\dfrac{\sin\theta}{\sqrt{3}}\right)\right]T_s \\
T_y=\left(M\dfrac{4\sin\theta}{\sqrt{3}}\right)T_s \\
T_z=\left[2-2M\left(\cos\theta+\dfrac{\sin\theta}{\sqrt{3}}\right)\right]T_s
\end{cases}
\tag{5-61}
$$

4）当调制比 $Mark2<M<Mark3$，且 $30°<\theta<60°$，即旋转矢量 $\boldsymbol{V}^*$ 处于扇区 D_{14} 时，$\boldsymbol{V}^*$ 是由 $\boldsymbol{V}_2$、$\boldsymbol{V}_7$ 和 $\boldsymbol{V}_{14}$ 3 个电压矢量合成，如图 5-38d 所示，可列出如下方程：

$$
\begin{cases}
\dfrac{\sqrt{3}}{2}\cos\left(\dfrac{\pi}{6}\right)\cdot X+\cos\left(\dfrac{\pi}{3}\right)\cdot Y+\dfrac{1}{2}\cos\left(\dfrac{\pi}{3}\right)\cdot Z=M\cos\theta \\
\dfrac{\sqrt{3}}{2}\sin\left(\dfrac{\pi}{6}\right)\cdot X+\sin\left(\dfrac{\pi}{3}\right)\cdot Y+\dfrac{1}{2}\sin\left(\dfrac{\pi}{3}\right)\cdot Z=M\sin\theta \\
X+Y+Z=1
\end{cases}
\tag{5-62}
$$

解得

$$
\begin{cases}
X=2M\left(\cos\theta-\dfrac{\sin\theta}{\sqrt{3}}\right) \\
Y=-1+M\dfrac{4\sin\theta}{\sqrt{3}} \\
Z=2-2M\left(\cos\theta+\dfrac{\sin\theta}{\sqrt{3}}\right)
\end{cases}
，则
\begin{cases}
T_x=\left[2M\left(\cos\theta-\dfrac{\sin\theta}{\sqrt{3}}\right)\right]T_s \\
T_y=\left(-1+M\dfrac{4\sin\theta}{\sqrt{3}}\right)T_s \\
T_z=\left[2-2M\left(\cos\theta+\dfrac{\sin\theta}{\sqrt{3}}\right)\right]T_s
\end{cases}
\tag{5-63}
$$

同理，在计算其他 5 个区间的 T_x、T_y、T_z 时，只要将式（5-57）、式（5-59）、式（5-61）和式（5-63）中的 θ 值分别用 $\theta-60°$、$\theta-120°$、$\theta-180°$、$\theta-240°$、$\theta-300°$来替代即可。

本书给出了 I 型三电平 SVPWM 发波仿真模型【5-9】及电压闭环控制仿真模型【5-10】，分别如图 5-39a 和图 5-39b 所示，请读者扫描相应的二维码下载。

模型【5-9】

模型【5-10】

3. 阶梯波脉宽调制技术

阶梯波脉宽调制就是用阶梯波来逼近正弦波。典型的阶梯波调制参考电压和输出电压波

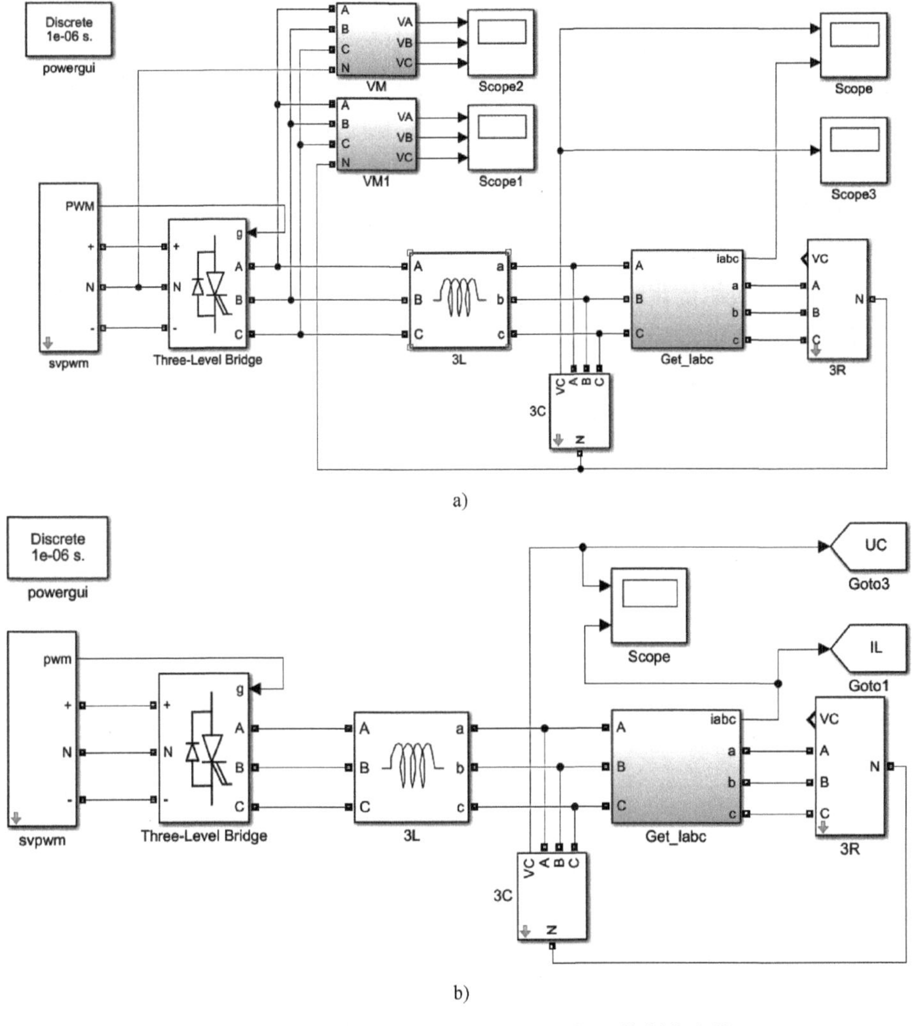

图 5-39　I 型三电平 SVPWM 发波及电压闭环控制仿真模型

a）三电平 SVPWM 发波模型　b）三电平闭环控制仿真模型

形如图 5-40 所示。

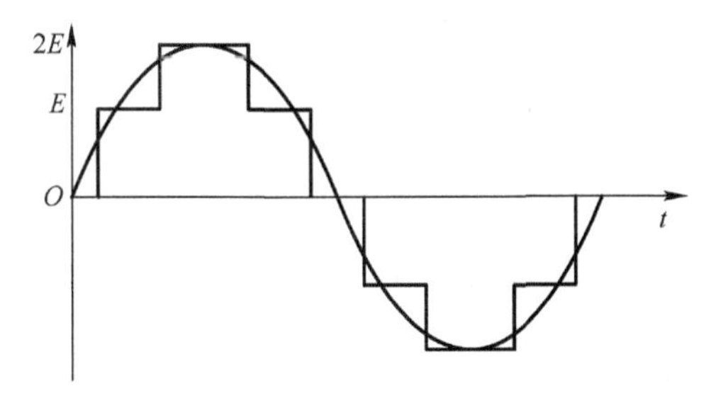

图 5-40　五电平阶梯波调制原理图

这种策略的优点是实现简单、开关频率较低（等于基波频率），主要缺点是输出电压的调节依靠于直流母线电压或移相角。在阶梯波调制中，可以通过选择每一电平持续时间的长短来实现低次谐波的消除和抑制。后来有学者提出了优化的调制宽度技术，将本来应用于普通二电平逆变器的定次谐波消除 PWM 引入级联型多电平逆变器，通过优化算法计算出开关角度，可以消除选定的谐波分量。但这种调制方法中，需要采用优化算法求解高阶非线性方程组，即使使用 DSP 等高速运算芯片也难以实现实时控制，一般要通过离线查表法完成控制。

4. 优化阶梯波宽度技术

优化阶梯波宽度技术是将选择谐波消除 PWM 技术和 1/4 周期波形对称概念融合在一起而形成的一种技术。应用优化阶梯波宽度技术的目的之一是在一个较低的开关频率下，尽可能地减少负载上的电压波形畸变，这种控制技术较适用于级联型拓扑。

图 5-41 描述了 s 个串联的全桥逆变器产生的 $m=2s+1$ 电平的输出电压波形。从中可以看出，每一个周期中都包含了 $4s$ 个开关角度 α_1，α_2，α_3，…，$\alpha_{(4s-1)}$ 和 α_{4s}，第一电平的电压为 V_1，第二电平的电压为 V_2，依次类推。

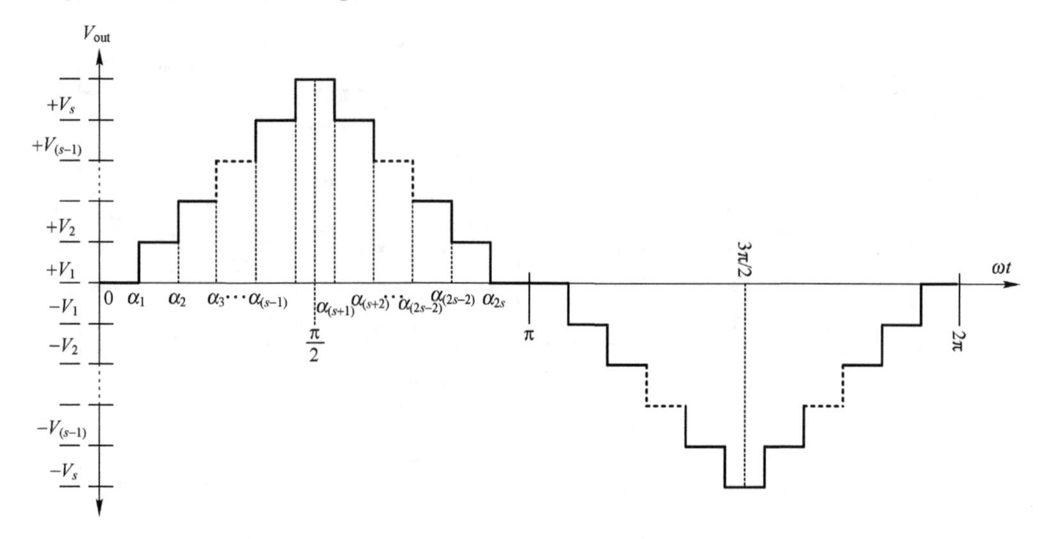

图 5-41　s 个全桥单元级联多电平逆变器的输出电压波形

由于 $V_1=V_2=V_3=\cdots=V_s=E$，则输出电压波形可表示为

$$V_{out}(\omega t)=\sum_{n=1}^{\infty}\left[\frac{4E}{n\pi}\sum_{k=1}^{S}\cos(n\alpha_k)\right]\sin(n\omega t),\quad n\text{ 为奇数} \tag{5-64}$$

式中，α_k 为开关角度，它须满足：

$$\alpha_1,\alpha_2,\alpha_3,\cdots,\alpha_s<\frac{\pi}{2}$$

式中，s 为全桥单元的数目；n 为谐波的次数；E 为直流电压的幅值。

从式（5-64）可知，波形中的谐波成分可以表示如下。

1）基波的幅值和奇次谐波的幅值为

$$h_1=\frac{4E}{\pi}\sum_{k=1}^{S}\cos\alpha_k\text{ 和 }h_n=\frac{4E}{n\pi}\sum_{k=1}^{S}\cos(n\alpha_k) \tag{5-65}$$

2）偶次谐波的幅值等于 0。

所以，只要调整好开关角度 α_k，就可将输出电压波形中的某些奇次谐波消除，从而获得较小的 THD。

5. 载波移相 SPWM 技术

载波移相 SPWM（CPS-SPWM）技术是针对等电压单元级联型逆变器的特点提出的。每个单元的驱动信号由一个正弦波和相位互差 180°的两个三角载波比较生成，同一相的级联单元之间正弦参考波相同，而三角载波互差 180°/N（N 为每相单元数）。通过载波移相使各单元输出电压脉冲在相位上相互错开，刚好可以叠加出多电平波形，同时使输出电压等效开关频率提高 N 倍，因此在不提高载波频率的情况下，可大大减小输出电压的谐波含量。由于各单元的调制方法相同，只是载波或参考波相位不同，因而控制算法容易实现，也便于向更多电平数扩展，当级联数目增加时，其载波数量与级联数目成比例增加，应用于更高级联数目的多电平逆变器中具有一定难度。CPS-SPWM 技术的载波和调制波如图 5-32 所示，该仿真文件同级联拓扑。

6. 错时采样 SVPWM 技术

错时采样 SVPWM（STS-SVPWM）技术是受 CPS-SPWM 技术启发，结合传统两电平 SVPWM 技术而得到的一种适合级联型多电平逆变器的多电平空间矢量调制方法。其基本原理是，根据图 5-42 所示的 CPS-SPWM 技术数字采样原理，级联型逆变器的总输出电压矢量可以看作是各个功率单元输出的小电压矢量的总和，各个小电压矢量的幅值相同，只是在空间上相差一定角度。因此，将各个级联功率单元的采样时间错开一个固定的时间，以达到各个级联单元输出电压矢量相互错开的目的，具体地讲，就是在 N 单元级联型逆变器中，N 个功率单元在相同采样频率 f_T、相同幅度调制比 m 的情况下，进行 SVPWM 调制，设输出电压基波频率为 f_{To}，则各个功率单元采样时刻依次错开的时间为 $f_T/(2f_{To}N)$，这样即可实现 N 单元的基于两电平 SVPWM 技术的多电平 SVPWM 波形，而不必进行复杂的矢量选择等计算。STS-SVPWM 技术比较于 CPS-SPWM 技术，同样具有电压利用率高、开关损耗小、易于数字实现等优点。

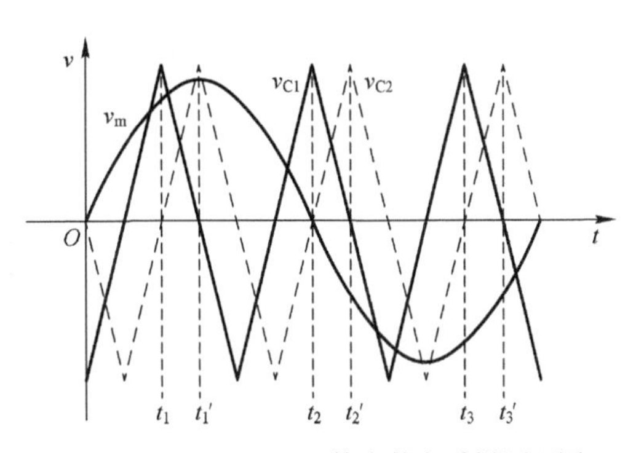

图 5-42　CPS-SPWM 技术数字采样原理图

5.3　Z 源及准 Z 源逆变器

目前，我们谈到的电压型逆变器的交流输出电压低于直流母线电压，因此属于 Buck 型逆变器。若要实现升降压变换功能，需要额外增加升压变换器；此外，同一个桥臂的上下功率开关管任何时刻都不能同时开通，否则会产生短路现象而损坏电路，因此需在开关信号之间插入死区时间，导致输出波形存在畸变。

5.3.1　Z 源逆变器基本结构

Z 源逆变器中克服了这些缺点，它通过一个 Z 源网络将逆变侧与电源耦合起来。其中 Z

源网络将两个相同的电感 L_1、L_2 和两个相同的电容 C_1、C_2 连接成 X 形。与电压源和电流源逆变器相比，Z 源逆变器具有以下优势。

1）阻抗网络可实现升降压转换，理论上可以实现零到无穷大的任意范围。

2）输入源类型没有限制，输入电压范围宽，非常适合光伏发电等新能源系统。

3）通过逆变同一桥臂的直通现象实现升降压，从根本上解决了 EMI 引起的电路故障。

1. Z 源逆变器工作原理

Z 源逆变器同样适用于 AC-DC，DC-DC，AC-AC 和 DC-AC 功率转换器拓扑。以如图 5-43 所示的 DC-AC 逆变拓扑为例，详细阐述其工作原理。

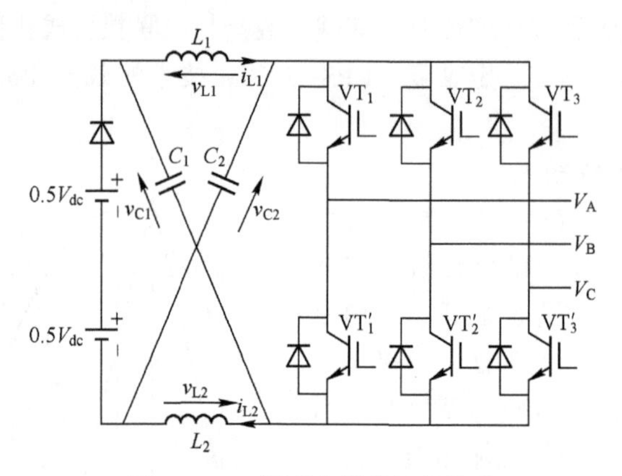

图 5-43　Z 源逆变器的拓扑结构

除了具有传统逆变器的 8 个开关状态外（六个有效状态和两个零状态），Z 源逆变器还有 7 个额外的状态，这是因为 Z 源逆变器允许同一桥臂上下开关管出现直通现象。这 7 种额外的状态也称为直通零矢量（Shoot-through，ST）状态，分别为单桥臂直通，两桥臂直通和三桥臂直通状态，直通状态的开关器件切换表见表 5-7。

表 5-7　直通状态的开关器件切换表

直通状态名称		导通的开关器件名称
单桥臂直通状态	ST1	VT_1、VT_1'导通
	ST2	VT_2、VT_2'导通
	ST3	VT_3、VT_3'导通
双桥臂直通状态	ST4	VT_1、VT_1'、VT_2、VT_2'导通
	ST5	VT_1、VT_1'、VT_3、VT_3'导通
	ST6	VT_2、VT_2'、VT_3、VT_3'导通
三桥臂直通状态	ST7	VT_1、VT_1'、VT_2、VT_2'、VT_3、VT_3'导通

Z 源逆变器的等效电路如图 5-44 所示。假设 $L_1=L_2=L$，$C_1=C_2=C$，流经电感的电流为恒定。令开关周期为 T_s，直通状态时间为 T_1，非直通状态时间为 T_2，有

$$T_1+T_2=T_s \tag{5-66}$$

由于 Z 源网络的对称性，如下关系成立：

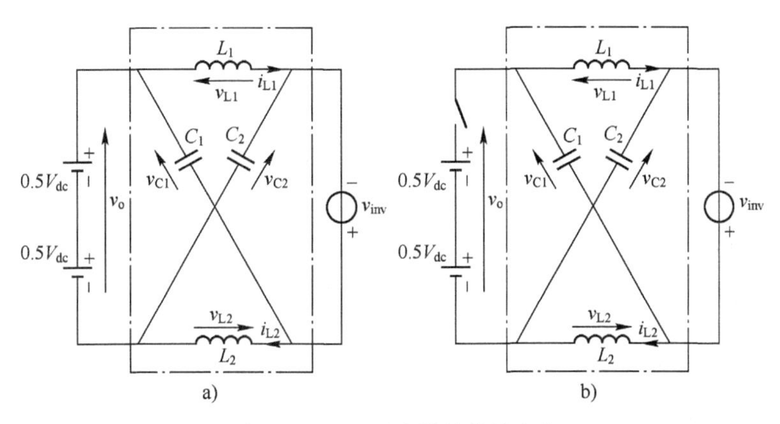

图 5-44　Z 源逆变器的等效电路

a）非直通状态　b）直通状态

$$\begin{cases} v_{C1}=v_{C2}=V_C \\ v_{L1}=v_{L2}=V_L \end{cases} \tag{5-67}$$

对于如图 5-44a 所示的非直通状态，如下关系成立：

$$\begin{cases} v_{inv}=V_C-V_L=2V_C-v_o \\ v_{L\_nsh}=V_L=V_{dc}-V_C \\ v_o=V_{dc} \end{cases} \tag{5-68}$$

对于如图 5-44b 所示的直通状态，如下关系成立：

$$\begin{cases} v_{inv}=0 \\ V_{L\_sh}=V_L=V_C \\ v_o=2V_C \end{cases} \tag{5-69}$$

稳态下，电感两端电压在一个开关周期内的平均值应为零，因此可得

$$\begin{cases} V_L T_s=v_{L\_sh}T_1+v_{L\_nsh}T_2=0 \\ V_L T_s=V_C T_1+(V_{dc}-V_C)T_2=0 \end{cases} \tag{5-70}$$

从式（5-70）可知

$$\frac{V_C}{V_{dc}}=\frac{T_2}{T_2-T_1} \tag{5-71}$$

逆变桥臂上的直流峰值电压为

$$\hat{V}_{dc}=2V_C-V_{dc}=\left(\frac{2V_C}{V_{dc}}-1\right)V_{dc}=\left(\frac{2T_2}{T_2-T_1}-1\right)V_{dc}=\frac{T_s}{T_2-T_1}V_{dc}=\alpha V_{dc} \tag{5-72}$$

式中，α 为升压因子，$\alpha=\dfrac{T_s}{T_2-T_1}=\dfrac{T_s}{T_s-2T_1}=\dfrac{1}{1-2\gamma}\geqslant 1$（ γ 为直通状态占总开关周期之比，简称为直通占空比）。

因此，传统逆变器输出的交流峰值为$\hat{v}=M\dfrac{V_{dc}}{2}$，Z 源逆变器输出的交流峰值为$\hat{v}=M\dfrac{\hat{V}_{dc}}{2}=M\alpha\dfrac{V_{dc}}{2}$（$M$ 为调制比）。可以看出 Z 源逆变器的输出电压交流峰值为传统逆变器的 α 倍，换

言之，可以调整 T_1 的时间来调整 α 的大小。

2. Z 源逆变器的 PWM 调制

（1）简单升压控制原理

Z 源逆变器可采用 PWM 调制方式。但有一点需要特别注意：当 Z 源逆变器用于升压功能时需要考虑直通状态的操作。简单升压控制通过在传统零矢量的中间位置加入直通零矢量，实现简单，如图 5-45 所示（阴影部分为直通状态，v_a、v_b、v_c为三相调制波）。其控制是在传统 PWM 控制技术的基础上采用一个大于正弦波正峰值的信号 v_p和小于负峰值的信号 v_n来控制直通占空比 γ，当载波大于 v_p或者小于 v_n时，逆变器的三相桥臂同时直通。在这种控制方式中，直通零矢量被安排在传统零矢量的中间，由于直通零矢量与传统零矢量都是将负载侧短路，对负载的效果是一样的，因此有效矢量的作用时间不变，不会对输出波形产生影响。这种控制由于在每个载波的顶点和底点处加入直通时间，将增加开关次数，功率器件的实际开关频率为两倍的载波频率。

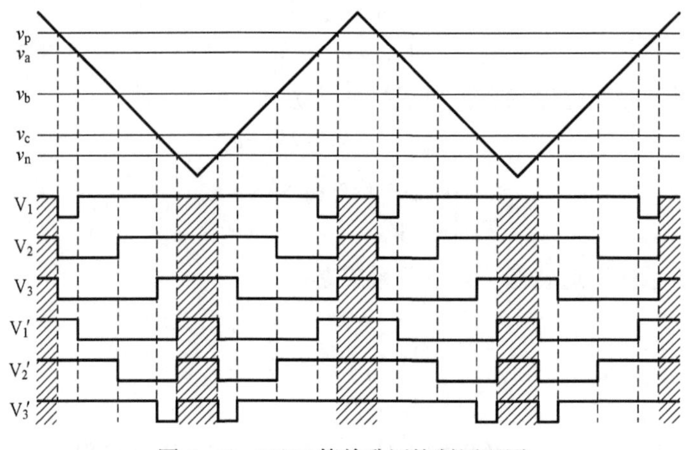

图 5-45　PWM 简单升压控制原理图

直通占空比 γ 与电压增益均随着调制比 M 的增加而减小（最大占空比为 $1-M$）。当 $M=1$ 时，电压增益为零。因此为了获得更高的增益，调制比 M 需保持较低水平。电路输出电压的总增益 G 可表示为

$$G=M\alpha=\frac{M}{2M-1} \tag{5-73}$$

因而 α 一定的情况下，最大调制比 M 为

$$M=\frac{G}{2G-1} \tag{5-74}$$

功率开关器件所承受的电压为

$$V=\alpha V_{dc}=(2G-1)V_{dc} \tag{5-75}$$

（2）最大升压控制原理

简单升压控制下功率管电压应力较大，为了减小电压应力需要降低 α 的同时提高 M 的大小，但为了保证系统的电压增益却又要提高 α。为了解决这一矛盾，可以在保证有效矢量作用时间不变的前提下，将全部的零矢量用直通零矢量来代替，如图 5-46 所示。

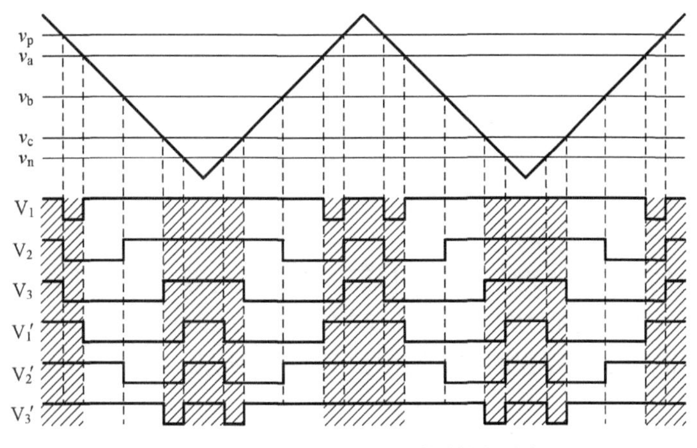

图 5-46　PWM 最大升压控制原理图

此时，$\gamma(\omega t)=\dfrac{2-\left[M\sin\omega t-M\sin\left(\omega t-\dfrac{2\pi}{3}\right)\right]}{2}=1-\dfrac{\sqrt{3}M\cos\left(\omega t-\dfrac{\pi}{3}\right)}{2}$，$\omega t\in\left(\dfrac{\pi}{6},\dfrac{\pi}{2}\right)$

因此，直通状态下平均占空比 γ 为

$$\gamma=\frac{T_1}{T_2}=\frac{2\pi-3\sqrt{3}M}{2\pi} \tag{5-76}$$

升压因子为

$$\alpha=\frac{1}{1-2\gamma}=\frac{\pi}{3\sqrt{3}M-\pi} \tag{5-77}$$

输出电压增益为

$$G=M\alpha=\frac{\pi M}{3\sqrt{3}M-\pi} \tag{5-78}$$

功率开关器件所承受的电压为

$$V=\alpha V_{dc}=\frac{3\sqrt{3}G-\pi}{\pi}V_{dc} \tag{5-79}$$

两种 PWM 方法性能对比见表 5-8。

表 5-8　两种 PWM 方法性能对比

	输出电压增益 G	功率开关器件所承受的电压 V
PWM 简单升压控制	$\dfrac{M}{2M-1}$	$(2G-1)V_{dc}$
PWM 最大升压控制	$\dfrac{\pi M}{3\sqrt{3}M-\pi}$	$\dfrac{3\sqrt{3}G-\pi}{\pi}V_{dc}$

由此可见，使用该方法可在获得较高电压增益的情况下，又降低了功率器件的应力。

3. 仿真分析

本书给出了 Z 源逆变器仿真模型【5-11】，请读者扫描二维码下载。

模型【5-11】

5.3.2 准Z源逆变器基本结构

准Z源逆变器继承了Z源逆变器所有的优异特性，弥补了Z源逆变器输入电流不连续、电容电压应力大、启动电流大的不足。

1. 准Z源逆变器基本原理

准Z源逆变器是用一个不对称的二端口网络将输入电源与逆变耦合在一起的拓扑结构。这种不对称网络替代了传统的DC-DC升压结构，以单级结构通过控制直通占空比和调制比实现电压的升降。准Z源逆变器的基本结构如图5-47所示。

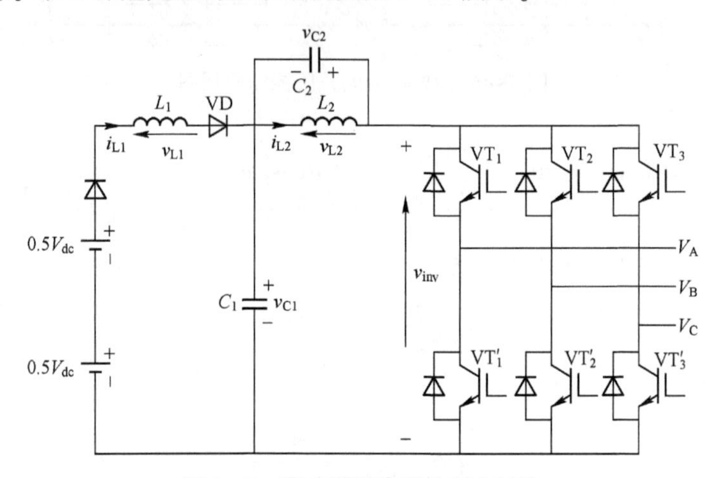

图5-47 准Z源逆变器的基本结构

该电路也存在两种工作模式，非直通状态及直通状态，准Z源逆变器等效电路如图5-48所示。其中，直通状态时间为T_1，非直通状态时间为T_2，开关周期为T_s。

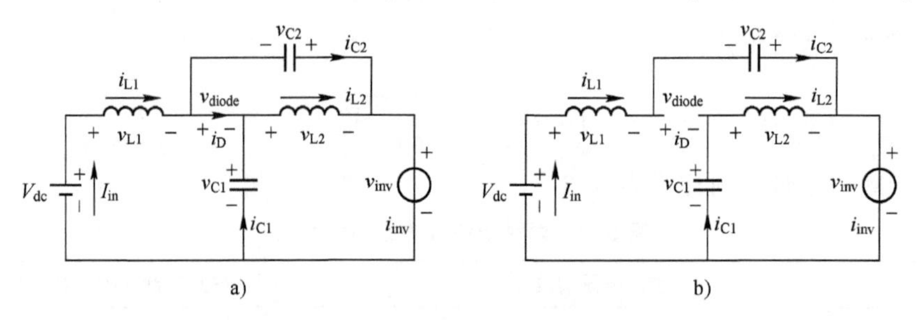

图5-48 准Z源逆变器的等效电路

a）非直通状态 b）直通状态

由非直通状态，可得

$$
\begin{cases}
v_{L2}=-v_{C2}\\
v_{L1}=V_{dc}-v_{C1}\\
v_{inv}=v_{C1}-v_{L2}=v_{C1}+v_{C2}\\
v_{diode}=0
\end{cases}
\tag{5-80}
$$

由直通状态，可得

$$\begin{cases} v_{L2} = v_{C1} \\ v_{L1} = v_{C2} + V_{dc} \\ v_{inv} = 0 \\ v_{diode} = -v_{C1} - v_{C2} \end{cases} \tag{5-81}$$

稳态下，电感两端电压在一个开关周期内的平均值应为零，因此可得

$$\begin{cases} \bar{v}_{L1} = T_1(v_{C2}+V_{dc}) + T_2(V_{dc}-v_{C1}) = 0 \\ \bar{v}_{L2} = T_1 v_{C1} - T_2 v_{C2} = 0 \end{cases} \tag{5-82}$$

并且有如下关系：

$$\begin{cases} v_{C1} = \dfrac{1-\gamma}{1-2\gamma} V_{dc} \\ v_{C2} = \dfrac{\gamma}{1-2\gamma} V_{dc} \end{cases} \tag{5-83}$$

因此，逆变器输出电压峰值为

$$\hat{v} = v_{C1} + v_{C2} = \frac{T_s}{T_2 - T_1} V_{dc} = \frac{1}{1-2\gamma} V_{dc} = \alpha V_{dc} \tag{5-84}$$

式中，α 为升压系数。

则流过电感 L_1 和 L_2 的平均电流为

$$i_{L1} = i_{L2} = I_{in} = \frac{P}{V_{dc}} \tag{5-85}$$

式中，P 为系统额定功率。再根据基尔霍夫电流定律可得

$$i_{C1} = i_{C2} = i_{inv} - i_{L1}, \quad i_D = 2i_{L1} - i_{inv} \tag{5-86}$$

2. 仿真分析

本书给出了准 Z 源逆变器仿真模型【5-12】，请读者扫描二维码下载。

模型【5-12】

5.4 逆变电源的并联控制

对于逆变器的并联，主要需要解决以下几个关键问题。

1. 同步锁相问题

逆变器并联需要保证逆变器输出电压的频率，且相位要严格同步，否则，逆变器之间会存在较大的因相位引起的环流。即使频率相同，微小的相位差也会使并联运行的逆变器输出功率严重不平衡，在逆变器之间产生环流，故在逆变器的并联系统中，锁相环是最基本的环节。

2. 功率均分问题

若并联运行的各台逆变器输出电压的频率及相位严格同步后，则不存在由于相位差异而导致的系统环流。但若输出电压幅值不相同，则输出电流中会含有由于电压幅值差异引起的系统环流，而环流使得每台逆变器输出的电流增加，轻则增加运行损耗，严重时会使逆变器过载或

过电流保护电路动作，使逆变器不能正常工作，故逆变器中的功率均分控制非常重要。

3. 监控保护问题

对单台逆变器来说，均设有过载、过温、过电压、欠电压等保护功能，当由这些逆变器组成并联系统时，若其中某个或几个模块发生故障停机后，那么停机的逆变器会成为并联系统的负载，由此会造成并联系统的故障，而导致整个系统的瘫痪。为实现在某个甚至几个逆变器模块故障但不会造成整个系统故障的目的，需要立即切除故障的单元，从而保持剩余的模块继续并联供电。

5.4.1 数字锁相环设计

1. 基本原理

如图 5-49 所示，锁相环通常由鉴相器（PD）、环路滤波器（LF）和压控振荡器（VCO）三部分组成。这三个基本模块组成的锁相环为基本锁相环，也称为线形锁相环（LPLL）。

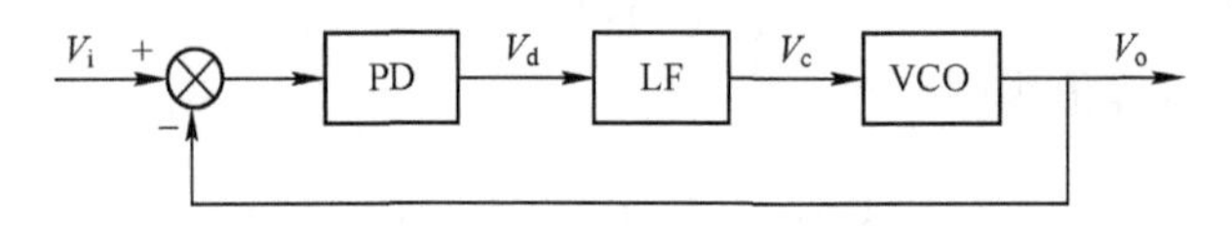

图 5-49 锁相环通用结构组成

当锁相环开始工作时，输入参考信号的频率 f_1 与压控振荡器的固有振荡频率 f_o 总是不相同的（结合图 5-49，$V_i=f_1$，$V_o=f_o$），即 $\Delta f=f_1-f_o$，这一固有频率差 $\Delta f=f_1-f_o$ 必然引起它们之间的相位差不断变化，并不断跨越 2π 角。由于鉴相器特性是以相位差 2π 为周期的，因此鉴相器输出的误差电压总是在某一范围内摆动。这个误差电压通过环路滤波器变成控制电压加到压控振荡器上，使压控振荡器的频率 f_o 趋向于参考信号的频率 f_i，直到压控振荡器的频率变化到与输入参考信号的频率相等，环路就在这个频率上稳定下来。两个频率之间的相位差不随时间变化而是一个恒定的常数，这时环路进入“锁定”状态。

当环路已处于锁定状态时，如果输入参考信号的频率和相位发生变化，通过环路的控制作用，压控振荡器的频率和相位能不断跟踪输入参考信号频率的变化而变化，使环路重新进入锁定状态，这种动态过程称为环路的“跟踪”过程。而环路不处于锁定和跟踪状态，这个动态过程称为“失锁”过程。

锁相环有 4 种工作状态，即锁定状态、失锁状态、捕获过程和跟踪过程。

1）锁定状态：整个环路已经达到输入信号相位的稳定状态。它指输出信号相位等于输入信号相位，或者是两者存在一个固定的相位差，但频率相等。在锁定状态时，压控振荡器的电压控制信号接近平缓。

2）失锁状态：环路的反馈信号与锁相环输入信号的频率之差不能为零的状态。当环路的结构设计有问题，或者是输入信号超出了锁相环的应用范围的时候都会进入失锁状态。这个状态意味着环路没有正常工作。

3）捕获过程：指环路由失锁状态进入锁定状态的过程。这个状态表明环路已经开始进入正常工作，但是还没有达到锁定的稳态。此过程是一个频率和相位误差不断减小的过程。

4）跟踪过程：是指在锁相环环路处于锁定状态时，若此时输入信号频率或相位因其他原因发生变化，环路能通过自动调节，来维持锁定状态的过程。由于输入信号频率或者相位的变化引起的相位误差一般都不大，环路可视作线性系统。锁相环的这 4 种状态中，前两个状态称为静态，后两个状态称为动态。优秀的设计可以使锁相环在上电后立刻进入捕获状态，从而快速锁定。

（1）鉴相器（Phase Detector）

锁相环中的鉴相器又称为相位比较器，它的作用是检测输入信号和输出信号的相位差，并将检测出的相位差信号转换成 U_d 电压信号输出，该信号经低通滤波器滤波后形成压控振荡器的控制电压 V_c，对振荡器输出信号的频率实施控制。

锁相环中的鉴相器通常由模拟乘法器组成，但在实际中使用的锁相环系统还包括放大器、分频器、混频器等模块，但是这些模块不会影响锁相环的基本工作原理，可以忽略。利用模拟乘法器组成的鉴相器如图 5-50 所示。

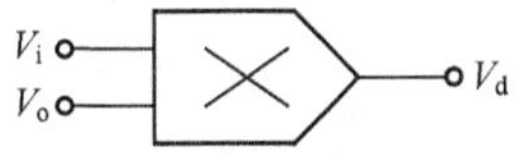

V_i V_o V_d

图 5-50　模拟乘法器结构

令 $V_i(t)=V_{im}\sin[\omega_i t+\theta_i(t)]$，$V_o(t)=V_{om}\sin[\omega_o t+\theta_o(t)]$，则根据图 5-50 所示的模拟乘法器可得

$$V_d(t)=V_i(t)V_o(t)=V_{im}V_{om}\sin[\omega_i t+\theta_i(t)]\sin[\omega_o t+\theta_o(t)] \quad (5-87)$$

整理得

$$V_d(t)=\frac{1}{2}V_{im}V_{om}\{\sin[(\omega_i-\omega_o)t+\theta_i(t)-\theta_o(t)]+\sin[(\omega_i+\omega_o)t+\theta_i(t)+\theta_o(t)]\} \quad (5-88)$$

（2）环路滤波器（Loop Filter）

环路滤波器是一个线性低通网络，通常为低通滤波器，主要作用是滤除 V_d 的高频分量，这里指的是鉴相器产生的“和频信号”，其目的是为了得到输入和输出信号之间的相位夹角。经滤波器后，V_c 为

$$V_c(t)=\frac{1}{2}V_{im}V_{om}\sin[(\omega_i-\omega_o)t+\theta_i(t)-\theta_o(t)] \quad (5-89)$$

（3）压控振荡器（Voltage Controlled Oscillator，VCO）

环路滤波器的输出信号 V_c 用来控制 VCO 的频率和相位。VCO 的压控特性如图 5-51 所示。

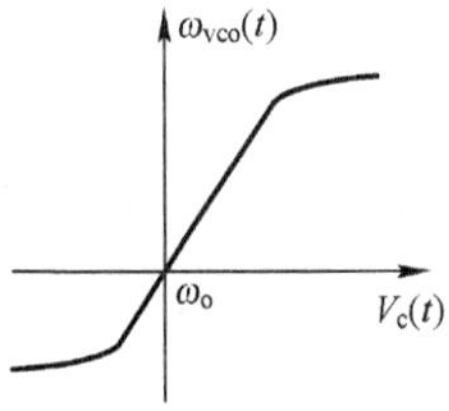

$\omega_{VCO}(t)$ ω_0 $V_c(t)$

图 5-51　VCO 的压控特性

该特性说明压控振荡器的振荡频率以 ω_o 为中心，随输入信号电压 $V_c(t)$ 线性地变化，变化的关系为

$$\omega_o(t)=\omega_0+K_oV_c(t) \quad (5-90)$$

式中，ω_0 为 VCO 的固有振荡频率，即当控制电压 $V_c(t)=0$ 时的输出频率；K_o 确定了 VCO 的灵敏度。

瞬时频率和瞬时位相的关系为

$$\omega(t)=\frac{d\theta(t)}{dt}$$

则瞬时相位差 θ_d 为

$$\theta_d=(\omega_i-\omega_o)t+\theta_i(t)-\theta_o(t) \quad (5-91)$$

对两边求微分，可得频差的关系式为

$$\frac{d\theta_d}{dt}=\frac{d(\omega_i-\omega_o)}{dt}+\frac{d[\theta_i(t)-\theta_o(t)]}{dt} \quad (5-92)$$

综合锁相环的各个组成环节，当式（5-92）等于零时，即输入和输出的频率和初始相位保持恒定不变的状态，$V_c(t)$为恒定值，意味着锁相环进入相位锁定状态；当式（5-92）不等于零时，输入和输出的频率不等，$V_c(t)$随时间变化，导致压控振荡器的振荡频率也随时间变化，锁相环进入“频率牵引”，自动跟踪输入频率，直至进入锁定状态。

2. 锁相环的线性化分析

（1）鉴相器模型

由前述的分析可知，鉴相器用来比较输入信号与输出信号的相位，同时输出一个对应于两信号相位差的误差电压。换言之，鉴相器用来比较输入信号与输出信号的相位，同时输出一个对应于两信号相位差的误差信号，为了反映其快速性，使用一个比例环节就足够了，如图 5-52 所示。

（2）环路滤波器模型

环路滤波器是一个线性滤波电路，其作用是消除误差电压中的高频分量和系统噪声，以保证环路所要求的性能，同时增加系统的稳定性。因此，环路滤波器的模型是误差调节器，可以采用如图 5-53 所示的经典 PI 控制。

图 5-52　鉴相器数学模型　　图 5-53　环路滤波器数学模型

（3）VCO 模型

压控振荡器是一种电压/频率变换装置。在线性范围内，其特性方程如式（5-93）所示。由于经前两个环节输出的是频率，但对于最终的输出，需要的是瞬时相位，而不是瞬时频率，所以需对 $\omega_{vco}(t)$进行积分而得到相位信息：

$$\theta_o(t) = K_o \int V_c(t)\,dt \tag{5-93}$$

因此该环节相当于一个积分环节，如图 5-54 所示。此外，还应该考虑限制频率变化速度的环节，在此可在程序中设定每次调频时规定的频率最大调节量。

综合这 3 个环节，可得如图 5-55 所示的模拟锁相环复频域模型。

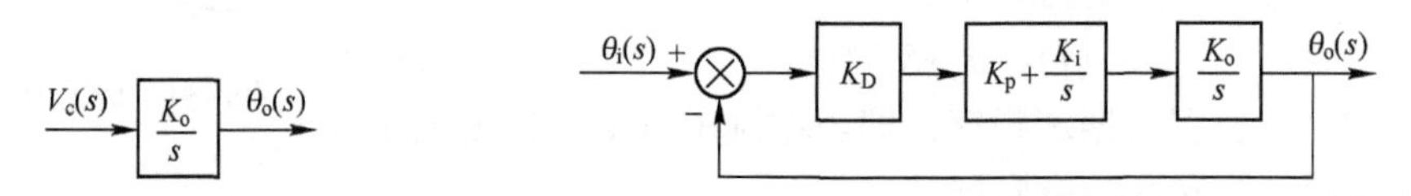

图 5-54　压控振荡器数学模型　　图 5-55　模拟锁相环复频域模型

3. 基于旋转坐标系的三相锁相环设计

（1）旋转矢量生成原理

通常三相系统的 3 个变量要分别描述，若能将三相 3 个变量用一个合成量表示，而保持信息的完整，则三相的问题可以简化为单相的问题。采用空间坐标系变换，*ABC* 坐标系下的三相系统可以变化到 $\alpha\beta$ 两相坐标系下，如图 5-63a 所示。对应三相正弦电压的空间电压矢量的顶点运动轨迹是一个圆，圆的半径为相电压的幅度的 1.5 倍，空间矢量以角速度 ω 逆时针方向匀速旋转。对旋转矢量在 α 轴和 β 轴投影进行反余切变换，可以得到旋转矢量角 θ。

当三相输入电压完全平衡时，根据正弦电压经 Park 变换得到的空间矢量的轨迹来确定输入电压相位，可以完全做到一一对应；若三相电网电压严重不对称，例如，*ABC* 三相电压有效值之间互差 20%时，这时采样三相电压计算得到的旋转矢量相角与实际 *A* 相电压相角差最大时相差 3.8°，对于功率因数校正电路，其所引起的功率因数差只有 0.2%。

（2）数字锁相算法

如图 5-56b 所示，$\dot{V}_{ref}$为参考电压矢量（通过三相坐标系经坐标系变换后得到），θ_{ref}为$\dot{V}_{ref}$的矢量角，$\dot{V}_{des}$为期望输出的电压矢量，θ_{des}为$\dot{V}_{des}$的矢量角。为了实现锁相环只需要解决两个问题即可：如何快速得到输出与参考电压之间的相角差 $\Delta\theta$；如何得到基频 ω_0，从而使得 $\Delta\theta$ 能够在基频 ω_0 基础上进行环路调节。

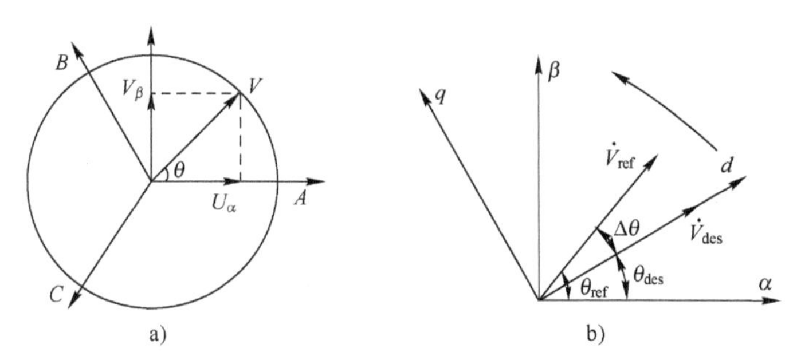

图 5-56　旋转坐标系下的角度分析示意图

a）坐标系示意图　b）参考角与目标角

1）如何得到相角差 $\Delta\theta$：如图 5-56b 所示，$\Delta\theta$ 可通过在两相静止坐标系下进行简单的三角变换得到：$\Delta\theta=\theta_{ref}-\theta_{des}=\arctan\dfrac{V_{ref\beta}}{V_{ref\alpha}}-\arctan\dfrac{V_{des\beta}}{V_{des\beta}}$，但这种做法会耗费 DSP 较多的时钟周期，不适应实际应用场合。考虑到锁相功能通常在中断进行，因此 $\Delta\theta$ 的值很小，考虑到正弦函数的性质可牺牲一部分精度，可采用式（5-94）所示的方法。

$$\Delta\theta=\theta_{ref}-\theta_{des}\approx\sin(\theta_{ref}-\theta_{des}) \tag{5-94}$$

2）如何得到基频 ω_0：频率是角度的一阶导数，见式（5-95）。

$$\omega_0=\frac{d\theta}{dt} \tag{5-95}$$

式（5-95）也可理解为频率是角度的变化率：上一次中断的角度与本次中断角度之差可看作是基频 ω_0，软件实现依旧可利用正弦函数的性质实现，见式（5-115）。

$$\omega_0=\theta_{ref}(n)-\theta_{ref}(n-1)\approx\sin[\theta_{ref}(n)-\theta_{ref}(n-1)] \tag{5-96}$$

（3）三相锁相环的软件设计

锁相环的逻辑设计如图 5-57a 所示，基频的软件流程图如图 5-57b 所示。

1）三相锁相环程序算法子函数。

```
//鉴相环节,跟踪相差计算
//其中:f32SinQ 为锁相角的正弦量,f32SinQSrcRef 为目标锁相角的正弦量
f32PhaseInst = f32SinQ * f32CosQSrcRef - f32CosQ * f32SinQSrcRef;
LMT32(f32PhaseInst);
```

```
//环路滤波环节,此处为普通的 PI 调节
f32PllIntg += f32PhaseInst * f32PllKi; // 锁相积分调节
LMT32(f32PllIntg);
//锁相比例调节+给定矢量角合成(f32Freq 为目标频率即 ω0)
f32ThetaInc = f32PllIntg+ f32PhaseInst * f32PllKp+ f32Freq;
LMT32(f32ThetaInc, Limit2_Cnt, - Limit2_Cnt);
//VCO 环节,相当于积分环节。加入 0~360°的归一化处理
f32Theta += f32ThetaInc;
if (f32Theta > 2pi_Cnst)
{
    f32Theta -= 2pi_Cnst;
}
//PLL 锁相角 f32Theta 通过 FPU 查表的方式进行正余弦值计算,用于下次 PLL 计算
```

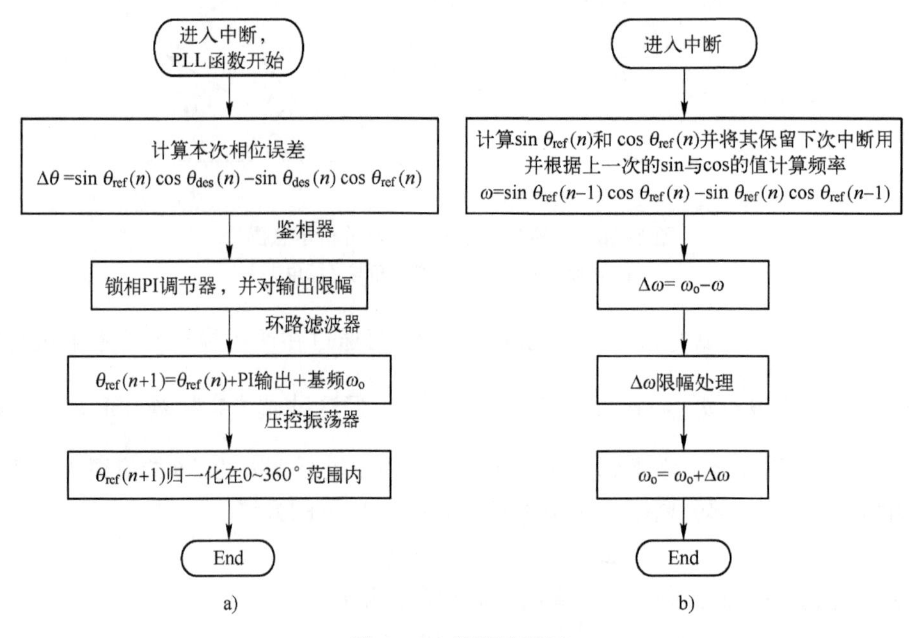

图 5-57　程序流程图

a）锁相环流程图　b）基频计算流程图

2）目标频率（f32Freq）算法子函数。

```
//f32VolSrc_A、f32VolSrc_B 和 f32VolSrc_C 为三相参考源经定标后的变量
FLOAT32 f32Temp, f32Alpha, f32Beta, f32VolSrcM;
//Clarke 变换
f32Alpha = (f32VolSrc_A * 2- f32VolSrc_B- f32VolSrc_C) / 3;
f32Beta = (f32VolSrc_B - f32VolSrc_C) * / 1.732;
//模倒数计算,直接调用 FPU 库中 isqrt()函数
f32Temp = f32Alpha * f32Alpha + f32Beta * f32Beta;
f32VolSrcM = isqrt(f32Temp);
//相角处理,限幅此处省略
```

```
f32SinQSrcRef = f32Beta * f32VolSrcM;
f32CosQSrcRef = f32Alpha * f32VolSrcM;
//参考源瞬时频率
f32Freq = f32SinQSrcRef * f32CosQSrcPre - f32CosQSrcRef * f32SinQSrcPre;
//变量备份
f32SinQSrcPre = f32SinQSrcRef;
f32CosQSrcPre = f32CosQSrcRef;
```

4. 仿真分析

本书提供了基于 MATLAB 的多种锁相仿真文件。其中模型【5-13】和模型【5-14】为严格按照图 5-49 搭建的仿真模型，分别通过 MATLAB 流程图和 Simulink 模块实现。模型【5-15】为基于旋转坐标系的三相锁相环设计。这 3 个仿真模型分别如图 5-58a~c 所示。

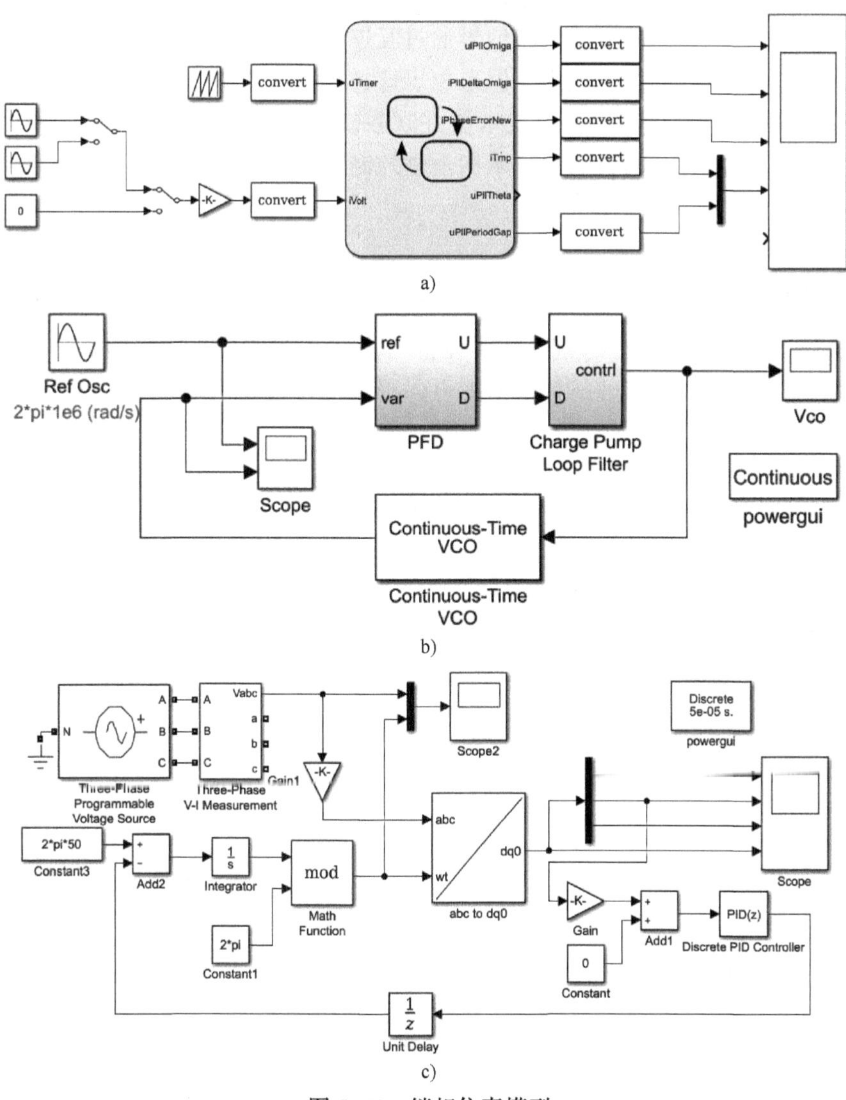

图 5-58 锁相仿真模型

a）仿真模型【5-13】 b）仿真模型【5-14】 c）仿真模型【5-15】

请读者扫描这3个二维码获取相应仿真文件。

模型【5-13】

模型【5-14】

模型【5-15】

5.4.2 逆变器并联技术

逆变器的并联方式分为两大类，包括有互联信号线并联和无互联信号线并联。在有互联信号线并联技术中，电压信号或者电流信号通过互连线在各个单元之间流动，各个单元会跟踪同步信号从而实现较好的均分效果，但是由于这种控制方法过分依赖于信号连线，使得其应用受到了很多限制。无互联线并联技术使并联系统中各个单元完全独立，便于模块化控制，大大地增加了系统并联的灵活性。采用下垂控制可实现无线并联，从而实现各个单元功率均分。

1. 逆变器并联的基本原理

图5-59为两台逆变器并联的等效电路模型，图中 $E_1\angle\varphi_1$ 和 $E_2\angle\varphi_2$ 分别是两台设备的电压，$Z_1=r_1+\mathrm{j}X_1$ 和 $Z_2=r_2+\mathrm{j}X_2$ 分别为两台设备的输出阻抗和线路阻抗之和，$\dot{I}_1$ 和 $\dot{I}_2$ 为两台设备的输出电流。由并联系统的等效模型图可以得到

$$\begin{cases}\dot{E}_1-\dot{I}_1Z_1=\dot{V}\\ \dot{E}_2-I_2Z_2=\dot{V}\\ \dot{I}_1+\dot{I}_2=\dot{I}\end{cases} \tag{5-97}$$

当两台逆变器的性能参数与控制方式，并满足 $Z_1=Z_2$，$\dot{E}_1=\dot{E}_2$、$\dot{I}_1=\dot{I}_2$ 时，两台逆变器的功率可以实现均分，即均流。但是若$\dot{E}_1\neq\dot{E}_2$ 时，电压差的存在将引起环流，如图5-60所示。

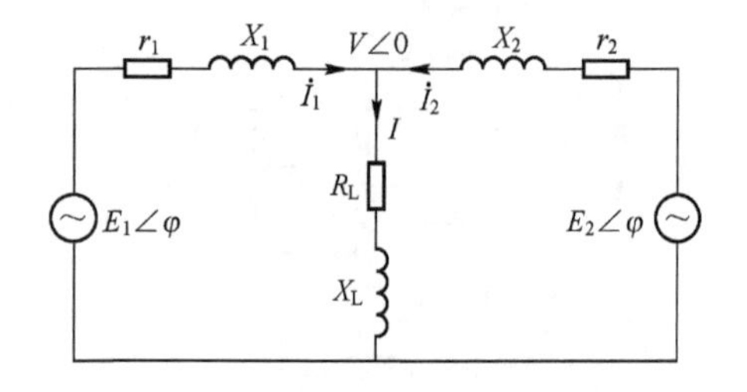

图5-59 两台逆变器并联的等效模型

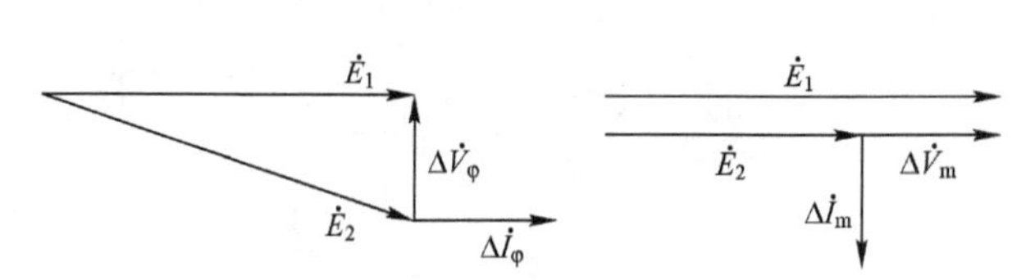

图5-60 环流相量图

$\Delta\dot{V}_\varphi$ 是两台逆变器输出电压相量$\dot{E}_1$ 和$\dot{E}_2$ 之差的相位分量，$\Delta\dot{V}_m$ 是幅值分量，两台逆变器输出的电压的相位差不大时，$\Delta\dot{V}_\varphi$ 可以看作与$\dot{E}_1$、$\dot{E}_2$ 垂直，而 $\Delta\dot{V}_m$ 可以看作与$\dot{E}_1$、$\dot{E}_2$ 同相。当 Z_1 和 Z_1 为感性时，由 $\Delta\dot{V}_\varphi$ 引起的环流 $\Delta\dot{I}_\varphi$ 落后其 π/2，将产生有功功率，由$\Delta\dot{V}_m$引

起的环流 $\Delta \dot{I}_m$ 也落后其 π/2，将产生无功功率。为了抑制环流，应尽量减小两台设备输出电压的幅值与相位之差，同时通过调整其相位差与幅值差来分别对有功和无功进行调整。

2. 有互连线并联

有互连线并联一般包括集中控制、主从控制及分布逻辑控制方式。

（1）集中控制方式

图 5-61 为集中控制方式示意图，通过集中控制模块，并联的设备共享控制信息，实现同步及均流控制，集中控制器检测总输出电流及并联的模块数目，确定每个设备的电流基准，通过动态调节输出电压来调节实际输出与电流基准间的偏差，从而达到均流的目的。集中控制结构简单，控制容易，均流效果较好。但集中控制方式的可靠性不高，冗余性较差，一旦集中控制器出现故障，整个系统会陷入瘫痪状态。

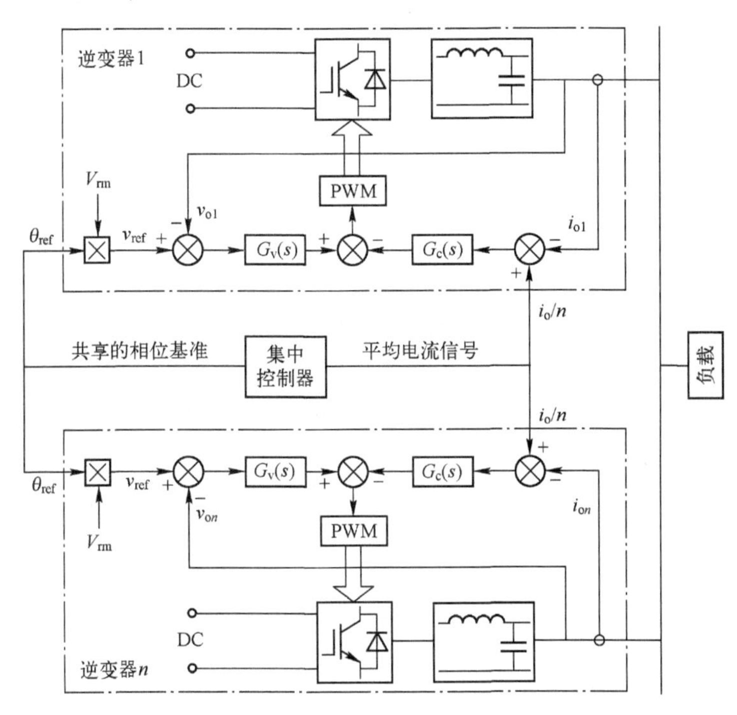

图 5-61　集中控制方式示意图

（2）主从控制

如图 5-62 所示，在主从控制方式中不需要公共模块，而由一个主控单元提供基准信号。主模块输出功率的同时向从控制器提供电压基准与幅值相位同步信号。从控制器将自己的输出信息通过信号连线汇报给主控制器，主控制器将这些信息汇总并计算平均值，并将电流基准值发送给从控制器，从控制器接收指令更改自己的输出以实现均流。

主从控制方式使系统稳定性好且容易实现均流，相比集中控制方式省去了集中控制器，提高了系统可靠性。但主控制器与从控制器不是处于同一地位，从控制器出现故障时系统不受影响，但主控制器一旦出现故障还是会影响整个系统。为了克服这一缺点，有文献提出当主控制器出现故障时，一个从控制器将参与竞争机制升级为主控制器，控制逻辑将十分复杂。

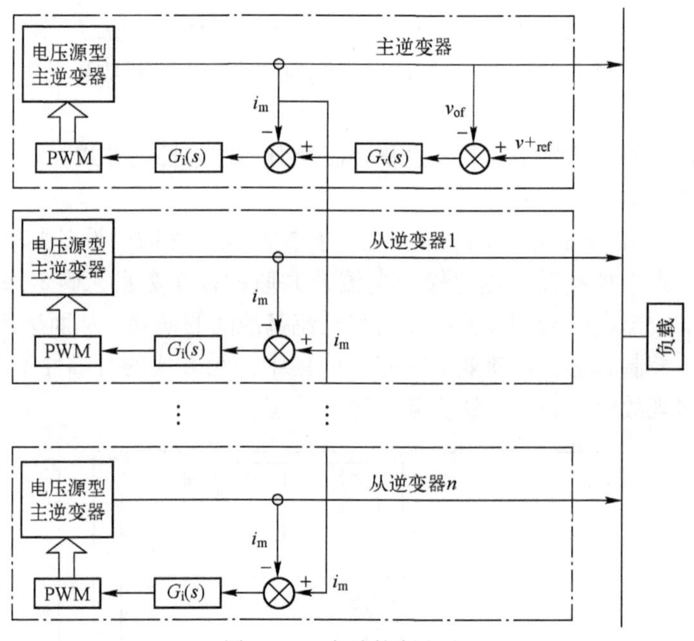

图 5-62　主从控制方式

（3）分布式控制

分布式控制与集中控制和主从控制不同，并联系统的每个单元的地位是平等的，通过互连线交换信息，如图 5-63 所示。均流总线和同步总线将各个单元联系在一起，每个模块上传自身的电压、电流、功率、频率相角等信号，同时也采集总线上其他模块的信息，逆变器通过总线上的频率相位信息来调整自己的电压，同时根据总线上其他单元的电流信息来计算自己的输出电流参考。这样每台设备都跟踪同步总线上的信号，并联运行实现均流控制。

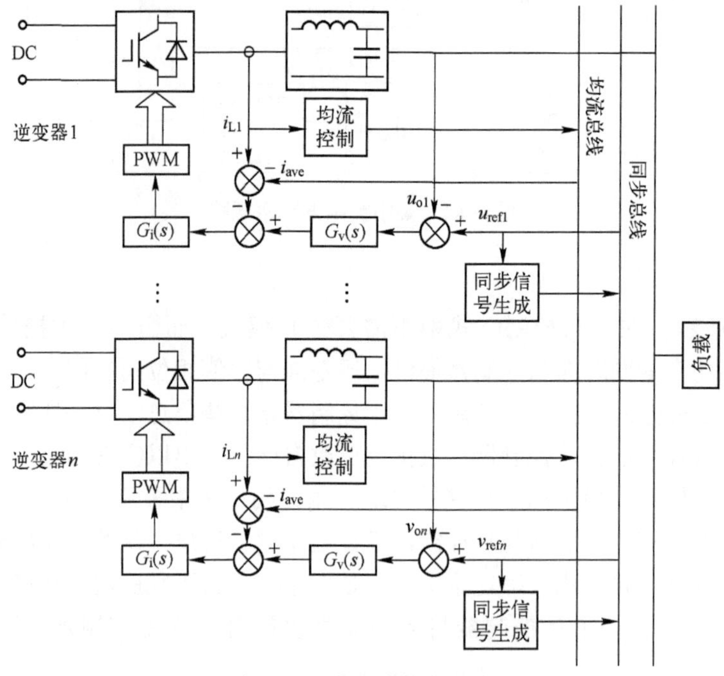

图 5-63　分布式控制方式

分布式控制真正实现了冗余，每台设备的正常运行并不依赖其他设备，从而使系统稳定性得到了保障。但这种控制方式用到的信号连线过多，容易受到干扰，不适合远距离的并联。

本书给出了两台单相逆变器均流控制仿真模型，其中模型【5-16】为两台逆变器输出电压压差为1%，带阻性负载的仿真模型；模型【5-17】为两台逆变器输出电压压差为0，输出电压相角差为3.6°，带整流性负载的仿真模型。请读者扫描相应二维码下载。

模型【5-16】

模型【5-17】

3. 无互连线并联

无论采用何种有互连线方式都避免不了复杂的信号连线。并且，当逆变器之间的距离很大时，互连线将很难建立。为了减少逆变器之间的互连线，借鉴电力系统中同步电机并联运行时的外特性，下垂控制方法被提出。

下垂控制中，每台设备互相独立，分别对各自的有功及无功功率进行检测，利用下垂特性，通过对输出电压的频率和幅值的调节来实现均流目的。图5-64为逆变器输出的等效电路，逆变器输出电压为$E\angle\varphi$，逆变器并联母线上的电压为$V\angle 0°$，$Z\angle\theta=r+\mathrm{j}\omega L=r+\mathrm{j}X$。

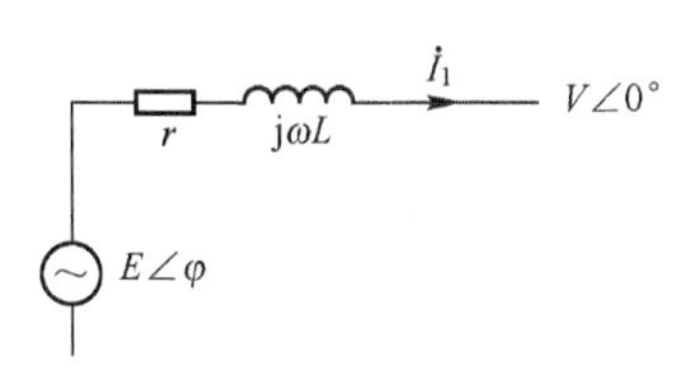

图5-64　逆变器输出等效电路

有功功率和无功功率可以表示为

$$\begin{cases}P=\dfrac{V}{r^2+X^2}[r(E\cos\varphi-V)+XE\sin\varphi]\\Q=\dfrac{V}{r^2+X^2}[X(E\cos\varphi-V)-rE\sin\varphi]\end{cases}\tag{5-98}$$

一般情况Z呈感性，且φ很小时可以认为$\sin\varphi=\varphi$，$\cos\varphi=1$，式（5-98）可以被化简为

$$\begin{cases}P=\dfrac{EV}{Z}\sin\varphi\approx\dfrac{EV}{Z}\varphi\\Q=\dfrac{EV\cos\varphi-V^2}{Z}\approx\dfrac{V}{Z}(E-V)\end{cases}\tag{5-99}$$

从式（5-99）可以看出，有功功率与电压的相交有关，无功功率与电压的幅值有关，通过对相角和幅值的控制可以对有功功率和无功功率进行控制。

$$\begin{cases}f=f_{\mathrm{n}}+a(P_{\mathrm{n}}-P)\\V=V_0-bQ\end{cases}\tag{5-100}$$

式（5-100）为下垂控制方程，假设两台并联的设备系数相同，但设备1输出的有功功率低于设备2时，设备1将提高自己的频率，经过一段时间的调整后，两台设备相位差会逐渐减小，并最终趋于一致，实现了有功功率的均分。

对于下垂控制，国内外学者做了大量研究，总结为以下的方向。

1）解耦控制。当逆变器输出的线路阻抗不是纯感性时，逆变器输出的有功功率和无功功率都与电压和频率有关，有功无功耦合在一起，这样在进行下垂控制时可能产生正反馈。很多文献提出了一种解耦控制方式，在功率计算公式中加入逆变器连接线上的电抗、阻抗等，从而实现 PQ 解耦。

2）谐波注入法。这种方法通过在设备电压给定中加入适当的小幅值谐波，利用其产生的功率调节电压幅值，来提高无功功率和谐波功率。此种方法能够减小线路电阻对并联系统的影响，但显然由于引入了谐波，会增加输出电压的畸变率。

3）下垂系数自适应控制。下垂控制会影响输出电压的幅值与频率，进而影响系统的稳定性。例如当输出有功功率很大时，电压的频率也会降低很多，同理无功功率的增大会使电压幅值下降，当这种波动超出了系统所允许的范围时，就会影响负载运行。所以利用下垂控制实现了并联系统的均流，但是同时也带来了供电系统的电压和幅值不稳定的问题。以有功功率的调节为例，如图 5-65 所示，当出现有功功率的偏差时，系统按照斜率为 m_1 的下垂线调节，进入稳态后，减小逆变器的下垂系数即下垂线的斜率，系统将沿着 $P_1=P_2$ 的虚线上升至斜率为 m_2 的新的下垂线上，系统在这一过程中仍处于均流状态，但频率误差减少。

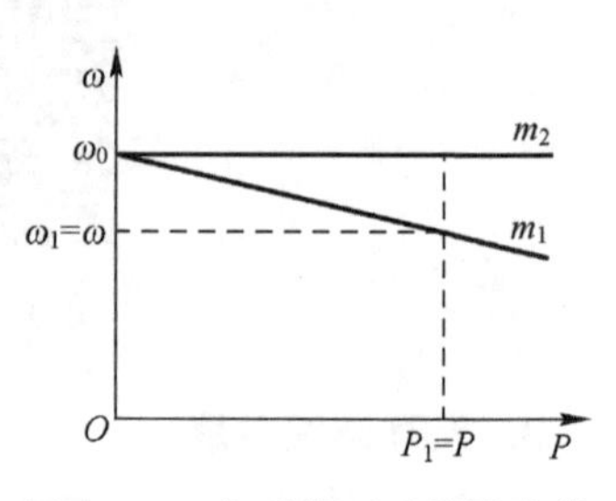

图 5-65　变系数下垂特性曲线

5.4.3　下垂控制策略

1. 下垂控制的原理

在无线的逆变器并联系统中，通过下垂控制来调节有功功率和无功功率达到调节输出电压的幅值和频率的目的。两台逆变器并联的等效模型如图 5-66所示，两台逆变器输出阻抗与连线上的阻抗之和分别为 Z_1 和 Z_2，$Z_1=r_1+jX_1=R_{Z1}\angle\theta_1$，$Z_2=r_2+jX_2=R_{Z2}\angle\theta_2$，$E_1$ 和 E_2 分别为两台设备空载电压幅值，U 为并联母线的电压，以其为参考则 φ_1、φ_2 分别为两台设备输出电压的相角。可以计算设备 n 输出的电流为

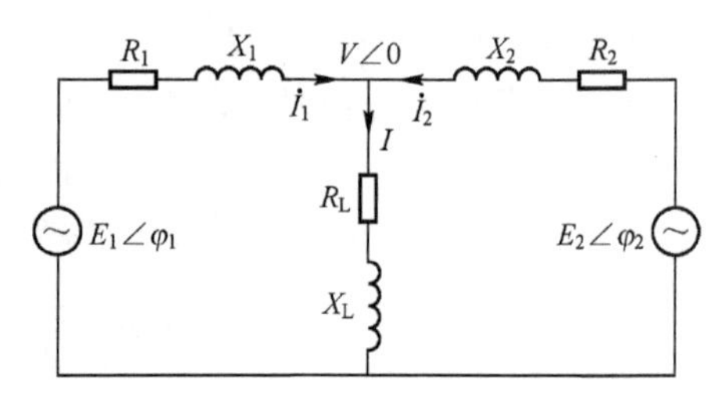

图 5-66　两台逆变器并联的等效模型

$$\dot{I}_n=\frac{E_n\angle\varphi_n-V\angle 0}{R_{Zn}\angle\theta_n} \tag{5-101}$$

输出功率为

$$S_n=E_n\angle\varphi_n\dot{I}_n^*P_n+jQ_n \tag{5-102}$$

P_n 和 Q_n 分别对应第 n 台设备的有功功率和无功功率输出，将式（5-101）代入式（5-102)可得

$$\begin{cases}P_n=\dfrac{1}{R_{Zn}}[(E_n^2-E_nV\cos\varphi_n)\cos\theta_n+E_nV\sin\varphi_n\sin\theta_n]\\Q_n=\dfrac{1}{R_{Zn}}[(E_n^2-E_nV\cos\varphi_n)\sin\theta_n-E_nV\sin\varphi_n\cos\theta_n]\end{cases} \tag{5-103}$$

当 Z_1 和 Z_2 为感性负载时，即 $\theta_1=\theta_2=90°$，则可得到

$$\begin{cases}P=\dfrac{E_nV}{X_n}\sin\varphi_n\\Q_n=\dfrac{E_n^2-E_nV\cos\varphi_n}{X_n}\end{cases}\tag{5-104}$$

考虑到实际情况负载的阻抗 Z_L 是远远大于 Z_1 与 Z_2 的，所以 φ_1 和 φ_2 都非常小，则有

$$\begin{cases}P=\dfrac{E_nV}{X_n}\sin\varphi_n\approx\dfrac{E_nV}{X_n}\varphi_n\\Q_n=\dfrac{E_n^2-E_nV\cos\varphi_n}{X_n}\approx\dfrac{E_n(E_n-V)}{X_n}\end{cases}\Rightarrow\begin{cases}\Delta p_n=\dfrac{E_nV}{X_n}\Delta\varphi_n\\\Delta q_n=\dfrac{E_n}{X_n}\Delta e_n\end{cases}\tag{5-105}$$

通过式（5-105）可以看出，有功功率的变化由逆变器输出电压的相角 φ_1、φ_2 的变化决定，而无功功率的变化由输出电压的幅值的改变决定，利用这一关系，可以实现对并联系统中每个单元输出的功率进行单独的控制，假设逆变器空载时输出的电压和角频率分别为 E_0 和 ω_0，则有

$$\begin{cases}\omega_n=\omega_0-k_{P\omega}P_n\\E_n=E_0-k_{qE}Q_n\end{cases}\tag{5-106}$$

在 Z_1 和 Z_2 为纯感性时，下垂控制实现功率平均分配的原理：并联系统中每个单元分别检测自身的输出，通过电压、电流计算出有功功率与无功功率，通过下垂控制方程计算出电压幅值和频率的参考值，实现对自身输出的调整，最终实现功率的平均分配。例如，若并联系统中某一单元输出的有功功率较大，则通过减小自身的频率实现输出功率的降低，而当其有功功率的输出过小时，则通过反向的调整实现稳定的有功输出。同理，对于无功功率的调整则通过改变输出电压的幅值来实现，这样的调整机制使并联系统最终实现功率的均分，使环流降到最低。

Z_1 和 Z_2 为纯阻性时，按照相同的分析方法，可以得到结论：输出电压幅值 E_1 和 E_2 决定有功功率，φ_1 和 φ_2 决定无功功率，此时存在式（5-107）的关系。

$$\begin{cases}\omega_n=\omega_0+k_{Q\omega}Q_n\\E_n=E_0-k_{PE}P_n\end{cases}\tag{5-107}$$

Z_1 和 Z_2 为阻感性时，$0<\theta_n<2\pi$，逆变器输出的有功功率或无功功率会受到其输出电压的幅值与频率共同影响，见式（5-108）。

$$\begin{cases}\omega_n=\omega_0-k_{P\omega}P_n+k_{Q\omega}Q_n\\E_n=E_0-k_{PE}P_n-k_{QE}Q_n\end{cases}\tag{5-108}$$

【注】Z_1 和 Z_2 的阻抗特性不仅与逆变器数学模型中的输出滤波电感、滤波电容、等效电阻大小有关，而且与双闭环系统中 PI 控制的控制参数有关。

下垂控制结构中包括功率计算、参考电压合成和电压电流双闭环控制 3 个主要部分。

系统通过电压电流传感器同步采样逆变器经滤波后的输出，来计算逆变电源输出的有功功率和无功功率的瞬时值，经过低通滤波环节获得对应的平均值。利用等功率的 Clarke 变换和 Park 变换，将电压电流转化到 dq 坐标系下，通过式（5-109）可以计算出有功功率和无功功率。

$$\begin{cases}P=V_{\mathrm{d}}I_{\mathrm{d}}+V_{\mathrm{q}}I_{\mathrm{q}}\\Q=V_{\mathrm{d}}I_{\mathrm{q}}+V_{\mathrm{q}}I_{\mathrm{d}}\end{cases}\tag{5-109}$$

在获得了系统输出的平均有功功率与无功功率，接下来就可以利用下垂特性方程来获得电压和频率指令。在传统的下垂控制基础上增加功率给定环节可以使逆变器在并网工作模式下向并联母线送指定的功率。定义 k_{p} 和 k_{q} 分别为有功功率和无功功率的下垂因数，则频率和电压指令的计算式为

$$\begin{cases}f=f_{\mathrm{n}}+k_{\mathrm{p}}(P_{\mathrm{n}}-P)\\V=V_0-k_{\mathrm{q}}Q\end{cases}\tag{5-110}$$

式中，f_{n} 为额定频率；P_{n} 为逆变器的额定有功功率；在无功功率输出为零时逆变器的输出电压为 V_0。图 5-67 为下垂特性曲线，可以求出下垂因数 a 和 b 为

$$\begin{cases}a=\dfrac{f_{\mathrm{n}}-f_{\min}}{P_{\max}-P_{\mathrm{n}}}\\b=\dfrac{V_0-V_{\min}}{Q_{\max}}\end{cases}\tag{5-111}$$

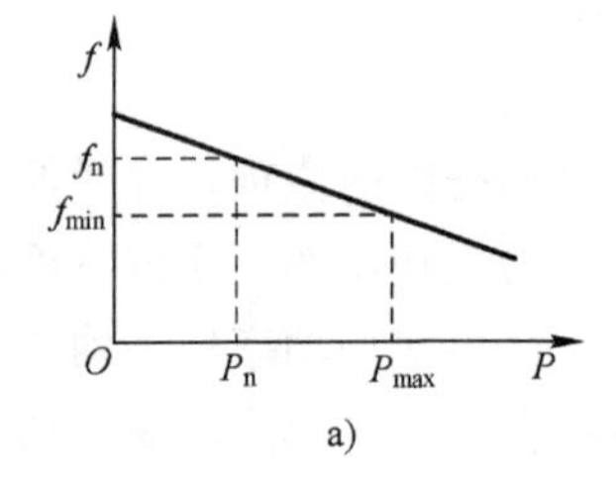

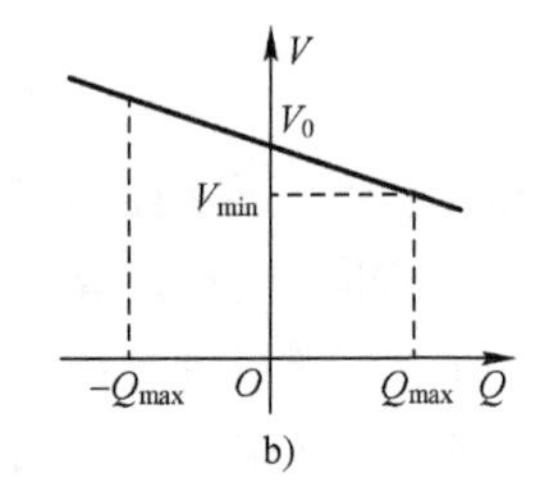

图 5-67　下垂特性曲线

a）P-f 下垂特性曲线　b）Q-U 下垂特性曲线

$P_{\max}$为系统在允许的最小频率$f_{\min}$下输出的最大功率，$Q_{\max}$为系统在电压幅值降低到最小允许值时的最大无功功率。为了满足电力系统要求，设计时应保证使电压的变化值在 5%以内，频率的变化值在 1%以内。

2. 下垂控制的局限性

尽管下垂控制在降低逆变器并联系统的环流中得到广泛的应用，但也存在一定的局限性，主要表现在以下几点。

1）传统的下垂控制采用的是“有功调频、无功调压”的下垂控制策略，这是基于输出阻抗特性为纯感性的前提条件下得到的结论，但逆变器的输出阻抗会根据控制器参数的不同而发生变化，将系统的输出阻抗设计成纯阻性或纯感性是比较困难的，因此单纯地采用“有功调频、无功调压”的下垂策略会带来一定的偏差。

2）为了提高系统的均流度，往往会增大下垂系数，从而使功率均分达到更好的效果，但这是以降低电压调节性能为代价的。这也是下垂控制的固有矛盾，这种矛盾限制了下垂系数的选取，而下垂系数又会严重地限制暂态响应、功率均分精度及系统稳定性等。

3）在建立下垂控制的数学模型时，我们认为逆变器输出线缆参数一致，一般忽略了逆变器输出线缆参数不一致的影响。也就是说，在建立模型时我们认为逆变器的输出电压在输出线缆上的电压降相同，到达负载端的电压、电流相角也不会因为线缆参数的不一致而发生

偏移。但是实际应用时，并联系统中的逆变器输出线缆长短不一，或过长的功率输出线缆也会造成传统的下垂控制策略的控制偏差。

4）有部分文献表明，下垂控制还存在一个问题，即为了实现下垂控制的功能，必须计算瞬时有功功率和无功功率在一个周期内的平均值，而这一般是通过一个带宽比闭环逆变器的带宽还小的低通滤波器来实现的。因此，用于功率检测的滤波器和下垂系数在很大程度上就决定了并联系统的动态特性和稳定性。

3. 仿真模型

下垂控制广泛应用于分布式发电的逆变器并联系统、微网系统等。本书给出了多个基于下垂控制的 MATLAB 仿真模型，分别为模型【5-18】~ 模型【5-20】，读者可扫描二维码获取。

模型【5-18】

模型【5-19】

模型【5-20】

附　　录

1. Clarke 变换及 Clarke 逆变换

图 1 所示是三相静止绕组到两相静止绕组的变换。

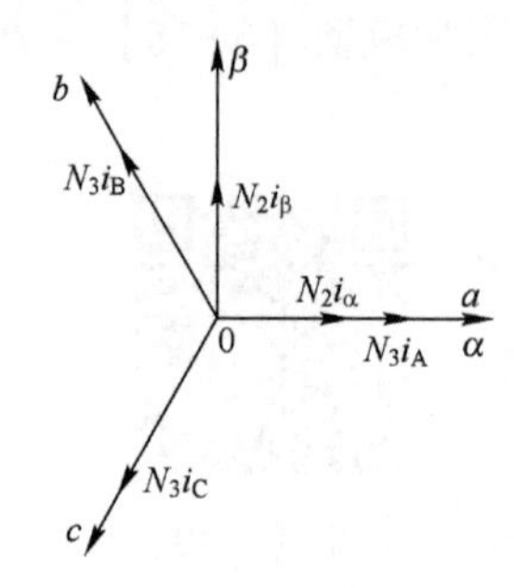

图 1　三相静止绕组到两相静止绕组变换

图中 N_2、N_3分别为两相和三相绕组的匝数，依据上述变换原则，有

$$\begin{cases} N_2 i_\alpha = N_3 i_a + N_3 i_b \cos 120 + N_3 i_c \cos(-120°) \\ N_2 i_\beta = 0 + N_3 i_b \sin 120° + N_3 i_c \sin(-120°) \end{cases} \tag{1}$$

整理可得

$$\begin{bmatrix} i_\alpha \\ i_\beta \end{bmatrix} = \frac{N_3}{N_2} \begin{bmatrix} 1 & -\frac{1}{2} & -\frac{1}{2} \\ 0 & \frac{\sqrt{3}}{2} & -\frac{\sqrt{3}}{2} \end{bmatrix} \begin{bmatrix} i_a \\ i_b \\ i_c \end{bmatrix} \tag{2}$$

为了便于将 $\boldsymbol{T}_{abc\to\alpha\beta}$变换进行逆变换，增加一项零序电流 i_γ。定义

$$i_\gamma = \frac{N_3}{N_2}(Ki_a + Ki_b + Ki_c) \tag{3}$$

式中，K 为待定系数，则式（2）改写为

$$\begin{bmatrix} i_\alpha \\ i_\beta \\ i_\gamma \end{bmatrix} = \frac{N_3}{N_2} \begin{pmatrix} 1 & -\frac{1}{2} & -\frac{1}{2} \\ 0 & \frac{\sqrt{3}}{2} & \frac{\sqrt{3}}{2} \\ K & K & K \end{pmatrix} \begin{bmatrix} i_a \\ i_b \\ i_c \end{bmatrix} \tag{4}$$

因此，系数矩阵 $\boldsymbol{T}_{abc\to\alpha\beta} = \frac{N_3}{N_2} \begin{pmatrix} 1 & -\frac{1}{2} & -\frac{1}{2} \\ 0 & \frac{\sqrt{3}}{2} & \frac{\sqrt{3}}{2} \\ K & K & K \end{pmatrix}$。

为了满足功率不变原则，有 $\boldsymbol{T}_{\mathrm{abc}\to\alpha\beta}^{\mathrm{T}}=\boldsymbol{T}_{\mathrm{abc}\to\alpha\beta}^{-1}$，从而可求得

$$\begin{cases}\dfrac{N_3}{N_2}=\sqrt{\dfrac{3}{2}}\\ K=\dfrac{1}{\sqrt{2}}\end{cases} \tag{5}$$

最终的变换关系式为

$$\begin{bmatrix}i_\alpha\\ i_\beta\\ i_\gamma\end{bmatrix}=\sqrt{\frac{2}{3}}\begin{pmatrix}1 & -\frac{1}{2} & -\frac{1}{2}\\ 0 & \frac{\sqrt{3}}{2} & -\frac{\sqrt{3}}{2}\\ \frac{1}{\sqrt{2}} & \frac{1}{\sqrt{2}} & \frac{1}{\sqrt{2}}\end{pmatrix}\begin{bmatrix}i_a\\ i_b\\ i_c\end{bmatrix}=\boldsymbol{T}_{\mathrm{abc}\to\alpha\beta}\begin{bmatrix}i_a\\ i_b\\ i_c\end{bmatrix} \tag{6}$$

其逆变换为

$$\begin{bmatrix}i_a\\ i_b\\ i_c\end{bmatrix}=\sqrt{\frac{2}{3}}\begin{pmatrix}1 & 0 & \frac{1}{\sqrt{2}}\\ -\frac{1}{2} & \frac{\sqrt{3}}{2} & \frac{1}{\sqrt{2}}\\ -\frac{1}{2} & -\frac{\sqrt{3}}{2} & \frac{1}{\sqrt{2}}\end{pmatrix}\begin{bmatrix}i_\alpha\\ i_\beta\\ i_\lambda\end{bmatrix}=\boldsymbol{T}_{\alpha\beta\to\mathrm{abc}}\begin{bmatrix}i_\alpha\\ i_\beta\\ i_\lambda\end{bmatrix} \tag{7}$$

若忽略零序分量，则 Clarke 正变换及其逆变换可计为

$$\boldsymbol{C}_{\mathrm{abc}\to\alpha\beta}=\sqrt{\frac{2}{3}}\begin{bmatrix}1 & -\frac{1}{2} & -\frac{1}{2}\\ 0 & \frac{\sqrt{3}}{2} & -\frac{\sqrt{3}}{2}\end{bmatrix},\quad \boldsymbol{C}_{\alpha\beta\to\mathrm{abc}}=\sqrt{\frac{2}{3}}\begin{bmatrix}1 & 0\\ -\frac{1}{2} & \frac{\sqrt{3}}{2}\\ -\frac{1}{2} & -\frac{\sqrt{3}}{2}\end{bmatrix}$$

2. $\begin{bmatrix}\frac{\mathrm{d}\boldsymbol{i}_d}{\mathrm{d}\boldsymbol{t}}\\ \frac{\mathrm{d}\boldsymbol{i}_q}{\mathrm{d}\boldsymbol{t}}\end{bmatrix}$的详细推导过程

$$\begin{bmatrix}\frac{\mathrm{d}i_d}{\mathrm{d}t}\\ \frac{\mathrm{d}i_q}{\mathrm{d}t}\end{bmatrix}=\frac{\mathrm{d}}{\mathrm{d}t}\left\{\begin{bmatrix}\cos\omega t & \sin\omega t\\ -\sin\omega t & \cos\omega t\end{bmatrix}\begin{bmatrix}i_\alpha\\ i_\beta\end{bmatrix}\right\}=\frac{\mathrm{d}}{\mathrm{d}t}\begin{bmatrix}i_\alpha\cos\omega t+i_\beta\sin\omega t\\ -i_\alpha\sin\omega t+i_\beta\cos\omega t\end{bmatrix}$$

$$=\frac{\mathrm{d}}{\mathrm{d}t}\begin{bmatrix}\frac{\mathrm{d}i_\alpha}{\mathrm{d}t}\cos\omega t+\frac{\mathrm{d}i_\beta}{\mathrm{d}t}\sin\omega t-i_\alpha\omega\sin\omega t+i_\beta\omega\cos\omega t\\ -\frac{\mathrm{d}i_\alpha}{\mathrm{d}t}\sin\omega t+\frac{\mathrm{d}i_\beta}{\mathrm{d}t}\cos\omega t-i_\alpha\omega\cos\omega t-i_\beta\omega\sin\omega t\end{bmatrix}$$

$$=\begin{bmatrix} \cos\omega t & \sin\omega t \\ -\sin\omega t & \cos\omega t \end{bmatrix}\begin{bmatrix} \dfrac{\mathrm{d}i_{\alpha}}{\mathrm{d}t} \\ \dfrac{\mathrm{d}i_{\beta}}{\mathrm{d}t} \end{bmatrix}-\omega\begin{bmatrix} \sin\omega t & -\cos\omega t \\ \cos\omega t & \sin\omega t \end{bmatrix}\begin{bmatrix} i_{\alpha} \\ i_{\beta} \end{bmatrix}$$

$$=\begin{bmatrix} \cos\omega t & \sin\omega t \\ -\sin\omega t & \cos\omega t \end{bmatrix}\begin{bmatrix} \dfrac{\mathrm{d}i_{\alpha}}{\mathrm{d}t} \\ \dfrac{\mathrm{d}i_{\beta}}{\mathrm{d}t} \end{bmatrix}-\omega\begin{bmatrix} \sin\omega t & -\cos\omega t \\ \cos\omega t & \sin\omega t \end{bmatrix}\begin{bmatrix} \cos\omega t & -\sin\omega t \\ \sin\omega t & \cos\omega t \end{bmatrix}\begin{bmatrix} \cos\omega t & \sin\omega t \\ -\sin\omega t & \cos\omega t \end{bmatrix}\begin{bmatrix} i_{\alpha} \\ i_{\beta} \end{bmatrix}$$

$$=\begin{bmatrix} \cos\omega t & \sin\omega t \\ -\sin\omega t & \cos\omega t \end{bmatrix}\begin{bmatrix} \dfrac{\mathrm{d}i_{\alpha}}{\mathrm{d}t} \\ \dfrac{\mathrm{d}i_{\beta}}{\mathrm{d}t} \end{bmatrix}-\begin{bmatrix} 0 & -\omega \\ \omega & 0 \end{bmatrix}\begin{bmatrix} i_{\mathrm{d}} \\ i_{\mathrm{q}} \end{bmatrix}=\boldsymbol{T}_{\alpha\beta\to\mathrm{dq}}\begin{bmatrix} \dfrac{\mathrm{d}i_{\alpha}}{\mathrm{d}t} \\ \dfrac{\mathrm{d}i_{\beta}}{\mathrm{d}t} \end{bmatrix}-\begin{bmatrix} 0 & -\omega \\ \omega & 0 \end{bmatrix}\begin{bmatrix} i_{\mathrm{d}} \\ i_{\mathrm{q}} \end{bmatrix}$$

参考文献

[1] 杨贵恒，张颖超，曹均灿，等．电力电子电源技术及应用［M］．北京：机械工业出版社，2017.

[2] 阚加荣，叶远茂，吴冬春．开关电源技术［M］．北京：清华大学出版社，2019.

[3] 孟春城，高晗璎．基于模块化多电平变流器的 STATCOM 的研究［J］．电力电子技术，2017（11）：1-5.

[4] 李菊，阮新波．全桥 LLC 谐振变换器的混合式控制策略［J］．电工技术学报，2013，28（4）：72-79.

[5] 陈宇豪．基于三电平 DC-DC 变换器的风储双极性直流微电网运行控制策略研究［D］．大连：大连理工大学，2017.

[6] 陈杰，闫震宇，赵冰，等．下垂控制三相逆变器阻抗建模与并网特性分析［J］．中国电机工程学报，2019，39（16）：4846-4856.

[7] 姜婷婷．空间矢量控制三相三电平 VIENNA 整流器的研究［D］．哈尔滨：哈尔滨理工大学，2015.

[8] 郑愫，龚春英，韦徵，等．基于 UCC28019 控制的单相 PFC 工作原理及实现［J］．电源学报，2014（5）：35-39.

[9] 韦徵，樊轶，李臣松，等．三相四桥臂整流器的单周期控制［J］．电工技术学报，2014，29（4）：121-129.

[10] 刘福鑫，潘子周，阮新波．一种 Boost 型双向桥式直流变换器的软开关分析［J］．中国电机工程学报，2013（3）：44-51.

[11] 单国栋．三电平 Buck 直流变换器控制策略研究［D］．重庆：重庆大学，2012.

[12] 白亚丽．电动汽车交直流一体化充电桩系统的研究［D］．哈尔滨：哈尔滨理工大学，2019.

参考文献